G. DARNEY

St CLOUD

SAINT-CLOUD

Georges DARNEY

SAINT-CLOUD

PLESSIS, Libraire

23, Rue de Chateaudun, 23

PARIS (ix')

—

1903

A Son Altesse Impériale

Monseigneur

le Prince Victor NAPOLÉON.

Vue de Saint-Cloud au XVIIe siècle.

EXEMPLAIRE

N° 250

I.

CLODOALD OU SAINT CLOUD

La loi de primogéniture n'existait pas encore, lorsque Clovis vint à mourir, laissant quatre fils. Le royaume, comme un bien patrimonial, allait être divisé et de ces divisions allaient surgir des dissensions et des guerres civiles. Childebert devint roi de Paris ; Clotaire fut roi de Soissons ; Clodomir d'Orléans, et enfin Thierri eut, en partage, la royauté d'Austrasie avec Metz pour capitale. Chacun d'eux rêvait d'étendre sa souveraineté et d'agrandir ses états. Ainsi Clodomir, que son ambition poussa à faire la guerre aux Burgondes. Son entreprise fut heureuse : il parvint à faire prisonniers le roi Sigismond, sa femme et ses enfants ; puis, réunissant cette famille infortunée, il la plongea au fond d'un puits desséché dont il fit murer l'orifice.

Cette cruauté révolta les Burgondes. Au nouveau roi de Bourgogne, à Gondemar, Clodomir livra un combat où lui-même trouva la mort. C'était en 526. De sa femme, Godinque ou Gondineque, qui plus tard épousa Clotaire, Clodomir avait eu trois fils : Theobald, Gonthaire et Clodoald, que la reine Clotilde, leur aïeule, fit venir auprès d'elle, à Tours.

Clodomir mort, Childebert et Clotaire songèrent au moyen de s'emparer de son royaume. Le problème n'était point difficile à résoudre pour leur convoitise et leur nature, un peu primitive, toute d'instinct. Un jour, la reine Clotilde reçut un message : « *Envoie-nous les enfants*, lui mandaient les rois de Paris et de « *Soissons, pour que nous les élevions à la royauté* ». Grand'mère, autant que reine, Clotilde fut tout heureuse de l'intérêt que ses fils témoignaient à leurs neveux ; elle les confia au messager en leur disant : « *Je croirai n'avoir pas perdu mon fils, si je vous vois régner* « *à sa place* ».

1

Et les pauvres enfants partirent. A ce moment, Childebert et Clotaire étaient résolus au crime. Lorsque les jeunes princes furent arrivés auprès d'eux, ils dépêchèrent à Clotilde un nouveau messager dont l'histoire a enregistré le nom. Arcadius avait pour mission de mettre sous les yeux de la veuve de Clovis une paire de ciseaux et une épée nue. En voyant ces objets, la malheureuse reine comprit leur sinistre signification et s'écria : « *Elegit gladium* « *affirmans sibi priùs me, si tollerentur pueri ac si tonderentur !* » (1)

La mort va vite. Arcadius avait, d'ailleurs, reçu l'ordre de faire diligence. Aussitôt que les rois de Paris et de Soissons connurent la réponse de Clotilde, l'atroce boucherie commença. Clotaire s'empara de l'aîné des fils de Clodomir, lui plongea un couteau dans le côté et, à ses pieds, le laissa tomber la chair frémissante encore de douleur, le corps agité des derniers spasmes d'une vie qui va s'éteindre !... Pendant ce temps, le second fils de Clodomir se jetait aux genoux de Childebert et trouvait des accents si touchants que le roi de Paris en fut attendri : lui même, il demanda la grâce de l'enfant au roi de Soissons. Clotaire, alors, entra dans une effroyable fureur. Farouche, ivre de sang, il s'écria : « Livre-moi cet enfant, sinon tu périras pour lui ! »... Et, lâche, Childebert repoussa le pauvre petit être qui, comme son aîné, alla expirer sous le couteau de Clotaire... Le tour de Clodoald était venu... Déjà, les royaux assassins se dirigeaient vers le réduit où il avait été enfermé... Soudain, un grand bruit se fit entendre et les deux meurtriers virent apparaître « des seigneurs franks, suivis d'une « troupe de braves, qui forcèrent les portes, enlevèrent le plus « jeune des enfants, Clodoald, et le mirent en sûreté hors du « palais ». (2)

.   .   .   .

Pendant quelques années, la vie de Clodoald s'écoula dans une profonde obscurité. Puis, un jour, un saint ermite, nommé Séverin, qui vivait près de Paris, vit venir à lui un jeune homme. Il avait

---

(1) Joannis de Bussières. *Historia Francisca*. T. 1. p. 48.

(2) A. Thierry. *Lettres sur l'Histoire de France.*

Assassinat de Henri III par Jacques Clément.

de longs cheveux tressés par cordons appelés *flagella* (1), pendants en arrière, marque distinctive de la royauté chez les francs. C'était Clodoald. Le prince, renonçant au trône, venait se placer sous la discipline de l'ermite. Séverin lui ordonna de couper ses cheveux, ce que Clodoald fit sur le champ, et lui prescrivit une retraite en Provence.

Revenu à Paris, « Eusèbe, vingt et unième évêque de Paris, lui « conféra l'ordre de prêtrise » (2) et Clodoald se retira à *Novientum* ou *Novigentum*. « Ce sacré fleuron de la royale fleur, renonçant « aux principautés pour avoir part à l'héritage céleste, prit le froc « des mains de saint Séverin en l'église de ce lieu dit *Nogent-sur-* « *Seine* ». (3)

Le renoncement de Clodoald détermina la sécurité de ses oncles. On dit qu'il se réconcilia avec eux. Si le fait est rien moins que prouvé, il est cependant exact qu'ils lui constituèrent un apanage avec le territoire de *Nogent*, sur lequel, lui-même, fit construire un monastère et édifier une église.

Ce *Nogent*, où se fixait le petit-fils du fondateur de la monarchie française, était une humble bourgade, entourée de forêts épaisses, véritables repaires de loups qui, parfois, ne se gênaient guère pour pénétrer dans Paris. L'accès de ces « sombres forêts » était des plus difficiles et mettait le village à l'abri des incursions des Romains qui, du reste, n'eussent rien trouvé de bon à prendre tant était grande la pauvreté des habitants. Mais l'arrivée de Clodoald fut la cause d'une heureuse transformation. Aidé de quelques personnes que sa piété avait groupées autour de lui, il entreprit le défrichement du sol, et, bientôt, à la place d'une végétation sauvage, tandis que les côteaux se couvrirent de vignes, la plaine produisit de riches moissons.

Le 7 septembre 560, dans son monastère, placé sous l'invocation de saint Martin, Clodoald expira. « Nogent est conséquemment la

---

(1) Grég. de Tours. *Hist. eccl. Francorum.* l. vi. Chap. 24.
(2) Id.   —   Id.   —
(3) Duchesne. *Antiquités.*

« première fondation royale du Royaume des Français » (1).
« A sa mort, dit Vatout (2), il donna à l'évêque de Paris la ville de
« Nogent. C'est la première donation faite à l'Eglise des Gaules ».
Cette donation explique pourquoi les évêques de Paris prirent
toujours le titre de *seigneurs de Saint-Cloud*, car, devons-nous
ajouter, le legs de Clodoald entraîna pour le village un changement
de dénomination et *Noviendum* ou *Novigentum*, c'est-à-dire *Nogent*,
devint *Saint-Cloud*, que Nithard (3), en 841, appelait également
Saint-Floud.

La renommée de Clodoald ne se termina pas avec sa vie. Il avait
acquis, dans le cours de son existence monastique, une telle réputation de sainteté qu'il n'était point possible que des miracles ne
se produisissent pas autour de son tombeau et que ses reliques ne
fussent pas douées de vertus exceptionnelles.

Inhumé au milieu de la crypte de l'église édifiée par ses soins,
son cercueil était d'une seule pièce. « Sa tombe était de marbre
« noir, eslevée, devant les troubles, sur quatre colonnes de por-
« phyre » (4). L'auteur de la *Vie de saint Cloud* (5) dit qu'elle avait
« huit ou dix colonnes de marbre mêlé ». Quoi qu'il en soit, ce
mausolée, détruit par les huguenots, contenait ces trois distiques :

« *Artubus hunc tumulum Chlodoaldus consecrat almis*
« *Editus ex regem stemmate perspicuo.*

« *Qui vetitus regni septum retineri caduci*
« *Basilicam studuit hanc fabricare deo*

« *Œclesiæque dedit matricis jure tenandam*
« *Urbis pontifici luque font parisi* ».

(1) Poncet de la Grave. *Tableau hist. des maisons royales*, etc.

(2) *Souvenirs hist. des résidences royales.*

(3) *Hist. des divisions entre les fils de Louis le Débonnaire.* Lib. III.

(4) Duchesne. *Antiquités.*

(5) Pierre Périer.

qùe Pierre Périer (1), curé de Saint-Cloud à la fin du xviiie siècle,
a traduit ainsi :

« Cloud, du sang de nos rois, ce rejeton si beau
« De ses membres sacrés honore ce tombeau ;
« N'aïant pu conserver un sceptre périssable,
« Il bâtit au vray Dieu ce temple vénérable,
« Dont il donna le titre et la possession
« A son église cathédrale
« Pour en avoir toujours la juridiction
« Comme matrice et principale ».

D'après l'abbé Lebeuf (2), l'auteur de la *Vie de saint Cloud*
n'aurait pas dit, ou n'aurait pas su, tout ce qui concerne les reliques
de ce saint, aussi ne nous a-t-il pas initié à toutes leurs tribulations.

Ainsi que cela se pratiquait vers le ixe siècle, et toutes les fois
qu'on le jugeait nécessaire, les ossements des saints étaient extraits
de leur cercueil pour être mis en sûreté. A l'approche des
Normands, on agit de même pour les restes de saint Cloud et les
religieux les transportèrent dans la cathédrale de Paris où ils les
laissèrent durant cinq années. Le danger passé, ces restes furent
rendus à leur sépulture. C'est de ce tombeau qui « avait sept pieds
« de longueur » (3) que l'évêque Aimery de Magnac exhuma les
reliques de saint Cloud et les fit placer dans le chœur de l'église,
le dimanche 28 avril 1376. L'abbé Lebeuf (4) suppose qu'elles
furent déposées dans l'épaisseur du mur, parce que cinquante-trois
ans plus tard, alors qu'il y avait, pour elles, quelque péril à rester
en évidence, on fit faire une châsse pour les recevoir. « Elle était
« de cuivre doré, enrichie de pierreries, avec deux figures d'argent
« aux deux bouts représentant le saint. Les quatre vers qu'on lisait
« indiquaient l'année et qui supporta la dépense :

« *Anno milemo centum quater sed octo*
« *Supra viginti : tunc tempus certe tenebis*
« *Quo tullit ossa beati Cloaldi capsula presens*
« *Condita devote per Fratres atque Decanum* ». (5)

(1) *Vie de Saint Cloud.*
(2) *Hist. du diocèse de la Ville de Paris.*
(3) Lebeuf. *Hist. du diocèse et de la Ville de Paris.*
(4)   Id.   —   Id.
(5)   Id.   —   Id.

Il n'est donc pas douteux que la châsse fut faite aux frais du Chapitre ; il en fut de même de la translation lorsque, à cause des temps troublés, les reliques furent transportées vers 1429, et demeurèrent jusqu'en 1444 à l'église Saint-Symphorien de la Cité, connue plus tard sous le nom de Chapelle de Saint Luc. Le 12 juillet de cette dernière année, une longue procession se déroulait sur la route, « fut celluy jour reporté le précieux corps de monsieur « Sainct Cloud en la ville du sainct dont il avoit esté aporté pour « les guerres bien avant seize ans ou environ, et avoit esté à Sainct « Symphorien derrière Sainct Denis de la Chartre, celluy temps « en garde dans une châsse, et le vindrent querre les bonnes gens « des villes d'autour Sainct Cloud à procession, en chantant à Dieu « loüanges » (1).

Le 7 septembre de chaque année, anniversaire de la mort du fils de Clodomir, et le 8 mai, jour choisi pour perpétuer la mémoire de la translation à la cathédrale de Paris, les reliques de saint Cloud étaient portées en procession. Elles se composaient, autrefois, d'un os de l'un des bras et de l'os de l'un des doigts. L'os du bras avait été enchâssé séparément afin de pouvoir l'exposer à la vénération des fidèles. Mais, peu de temps après, ce reliquaire fut dérobé. Le voleur, après s'être approprié les matières précieuses, restitua ou fit restituer à Pierre d'Orgemont, évêque de Paris, la relique dont il ne pouvait tirer aucun parti. « Ce prélat enchâssa lui-même la relique dans un nouveau reliquaire » (1). Quant à l'os de l'un des doigts, il fut renfermé dans une boîte de cristal ayant des pieds de vermeil émaillé et ancien. On le portait également en procession le premier mardi de chaque mois.

Il était écrit que ces reliques n'en finiraient pas avec les vicissitudes. A la Révolution, elles furent encore enlevées de l'église paroissiale et profanées. Voici, d'ailleurs, à cet égard, copie d'une lettre que nous avons reçue de M l'abbé Bouché, vicaire de Saint-Cloud. « Au sujet des reliques, voici à peu près le récit qui m'a « été fait par une vieille paroissienne qui le tenait elle-même de sa

(1) *Journal d'un bourgeois de Paris sous le règne de Charles VI.*

(2) P. Perier. *Vie de S. Cloud.*

« grand'mère. En 1791, les reliques ne furent pas transportées à
« Versailles, mais brûlées sur la place. Une partie d'entre elles
« furent sauvées, mises dans un sac de cuir et enterrées dans
« l'ancien cimetière à l'endroit où se trouve aujourd'hui la fosse
« de la famille Tessier. Les recherches faites plus tard pour les
« retrouver sont restées infructueuses, le temps et l'humidité ayant
« tout détruit. Toutefois, un os de l'avant-bras put être soustrait
« par Mme Pottée. Après la Révolution, elle le porta à Versailles.
« L'authenticité en fut reconnue, le 29 mai 1848, par Mgr Gros, et
« l'on déposa cette insigne relique dans une nouvelle châsse, la
« première ayant été détruite. La translation en eut lieu dans
« l'église de Saint-Cloud le 12 juin 1848.

« Une seconde relique, conservée dans une famille depuis la
« Révolution, fut remise à M. Saïler, curé de Saint-Cloud en 1858 :
« c'est une vertèbre dorsale et une partie du suaire.

« Pendant la guerre de 1870, on brisa les glaces du reliquaire ;
« mais on retrouva les deux ossements près de la chasse et l'os de
« l'avant-bras fut replacé dans un tube de cristal facile à enlever
« si de nouveaux dangers venaient à poindre ».

Nous sommes de ceux qui désirent vivement que les légendes
soient ramenées à leur destination primitive. De faux miracles,
des faits imaginaires, des exagérations ou des singularités décorées
d'un nom sacré, portent atteinte à la majesté de la religion,
offensent Dieu *qui est la vérité*, sont une impiété, égarent les âmes
ardentes ou faibles et poussent à l'irréligion les esprits peu éclairés.
Nous ne nous attarderons donc pas dans le récit des miracles
attribués aux reliques de saint Cloud ; mais, à titre de curiosité,
et simplement parce que tout le monde les connaît, nous ferons
mention de deux des légendes concernant ce saint.

Il y a quelques années, on voyait encore, dans le haut de la ville,
sur une pierre, l'empreinte d'un pied qui était, disait-on, celui de
saint Cloud. Cette pierre, de quarante centimètres carrés environ,
ne pouvait être, paraît-il, retournée sans que le côté sur lequel
l'empreinte était marquée revînt à la surface. Voici, d'après un
historien, l'origine de cette légende : (1)

_____

(1) **Jaime.** *Le palais impérial de S. Cloud.*

« Clodoald faisait construire son église et trouvait que les travaux
« allaient trop lentement. Il se rendit sur le bateau qui amenait
« sur la rive les matériaux, prit sur ses épaules une des colonnes
« qui devaient soutenir le temple et monta lestement avec cette
« charge. Mais, arrivé à l'endroit où son pas se voit aujourd'hui,
« son pied glissa et, pour se relever, perdant l'équilibre, il fit un
« effort qui imprima son pied dans la pierre. Depuis, ni le temps
« ni le travail des hommes n'ont pu l'effacer. Cette pierre a donné
« son nom à la petite place près de laquelle elle se trouve et qu'on
« appelle le Pas de saint Cloud ».

Cette pierre n'est plus à sa place primitive. Comme elle gênait
la circulation, elle fut reportée quelques mètres plus loin, sur la
même place, puis déposée dans les sous-sols de l'église paroissiale
où elle est encore actuellement.

La seconde tradition concerne la fontaine dite de Saint Cloud,
située *rue d'Orléans*, vis-à-vis l'ancien hôpital. Dans le passé, on
attribuait à l'eau de cette fontaine la propriété de guérir les
écrouelles. Mais il était nécessaire qu'une cérémonie religieuse
eût lieu auparavant. Le jour de la procession toute spéciale dont
cette fontaine était le but, on trempait l'os du doigt de saint Cloud
dans l'eau où le prêtre décrivait une croix. Dès cet instant, l'eau
était bénite et, employée alors par les malades, elle avait la vertu,
assure-t-on, de guérir leurs maux (1).

Mais revenons au monastère, dont nul ne connaît l'emplacement.
Il existe bien encore, sur la *place de l'Eglise* actuelle, des vestiges
de soubassement qui autorisent les conjectures. Toutefois, nous
ferons remarquer que l'église n'a pas été édifiée sur l'emplacement
occupé par l'ancienne, mais à côté ; de sorte que les traces de
construction visibles contre et sous la maison Desfossés nous
paraissent appartenir plutôt à l'ancien temple.

C'est seulement en 765 que l'on trouve le premier nom d'un
abbé de Saint-Cloud. Il est établi, en effet, que Johannès, abbé de
Sancto Flodoaldo, assista à l'assemblée d'Attignies qui eut lieu en
cette année, avec Lantfrid, abbé de Saint-Germain-des-Prés, et

---

(1) Jaime *Le palais impérial de S. Cloud.*

Fulrad, abbé de Saint-Denis (1). En 811, il y avait une abbaye séculière qu'on appelait *Congregatio fratrum* (2) à laquelle Etienne, comte de Paris et Amaltrude, sa femme, donnèrent, par acte de la même année, des biens considérables (3). Vers 900, le monastère subit une transformation : il devint une collégiale de neuf chanoines. Il en résulta, en même temps, des contestations qui durèrent assez longtemps et nécessitèrent l'intervention papale. Benoit VII, par une bulle datée du 3 des calendes de janvier, c'est-à-dire du 30 décembre 982, confirma à « Eliséard, évêque de « Paris, la possession, entre autres abbayes, de celle de Saint- « Cloud » (4). Dans les monuments ayant trait au passé, nous avons encore trouvé les noms de deux abbés : *Hudo de Sancto Clodoaldo*, qui figure parmi les signataires de la donation, en 1096, de Mont-martre à Saint-Martin-des-Champs (5), *Scherio de Sancto Clodoaldo* dont il est fait mention dans les *Lettres* de Maurice, évêque de Paris en 1191.

Le don de Clodoald à l'évêque de Paris et, par suite, à ses successeurs, eut pour conséquence, avons-nous dit, de les créer *Seigneurs de Saint-Cloud.* Non seulement ils possédaient le monas-tère et les biens qui y étaient attachés, mais ils avaient, en outre, une propriété qui leur était personnelle et leur servait de résidence. C'est là que Guillaume de Seignelai, évêque, atteint de consomption, se retira et mourut le 23 novembre 1223. Plusieurs évêques s'efforcèrent d'augmenter l'étendue de ce domaine dont on ne possède aucun plan et auquel il semble impossible d'assigner un emplacement précis. C'est ainsi qu'en 1256, l'évêque de Paris, Renaud de Corbeil, achète des biens possédés par Jean de Nointel, chevalier et Agnès de Pierènes, sa femme. Ces biens étaient tenus par Roger de Ville d'Airay — Ville d'Avray —, écuyer à dix sols de service. Le même achète également à Roger et à Ragon de

(1) *Annal. Bened* T. III.
(2) *Charta Steph. Comitis in hist. eccl.* Part. T. I.
(3) Guibert *Hist des villes de France.*
(4) Duplessis. *Ann. de Paris.*
(5) Félibien. *Hist. de Paris.*

Balisi tout leur fief de Saint-Cloud (1). En 1282, Ramef de Hom-
blanière, évêque de Paris, réunit à sa seigneurie le fief de Guillaume
de Bécon, chevalier.

Il va sans dire que la suzeraineté des évêques de Paris sur le
village de Saint-Cloud, ou plutôt sur la *ville* comme il était dit en
1134 dans une lettre de Louis VI relative à l'abbaye de Montmar-
tre, entraînait les droits seigneuriaux. En 1290, le droit de chasse
dans les bois de Saint-Cloud, qui n'étaient autres que le bois de
Boulogne actuel, leur fut confirmé ; déjà, en 1218, ils avaient été
mis en possession des moulins existants sur le pont et dont la
propriété était revendiquée par l'abbé de Saint-Denis. Le droit
de taille serve, que les seigneurs avaient de lever une certaine
somme de deniers sur leurs sujets serfs que l'on appelait hommes
taillables, semble avoir été exercé même par Clodoald, au moins
peu de temps avant sa mort. Les évêques de Paris eurent donc
ce même droit qu'ils pouvaient exercer surtout le jour de Saint
André ou 30 novembre. Mais, ils en usèrent avec une telle modération et si rarement que sous Charles VI les habitants de Saint-
Cloud avaient perdu l'habitude de payer cet impôt. Si bien que
sommés de s'exécuter, ils refusèrent. Ils y furent cependant
contraints par une sentence du bailli de l'évêque qu'un arrêt du
Parlement confirma en 1381. Déjà en 1375, alors que le chapitre
de la collégiale comprenait « un doyen électif, un chantre, neuf
« chanoines, un chefcier, un maître et six enfants de chœur » (2) et
que l'évêque nommait aux prébendes, la Communauté avait fait
des difficultés pour payer 100 livres de taille ; elle considérait
cette somme comme beaucoup trop élevée... Une procédure fut
engagée et le Parlement, en 1429, donnant raison à la Communauté, réduisit la taille à vingt-quatre livres, même pour les
années qui restaient dues.

En 1674, par lettres patentes données à Versailles le 7 avril et
enregistrées au Parlement le 18 août 1690, Louis XIV érigea en

---

(1) *Chart. maj Ep. Par. Dubois* Collect. mss.
(2) Poncet de la Grave. *Tabl. hist. des maisons royales, châteaux,* etc.

duché pairie la seigneurie de Saint-Cloud que possédaient suzerai-
nement les archevêques de Paris, et affecta à perpétuité ce titre à
François de Harlay de Champvallon et à ses successeurs. Cet
archevêque s'était montré un des plus chauds partisans de la Cour
dans les querelles du jansénisme et de l'ultramontisme. Ambitieux,
ce prélat avait aspiré à la succession de Mazarin, puis au poste,
plus modeste, de chancelier. Ayant échoué, il dut se contenter de
la direction des affaires du clergé régulier, ministère auquel son
esprit facile et conciliant le rendait éminemment propre et dont il
s'acquitta, d'ailleurs, avec autant de zèle que de succès. D'Agues-
seau, dans ses *Œuvres* (1) nous fait entendre que cet archevêque
était plus attentif à donner de bons conseils qu'à prêcher d'exemple
et les *Lettres* de Mme de Sévigné confirment cette appréciation.

La dignité conférée par Louis XIV aux archevêques de Paris
leur donna droit de prendre place au Parlement : ce titre faisant
de chacun d'eux un conseiller d'honneur né. En 1698, le successeur
immédiat de François de Harlay, prenant part au Conseil d'Etat
privé du roi, eut à rendre un arrêt au sujet du maintien des
« confrères pélerins dans le droit du patronage de l'église Saint-
« Jacques de l'Hôpital ». Au bas de cet arrêt, Messire Louis
Antoine de Noailles, archevêque de Paris signa : *duc de Saint-
Cloud, pair de France* (2). Le dernier qui fit suivre sa signature
de ces titres fut Monseigneur de Quelen, mort en 1839.

Enfin les armes de l'Eglise Métropolitaine de Paris et celles du
duché de Saint-Cloud furent et sont encore : *d'azur semé de fleurs
de lis d'or à la crosse de même posée en pal brochant sur le tout.*

(1) T. XIII, p. 162.

(2) D. Félibien. *Hist. de Paris*

II

ASSASSINAT DE HENRI III

Sans le meurtre exécuté par ordre du roi sur le chef de la Ligue, le duc de Guise, et sur son frère, le Cardinal de Lorraine, les Etats de Blois, 16 octobre 1588, n'occuperaient pas dans l'Histoire la place qu'ils y occupent. Ils n'eussent laissé derrière eux rien d'intéressant, car ils ressemblèrent, ainsi que l'a remarqué de Thou (1) à toutes ces assemblées où l'on discourt beaucoup et où rien ne se décide.

Or, quand, à Paris, parvint la sinistre nouvelle des événements de Blois, la consternation et la terreur se répandirent partout. Le peuple prit le deuil ; aux boutiques l'on mit les volets et les églises se tendirent de noir. Du haut des chaires, le clergé tonna contre le nouvel « Hérode » (2) ; et le curé de Saint-Gervais, nommé Lincestre, poussa la fureur jusqu'à déclarer que les français ne devaient plus reconnaître Henri III et le traita de parjure et d'assassin.

Si, malgré l'état des esprits, à ce moment même où l'abattement contenait encore la violence, un homme sûr, ayant quelque autorité, s'était montré dans Paris au nom du roi; si cet homme avait imposé sa volonté au moyen d'une armée, il n'est pas douteux que devant ce coup d'audace les chefs des factieux se fussent exilés eux-mêmes. D'autre part, le peuple, désormais sans guides et sans

(1) Hist. Mei temporis.
(2) Anagramme de Henri de Valois.

conseils, serait rentré dans le devoir. Mais Henri III était alors un prince irrésolu et son indécision lui fit perdre tout, une fois encore.

Pendant que Henri III clôturait tranquillement les Etats de Blois et assistait aux obsèques de sa mère, les ligueurs s'agitaient, s'efforçaient d'entraîner le peuple dans un soulèvement général. Les confesseurs, surtout, agissaient auprès de leurs pénitents. Mais la plupart de ces derniers, mûs par des scrupules de conscience, repoussèrent, avec énergie, les conseils qui leur étaient donnés sous le couvert de la religion. Alors, le clergé imagina de faire parler la Faculté de Théologie. Sur une requête simulée, la « très « sainte famille de théologie, assemblée au collège de Sorbonne, « pour connaître quels étaient les droits du peuple vis-à-vis du « roi (1) prit la résolution suivante :

« Premièrement, le peuple de ce royaume est délié et délivré « du sacrement de fidélité et obéissance prêté au susdit roi Henri. « En après, le même peuple peut licitement et en assurée cons- « cience, être armé et uni, recueillir deniers et contribuer pour « la défense et conservation de l'Eglise apostolique et romaine, « contre les conseils pleins de méchanceté et efforts dudit roi et « de ses adhérents, quels qu'ils soient, depuis qu'il a violé la loi « publique, au préjudice de la religion catholique, et l'édit de la « sainte union, ainsi que la naturelle liberté de la Convocation « des trois ordres de ce royaume (2) ».

Cette résolution ne fut pas plus tôt connue, que les scrupules s'évanouirent et que le peuple laissa éclater sa colère. La royauté fut abreuvée d'outrages. Tout ce qui était personnel au roi, ses portraits, ses armes, ses statues, fut mutilé, brisé, foulé aux pieds traîné dans les ruisseaux.

« Des processions d'enfants parcouraient les rues ; on en fit une « générale, composée de plus de cent mille, qui partirent du « cimetière des Innocents, et se rendirent à Sainte-Geneviève, « portant chacun un cierge de cire jaune. En entrant dans l'église,

---

(1) Le Bas. *Hist. Moderne.*
(2) Le Bas. *Annales.*

Vue de Saint-Cloud vers 1820.

« ils l'éteignirent et le foulèrent aux pieds, en criant de toute leur
« force : *Dieu éteigne ainsi la race des Valois !* » (1) A ces processions, ou plutôt à ces manifestations d'enfants organisées par des
hommes chargés d'une mission toute de paix et de pardon, de
grandes personnes ne tardèrent pas à prendre part. Le côté simplement ridicule des premières séditions se transforma. Les suivantes eurent alors un caractère licencieux, d'autant plus infâme
que le clergé, continuant à en précéder la marche à travers la
capitale, semblait également en approuver les débordements. En
ces jours sombres, Paris connut de véritables saturnales. Livrés
à leurs instincts, sous l'œil bienveillant d'une autorité qui les
exploitait, et les encourageait même, pour les besoins de sa cause,
les gens du peuple « tant fils que filles, hommes que femmes, qui
« sont tout nus en chemise, tellement qu'on ne vit jamais si belle
chose » (2) allaient à ces processions et y commettaient toutes
les obscénités. Ils ne faisaient, en cela, qu'imiter le duc d'Aumale,
gouverneur de Paris, et quelques jeunes membres de la noblesse
ligueuse, qui. donnant le bras à des filles vêtues d'une manière
indécente, perdaient toute réserve et toute pudeur.

Pendant ce temps, les Seize, par l'intermédiaire de Bussy Leclerc
procédaient à l'arrestation des membres du Parlement, les présidents Achille du Harlay et de Thou, en tête, et les conduisaient à
la Bastille au milieu des huées de la populace. Un autre Parlement,
tout à la dévotion de la Ligue, fut installé et un de ses premiers
actes fut d'enregistrer le décret de la Sorbonne sur la déchéance
du roi (3). A partir de ce moment, il y eut, dans la situation,
une apparence de légalité. C'est alors que le duc de Mayenne
arriva à Paris. Héritier, en quelque sorte, de l'influence qu'avait
le duc de Guise, circonvenu, d'autre part, par la duchesse de
Montpensier, il résista aux offres cependant très avantageuses que
le roi lui avait fait faire. Dès son arrivée, pressé de prendre la

---

(1) Anquetil. *Hist. de France*.

(2) L'Estoile. *Registre journal d'un curieux, sous le règne de Henri III*.

(3) Lebas *Hist. moderne*.

couronne, Mayenne plus timoré ou plus avisé, créa un Conseil
général de l'Union qui, sur ses conseils, proclama roi le vieux
Cardinal de Bourbon sous le nom de " *Charles X* " et le nomma,
lui, lieutenant-général de l'Etat et de la Couronne de France. Bien
qu'il ne fût pas l'homme de ces mesures extrêmes qui, en des
circonstances comme celles que traversait la royauté, font crouler
tout à fait ou relèvent un pays, Mayenne, néanmoins, remplit avec
une certaine habileté les fonctions qui lui étaient confiées. Il se
mit en relation avec Philippe II qui lui promit des hommes et de
l'argent. Par contre. Henri III, négligeait les recommandations de
sa mère : au lieu d'agir avec promptitude et avec résolution, il
était retombé dans sa nonchalance. Cependant sa détresse était
grande et sa position pleine de périls.

Réfugié à Tours, Henri III allait être investi par Mayenne. Le
duc d'Epernon s'efforçait de le faire sortir de sa coupable indo-
lence et, lui montrant l'abandon dont il était l'objet, il ne cessait
de lui conseiller une alliance avec Henri de Navarre. Enfin, la
duchesse d'Angoulême, sœur naturelle du roi, ayant joint ses
instances à celles du duc d'Epernon, Henri III consentit à signer
un traité dont les ministres eurent bientôt arrêté les conditions.
Ensuite, une entrevue eut lieu au château de Plessis-lez-Tours.

« De toute sa troupe, nul n'avait de manteau et de pana-
« che que lui. Tous avaient l'écharpe blanche, et lui vêtu en
« soldat, le pourpoint usé sur les épaules et aux côtés de porter
« la cuirasse, le haut de chausses de velours feuille morte, le
« manteau d'écarlate. le chapeau gris avec un panache blanc où
« il y avait une très belle médaille ». Tel est le portrait qui nous
est resté du Béarnais, lors de son entrevue avec Henri III.

La glace rompue, les deux rois s'entretinrent des événements.
Ayant pénétré la politique tortueuse du pape Sixte V qui avait
refusé d'absoudre le roi pour le meurtre du cardinal et venait de
l'excommunier par la fameuse bulle *In Cana Domini*, le
Béarnais dit à Henri III : « Contre les foudres de Rome, il n'y a
« d'autre remède que de vaincre : vous serez incontinent absous,
« n'en doutez pas ; mais si vous êtes vaincu et battu, vous

2

« demeurerez excommunié, aggravé, voire réaggravé plus que
« jamais ».

Cette alliance ne tarda pas à être connue de la Ligue, et Mayenne
eût montré quelque sagesse en modifiant son plan de campagne.
Mais le duc était d'un naturel quelque peu présomptueux. De
plus, des succès remportés à Vendôme et à Amboise par la Ligue
n'étaient point pour le ramener à plus de modestie. Il persista et
vint attaquer les faubourgs de Tours.

L'audace montrée par le duc de Mayenne eut pour première
conséquence d'arracher Henri III à sa nonchalance. Le roi donna
des ordres et, dans cette escarmouche, chargeant lui-même, il
montra, par son attitude et par son courage, qu'en lui se réveillait
enfin le héros de Montcontour. De cet échec, Mayenne se retira
un peu affaibli. Sa retraite fut d'autant plus précipitée que l'armée
calviniste approchait et allait faire sa jonction avec l'armée royale.
Quand la réunion fut complète, la guerre reprit de plus belle, et
presque partout, en Touraine, en Normandie et en Picardie la
Ligue ne subit que des revers.

A la suite de ces succès, Henri III vint « prendre son logement
« à Saint-Cloud dans la maison qui appartenait pour lors à
« Gondy » (1). De son côté, Henri de Navarre dressait ses tentes
sur les hauteurs de Meudon.

La Ligue n'avait pas été autrement effrayée en apprenant la
réconciliation des deux rois ; mais les triomphes de leurs armées
la frappèrent d'une sorte de terreur. Mayenne ayant perdu de sa
belle assurance ne se faisait aucune illusion sur les suites du siège
qui commençait, et, en même temps qu'il se préparait à vendre
chèrement sa vie, il songeait aussi, avec La Châtre et Villeroi, au
moyen de se défaire de Henri III. De son côté, le clergé ne restait
pas dans l'inaction. Quelques-uns de ses membres, prédicateurs
doués d'un réel talent, possédant supérieurement la faculté de
s'emparer des esprits, d'exalter les imaginations, d'enfiévrer les
âmes et de graver en elles des impressions utiles à leurs sombres

---

(1) Duc d'Angoulème. *Mém. pour servir à l'Hist. de Henri III et de Henri IV.*

projets, prononçaient, du haut de leur chaire, de véritables réquisitoires, d'où, sciemment, la justice était exclue et où dominaient la passion et la haine. A ces éléments de fomentation, la mère et la veuve du duc de Guise, et la duchesse de Montpensier, en ajoutaient d'autres non moins actifs ; elles se montraient sans cesse dans les rues, sur les places publiques ; elles pénétraient même jusque dans les maisons. Les unes, avec leurs vêtements de deuil, leurs longs voiles noirs, leurs larmes, exhibant ainsi leur désespoir, produisaient sur leurs pas une émotion profonde. Leur infortune inspirait une pitié sincère et dans l'âme du peuple la pitié ne va pas sans le dévouement. Certes, elles étaient dignes de la plus grande commisération et l'Histoire ne leur a point marchandé la sienne ; mais combien elles en eussent été plus dignes encore si elles avaient dérobé leur douleur à la vulgarité des regards et ne l'avaient prêtée ou fait servir à de criminels desseins. Quant à la duchesse de Montpensier, elle était non seulement l'ennemie politique de Henri III, mais encore elle avait contre lui, des griefs personnels d'une nature plus intime ; elle ne pardonnait pas au roi de s'être permis des plaisanteries sur la légère claudication dont elle était atteinte. D'une violence extrême, incapable de contenir ses emportements, susceptible des pires actions pour satisfaire son désir de vengeance, elle allait, en de violentes harangues, semant la haine sur son chemin, s'efforçant d'insuffler à tous ses auditeurs les sentiments effroyables qui l'animaient elle-même à l'égard de Henri III.

La surexcitation dans laquelle la population de Paris était ainsi soigneusement entretenue ne pouvait manquer d'avoir les résultats qu'espéraient, en secret, les chefs de la Ligue. Aussi, un jour que Mayenne et quelques-uns des principaux ligueurs tenaient conseil, Bourgoing, le prieur des Jacobins de Paris, vint-il leur proposer de les débarrasser de Henri III. Pour cela, il leur offrit le bras d'un de ses moines déjà presque résolu au meurtre du roi. Ce moine, c'était Jacques Clément.

L'esprit toujours sombre et mélancolique, le caractère ardent et inquiet, l'imagination déréglée, ignorant et grossier, fanatique et libertin, parlant continuellement d'exterminer les hérétiques, tel était celui que ses confrères appelaient le *Capitaine Clément*. Il était né à Serbonne, village situé près de Sens, et avait vingt-deux ans à peine. Son supérieur, Bourgoing, un des plus ardents ligueurs, au courant des intentions des chefs de la Ligue, n'avait pas tardé à comprendre le parti qu'il pouvait tirer de la nature impressionnable et farouche de Jacques Clément. Dès lors, pendant le jour, on ne cessait de présenter à l'imitation du jeune moine l'exemple de Judith délivrant sa patrie par le meurtre d'Holopherne ; la nuit ses supérieurs lui apparaissaient sous la forme de fantômes ayant une épée nue à la main. « Les ligueurs ou ceux de « l'union ont publié que Dieu mesmes l'avoit commandé par un « ange, et qu'une nuict Jacques Clement estant en son lict, Dieu « lui envoya son ange en vision, lequel auec grande lumière se « présenta à luy, et luy montra un glaive nud lui disant ces mots : « Frère Jacques, je suis messager de Dieu tout puissant, qui te viens « accrtener que par toy le tyran de France doit estre mis à mort, « pense donc à toy comme la couronne de martire t'est aussi « préparée. — Cela dit, l'ange se disparut » (1). Le malheureux finit par acquérir la conviction que Dieu l'avait désigné pour aller tuer le roi. Toutefois Jacques Clément hésitait encore. Après la proposition de Bourgoing, Mayenne et les Seize voulurent le voir et s'efforcèrent de le décider. Peut-être n'y fussent-ils point parvenus si la duchesse de Montpensier n'avait jugé à propos d'intervenir. Des contemporains assurent que la sœur du duc de Guise était l'âme de cette infernale machination et ils ajoutent que dans son entrevue avec Jacques Clément « elle usa de tous ses « moyens de séduction », qu'elle « fit naître dans l'âme du moine « d'infâmes désirs » et qu'elle les satisfit « pour achever de le « déterminer ».. Hâtons-nous de dire que rien n'est moins prouvé, mais n'est-ce pas déjà trop pour la mémoire de la duchesse que d'avoir permis qu'on pût lui prêter une participation aussi infâme à cet odieux complot...

Maintenant, laissons parler l'Estoile (2).

(1) Palma Cayet. *Chron. Novenaire.*
(2) *Rég. journal d'un curieux, sous le règne de Henri III.*

« Le lundi, dernier jour du mois de juillet – 1589 – les Parisiens
« estonnés de se voir si estroictement investis et serrés, et enten-
« dans que le Roy (qu'ils appelaient Henri de Valois) logé en la
« maison de Gondi à Saint-Cloud, se mettoit parfois aux fenestres,
« regardant vers Paris et disant : Ce seroit grand dommage de
« ruiner et de perdre une si belle et bonne ville. Toutefois, si
« faut-il que j'ai ma raison des mutins et rebelles qui sont là
« dedans, qui m'ont ainsi chassé ignominieusement de ma ville
« (aidés et soutenus des Guisards, desquels je suis en partie vengé,
« comme aussi je suis résolu de me venger du reste et entrer en
« leur ville, plustôt qu'ils ne pensent).

« Mesme estans bien advertis que le dimanche pénultième de
« juillet, le Roy s'estoit vanté que, sans doute, il entreroit le mardi
« ou le mercredi en suivant, ils firent resserrer en toutes les
« prisons de Paris, environ trois cens bourgeois de la ville des
« plus apparens et notables, de ceux qu'ils apeloient politiques et
« huguenots (lesquels ils soubsonnoient de favorizer le parti du
« Roy en leur cœur. Et pour tels prirent ceux qu'ils voulurent,
« les baptizans de ces beaux noms à leur plaisir)... (1).

« Dans la soirée du 31 juillet 1589, La Guesle, le Procureur
« Général au Parlement de Paris, en compagnie de son frère,
« revenait du village de Vanvres où il avoit une maison de plai-
« sance. Il alloit à Saint-Cloud, retrouver Henri III qui occupoit
« le château de Jérôme Gondy. Chemin faisant, il se croisa avec
« un moine qui, sous l'escorte de deux soldats de l'armée du roi,
« se dirigeoit du même côté. Quel est cet homme, leur demanda-
« t-il ? — Il est sorti ce matin de Paris, répondirent-ils, et il se
« dit porteur d'avis importants pour Sa Majesté (2) ».

Nous savons que l'offre du prieur Bourgoing avait été acceptée
et nous savons également par quels artifices on était parvenu à
vaincre les dernières hésitations de Jacques Clément. Mais la

---

(1) Le duc de Mayenne fit arrêter un grand nombre de politiques — fidèles au roi — et les fit mettre à la Bastille où leur existence, comme il fut dit à Clément, répondait de la sienne. De Thou. *Hist. mei temporis.* Nevers : *Mémoires*, etc.

(2) **La Ferrière.** *Henri IV Le Roi. L'amoureux.*

grande difficulté était de fournir au moine le moyen de pénétrer jusqu'au roi. Pour la surmonter, les chefs de la Ligue, ou le prieur lui-même, surprirent la confiance de M. de Brienne qui délivra un sauf conduit dont l'original contresigné Charles de Luxembourg est conservé aux manuscrits de la Bibliothèque et dont voici le texte :

« Le comte de Brienne et de Ligny, gouverneur et lieutenant « général pour le Roy à Metz et pays messin :

« Nous, gouverneurs, leurs lieutenans, cappitaines, chefs et « conducteurs de gens de guerre, tant de cheval que de pied, à « tous ceux qu'il apartiendra, salut. Nous vous prions et réqué- « rons vouloir seurement et librement laisser passer et repasser, « aller, venir et séjourner, frère Jacques Clément, Jacobin, natif « de Xans (1) sous Bourgongne, de présent estudiant en ceste ville « de Paris, s'en allant en la ville d'Orléans, sans luy donner, ni « permettre qu'il luy soit donné aulcuns empeschemens, ains luy « donner toute la faveur, aide et assistance qu'il vous requerra, et « en cas semblable nous fairons le semblable en vostre endroit.

« Escrit au Chasteau du Louvre, à Paris, le XXIXᵉ jour de « juillet 1589

         « de Brienne de Ligny

     « Charles de Luxembourg

« Par Monseigneur

    « de Gorse ».

La lecture de ce document prouve que, pour obtenir ce sauf conduit, il fallut dissimuler le véritable endroit où se rendait Jacques Clément. Quant à la lettre dont il était porteur et grâce à laquelle il devait parvenir jusqu'au roi, beaucoup d'historiens ont prétendu qu'elle était du premier Président du Parlement Achille de Harlay. Or, nous savons que l'homme qui fit au duc de Guise cette fière réponse : « C'est grand pitié quand le valet chasse le « maître. Au reste, mon âme est à Dieu, mon cœur est au roi, et « mon corps aux méchans ; ils en feront ce qu'ils voudront. Vous

---

(1) Sens.

« me parlez d'assembler le Parlement, mais quand la majesté du
« prince est violée, le magistrat n'a plus d'autorité », — nous
savons que cet homme était à la Bastille et il est infiniment probable qu'il n'eût point prêté son concours aux ennemis de Henri
III. D'ailleurs les *Mémoires* de l'époque contiennent une lettre du
Procureur Général La Guesle, dans laquelle il donne le texte de
celle qui fut remise au roi par son assassin.

Mais poursuivons notre récit.

Sur l'affirmation du moine, La Guesle le fit monter en croupe
derrière son frère. A toutes les questions que, chemin faisant, le
procureur crut devoir lui poser, le moine répondit avec beaucoup
d'assurance et ce fut ce qui lui permit de croire qu'il était réellement envoyé par M. de Harlay.

« Il estoit environ huict heures du matin quand le Roy fust
« adverti qu'il y avoit un moine de Paris qui désiroit de lui
« parler, et estoit sur sa chaise percée aiiant une robe de chambre
« sur ses épaules (sans estre aucunement habillé) lorsqu'il
« entendist que ses gardes faisoient difficulté de le laisser entrer,
« dont il se courrouça et dist qu'il vouloit qu'on le fist entrer et
« que si on le rebutoit on diroit à Paris qu'il chassoit les moines
« et ne les vouloit voir. Incontinent le Jacobin entra, et aiiant son
« cousteau tout nud en sa manche, se présenta au roy lequel
« venoit de se lever et n'avoit encore ses chausses attachées et lui
« aiiant fait une profonde révérence, lui présenta une lettre, dit·
« qu'outre le contenu de la lettre (1) il estoit chargé de dire à Sa

---

(1) Voici le texte de la lettre d'après le Procureur Général La Guesle :

Sire,

Le présent porteur vous fera entendre l'état de vos serviteurs et la façon de laquelle ils
sont traités, qui ne leur ôte néanmoins la volonté de vous faire très humble service et sont
en plus grand nombre peut-être que Votre Majeste n'estime. Il se présente une belle occasion
sur laquelle il vous plaira faire entendre votre volonté, et suppliant très humblement croire
le présent porteur en tout ce qu'il vous dira.

✟

Journal du règne de Henri III. T. I, p. 124.

« Majesté quelque chose d'importance en secret. Le Roy (ne doutant
« aucun meschef ne pouvoir lui advenir de la part de ce petit chétif
« moine) commanda que ceux qui estoient près de lui (1) se retiras-
« sent. Et, ouvrant la lettre qu'il lui avoit baillée, la commença à
« lire, pour puis après entendre du moine le secret qu'il avoit à lui
« dire. Lequel le voiiant ententif à lire, tira de sa manche un
« cousteau et lui en donna droit dans le petit ventre, audessous du
« nombril, si avant qu'il laissa le cousteau au trou : lequel aiiant
« le Roy à l'instant retiré à grande force, en donna un coup de la
« pointe sur le sourcil gauche du moine et tout aussitôt commença
« le Roy à s'écrier : Ah ! le meschant moine, il m'a tué, qu'on le
« tue ! auquel cri estant vistement accourus ses gardes et
« autres (2) ceux qui se trouvèrent les plus près, massacrèrent ce
« petit assassin de jacobin aux pieds du Roy. Et sur ce que
« plusieurs estimoient que ce fust quelque soldat desguisé, estant
« cet acte trop hardi pour un moine, aiiant esté incontinent osté
« tiré mort de la chambre du Roy [pour estre mieux recongneu (3)]
« fust dispouillé nud jusqu'à la ceinture, couvert de son habit et
« exposé au publiq [mais il ne fust recongneu par aucun pour
« autre qu'il estoit, à sçavoir pour un vrai moine duquel on se
« devoit garder de tous costés comme d'une mauvaise beste (4)»].

Voltaire (5) a également fait le récit de cet abominable forfait :

. . . .

« La garde au yeux du Roi le fait enfin paraître.
« L'aspect du souverain n'étonna point ce traître.
« D'un air humble et tranquille il fléchit les genoux :
« Il observe à plaisir la place de ses coups ;

---

(1) Bellegarde et du Hallier.

(2) Le Procureur Général La Guesle fut un des premiers à se rendre à l'appel et ce fut lui qui, de son épée, transperça Jacques Clément. Chron. Noven. Mathieu. *Hist. de Henri III.*

(3) On conserve également aux manuscrits de la Bibliothèque Nationale l'original du procès verbal d'information et de déposition des témoins sur la mort de Henri III rédigé et signé par Du Plessis, grand prévost de France, ainsi qu'un autre procès-verbal de confrontation, tous deux datés de St-Cloud le 1er août 1589.

(4) L'Estolle. *Reg. journal d'un curieux sous le règne de Henri III.*

(5) *La Henriade.*

Cascades du Château de Saint Cloud

« Et le mensonge adroit qui conduisait sa langue,

« Lui dicta cependant sa perfide harangue.

« Souffrez, dit-il, grand roi, que ma timide voix,

« S'adresse au Dieu puissant qui fait régner les rois ;

« Permettez, avant tout, que mon cœur le bénisse

« Des biens que va, sur vous, répandre sa justice.

« Le vertueux Pothier, le prudent Villeroy,

« Parmi vos ennemis, vous ont gardé leur foi ;

« Harlay, le grand Harlay, dont l'intrépide zèle

« Fut toujours formidable à ce peuple infidèle,

« Du fond de sa prison réunit tous les cœurs,

« Rassemble vos sujets et confond les ligueurs.

« Dieu qui bravant toujours les puissants et les sages,

« Par la main la plus faible accomplit ses ouvrages,

« Devant le grand Harlay lui-même m'a conduit.

« Rempli de sa lumière, et par sa bouche instruit,

« J'ai volé vers mon prince et vous tends cette lettre,

« Qu'à mes fidèles mains, Harlay vient de remettre.

« Valois reçoit la lettre avec empressement.

« Il bénissait les cieux d'un si prompt changement ;

« Quand pourrai-je, dit-il, au gré de ma justice,

« Récompenser ton zèle et payer ton service ?

« En lui disant ces mots, il lui tendait les bras.

« Le monstre, au même instant, tire son coutelas,

« L'en frappe, et dans le flanc l'enfonce avec furie.

« Le sang coule, on s'étonne, on s'avance, on s'écrie ;

« Mille bras sont levés pour punir l'assassin :

« Lui sans baisser les yeux les voit avec dédain ;

« Fier de son parricide et quitte envers la France,

« Il attend à genoux la mort pour récompense :

« De la France et de Rome il croit être l'appui,

« Il pense voir les cieux qui s'entrouvent pour lui,

« Et demandant à Dieu la palme du martyre,

« Il bénit, en tombant, les coups dont il expire.

« Aveuglement terrible, affreuse illusion !

« Digne à la fois d'horreur et de compassion ;

« Et de la mort du roi moins coupable peut-être,

« Que ces lâches docteurs ennemis de leur Maitre,

« Dont la voix répandant un funeste poison,

« D'un faible solitaire égara la raison.

. . . .

. . . .

Appelés en toute hâte, les médecins et les chirurgiens, après avoir examiné la plaie de Henri III ne crurent pas tout d'abord à un danger immédiat. Le roi lui-même ne ressentant pas une grande souffrance, partageait leurs illusions.

« Dieu qui a le soin des siens, fit-il écrire dans la journée du
« 1er août à Duplessis Mornay, n'a pas voulu permettre que sous
« la révérence que je porte à ceux qui se disent voués à son
« service, son très humble serviteur perdit la vie, me l'ayant
« conservée par sa grâce, faisant glisser le couteau de façon que
« ce ne sera rien et que, dans peu de jours, il me donnera la
« santé première et la victoire de mes ennemis (1) ».

Instruit de l'événement, Henri de Navarre se rendit en toute hâte à Saint-Cloud où dès que Henri III connut son arrivée le fit venir auprès de lui. « Mon frère, dit Henri de Valois, vous voyez
« l'estat auquel je suis ; puisqu'il plait à Dieu de m'appeller, je
« meurs content en vous voyant auprès de moy. Dieu en a ainsi
« disposé, ayant eu soing de ce royaume, lequel je vous laisse en
« grand trouble. La couronne est vostre après que Dieu aura foit
« sa volonté de moy. Je le prie qu'il vous face la grâce d'en jouyr
« en bonne paix. A la mienne volonté qu'elle fust aussy florissante
« sur vostre teste, comme elle a esté sur celle de Charlemagne.
« J'ay commandé à tous les officiers de la couronne de vous
« recognoistre pour leur roy après moy (2) ».

---

(1) Mém. et Corresp. de Duplessis Mornay. Ed. de 1851. T. IV.

(2 Palma Cayet. Chron. Novenaire.

Malgré ces paroles qui semblent prouver que Henri III avait le pressentiment de sa fin prochaine, Henri de Navarre, comme tout le monde, s'en rapportant aux dires des chirurgiens, partageait la quiétude générale. C'est ainsi que quelques instants après il écrivait à Monsieur de Souvré : « La prospérité des affaires du roy « après la reddition de Pontoise et la prise du pont de Saint- « Cloud que les ligueurs ont quicté laschement, à bien cuidé « estre changée par le plus malheureux acte qui fut jamais « commis ; mais Dieu a préservé Sa Majesté miraculeusement « pour rendre, comme je crois, ses ennemis plus coupables et en « advancer la ruine. La résolution de cet hypocrite caphard s'est « exécutée ; le coup s'est donné ; mais il n'a pas porté coup comme « il espéroit : tellement que nous sommes asseurés de la guérison. « Vous pouvez penser quel ennui ce nous a esté, du commence- « ment. J'estois près les faux-bourgs Saint-Germain (1) quand le « Roy m'a mandé que je le vinsse trouver. Estant, il m'a com- « mandé de tenir le conseil. Cest acte, au reste, nous a tous « redoublé le courage et le désir de le venger sur la teste de ses « ennemys, qui, voyant leur desseing n'avoir réussi à leur gré, en « cresveront de despit et sentiront bien tost l'horreur de leur « jugement. Tenez touttes choses en vostre gouvernement en « estat, qu'il n'y arrive aucune altercation ; vous ayant bien « voulu escrire la présente pour vous tesmoigner que Sa Majesté « est hors de danger et que dans six jours elle pourra monter à « cheval. Asseurez-vous aussi, Monsieur de Souvré, de mon « amitié et croyez que je suis

« Votre plus affectionné et meilleur amy

« Henri

« A Saint Cloud ce premier d'aoust.

« L'advis que j'ay eu de la disposition du roy, depuis la présente « escripte, me fait maintenant changer de style, estans les chirur- « giens en grand doubte de sa guérison. S'il en advient faulte que « Dieu veuille, je te prie, mon amy, de me vouloir estre tel que je

---

(1) Et non pas à Meudon, comme l'ont dit tous les historiens.

« me suis toujours promis. Je m'asseure qu'un bon cueur n'aymera
« jamais la ligue, ayant fait un si malheureux acte » (1).

En effet, « sur les deux heures après minuit son mal rengregea
« si fort, que luy mesme commanda audit Boulogne, son chapelain
« de cabinet, d'aller prendre le Sainct Sacrement, affin que s'estant
« encore confessé il le pust adorer et recevoir pour viatique :
« — Car, disoit-il, je juge que l'heure est venue que Dieu veut
« faire sa volonté de moy. — Ce qui fut cause que les officiers
« qui l'assistoient luy dirent plusieurs choses, affin de le consoler
« pour attendre la mort en patience, et luy leur respondit : — Je
« recognois, mes amis, que Dieu me pardonnera mes pechez par
« le mérite de la mort et passion de son fils Nostre Seigneur Jesus
« Christ. — Puis incontinent, il leur dit : — Je veux mourir en la
« creance de l'Eglise catholique, apostolique et romaine. Mon
« Dieu pardonne moy et me pardonne mes pechés. Et ayant dit
« In manus tuas, Domine, &ª et le psalme Miserere mei, Deus.
« lequel il ne put du tout achever pour ce que l'on luy dit :
« — Sire, puisque vous désirez que Dieu vous pardonne, il faut
« premierement que vous pardonniez à vos ennemis. — Sur quoy
« il respondit : — Ouy, je leur pardonne de bien bon cœur.
« — Ne pardonnez vous pas aussi à ceux qui ont pourchassé
« vostre blessure ? — Je leur pardonne aussi, respondit il, et prie
« Dieu leur vouloir pardonner leurs fautes, comme je désire qu'il
« me pardonne les miennes. — Après s'estre encore confessé audit
« Boulogne, la parole luy estant devenue basse, ledit Boulogne
« luy donna l'absolution, et peu après, ayant perdu du tout la
« parole, il rendit l'âme à Dieu, faisant par deux fois le signe de
« la croix, et ainsi mourut, au grand regret de plusieurs de ses
« officiers et subjects. (2)

Henri de Navarre revenait en toute hâte pour recevoir les adieux
du roi, mais il était déjà trop tard. Comme il entrait dans Saint-
Cloud avec vingt-cinq gentilshommes, il entendit ce cri, dans la
rue : « Nous sommes perdus, le Roi est mort ! »

---

(1) Lettres de Henri IV.

(2) Palma Cayet *Chron. Novenaire.*

A l'ouverture du corps de Henri III « les chirurgiens trouvèrent
« le coup de sa blessure tel qu'il ne pouvoit naturellement
« eschapper, car il avoit le mésentaire coupé avec les veines
« mésaraïques desquelles il estoit sorti grande quantité de sang
« dès l'instant de sa blessure... Son corps embaumé, mis en
« plomb fut par le Roi de Navarre... fait porter en l'abbaïe de
« Sainte Cornille de Compiègne qui estoit tenue par ceux de leur
« parti... Ses intestins furent enterrés au costé du maistre autel de
« l'église de Saint Cloud » (1).

Un monument, dont nous ferons la description au chapitre concernant *l'Eglise* fut élevé à la mémoire du dernier des Valois.

Lorsqu'on apprit, à Paris, la mort de Henri III, la ville s'anima
d'une façon extraordinaire. On alluma des feux de joie. Dans les
églises, les prédicateurs firent l'éloge de Jacques Clément. Son
portrait fut gravé et placé sur les autels. Au bas de l'image du
moine assassin on lisait ces vers :

> « Un jeune jacobin nommé Jacques Clément,
> « Dans le bourg de Saint Cloud une lettre présente
> « A Henri de Valois, et vertueusement
> « Un couteau fort pointu dans l'estomac lui plante ».

L'abbé de Longuerne (2) prétend qu'on délibéra en Sorbonne si
on demanderait à Rome la canonisation du jacobin ; il fut également
question de lui élever une statue dans l'église Notre-Dame.

La duchesse de Montpensier ne pouvait rester indifférente au
succès de la tentative de Jacques Clément. Elle sauta au cou de
celui qui, le premier, lui en apporta la nouvelle. Elle s'écria,
transportée de joie : « Ah ! mon ami, soyez le bienvenu ! Mais
« est-il bien vrai, au moins ? Ce méchant, ce perfide, ce tyran,
« est-il mort ? Dieu, que vous me faites aise ! Je ne suis marrie
« que d'une chose, c'est qu'il n'ait su, avant de mourir, que c'est
« moi qui l'ai fait faire !... »

---

(1) L'Estoile. Déjà cité.

(2) *Recueil de pièces intéressantes pour servir à l'Hist. de France.*

Paroles horribles que rien ne peut excuser, surtout de la part d'une femme et qui, si elle les prononça réellement, corroborent les accusations portées contre elle par ses contemporains et ne laissent aucun doute sur la part qu'elle eut dans le crime de Jacques Clément. Quoi qu'il en soit, dès qu'elle connut la mort du roi, elle monta en carrosse avec sa mère, la duchesse de Nemours, et parcourut les rues de Paris en criant : « Bonnes nouvelles !... » Son hôtel fut assiégé par la foule, car ayant recueilli chez elle la mère du moine, tout le monde voulait voir cette pauvre villageoise à laquelle les séditieux harangueurs de la Ligue eurent le cynisme d'appliquer ces paroles de l'Ecriture : « Heureux le ventre qui t'a porté ; bénies soient les mamelles qui t'ont allaité !... » Enfin, sur les instances de la duchesse de Montpensier, le conseil général de l'union fit une pension à la mère du meurtrier.

Au lendemain de la mort de Henri III, le roi de Navarre réunit son conseil et prescrivit l'ouverture d'une procédure qui ne fut ni longue ni difficile. Le coup d'épée de La Guesle avait été porté plus qu'inconsidérément. En sa qualité de magistrat, il eût dû retenir son bras et songer que la mort de l'assassin aurait pour conséquence immédiate l'impossibilité de connaître ses complices et d'assurer leur impunité. Quelques historiens, se livrant à des conjectures, se sont demandés si la précipitation mise par le procureur La Guesle à frapper le meurtrier de Henri III n'avait pas été voulue et si elle n'avait pas eu pour but d'empêcher des révélations trop dangereuses pour certains personnages. D'autres historiens ont nettement accusé le procureur général d'avoir, en agissant ainsi, voulu mettre Jacques Clément dans l'impossibilité de parler. Quoi qu'il en soit, on fit, selon l'usage, le procès au cadavre et le jour même le roi de Navarre rendit une ordonnance dont voici la teneur :

« Le Roi estant en son Conseil, après avoir ouy le rapport fait
« par le sieur de Richelieu, chevallier de son ordre, Conseiller en
« son Conseil d'Estat, prévost de l'hostel et grand prévost de
« France, du procès fait au corps mort de feu Jacques Clément,
« jacobin, pour raison de l'assassinat commis en la personne de
« feu de bonne mémoire Henry de Valois, naguère roy de France

« et de Polongne : Sa Majesté de l'advis de son dit Conseil, a
« ordonné et ordonne que ledit corps dudit feu Clément soit tiré à
« quatre chevaux ; ce fait, ledit corps bruslé et mis en cendres et
« jettées en la rivière à ce qu'il n'en soit à l'advenir aucune
« mémoire.

« Fait à Saint Cloud, sa dite Majesté y estant, le deuxième jour
« d'aoust mil cinq cens quatre vingt neuf

Signé : Henry.

Et plus bas : Ruzé.

Le même jour, Duplessis, grand prévost, exécuta la sentence
« en la place qui est devant l'église dudit bourg Saint Cloud ».

Pendant ce temps Sixte V lui-même, en plein Consistoire,
comblait de louanges le crime du régicide. Méconnaissant outra-
geusement les exigences de sa dignité pontificale, il osa comparer,
pour l'utilité, le meurtre du roi à l'incarnation et à la résurrection
du Sauveur ; au point de vue de l'héroïsme, il plaça Jacques
Clément au-dessus de Judith et d'Eléazar, et il ne craignit pas
d'ajouter que ce grand exemple avait été donné afin que chacun
connût la force des jugements de Dieu. A ce révoltant panégyrique,
l'on répondit, il est vrai, par un livre intitulé : *Anti-Sixtus* et par
un discours, en français, qui a pour titre : *Le Fulminant*. Malheureusement, ces deux écrits contenaient plus d'aigreur que de
raisons.

Dans le même temps, un citoyen dont le nom est resté ignoré
fit une espèce d'élégie sur Henri III. Poncet de la Grave (1) la
donne comme l'ayant trouvée lui-même, dans un recueil de monuments du temps, à la bibliothèque Saint-Victor. Comme elle a trait
aux événements que nous racontons, nous la reproduisons :

« Vers sur l'assassinat traitreusement commis en la personne
« du Très chrétien Roi de France et de Pologne, Henri III du nom.

« Au roi Henry IV à Saint Cloud

« Le cruel Lycaon en un loup transformé
« Point ne change de cueur, ains toujours et pourchasse

(1) Déjà cité.

« D'exterminer en tout de Jupiter la race,
« Tant il a son esprit à meurtrir acharné.
« Mais voyant libre accès ne lui être donné,
« Vers l'Hercule françois en sa loupine face,
« Il court, il va et vient, et tant enfin tracasse
« Qu'en habit de brebis, il paroit transformé.
« Sous cet habit masqué il est si impudent
« D'attaquer notre roi trop bon et confiant ;
« Si qu'avec un cousteau d'un coup mortel le blesse ;
« Mais notre Dieu qui hait tous ces séditieux
« Rendra d'un *quart Henri* les bras victorieux
« Pour punir cette race hypocrite et traîtresse ».

Enfin, comme il arrive toujours, les jacobins après avoir approuvé le crime, le réprouvèrent par la suite et tentèrent de l'imputer à quelque huguenot déguisé en moine ; mais leurs protestations et leurs efforts ne purent rien contre les faits. Et, d'ailleurs, l'historien Mathieu dit avoir appris de Henri IV lui-même que « Jacques Clément, sur les conseils de Mayenne et de « La Chapelle Marteau, secrétaire de la Ligue, devait, s'il n'avait « pas été tué par La Guesle, rejeter la responsabilité du meurtre « sur le comte de Soissons, afin de rendre la cause du Roi de « Navarre plus odieuse et animer contre lui tous les catholiques » (1).

(1) Hist. de Henri IV.

3

III.

PRÉCIS HISTORIQUE

En dehors des faits qui ont déjà trouvé leur place, ou qui la trouveront dans le cours des différents chapitres de cet ouvrage, il en est d'autres, ayant eu Saint-Cloud pour théâtre, qu'il est à peu près impossible de relier entre eux. Tels sont, par exemple, ceux qui sont du domaine de l'Histoire de France, qui lui appartiennent et dont le récit ne saurait être fait sans lacunes ou sans constituer un volume. Il nous a paru plus rationnel, plutôt que de les laisser dans l'ombre, de donner ces faits, précédés de leurs dates et sous une forme assez développée cependant pour qu'il soit facile de comprendre immédiatement à quel événement de notre Histoire ils se rattachent.

Donc, dans la nomenclature suivante on trouvera, en une sorte de chronologie, non seulement les faits relevant de l'Histoire de France, mais encore ceux qui concernent le Pont, les Couvents et l'Hospice pour lesquels nous n'avons pas cru devoir faire des chapitres spéciaux.

582 (Hist. de F.)

Un traité d'alliance fut signé entre Chilpéric et Childebert II, roi d'Austrasie. (Comte Fleury. *Le Palais de Saint-Cloud*).

841 (Pont)

Déjà le pont de Saint-Cloud existait. Nous avons vainement recherché à quelle époque remontait la construction du premier pont de Saint-Cloud. En cette année, Charles le Chauve fit camper son armée entre Saint-Denis et Saint-Cloud afin d'empêcher l'armée de son frère Lothaire d'y passer. *Ipse Carolus e*

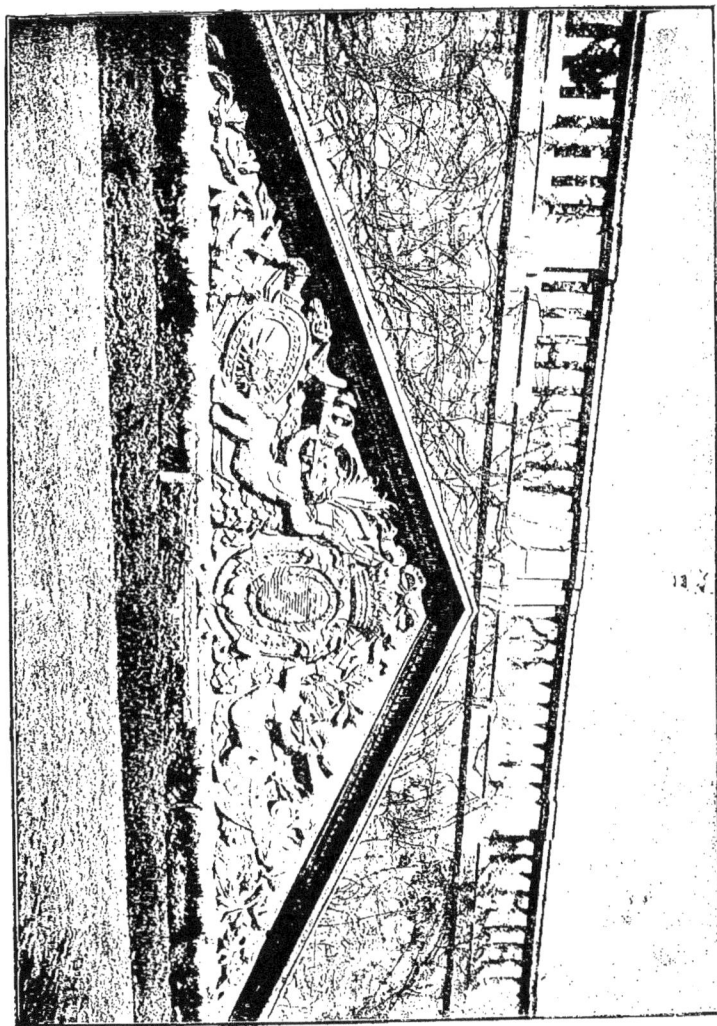

Le fronton du Château de Saint-Cloud
reconstitué dans le mur de la terrasse du Château d'Euxinograd.
Communication de M. Lever Kuhu, bibliothécaire de S. A. R. le prince Ferdinand de Bulgarie

*regione Sancti Dionisii juxta Sanctum Fluvaldum castra meditallio
posuit.* (Poncet de la Grave. Déjà cité).

845 (Hist. de Fr.)

Des débris de l'empire de l'empire de Charlemagne des royaumes
s'étaient constitués, mais chacun d'eux était consumé par les
guerres et par les luttes intérieures. Les frontières étaient abandonnées aux étrangers ; les terres restaient incultes et la famine
moissonnait des populations entières. Tel était l'état de la France
lorsque l'invasion des Normands vint s'ajouter à toutes ces
calamités. Audacieux et féroces, sans cesse excités par une vie
continuelle de brigandage, ils s'avancèrent jusqu'à Argenteuil.
Mais là, ils éprouvèrent quelque hésitation à passer outre et à
franchir l'île Saint-Denis où se trouvaient les forces du roi de
France. Enfermé à Saint-Denis même par une sorte de terreur,
Charles ne songeait à rien, même pas à leur barrer la route. Son
inaction enhardit les Normands qui se dirigèrent sur Saint-Cloud
où ils arrivèrent le samedi saint 28 Mars 845. (Ann. de St-Bertin).

856-57 (Hist. de Fr.)

Les hauts barons avaient érigé l'égoïsme en principe. Chacun
d'eux vivait pour soi et refusait toujours de se mesurer avec les
Normands s'il n'était réellement menacé. Ne tenant même aucun
compte des mandements du roi, ils ne se secouraient pas les uns
les autres ; et, souvent, plutôt que de combattre, ils se débar-
rassaient, à prix d'or, des envahisseurs qui revenaient, toujours
plus avides. Lors de l'invasion de 856-57, Saint-Cloud fut particulièrement éprouvé. Au reste, le pays tout entier fut en proie à la
dévastation, au pillage, à l'incendie. La désolation était si grande
qu'elle inspira des plaintes amères à un contemporain : « Qui eût
« jamais pu croire, s'écrie-t-il, que des pirates seraient venus
« humilier un royaume si glorieux, si puissant, si populeux !... »
(Paschal Radbert, abbé de Corbie).

864-866 (Hist. de F.)

Un détachement de deux cents Normands, se dirigeant sur Paris, passe par Saint-Cloud et y fait une importante réquisition de vivres et de vin.

1301 (Hist. de Fr.)

Philippe le Bel avait pour frère Charles de Valois, prince brillant, mais ambitieux, avide, toujours mécontent et prétendant sans cesse à une couronne. N'ayant pu être ni roi d'Aragon, ni empereur d'Allemagne, Charles de Valois, devenu veuf de Marguerite, fille du roi de Naples, songea au trône de Constantinople. Dans ce but il forma le projet d'épouser Catherine de Courtenay, impératrice titulaire de Constantinople d'ailleurs dépossédée de son trône par les Grecs. Philippe le Bel donna son assentiment à ce projet auquel s'opposait, cependant, le lien de parenté existant entre les deux fiancés. Une dispense étant nécessaire, elle fut sollicitée du pape Boniface qui la promit formellement sous la condition que Charles de Valois reprendrait la Sicile enlevée au Saint-Siège et à la Maison d'Anjou par Frédéric. Charles s'empressa de réunir une armée et lorsque, selon l'expression de Dante, il « eut ouvert le ventre à Florence » la dispense devint officielle. La publication en fut faite le 28 janvier 1301, dans la maison des Frères Prêcheurs par Guillaume de Mâcon, évêque d'Amiens ; puis le même jour « Charles de Valois se rendit « à Saint-Cloud où Catherine de Courtenay avait sa résidence ». (Le Beau. *Hist. du Bas Empire. Maison de Courtenai*).

1307 (Pont)

« Il était si vieux que le roi permit aux habitants de lever un « droit pour son rétablissement et que l'amodiation de ce droit « pour deux ans faite à Jean de Provins produisit 360 livres qui « furent employées aux réparations de ce pont ». (Poncet de la « Grave. Déjà cité).

1319 (Hist. loc.)

En face de Saint-Cloud, sur l'autre rive de la Seine, se trouve
Boulogne. Autrefois, cette localité était dénommée Menuz-lez-
Saint-Cloud. En 1319, des pèlerins et des religieux avec l'aide des
habitants, élevèrent une chapelle dans le genre de celle de Boulogne-sur-mer. Pour l'érection de cet édifice, Philippe V délivra
des Lettres patentes ainsi datées : « *Apud Longum Campum juxta
Sanctum Clodoaldum, octavo die julii anno Domini M.CCC.XIX* ».
Ces mêmes lettres permettaient, en outre, d'y établir une con-
frérie. Par la suite, le village de Menuz-lez-Saint-Cloud reçut le
nom de son église et la forêt, elle-même, qui était dénommée forêt
de Saint-Cloud, après avoir été dite de Rouvray, prit le nom du
village et devint ainsi le Bois de Boulogne.

1346 (Hist. de Fr.)

A la suite de la bataille de l'Ecluse, une trêve avait été signée,
en 1340, entre la France et l'Angleterre. Edouard III n'attendit
pas la fin de la trêve pour recommencer les hostilités. Il descendit
en Normandie où Geoffroy d'Harcourt favorisa son débarquement.
Après s'être emparé de Caen et de plusieurs autres villes normandes,
Edouard échoua à Rouen et remonta le cours de la Seine, dévas-
tant tout sur son passage. Les coureurs de son armée vinrent
jusqu'en vue de Paris. « Quand ils — les Anglais — ouïrent qu'il
« y avoit — à Mantes — bons guerroyeurs, point n'y voulurent
« demeurer, mais vinrent à Meulan, là où Edouard perdit de ses
« gens ; pour laquelle chose il fut tant irrité qu'en la prochaine
« ville, qui est appelée les Mureaux, il fit mettre le feu et la fit
« tout ardoir. Après ce vint à Poissy, le samedi septiesme jour
« d'Août. Et toujours le roi de France le poursuivoit continuel-
« lement de l'autre coté du fleuve de Seine, tellement que par
« plusieurs lieux, l'ost de l'un pouvoit voir celui de l'autre. Et
« par l'espace de six jours que Edouard fut à Poissy et son fils
« à Saint-Germain-en-Laie, les coureurs boutèrent le feu à toutes
« les villes d'environ, jusqu'à Saint-Cloud, près Paris, tellement
« que ceux de Paris pouvoient voir clairement les feux et les
« fumées, de quoi ils étoient moult épouvantés et non sans cause ».
(*Mém. pour servir à l'Hist. de France. Chron. de St-Denis*).

1356 (Hist. de Fr.)

Cette année et la suivante peuvent être comptées au nombre des plus mauvaises années de notre Histoire. L'autorité était ébranlée, les ressources du royaume s'épuisaient et un mouvement de désordre et d'insubordination agitait toutes les provinces de France. Les lois restaient comme incertaines et suspendues en l'absence du roi Jean prisonnier. Trois genres d'ennemis menaçaient la couronne : l'opposition démocratique qui s'était montrée avec violence dans les Etats Généraux, le roi de Navarre qui entretenait au cœur même du pays un foyer permanent de rebellion, et enfin le roi d'Angleterre devenu plus dangereux par ses récentes victoires. « Les troupes anglaises et navarraises « continuaient leurs courses à travers la France, et en cette année « une partie des habitants de Saint-Cloud fut passée au fil de « l'épée ». (*Dict*re *hist. de Paris*).

1358 (Hist. de Fr.)

La guerre se continuait et rien ne permettait d'en prévoir la fin. Fatigués de ce triste état de choses, les bourgeois de Paris obligèrent, le 22 juillet 1358, le prévôt des marchands à marcher avec eux contre les ennemis campés à Saint-Cloud et à Saint-Denis. « Plusieurs de ceux du peuple crièrent que les anglais fussent « tous tués et qu'ils le vouloient, qu'ils vouloient même aller à « Saint-Denis et à Saint-Cloud mettre à mort ceux qui y étoient et « qui pilloient tout le pays. Ils dirent même audit roi et audit « prevot qu'ils allassent avec eux. Et quoique ledit roi et ledit « prevot fissent tout leur pouvoir de refreindre ledit peuple, ils « ne le purent, mais il fallut qu'ils accordassent qu'ils iroient avec « eux ». (*Chron. de St-Denis*). Les Parisiens sortirent au nombre de 24.000 dont 16.000 cavaliers et 8.000 fantassins. Divisés en deux corps, l'un se dirigea sur Saint-Cloud et, à l'entrée du bois rencontra une poignée d'anglais. Le combat s'engagea avec des chances plutôt défavorables aux français lorsque, tout à coup, survint, sur le champ de bataille, une nouvelle troupe ennemie. Les parisiens durent battre en retraite, laissant plus de 600 des leurs sur le terrain. (Froissard).

1405 (Hist. locale)

Jean, duc de Berry et d'Auvergne, donne à Guillaume, seigneur de Lode, un hôtel, jardins et vignes, qu'il avait à Saint-Cloud et qu'il avait achetés des héritiers de Girard d'Athées, archevêque de Besançon. En 1497, on nommait encore ce lieu le Clos de Berry et c'est devant ce clos, qui avait été construit en 1376, qu'il y avait un moulin à papier qui fut alors changé en moulin à grains. — (*Tub. Ep. Par. in S. C.* — Cité par Poncet de la Grave. — *Tabl. hist. des maisons royales*, etc.).

1410 (Hist. de Fr.)

« Noble roi, ne passe pas outre, tu es trahi ! » Telle fut l'apostrophe qui, soudainement, dans la forêt du Mans, retentit aux oreilles de Charles VI et troubla sa raison. Elle eut même une autre conséquence dont le caractère d'intérêt national fit toute la gravité. Charles VI ayant rappelé auprès de lui les anciens conseillers de son père, avait avec eux constitué un ministère que les grands avaient qualifié des *Marmousets*, terme de mépris avec lequel, au moyen-âge, on désignait les gens de « petit état » parvenus aux situations supérieures. Charles VI, ne pouvant plus soutenir ce ministère de son autorité, ceux qui le composaient durent s'enfuir ou furent jetés à la Bastille. Dès lors, la France, qui ne possédait pas le moyen de se débarrasser d'un roi privé de raison, était condamnée à l'anarchie. Le pouvoir tomba entre les mains d'une régente, Isabeau de Bavière, femme dissolue, dont les passions, les vices, et surtout les désirs de vengeance, ne demandaient qu'à se satisfaire. Auprès d'elle, les princes intriguaient, et la discorde se mit entre eux. Le fils du duc de Bourgogne, Jean sans Peur, qui avait succédé à son père, et le duc d'Orléans, frère du roi, se disputèrent l'autorité. Ce dernier, dominant la reine, l'emporta. Déçu dans son ambition, furieux d'une compétition qu'il rencontrait à chaque pas, Jean sans Peur fit assassiner le duc d'Orléans en 1407. Obligé de quitter Paris, après ce meurtre, le duc de Bourgogne y revint cependant en 1409, absous par le roi lui-même qui lui avait accordé, sans se rendre compte de ce qu'il faisait, des lettres de rémission. A son tour, il se saisit du pouvoir et, pour mieux fortifier sa position, s'appuya sur le peuple dont il flatta les instincts et satisfit les intérêts ; il rendit à la bourgeoisie les franchises qui lui avaient été enlevées et supprima les impôts récemment établis par le duc d'Orléans. Cette conduite du duc de Bourgogne, les préférences qu'il montrait pour les bourgeois, soulevèrent des mécontentements chez les seigneurs qui, irrités, se choisirent un chef. Ce fut le comte d'Armagnac, beau-père d'un des fils du feu duc d'Orléans. La guerre civile éclata. Mais, à la faveur de toute cette agitation, des bandes armées s'organisèrent dans Paris pour ravager les environs. En 1410, « plusieurs alèrent « à Sainct Cloud et aultres villes, lesquelles ilz pillèrent et prindrent « ce que bon leur sembloit. Et avecques ce, aucuns mauvois gar- « nemens violèrent et ravirent plusieurs femmes et les amenèrent « en leur ost dont aucuns desdictes villes, hommes et femmes, « vindrent à Paris, eux complaindre faisant grans clameurs desdiz « ravissemens ». (Montrelet. *Mémoires*).

Au début de la guerre civile, Saint-Cloud appartenait à Bourgogne. Celui-ci s'appuyait du nom du roi, qu'il tenait en sa puissance. Mais Armagnac, avec une armée, menaçant Paris, s'empara de Saint-Cloud.

« Le treiziesme jour d'octobre prindrent les Arminaz le pont de « Sainct Cloud par un faulx traistre qui en estoit cappitaine qu'on « nommoit Colinet de Puisex qui leur vendis et livra, et furent « tuez moult de bonnes gens qui estoient dedans et tous les biens « perdus dont il y avoit grant foison, car tous les villaiges d'entour « y avoient leurs biens qui furent tous perdus par le faulx traistre ». (*Journal d'un bourgeois de Paris sous Charles VI*).

De la prise de ce pont, qui était alors « partie en bois partie en pierre » (Le Laboureur), un autre contemporain donne une seconde version dans laquelle il n'est pas question de Collinet de Puisieux. « L'onziesme jour d'octobre le seigneur de Gaucourt — du parti « d'Armagnac — par la rivière eschella le pont de Sainct Cloud « où estoit le seigneur de Cohan lequel avoit en abomination les « pommes. Et pour ce, le mirent dans un grenier où il y avoit « foison, pour le mettre à finance : lequel sy mist plustost qu'il « n'eust foit s'il eust esté en une bien dure prison. Et vomit tant

« qu'il y fut et estoit en un tel poinct, qu'il sembloit que l'âme luy
« deust partir du corps. Le matin, après la place prinse, y avoit
« un vaillant chevallier, nommé messire Pierre de Beauffremont,
« chevallier de Rhodes, lequel venoit audict pont à tout environ
« vingt combattans en sa compaignie bien esleus, pour soy mettre
« dedens la place dudict pont, à aider de la garder, et estoit de
« Bourgogne, et vint devant la place, appelant le guet. Les gens
« de Gaucourt le virent et apperceurent et prirent de ceux qui
« avoient esté pris leurs bucques à la croix de Sainct André,
« dévalerent le pont et ouvrirent les barrières. Et ledit Beauffre-
« mont cuidant que ce fust de ses gens, et de son party, entra
« dedens et là fust prins et ceulx de sa compaignie et paya sept
« mille escus ». (Des Ursins. *Hist. de Charles VI*).

1411 (Hist. de Fr.)

Dans les premiers jours de novembre, le duc de Bourgogne
revint à Paris où on lui apprit que les Armagnacs se fortifiaient
dans les villages qu'ils occupaient et notamment à Saint-Cloud
« lequel ilz fortifierent fort par les rües de charettes, chariots et
« poultres. Et firent barrières pour ouvrir et clorre, yssir et entrer
« quand bon leur sembloit ». Jean sans Peur fit aviser tous ses
gens de guerre d'avoir à se tenir prêts, et en même temps il envoya
des capitaines se rendre compte de la position. Ces derniers
revinrent lui affirmer qu'ils étaient certains de s'emparer aisément
du village « veu qu'il y avoit de hauts lieux, et que le villaige estoit
« au bas et parce ceux d'enhaut auroient l'advantage, pourveu qu'on
« eust de grosses arbalestres, canons, coulevrines et habillemens
« de guerre ». Le duc de Bourgogne fit les préparatifs nécessaires
et par une fausse sortie donna le change aux Armagnacs qui crurent
à une attaque dirigée « du costé de la porte Sainct Denys ». Le
duc de Bourgogne « les mena par nuyt hors de Paris. Et s'en
« alerent tous ensemble envers la ville Sainct Clau où il y avoit très
« grosse et tres grande garnison de gens d'armes dudict duc
« d'Orliens. Mais ilz ne alerent poinct le droict chemin et fu sur
« le poinct du jour avant qu'ilz arrivassent audict lieu Sainct Clau.
« En la compaignée du duc de Bourgogne, à l'emprinse et assault

« de Sainct Clau, estoient les Contes de Nevers, de Ponthiou, de
« Marle et d'Arondel ; Enguerran de Bournonville et tous les
« chevalliers et escüiers de Flandres et de Picardie estant en la
« compaignée dudict duc. Lesquel livrerent tres grant assault à la
« ville Sainct Clau qui estoit lors tres fort barrée et fortiffiée. Et
« bien se défendirent ceulx de dedens et garderent bien l'entrée.
« Et fu l'estour et la bataille moult grande, car lesdiz assault et
« bataille se faisoient de combattre main à main. Et longuement
« dura l'estrif, mais en fin y furent orléannoix desconfis et occis,
« et fu la ville gaingnée en laquelle on tuoit gens sans mercy et y
« fut le gain moult grant de chevaulx et d'armeures, car toute la
« ville en estoit pleine. Et se y eult plusieurs gens noyez, qui se
« cuidèrent sauver en la tour, mais le pont fu si tost levez que la
« plus grant partie en demeura dehors, qui furent occis et noyez
« en reculant vers ledict pont jusques auquel ilz furent combattus.
« Et y fut prins leur cappitaine nommé Maussart du Bos,
« chevallier, lequel fut menez à Paris et luy fu le hatterel tranchié
« es halles de Paris et le corps pendu à Monfaucon. En apprenant
« cette défaicte le duc d'Orliens quitte Sainct Denys, mais ne livre
« pas bataille et s'en alla de tire en son païs sans plus rien faire ».
(*Chron. anon. du règne de Charles VI*).

C'est dans cette reprise de Saint-Cloud qui eut lieu le 8 ou le 9
Novembre que Collinet de Puiseux tomba entre les mains de
ses anciens compagnons d'armes. « Le faulx traistre qui avoit
« vendu ledict pont fut prins en l'église de Sainct Cloud au plus
« hault du clocher vestu en habit d'un prestre et fut admenez à
« Paris en prinson ». (*Jour. d'un bourg. de Paris sous Charles VI*).

Le châtiment de Collinet de Puiseux ne se fit pas attendre.
Trois jours plus tard son exécution avait lieu. Mais laissons
parler les contemporains : le « jeudi, douziesme jour de Novembre
« audict an — 1411 — fut menez le faulx traistre Colinet de Pisex, lui
« septiesme, es halles de Paris, lui estant en la charette sur un
« aiz plus hault que les autres, une croix de fust entre les mains,
« vestu comme il fust prins, comme ung prestre, en telle manière
« fut mis en l'eschaffault et depouillé tout nu et lui coppa-on la
« teste à lui sixiesme... et ledit Colinet, faulx traistre, fust despecé

« les quatres membres, et à chascune des maistres portes de
« Paris, l'un de ses membres pendu, et son corps au gibet et leurs
« testes (ici l'auteur veut parler de la tête de ceux qui furent
« décapités en même temps que Collinet) ès halles sur six places,
« comme faulx traistres qu'ilz estoient ; car on disoit tout certaine-
« ment que ledict Colinet par sa faulte et desloyauté trahison fist
« dommaige de plus de deux millyons en France, sans pluiseurs
« bonne gens qui estoient avec luy qu'il fist tuer les uns, les
« autres rançonner, les autres enmener en tel lieu que on oüy
« plus nouvelles, puis fist-on mainte justice ». (*Journ. d'un bourg.
de Paris sous Charles VI.*)

1412 (Hist. de Fr.)

Dans une des citations que nous avons faites, à propos de la
prise de Saint-Cloud par les Bourguignons, on a vu que messire
Maussart du Bos avait été fait prisonnier et emmené à Paris. On
instruisit son procès et, pour être moins rapide que celui de
Collinet, il n'en fut pas moins douloureux, car le pauvre chevalier
fut maintes fois « gehenné » c'est-à-dire mis à la torture. Pendant
sa détention quelques-uns de ses amis s'étant entremis avaient
fini par obtenir que le roi lui ferait grâce de la vie s'il
consentait à faire sa soumission au duc de Bourgogne. Quand
on fit part au chevalier des conditions de cette grâce, il refusa
avec indignation, disant : « qu'il n'avoit foit chose pour laquelle
« il deust avoir rémission, ne avoit foit chose qui cuidast qui
« despleut au roy ou qu'il lui deust desplaire ; qu'il avoit servi le
« duc d'Orléans son maistre et avoit esté serviteur de son père et
« qu'on les estoit venu assaillir à Sainct Cloud et il s'estoit aidé à
« défendre ». (Des Ursins. *Hist. de Charles VI*). Dès que cette
réponse fut connue, ses juges le condamnèrent à avoir la tête
tranchée. Le jour fixé pour l'exécution, le bourreau avec sa
charrette « preste en bas » vint le chercher. Ce fut un de ses
co-détenus qui l'appela. Alors messire Maussart du Bos s'adressant à ceux dont il partageait la captivité, leur dit : « Mes frères
« et compagnons, on m'appelle pour me faire mourir, dont je
« remercie Dieu et ne crains point la mort, une fois me fallait-il

« mourir : Ne ja à Dieu ne veüille que j'esvite la mort pour
« renoncer à la querelle que j'ay tenüe. Adieu vous dis, mes frères
« et compagnons, priez pour moy ». (Des Ursins. *Hist. de
Charles VI*). Puis Maussard du Bos les embrassa tous, fit le
signe de la croix et se remit lui-même entre les mains du bourreau.
Arrivé aux Halles le chevalier retira ses vêtements. Lorsqu'il
n'eut plus que sa chemise sur lui « il la rompit devant et luy
« mesme la renversoit pour faire plus beau col à frapper. Après
« qu'il eust les yeux bandez, le bourreau lui priast qu'il lui
« pardonnast sa mort. Lequel le fist de bon cueur et le priast
« qu'il le baisast. Foison de peuple y avoit qui quasi tous pleu-
« roient à chaudes larmes. Et accomplist le bourreau ce qui luy
« avoit été commandé, lequel disoit que oncques il n'avoit foit
« choses si envis et malgré lui il estoit tres desplaisant d'avoir osté
« la vie à un si bon et si vaillant chevallier. Or advint une chose
« qu'on tenoit merveilleuse. C'est qu'au dedens de huict jours
« ledit bourreau mourut et quatre de ceux qui furent à le tirer et
« le gehenner ». (Des Ursins).

1413 (Hist. de Fr.)

Au sein de l'anarchie qui régnait, des commissaires de la Ville
de Paris et de l'Université travaillaient cependant à la réformation·
des abus exposés devant les derniers Etats Généraux, et de leur
collaboration sortit un code de lois réparatrices et sages, très
supérieures à ce que l'on aurait pu attendre de cette origine.
Première ébauche de notre législation administrative et financière,
l'idée de la centralisation alors si nécessaire y dominait. Malheureusement l'état de désordre était tel, par la faute même des
promoteurs de cette ordonnance qu'elle était frappée de stérilité et
que rien ne put être fait pratiquement. D'ailleurs, son nom,
ordonnance *Cabochienne*, était, à lui seul, une flétrissure qui la
condamnait à disparaître, même si les désordres graves qui
accompagnèrent sa publication ne se fussent pas produits. Trois
mois plus tard, le 5 Septembre 1413, le Parlement la déclarait
nulle. Vers cette même époque, Jean sans Peur épouvanté des
crimes de ses partisans les *Cabochiens* et redoutant la répression

eut l'idée de faire approuver par le roi tous les excès commis par
eux. Mais l'état mental de Charles VI ne donnait aucune valeur à cette
mesure préservatrice. La réaction éclate enfin. La bourgeoisie prend
les armes, secoue le joug des *écorcheurs*, délivre le Dauphin.
Celui-ci monte à cheval, s'empare de l'Hôtel de Ville d'où il chasse
Caboche et ses brigands. Bourgogne est obligé de s'éloigner et le
pouvoir passe aux Armagnacs. « En cette année, 1413, Denizot de
« Chaumont fut fait capitaine du pont de Saint-Cloud ». (Des
Ursins. *Hist. de Charles VI*). « Le vendredy quinziesme jour de
« Septembre 1413, fust osté le corps du faulx traistre Colinet de
« Pisieux du gibet et ses quatre membres des portes, qui devant
« avoit vendu le pont de Sainct Cloud ; et néantmoins il étoit
« mieulx digne d'estre ars ou baillé aux chiens que d'estre mis
« en terre benoiste sauf la chrétienté ; mais ainsi faisoient à leur
« volonté les faulx Bandiz (Armagnacs) ». (*Journal d'un bourgeois
de Paris sous Charles VI*).

1415 (Hist. de Fr)

Assiégé dans Arras par l'armée royale, Jean sans Peur avait
fait demander la paix, en 1414. Elle lui fut accordée par le traité
dit d'Arras. On put croire alors et les populations, tant éprouvées,
se plurent à espérer, que les discordes civiles allaient se terminer.
Il n'en fut rien : le peuple ne vit point la fin de ses misères et la
haine persista entre les Bourguignons et les Armagnacs. Jean
sans Peur continua ses sourdes menées ; le comte d'Armagnac
le sut, prit ses précautions, et, devenu Connétable « il envoya
« grosse garnison à Sainct Cloud, près du duc de Bourgogne,
« pour faire serrer et tenir ses gens ensemble et leur défendre les
« vivres et le fourrage ». (Des Ursins. *Hist. de Charles VI*).

1417 (Hist. de Fr.)

La défaite d'Azincourt — 1415 — fut imputée par le duc de
Bourgogne au comte d'Armagnac, qui, d'ailleurs, ne se soutenait
qu'avec peine auprès du roi Charles VI. Jean sans Peur, qui
n'ignorait aucun des agissements de ses partisans, restés en grand
nombre à Paris, qui même les encourageait, se rapprochait peu à

Philippe d'Orléans, frère de Louis XIV.

peu de la capitale dont la trahison était prête à lui ouvrir les portes. Vers le 12 septembre 1417, le duc de Bourgogne vint faire une tentative contre Saint-Cloud. « Il sembloit à ses capitaines « qu'ils l'auroient facilement et envoya incontinent sommer celuy « qui en avoit la garde nommé Adenet Trochelle, qu'il luy rendist « la place. Lequel respondit : que le roy lui en avoit baillé la « cappitainerie et luy avoit foit faire le serment qu'il ne la rendroit « qu'à luy ou à Monseigneur le Dauphin et que autrement il ne la « bailleroit... Alors on fist approcher les canons et bonbardes et « jetterent lesdits engins, et fist on plusieurs essays par plusieurs « fois pour l'avoir mais rien n'y profitoit. Les cappitaines de dedens « avoient bonne volonté de se défendre, car ils estoient garnis de « bon traict et portoient grant donmaige aux gens du duc de « Bourgongne et plusieurs en tuoient et navroient. Finalement, si « vaillamment se porterent que les Bourguignons à leur grande « honte et confusion s'en allerent ». (Des Ursins)

1423 à 1427 (Hist. loc.)

Les mentions qui suivent sont extraites de l'ouvrage intitulé : *Histoire et recherches sur les antiquités de la ville de Paris*, par Sauval. Elles constituent le résumé de cahiers des comptes de la Prévôté de Paris, examinés par cet auteur et concernent Saint-Cloud.

Le 39e cahier des comptes signale, à propos de la maladrerie, un évêque de Beauvais possédant un hôtel à Saint-Cloud.

Le 40e indique que les quatre arpents de vigne de Pierre Baille sont compris dans un jardin qui fut une des dépendances du vieil hôtel de Bourbon sis à Saint-Cloud.

Le 45e concerne des maisons et héritages qui furent d'abord à Simon Tarenne, puis ensuite occupés par messire Jean de Plessis, chevalier, et enfin donnés à l'archevêque de Rouen pour ses gages.

Sauval indique également qu'en 1425, les sieurs de Chauvigné avaient à Saint-Cloud un hôtel devant l'église. Il leur venait des sieurs de Ruillé, leurs ancêtres, et le vendirent en 1438 à Aimery Bilad.

1436 (Hist. de Fr.)

Le parti de Charles se relevait. Les Anglais battus virent l'armée royale s'approcher de Paris. Enfin, le duc de Bourgogne, Philippe-le-Bon, que Bedford avait nommé régent de France pour l'attacher davantage à l'Angleterre, commença à reconnaître que la France avait éprouvé assez de malheurs pour qu'il regardât sa vengeance comme satisfaite. A l'instigation de Richemond, il consentit à entamer des négociations avec Charles VII. La mort de Bedford accéléra la conclusion de la paix que Charles acheta par la cession des comtés d'Auxerre et de Mâcon, celles des villes de la Somme, du Boulonnais, etc. (Traité d'Arras, 1435). Dès lors, tout réussit aux armes de Charles VII et « celuy jour qui fut le vendredy « vingtiesme jour d'apvril l'an que dessus fut recouvrée en « l'obeyssance du roy la bonne cité de Paris, par Monseigneur le « Connestable et Sainct-Denys, Chevreuse, Marcoussis, Montle- « herry, le pont Sainct Cloud et le pont de Charenton ». (*Mém. d'Artus III, duc de Bretagne et comte de Richemond*).

1440 (Hist. de Fr.)

Sous le prétexte de servir le roi, les seigneurs entretenaient des troupes avec lesquelles, en réalité, ils exerçaient sur le pays toutes sortes d'exactions et le désolaient. Mais Charles VII, grâce à l'appui des Etats Généraux, réunis à Orléans en 1439, put créer une sorte d'armée régulière pour mettre fin à ces brigandages. Les seigneurs formèrent, alors, une ligue dont le dauphin, depuis Louis XI, fut le chef. Pour se créer des ressources et combattre la ligue dite *La Praguerie* « les cappitaines firent une ordonnance « aux chasteaulx d'autour Paris, où il y avoit pons à passer comme « Charenton, le pont de Sainct Cloud et autres pons, que quelque « personne qui y passeroit payeroit passaige fut à pié, ou à cheval ; « au pont de Sainct Cloud toutte personne qui y entroit, ou yssoit, « et y entrast cent fois le jour tant de doubles lui convenoit payer « sans mercy, une charette vuide ou plaine six doubles, ung « chariot douze doubles ». (*Journal d'un bourgeois de Paris sous Charles VI*).

4

1465 (Hist. de Fr.)

Les premiers actes de Louis XI, quand il devint roi, furent : le
renvoi des anciens ministres de son père, l'abolition de la Prag-
matique sanction, publiée en 1438, qui donnait aux seigneurs
une grande influence sur la nomination des évêques et des abbés,
et le retrait du droit de chasse dont jouissaient les nobles. Ces
mesures, qui blessaient les intérêts et les plaisirs de la noblesse,
excitèrent parmi elle un mécontentement général. Une ligue, à la
tête de laquelle étaient le duc de Berry, frère du roi, et le comte
de Charolais, héritier du duc de Bourgogne, se forma contre
Louis XI, sous le prétexte de *Bien Public*, mais, à la vérité, elle ne
demandait rien moins que le partage du royaume. « En 1464, le
« comte de Charolois alla passer la rivière et loger au pont de
« Sainct Cloud ». (P. de Commines. *Mém.*). Mais, prévenu que le
roi partait du Bourbonnais pour venir le retrouver, il se retira.
Ce n'est qu'un an plus tard, en 1465, que se dénoua la situation.
« Le vendredy — 6 juillet — la pluspart desdits Bourguignons
« vindrent et arriverent à Sainct Denys en France eulx loger illec.
« Et ce jour venoient à Paris trente chevaulx de marée dont lesdits
« Bourguignons en prindrent les vingt deux, les aultres huit se
« sauverent et vindrent à Paris. Et bientost après que lesdits
« Bourguignons eurent esté ainsi arrivez audit lieu de Sainct
« Denys, partie d'eulx s'en alerent devant le pont de Sainct Cloud
« pour le cuider avoir, ce qu'ils ne peurent pour cette fois et à
« tant s'en retournerent. Le mardy ensuyvant ne fut riens foit
« devant Paris, sinon que le comte Saint Paul qui estoit audit
« lieu » fit une nouvelle tentative contre Saint-Cloud qui ne réussit
pas mieux que la précédente. Seule, l'artillerie pouvait être efficace ;
aussi, dès le lendemain, le comte de Charolais mit-il une partie de
la sienne à la disposition du Connétable. — « Mais ce mesme jour
« aucuns de la compagnie de Pierre de Brezé yssirent dehors
« Paris pour aller à leur adventure dessus lesdits Bourguignons
« qui ainsi alloient audit Sainct Cloud ; desquels Bourguignons en
« fut par eulx tué deux et en fut prins cinq, dont l'ung d'iceulx fut
« fort navré et tellement que tout le devant de son visaige luy fut
« abattu d'un coup d'espée, et lui pendoit le visaige à sa peau sur

« la poitrine : et par iceulx Bourguignons furent prins un archier
« serviteur de messire Jehan Mohier, chevallier de la compagnie
« dudit Brezé. Et ledit jour de mercredy, environ six heures de
« nuyt lesdits Bourguignons baillèrent une escarmouche terrible
« et merveilleuse du boulevart dudit Sainct Cloud, qui fort
« espouvanta ceulx du dedens qui le tenoient pour le roy ; tellement
« qu'ils prindrent composition de rendre ledit pont à l'heure
« présente, ce qu'ils firent et s'en revindrent eulx et leurs biens
« saufs ; et si promisrent de livrer et bailler lesdits cinq Bourgui-
« gnons prins ledit jour. Et pour ce faire, demeurèrent pour
« ostages Jacques le Maire, bourgeois de Paris et ung homme
« d'armes de la compagnie dudit de Brezé estant audit pont de
« Sainct Cloud ». (*Chron. de Jean de Troyes*). Peu de temps après
eut lieu la bataille de Montlhéry où se fit tuer le sire de Brezé. Le
résultat indécis de cette bataille, la reddition de Rouen, Pontoise,
etc., amenèrent le traité de Conflans.

1505 (Pont.)

Dans une histoire manuscrite de Louis XII, par Jean d'Auton,
écrite en 1505, il est dit qu'aucun roi de France ne passe sur le
pont de Saint-Cloud. Les médecins de Louis XII, lui ayant conseillé, en cette même année, de se rendre à Blois, pour rétablir sa
santé « il le fist, car, incontinant desloga de Paris et s'en alla par
« eau jucques au pont Sainct Clou et oultre pour le danger dudit
« pont sur lequel nul Roy de France ne passe ». (T. III). Plus
tard, La Popelinière confirma cette légende (Livre XII, p. 244),
qui, d'ailleurs, fut détruite par François Ier.

1525 (Hist. loc.)

Le 28 mars, le Prévôt des Marchands : « présidant l'assemblée
« des notables, représente qu'autrefois il y avait un pont levis
« au pont de Saint-Cloud, qu'il serait bon de le rétablir et que, à
« cet effet, l'archevêque d'Aix, lieutenant du roi à Paris, devrait
« s'y rendre pour le faire rétablir.

« Le premier avril, l'archevêque dit avoir été au pont de Saint-
« Cloud avec trois maîtres des œuvres, le contrôleur, le receveur
« du barrage et Claude Sanguin, échevin ; qu'ils ont trouvé deux

« arches prêtes à tomber; que celle du milieu exige une grande
« réparation; que la tour dudit pont est en ruines; que le plancher
« et les couvertures sont tombés; qu'il y a un arc où il y avait
« anciennement un pont-levis qu'il faut rompre et mettre dans son
« premier état et ôter un pont dormant qui existe.

« Le 10 juin l'archevêque rend compte des désordres commis à
« Saint-Cloud par les bandes italiennes et corses auxquelles se
« joignent des gens sans aveu. La requête de l'archevêque sera
« remise aux gens du roi.

« Le 11, la même requête est présentée par l'archevêque contre
« ces bandes qui ont rançonné de cent livres les religieuses de
« Longchamps. » (D. Félibien. *Hist. de la ville de Paris*).

« Le 21 juin. « Ce jour Messire Jean Morin, prevost des mar-
« chands et Jehan le Clerc, eschevin de cette ville sont venus en
« la Cour de céans et dict ledict Morin qu'ils ont été advertis qu'il
« y a ez villages d'icy allentour comme Sainct Clou, plusieurs
« gens de guerre tant italiens que adventuriers françois qui sont
« au nombre de trois à quatre mil hommes, qui destruisent et
« mangeussent le peuple et font des maulx infinis ».

« Le vendredi 23, le Comte de Braine, le prévost des marchands
« et Jehan le Clerc viennent déclarer que les italiens délogent
« sans trompette, qu'ils en ont pris plusieurs dont trois ont été
« exécutés pour avoir pris de force la Comtesse de Villepreux à
« laquelle ils volèrent deux cents écus, brûlé un autre particulier,
« dérobé des brebis, etc. »

1547 (Hist. de Fr.)

François Iᵉʳ souffrait depuis longtemps d'un mal « étrange » qui
le conduisit au cercueil. Il mourut le 31 mars à Rambouillet, après
avoir recommandé à son successeur de se prémunir contre l'ambition de la puissante famille des Guise qui allait jouer bientôt un
si grand rôle en France. « Jean du Tillet, greffier, adjouste ensuite
« dans son registre le récit de la maladie et de la mort du roy
« François Iᵉʳ, dressé par l'evesque de Mascon et un long détail de
« toutes les cérémonies observées, tant au transport faict du corps
« au prieuré de Hautebreven membre de l'abbaye de Fontevrault

« où il fut déposé le 2 d'avril, qu'aux obsèques faictes audict lieu
« où l'on enterra les entrailles le 6, d'où le corps fut transpòrté à
« Sainct Cloud le 11, lendemain de Pasques. Le dimanche 24 avril
« la figure du roy y fut posée sur un lit de parade de 9 pieds en
« carré avec tout l'accompagnement curieusement descrit par
« ledict du Tillet. » (D. Félibien. *Hist. de la ville de Paris].*

C'est-à-dire que l'effigie du roi, au naturel, vêtue à la royale, fut
posée sur un lit de parade. Pendant tout le temps que dura l'exposition de cette effigie, le service se fit comme si le roi eût été
vivant. Sa table, aux heures des repas, était garnie et servie dans
la forme et les usages habituels. Il en fut ainsi pendant onze
jours ; puis le « 3 may, au soir, la figure fut ostée et la salle des-
« tendue des tapisseries de parade pour être tendue de noir. » Le
cercueil du roi fut placé dans cette salle, au-dessous d'un dais de
velours noir et recouvert d'un grand drap de même étoffe et de
même couleur. En face étaient deux autels, également parés de
deuil, où, depuis quatre heures du matin jusqu'à midi, des religieux
disaient des messes. « Le 18 de may, le roy régnant vint de Sainct
« Germain en laye à Sainct Cloud, donner de l'eau bénite au corps
« du feu roy son père.... Le samedi XXI jour de may, sur l'heure
« de trois heures auroit esté ledit corps enlevé et mené dudict
« Sainct Cloud en l'église de Notre-Dame des Champs. » (D. Féli-
« bien. *Hist. de la ville de Paris).*

1556 (Pont).

C'est en cette année que Henri II qui possédait une maison à
Saint-Cloud « qu'il fit rebâtir et augmenter » (Laval. *Hist. des*
troubles), remplaça le vieux pont de bois par un beau pont de
quatorze arches en pierre. Pour le peuple, cette construction avait
quelque chose de fabuleux et n'avait pu être menée à bien que
grâce à des influences surnaturelles. Aussi disait-on couramment
que l'entrepreneur, ne pouvant surmonter les difficultés qu'il rencontrait, avait fini par appeler le diable à son aide. Celui-ci
n'aurait pas refusé son concours si, en revanche, l'entrepreneur
s'engageait à lui abandonner la première chose animée qui passerait sur le pont. L'entrepreneur comprenant que le diable voulait

avoir l'âme d'un chrétien, tint le marché tout en se promettant de lui jouer un bon tour. En effet, quand les travaux furent terminés, l'entrepreneur afin de tenir sa promesse aurait jeté un chat sur le pont et le diable, non sans colère paraît-il, se serait contenté de ce mince salaire.

1562 (Hist. de Fr.)

Le massacre de Vassy fut le signal de la guerre civile. Tous les protestants de France se crurent menacés et prirent les armes. En quelques jours les Calvinistes mirent sur pied une armée parfaitement équipée, pleine d'intrépidité, dont le prince de Condé prit le commandement. Cette armée occupa Saint-Cloud pendant que la reine-mère, Catherine de Médicis, et le roi Charles IX se trouvaient à Melun où le duc de Guise les avait conduits en une sorte de captivité. (J. de Mergey. *Mémoires*).

1567 (Hist. de Fr.)

Le duc de Guise était mort assassiné par un protestant fanatique, Poltrot de Méré. Peut-être cette mort sauva-t-elle, pour quelque temps, le parti huguenot. En tout cas, elle eut pour résultat un traité de paix, signé à Amboise, par Catherine de Médicis et le prince de Condé. Mais, cette paix, mécontentait les deux partis ; la reine parvint cependant à la leur faire observer en les unissant contre les Anglais auxquels le Havre fut repris. Puis Catherine de Médicis s'apercevant que les Bourbons devenaient trop puissants, elle fit déclarer Charles IX majeur. Le roi, conseillé et accompagné par sa mère, entreprit, à travers les provinces, un voyage dont le but était de faire sentir cette autorité royale que catholiques et protestants avaient trop méconnue, mais qui lui permit de constater combien cette paix d'Amboise était peu assurée. Bien que partout la Cour fût accueillie avec des cris d'allégresse, ce n'était qu'une apparence trompeuse : les passions, comprimées un instant, fermentaient au fond des cœurs et n'attendaient qu'une occasion pour éclater. Catherine de

Médicis le sentait tellement qu'elle ne négligeait aucun moyen pour se créer des alliés. Aussi bien Philippe II qui poursuivait toujours l'extinction de l'hérésie avec la même sauvage opiniâtreté, qui l'étouffait en Italie et en Espagne, songeait à remplacer les Guises par la reine de France. Une conférence eut lieu à Bayonne en 1565, entre Catherine de Médicis et le duc d'Albe, le plus terrible instrument des volontés du roi d'Espagne. Enfin le pape Pie V, ancien grand inquisiteur, poussa également la reine vers les mesures extrêmes. La paix fut rompue et les protestants reprirent les armes. Après avoir inutilement tenté d'enlever le roi à Monceaux, le prince de Condé vint bloquer Paris. « Les « Huguenots saisissent Sainct Denys et les passages d'alentour non « sans quelque imagination folle qu'ils avoient d'affamer Paris. » (Tavannes. *Mémoires*). L'intention du prince de Condé, en effet, « estoit de mettre les Parisiens en telle nécessité de vivres, et les « molester par autres voyes, qu'eux et ceux qui y étoient retirez « seroient contraints d'entendre à une paix, et c'est ce qui fit faire « les entreprises du pont de Charenton, Sainct Cloud et Poissy « pour brider la rivière, lesquelles toutefois ne servirent de guères « et cuidèrent causer la ruine de ceux de la religion. » (François de la Noue. *Mémoires*).

Sous le commandement de Corbozon, et de Saint Jean, les protestants assiégèrent le bourg de Saint-Cloud le 24 octobre. Attaqués par des forces supérieures, les catholiques qui l'occupaient, l'abandonnèrent, se retirèrent dans la tour au milieu du pont, puis contraints enfin d'évacuer celle-ci, abattirent l'arche qui l'avoisinait et, dirigés par de Guincourt, descendirent la Seine. (de Laval. *Mémoires*). Le prince de Condé mit alors une grosse garnison au pont et à la tour, et les troupes reçurent l'ordre de ne rien laisser passer sur la Seine. Dans ses *Mémoires* de Laval nous apprend qu'auprès de cette tour « était une pyramide fort élevée, « ornée de beaucoup de trophées où il y avait une inscription par « laquelle on voyait que Henri II avait fait élever et réparer le « pont à ses frais en 1556. »

1568 (Pont)

En 1568, Charles IX rend une ordonnance contenant l'ordre et le règlement « qu'il veust être dans la paix, observés dans la ville « de Paris et autres lieux circonvoisins.

« A sçavoir que pour soulager les bourgeois et habitans de « ladicte ville de la continuelle garde des portes, à laquelle les « troubles passez les ont assubjectis, que les ponts de Poissy, « Pontoise, Charenton, Sainct Cloud, etc., seront raccoutrez et « garnis chascun de pont levis à la garde desquels Monseigneur « le duc d'Anjou son frère et lieutenant général commettera telles « personnes et en tel nombre qu'il verra estre nécessaire..... (D. Félibien. *Hist. de la ville de Paris*).

1577 (Hist. loc.)

Le 30 juin, par devant les notaires, une assemblée des habitants de Saint Cloud eut lieu, à l'issue de la messe, au grand carrefour, afin d'obtenir du roi Henri III l'autorisation de faire clore le bourg de murs et de fossés. La même année, ce roi, par lettres patentes datées de Poitiers leur accorda la permission sollicitée. (*Mém. du curé*. Cités par Poncet de la Grave).

1591 (Pont)

Certaines réparations assez importantes étant devenues urgentes, il fut prescrit de travailler sans relâche, nuit et jour, à les exécuter.

1604 (Pont)

Le Cardinal de Gondi, archevêque de Paris, donne au siège de son église le moulin qu'il avait à Saint-Cloud.

1604 (Hist. de Fr.)

« Le 28 août, le dauphin Louis XIII vient coucher dans la « maison de Gondi où le lendemain viennent le saluer le Prévôt « des Marchands, les Echevins, le Procureur du Roi et le Greffier « de la ville. » (Th. Godefroi. *Cérémonial fr.*).

Elisabeth de Bavière.

1607 (Hist. de Fr.)

Le 30 juillet, le dauphin Louis XIII, accompagné de son frère, Gaston duc d'Orléans passent à Saint-Cloud, s'y arrêtent et reçoivent l'hospitalité dans la maison de Gondi. Mais cette fois, aucune cérémonie n'a lieu. (Th. Godefroy. Déjà cité).

1626 (Hist. loc.)

Gaston d'Orléans, frère de Louis XIII, avait épousé Marie de Bourgogne, duchesse de Montpensier qui mourut en 1626. Le jour même de ce décès, il se retira dans la maison que possédait à Saint-Cloud son chancelier, le président Le Coigneux. « Tant s'en « faut qu'il y trouvât de l'allègement à sa douleur, il y reçust un « grand surcroît de douleur par l'accident survenu au sieur de « Boutteville-Montmorency lequel s'était battu en duel quelques « jours auparavant. ». (*Mém.* de Gaston duc d'Orléans).

1649 (Hist. de Fr.)

Avec cette année nous entrons dans la période dite de la Fronde. On sait qu'elle se divise en deux parties : la première, la *Fronde parlementaire* est comprise entre août 1648 et mars 1649 ; la seconde, la *Fronde des princes,* va du mois d'octobre 1649 à septembre 1653. Pendant la première période les armes principales des belligérants furent l'intrigue et les chansons. Les deux partis rivalisaient d'esprit. Le duc de Beaufort, l'idole des parisiens, qui tenait pour le parlement était chansonné aussi bien par les parisiens que par les Mazarins. Témoin cette parodie d'une harangue adressée par lui au parlement et qui, « dans la « vérité, selon le cardinal de Retz, est rendue en vers mot à mot « de la prose :

« J'avons trois points dans notre affaire,
« Les princes sont le premier point ;
« Je les honore et les vénère
« C'est pourquoi je n'en parle point.

« Le second est de l'Eminence
« Monsieur Jules de Mazarin ;
« Sans barguigner, j'aime la France
« Et vas toujours droit mon chemin.

« J'ai le cœur fait comme la mine
« Et sais tous les beaux sentiments,
« C'est pourquoi j'conclus et opine
« Com' fera Monsieur d'Orléans.

Le Cardinal de Retz avait un régiment nommé le régiment de Corinthe parce que le Cardinal était titulaire de l'archevêché de Corinthe. Ce régiment ayant été battu par les royalistes on appela cet échec la *première aux Corinthiens*. Richelieu avait créé vingt nouveaux conseillers au Parlement. Ceux-ci, pour se faire mieux considérer de leurs collègues qui ne leur pardonnaient pas leur origine, imaginèrent de contribuer pour quinze mille livres chacun aux frais de la lutte, et ne réussirent qu'à se faire désigner sous le nom de *Quinze vingts*. Enfin, chaque porte cochère ayant été mise à contribution pour un homme et un cheval, on forma ainsi un corps de cavalerie que les parisiens nommèrent la *Cavalerie des portes cochères*. Les parisiens étaient souvent battus par les hommes de Condé et quand ils rentraient après ces échecs ils étaient reçus au milieu des huées et des éclats de rires. Condé lui-même disait, comme on le voit dans les Mémoires de Nemours, que toute cette guerre mériterait d'être écrite en vers burlesques.

Dès le mois de janvier Anne d'Autriche s'était retirée à Saint-Germain avec Mazarin, le duc d'Orléans et Condé. C'est de cette ville que partirent les négociations lorsque la perspective d'un danger plus grave, de la part de l'Espagne qui n'avait pas souscrit aux traités de Westphalie, imposa aux deux partis le devoir de se faire de réciproques concessions. Mais en attendant la paix de Rueil, Mazarin agissait de façon à retarder les événements dangereux. « Pour montrer aux Parisiens que le bruit de la paix avec « l'Espagne n'étoit pas mal fondé, le Cardinal désira que le duc « d'Orléans, le prince de Condé et lui allassent à Saint-Cloud où

« ils firent venir un espagnol secrétaire de Pigneranda (*Ministre*
« *du roi d'Espagne*) qui paroissoit être envoyé de la part de son
« maître pour faire les premières propositions et là se fit un grand
« repas accompagné de gaité afin de montrer à cet espagnol que
« le siège de Paris n'étoit qu'une bagatelle. » (Mad. de Motteville.
Mém.).

1651-52 (Hist. de Fr.)

Nous arrivons maintenant à la Fronde des princes. Condé
n'avait prêté son appui à la royauté que dans l'espoir d'une récompense. Mazarin ayant éludé ses revendications, le prince s'entoura
de tous les mécontents, ce qui lui valut d'être arrêté par le comte
d'Harcourt. Chemin faisant Condé rima une chanson sur celui qui
le conduisait.

> Cet homme gros et court
> Si fameux dans l'Histoire,
> Ce grand Comte d'Harcourt
> Tout rayonnant de gloire,
> Qui secourut Cazal et qui reprit Turin,
> Est devenu recors de Jules Mazarin.

Mais les parisiens se soulevant, de nouveau, contre le Cardinal,
celui-ci se vit obligé de quitter la France. Auparavant, il alla,
lui-même, ouvrir les portes de la prison où était enfermé le prince
de Condé, qui revint à Paris et voulut s'imposer à la régente.
Ayant constaté que le Parlement et Paul de Gondi lui étaient
hostiles, il ne se crut pas en sûreté, quitta la France et se jeta dans
les bras de l'Espagne. Il leva des troupes dans le midi, battit
l'armée royale à Bléneau et rentra à Paris en vainqueur, après
s'être emparé de Saint-Cloud. « Le 2 juillet 1652, les trouppes des
« princes qui estoient à Poissy, Suresnes et Saint Cloud s'estant
« apperçues que l'armée du Roy vouloit venir les attaquer par le
« moyen d'un pont de bateaux qu'on faisoit faire vis à vis
« d'Argenteuil, elles s'assemblèrent toutes à Saint Cloud, en
« partirent à dessein de gagner Charenton ». (V. Cousin. *M*^me *de*

Longueville). « Le 12 du même mois l'armée des princes revint à
« Saint Cloud ». (*Manuscrit de Lenet. Léttre de Marigny*). Enfin,
« dix jours plus tard on donna avis à Monsieur le Prince à Paris
« que Miossens et le marquis de Saint-Mesgrin lieutenans-généraux,
« marchoient de Saint-Germain à Saint-Cloud avec deux canons,
« à dessein de chasser cent hommes du régiment de Condé qui
« s'étoient retranchés sur le pont, et qui en avoient rompu une
« arche. M. le prince monta à cheval avec ce qui se trouva auprès
« de lui, à dessein d'y aller. Le bruit de cet exploit s'étant répandu
« par Paris, huit ou dix mille hommes le suivirent, tant honnêtes
« gens que bourgeois, ce qui fit que les troupes du roi se conten-
« tèrent de tirer quelques coups de canon et de se retirer ». (Mme
de Motteville. *Mémoires*).

Maître de Paris, Condé gouverna par la terreur; il fit massacrer
les partisans de Mazarin, se rendit impopulaire et les parisiens
supplièrent la cour de rentrer à Paris. Condé quitta la capitale où
la reine revint et, peu de jours après elle, Mazarin.

1655 (Ursulines).

Chassées de Montereau par les événements de la Fronde, les
Ursulines dont un monastère déjà n'avait pas réussi à Saint-Florentin, vinrent à Paris où le curé de Saint-Sulpice leur donna asile.
Cet ordre, d'abord composé de filles et de femmes qui, sans se lier
par des vœux, se réunissaient pour instruire les enfants de leur
sexe, visiter les malades chez eux et dans les hôpitaux, porter des
consolations aux prisonniers, etc., avait été fondé à Brescia en
1537 et introduit à Aix-en-Provence en 1594. Madeleine Lhuillier,
veuve de Claude le Roux, sieur de Sainte Beuve, appela, en 1608,
les Ursulines à Paris et leur donna l'hôtel Saint-André. Les Ursulines devinrent alors des religieuses cloîtrées et elles ajoutèrent
les trois vœux ordinaires à celui de se livrer à l'éducation des
jeunes filles. En 1790, cet ordre comptait près de trois cents
monastères.

A Paris, les Ursulines, venues de Montereau, intéressèrent à
leur position Madame Le Tellier, femme du Secrétaire d'Etat, qui,
aidée de quelques amies s'efforça de leur trouver une installation.

Madame Talon, femme de l'avocat général, songea à Saint-Cloud. Toutes ces dames se rendirent auprès de l'archevêque de Gondi et obtinrent de lui une autorisation qui fut confirmée par lettres de mars 1654, et par lettres patentes du mois d'août 1660. La même année ces religieuses achetèrent à Saint-Cloud, par devant Mes Jean Colas et Gervais Manchon, notaires au Châtelet, la maison du grand vicaire de l'archevêque de Paris, M. du Saussay qui consentit à être leur supérieur.

Lors de la fondation de ce couvent à Saint-Cloud les Ursulines étaient au nombre de huit : Anne de la Mère de Dieu, supérieure ; Marguerite de Saint-Jacques ; Anne de Saint Augustin ; Charlotte de Sainte Marie ; Françoise de Sainte-Ursule ; Alphonsine de la Croix ; Jeanne de la Résurrection ; Madeleine de SaintCharles.

1660 (Ursulines).

Lorsqu'elles firent bâtir l'aile droite de leur çloître, Monsieur, frère du roi, voulut en poser la première pierre, sur laquelle on avait, au préalable, fait graver ces mots :

« Philippe de France, ce prince grand par son nom auguste, et
« encore plus grand par ses vertus a beaucoup contribué à leur
« établissement avec une bonté extraordinaire. Il n'a pas dédai-
« gné être leur conseil, soutien, appui, les honorant fréquemment
« de sa présence, venant à leur secours par des bienfaits multi-
« pliés dignes d'un prince aussi chrétien, dont la mémoire sera
« précieuse et éternelle à toute la communauté ». (*Arch. des Ursu-lines*, citées par Poncet de la Grave).

1664 (Ursulines).

Flavius Chisi (Chigi. Neveu d'Alexandre VII), Cardinal du titre Sainte Marie du Peuple, légat en France, donne à Monsieur le corps de Saint Eutiche, martyr, par ordre d'Alexandre VII, avec faculté de le garder ou de le donner à telle église ou monastère qu'il jugerait à propos ainsi que de le faire exposer à la vénération publique. La Lettre patente de cette donation est en date du 10 août 1664. Le 28 du même mois, le corps du martyr fut remis aux Ursulines de Saint-Cloud. Le prince fit délivrer un certificat de cette donation, lequel fut scellé de ses armes, signé de lui et contresigné par le secrétaire de ses commandements. (*Arch. des Ursulines*, citées par Poncet de la Grave).

1670 (Ursulines).

C'est vers cette année qu'il faut placer le fait local dont Saint-Simon parle dans ses *Mémoires* (T. VIII, p. 43), à propos de la mort de Mlle de la Vallière. « La première fois qu'elle fuya le roi, « elle alla se réfugier chez les religieuses de Saint Cloud où le « Roi alla en personne se la faire rendre, prêt à commander de « brûler le Couvent ».

1688 (Pères de la Mission).

Philippe d'Orléans, désireux d'établir à Saint-Cloud une communauté des Pères de la Mission, pour les besoins de la chapelle de son château, en référa à l'Archevêque de Paris qui, le 14 avril publia des lettres d'homologation du contrat de fondation de la chapelle dans lesquelles il était dit « qu'il était seulement permis » d'exposer le « Saint Sacrement sur l'autel et non de le garder ». Puis le 31 mai, une nouvelle ordonnance intervint, permettant de le conserver constamment à la chapelle du château de Saint-Cloud, « avec la décence convenable dans le tabernacle qui sera « construit à cet effet et béni dans la manière accoutumée par un « des prêtres de ladite chapelle ». Enfin dans un contrat daté du 5 août, agréé le 14 par l'Archevêque, lequel le régla avec le chapitre le 26 décembre de la même année (*Mercure année 1688*). Philippe d'Orléans assigna à la communauté des Pères de la Mission un revenu de 22.000 livres pour subvenir à l'existence de quatre pères et deux frères et déclara se charger de toutes choses nécessaires à l'exercice du culte et de l'entretien de la chapelle. Par contre les Pères étaient tenus d'avoir six enfants de chœur et de leur apprendre les éléments du latin.

1689 (Hôpital)

Avant de parler de l'hôpital nous devons mentionner ce qui a
trait à la léproserie de Saint-Cloud dont nous n'avons pu, malgré
nos recherches, arriver à établir l'existence autrement que par
une mention de l'abbé Lebeuf (*Hist. du diocèse de Paris*) et une
de l'auteur de la *Vie de saint Cloud*. La première a trait à un acte
par lequel l'évêque Maurice de Sully, étant en sa maison de Saint
Cloud, accorda aux lépreux, en 1189, d'avoir un cimetière dans
le voisinage. Selon la seconde mention, cette léproserie et son
cimetière étaient proche la Chapelle Saint Laurent ; et l'acte de
1274 nous apprend que les chanoines étaient tenus d'aller en procession le jour des Rameaux jusqu'à cette chapelle de la Léproserie. Mais cette dernière mention nous paraît s'appliquer à
l'hôpital dont la fondation semble avoir eu lieu en 1208, date que
fixent les *Lettres* de P. de Nemours établissant Alleaume Heullin
pour Chapelain. Ces Lettres, datées de 1208, concernent la chapelle d'un établissement qu'elles appellent *Hospitium Dei* et
recommandent au chapelain de ne rien entreprendre sur les
droits du chanoine. Plus tard le chapitre de Paris conféra la
chapelle Saint Eustache « *in Domo Dei Sancti Clodoaldi* », le 10
septembre 1622. (*Reg. Ep. Par.*). Cet ancien hôtel Dieu était,
paraît-il, situé au bout du pont du côté du bourg.

En 1689, le 9 avril, Philippe d'Orléans, fonda un hôpital de la
Charité, préposant les Pères de la Mission à l'administration du
spirituel et le capitaine concierge de son palais, comme adminis-
trateur du temporel. Les fonds mis au service de ce nouvel établis-
ment étaient exactement de 10.800 livres. En outre, Monsieur
donnait les bâtiments, se chargeait de l'entretien de la chapelle
placée sous l'invocation de Saint Eustache, et de tout ce qui
concernait l'exercice du culte, et de ses derniers pourvoyait aux
besoins de trois sœurs grises chargées de donner aux malades les
soins nécessaires. L'acte de fondation de cet hôpital, passé devant
Maîtres Beschet et Chupin notaires, à Paris, le 9 avril, fut
confirmé par Lettres patentes datées du 10 mai, lesquelles lettres
portaient que cet établissement serait exempt de « tous subsides
« et impositions et que tous les procès qui en concerneraient les

« biens et droits seraient traités en première instance à la grande
« chambre et pour l'exemption à la cour des aides ». Puis, le 23
juin, Monseigneur du Harlay, archevêque de Paris, rendit une
ordonnance en vertu de laquelle « il consentait à ce que l'exercice
« du culte fût fait par les Pères de la Mission à la condition qu'ils
« présenteraient à la messe de la collégiale, le jour de Saint Cloud,
« un cierge d'une livre avec un écu d'or pour indemnité ». (*Reg.*
Cap. Par.)

1693 (Hôpital)

La bénédiction du cimetière de l'hôpital eut lieu le 11 septembre.
(*Gazette de France*).

1694 (Ursulines)

Monsieur donne aux Ursulines, l'eau de la chute du jardin
d'Apollon de son château de Saint-Cloud, par la communication
du bassin de la perspective. A ce don, le prince ajoute des
ornements et de l'argenterie.

1726 (Hist. loc.)

J.-B. Henri du Trousset de Valincourt de l'Académie royale
des Sciences, secrétaire général de la marine, avait travaillé toute
sa vie à se créer, dans une maison de campagne qu'il possédait à Saint-Cloud et où il se retirait souvent, une bibliothèque
choisie de 6 à 7000 volumes. Un jour de juillet 1726, le feu prit à
la maison et les livres furent tous consumés. « Je n'aurais guère
« profité de mes livres si je ne savais pas les perdre, dit-il philoso-
« phiquement ». (*Mém. de l'Acad. des Sciences, année 1730*).

1738 (Ursulines)

Se trouvant dans la nécesité absolue de faire reconstruire le
bâtiment où se trouvait le chœur qui menaçait ruine, le duc
d'Orléans leur fait don de 10 mille livres pour faire face à cette
dépense. (*Arch. des Ursulines.* Citées par Poncet de la Grave).

1765 (Ursulines)

M. de Beaumont, archevêque de Paris, disperse les Ursulines de Saint-Cloud en différentes maisons religieuses. Par arrêt du 19 octobre, il charge le sieur Ponsard, économe, d'administrer les revenus du monastère. Mais l'année suivante, sur des remontrances du Parlement au Roi, en date du 30 avril 1766, une ordonnance royale leur permit de rentrer.

1784 (P. de la Mission)

Après avoir desservi la chapelle du château et l'hôpital pendant 96 ans, ces religieux sont remerciés et retournent à leur Maison Mère du faubourg Saint-Denis. (*Arch. de St-Lazare*).

1787 (Hôpital)

De la rue d'Aulnay — actuellement rue d'Orléans — où étaient situés les bâtiments de l'Hôpital, Marie-Antoinette le fait transférer à la place du Meurtroy ou du Martroy — où il est encore. — A ce nouvel établissement la reine ajouta une chapelle, dont le fronton porte l'inscription suivante due aux soins de M. de Silly, maire en 1817 :

CHAPELLE ROYALE DE L'HOSPICE

FONDÉE EN 1787

PAR S. M. TRÈS CHRÉTIENNE

MARIE-ANTOINETTE

REINE DE FRANCE ET DE NAVARRE

1817

Marie-Louise d'Orléans.

IV.

LE CHATEAU. LES CASCADES

Les révolutions, les guerres sont des ouragans qui emportent non seulement les hommes, mais encore ces frêles choses qui devraient leur survivre et pourraient être, par la suite, des documents. Des uns la tombe fait de la poussière, des autres le feu fait des cendres. Cendre ou poussière, peu importe! Ce résultat des cataclysmes est le symbole de l'Egalité, de cette loi suprême qui moissonne au sommet comme à la base et conduit, indistinctement, les hommes et les choses au néant.

Or, devant la disparition de toutes pièces authentiques, nous avons dû renoncer à établir, d'une manière précise, l'origine de la propriété qui fut l'embryon du château de Saint-Cloud et qui, comme on le sait, appartenait à Jérome de Gondi, écuyer de Catherine de Médicis.

Au début de nos difficiles recherches, nous nous trouvâmes en présence de trois allégations contradictoires qui, néanmoins, servirent de point de départ à nos investigations. La première que nous avons citée mentionne que Henri II possédait, en 1556, une maison à Saint-Cloud (1). La deuxième existe dans un ouvrage de de Thou (2) : « La maison la plus considérable, dit cet auteur en « parlant de Saint-Cloud, est celle qui, en 1572, appartenait à « Jérome de Gondi et qui était située sur la hauteur » ; la troisième, enfin, fournie par la *Chronique novenaire* (3), nous apprend, au sujet de cette maison, que « quand la Royne l'acheta ce fust après « la mort du feu roy Charles, en intention d'y faire bastir, mais

---

(1) V. Suprà, p 48.

(2) *Historia mei temporis*. L LI, p. 327.

(3) Palma Cayet.

« comme elle vid que ce lieu estoit trop petit, elle le bailla, l'an
« 1577, à la femme du sieur Hiérosme de Gondy... » Quelques
lignes plus haut, dans le même ouvrage, on lit encore : « le lieu
« où fust blessé le Roy — Henri III — appartenoit — en 1572 —
« à un bourgeois de Paris, nommé Chapelier et le posséda encore
« plus de deux ans après... »

D'une part, où était située cette maison de Henri II dont on ne
trouve trace que dans les *Mémoires* de Laval ? Nul ne le sait ;
d'autre part, lequel des deux auteurs que nous venons de citer a
raison ? Est-ce de Thou ? Est-ce Palma Cayet ? Il est incontestable
que tous les historiens qui ont écrit sur Saint-Cloud prétendent
que l'année 1577 est celle où Jérome de Gondi reçut en don, de
Catherine de Médicis, la maison qui, plus tard, devait être le
château. Mais sur quoi se sont-ils basés ? Ont-ils accepté la seule
version de Palma Cayet, ou bien ont-ils eu entre les mains un
document qui nous a échappé ou qui, depuis eux, a été détruit ?
Par contre, comment ont-ils pu négliger l'affirmation d'un historien
de la valeur de de Thou ?... Mais, avant de poursuivre nos conjectures, nous donnerons une partie d'un *mémoire* que tout le monde
peut consulter à la Bibliothèque nationale. Dans ce *mémoire* qui,
malheureusement, ne précise aucune date à l'acquisition dont nous
nous occupons, il est expliqué que : « La reine, Catherine de
« Médicis, achète de Jean Roville, l'hotel d'Aulnai, au bout du
« village de Saint Cloud — elle le donna l'année suivante à Jérome
« de Gondy, son écuyer — lequel, est-il dit dans le contrat, lui
« appartient au moyen d'un échange fait avec demoiselle Anne de
« Fresne, l'une des demoiselles de dame Marie Clutin, femme de
« messire George de Clermont; lequel hotel avait appartenu à
« MM. du Ponchet, l'un Président en la Chambre des comptes,
« l'autre Maître des Requêtes, et ensuite à M. Huraut, abbé de
« Saint Pierre, et antérieurement, en 1388, à Geoffroi Touroude et
« en 1438 à Jean Gastelier, petit fils de Jeanne la Touroude. Cet
« hotel est actuellement le centre et le noyau du château de Saint
« Cloud... » (1)

---

(1) M. Tronchet. *Mémoire pour l'archevêque de Paris.* 1786.

Si nous étions tenté, comme paraissent l'avoir fait nos devanciers, d'accepter la version de Palma Cayet, la lecture de ce document nous en dissuaderait. En effet, si ce *mémoire* reçoit un certain caractère d'authenticité de la personnalité qui l'a établi et des noms de propriétaires qui semblent bien provenir de l'examen d'actes détruits aujourd'hui, par contre l'absence du nom de « Chapelier », de ce « bourgeois de Paris » dont parle la *Chronique novenaire*, frappe de suspicion cette même *Chronique*.

En résumé, nous croyons que Henri II eut bien une maison à Saint-Cloud et, certainement, c'est pour cela que le pont, comme nous l'avons dit, fut refait à ses frais. Autrement, on ne s'explique pas cette générosité royale. Quant à l'immeuble même, à quelle époque a-t-il cessé d'appartenir à Henri II ou à Catherine de Médicis ? A-t-il fait l'objet d'une donation que l'histoire n'a point enregistrée ? A-t-il été vendu ? Nous ignorons tout cela. Cependant, il est certain que vers 1570 au moins, la reine en avait encore la propriété car, en 1569, elle acquérait, pour agrandir son domaine, un moulin et une maison qui appartenaient au cardinal de la Bordaisière et les lui payait 8.000 livres. Ceci résulte d'un acte dont copie a été prise par M. Caron, correspondant de la *Société des antiquaires* (1).

En ce qui concerne la maison de Gondi, nous inclinons à croire également, avec de Thou, que l'écuyer de Catherine de Médicis en était effectivement déjà propriétaire en 1572. Voici, d'ailleurs, à l'appui de notre conjecture, ce qu'il est dit dans la *Biographie universelle*, bien qu'il ne faille accepter les dires de cet ouvrage que sous toutes réserves : « Il — Gondi — possédait le château « de Saint-Cloud où périt Henri III. Il lui fut donné par Catherine « de Médicis en septembre 1568. On suppose que c'était l'ancienne « demeure d'Arnault de Corbie, chancelier sous Charles VI (2). « Il était voisin d'autres châteaux dont l'un était encore à Catherine « de Médicis ».

---

(1) Cité par le Cte Fleury. *Palais de St-Cloud.*
(2) Destitué en 1398.

Ici, il nous paraît utile d'appeler l'attention de nos lecteurs sur
un point que nous n'avons pas encore fait ressortir. Dans le
Mémoire de M. Tronchet, et presque partout d'ailleurs, il est dit
que Catherine de Médicis donna l'hôtel d'Aulnay à Jérôme de
Gondi son écuyer. Or, il convient de remarquer qu'à partir de
1570, Jérôme a cessé d'occuper ces fonctions inférieures pour
remplir des missions diplomatiques. C'est du moins ce que l'on
pourra constater lorsque nous donnerons sa biographie. Or, si
c'est bien postérieurement à 1570 que Jérôme de Gondi a été
l'objet de la munificence de Catherine de Médicis, comment
admettre que dans l'acte de donation il se soit laissé qualifier
d'écuyer qu'il n'était plus, au lieu d'ambassadeur qu'il était? —
ou, s'il réunissait les deux titres, qu'il ne les ait point fait mentionner? Comment admettre encore que la reine ait laissé amoindrir
la personnalité de celui dont elle récompensait les services?
Evidemment, toutes ces interrogations ne constituent qu'un
raisonnement, mais on voudra bien reconnaître qu'il vient à
l'appui de nos hypothèses.

Si nous ne craignons pas d'affirmer que Jérôme de Gondi
possédait, avant 1570, la propriété qui devait être plus tard le
château de Saint-Cloud, nous n'irons pas cependant jusqu'à
assurer, avec les historiens calvinistes, que le massacre de la
Saint-Barthélemy fut résolu dans un conseil qui aurait été tenu
dans cette maison. « La mort a emporté ce roy — Henri III — de
« ce monde en l'autre ; mais, circonstance notable, en la chambre
« mesme où l'on tient avoir esté prins le conseil de ceste furieuse
« journée de la Sainct Barthélemy en l'an 1572 ». (1). A ce propos,
il n'est pas prouvé qu'un Gondi ait pris une part quelconque à
cette triste délibération ; mais, en supposant le fait exact, il s'agirait
d'Albert de Gondi, maréchal de Retz, et non de Jérôme, et le
conseil aurait eu lieu aux Tuileries et non à Saint-Cloud. Volontairement ou non, ces écrivains ont confondu l'un avec l'autre.

---

(1) Montliard. *Inv. de l'Hist. de France.* — J. Taffin. *Estat de l'Eglise.*

En venant en France, en 1543, Catherine de Médicis était accompagnée d'un nombreux personnel. Son maître d'hôtel était alors Jean-Baptiste de Gondi — 1501-1580 — issu, avec son frère, François Marie, de Jérome de Gondi, mort en 1557. Tandis que Jean-Baptiste mourait sans laisser de descendance, François Marie, qui s'était établi en Espagne où il était ambassadeur du duc de Toscane, eut un fils qui fut prénommé Jérome comme son grand-père et que son oncle Jean-Baptiste plaça auprès de Catherine de Médicis.

Né à Valence vers le milieu du seizième siècle, Jérome de Gondi, baron de Codun, fut surtout, pour nous servir des termes d'un biographe « employé dans le civil ». En 1570, lors du mariage de Charles IX avec Elisabeth d'Autriche, il fut envoyé à Madrid. Malgré sa jeunesse, il révéla, dans l'accomplissement de sa mission, tant de zèle et d'intelligence, que par la suite on recourut à lui, en des cas délicats. Sous Henri III, ambassadeur à Rome et à Venise, puis sous Henri IV à Rome encore, il eut, sous ce dernier roi, la charge d'introducteur des Ambassadeurs. Jérome de Gondi mourut, disent les uns, en 1600 ; en 1603 ou en 1604 disent les autres.

« C'estoit un homme voluptueux. On dit que disnant chez un de « ses amys, à cinq lieues de Saint Clou, où il n'y avoit point de « verres de cristal, il dit à un de ses gens : Va m'en quérir un à « Saint Clou et ne te soucie pas de crever mon cheval. Il y va. Le « cheval crève en arrivant et le valet, en descendant, cassa le « verre. Cet homme méritoit bien de mourir gueux comme il est « mort (1). »

Lorsque Jérome de Gondi fut en possession de l'hôtel d'Aulnai, il s'empressa de le démolir et de faire reconstruire une maison selon ses goûts. Si l'on tient compte que la famille de Gondi était d'origine florentine, on ne sera pas surpris de savoir que cette maison était dans le style italien. Un contemporain nous dit en parlant de Gondi : « lequel fit abattre le logis et le changer tout de

---

(1) Tallement des Réaux. *Historiettes.*

« nouveau, l'ayant embelli de grottes et fontaines, et rendu tel,
« que depuis il a esté fréquenté par les princes et seigneurs, ce
« qu'il n'estoit auparavant. » Un deuxième contemporain complète
le précédent : « C'est dans cette maison, dans le goût italien,
« située au milieu d'un immense jardin, orné de grottes, de
« fontaines et de jets d'eau à l'italienne que périt Henri III et où
« ce prince trouva le moyen d'écrire à Gondi quelques instants
« avant sa mort. »

Tandis que le corps de Henri III était dans la maison de Gondi,
Henri IV s'établissait, comme roi de France, dans un immeuble
mitoyen qui appartenait à MM. du Tillet. Il fit tendre les appartements en violet, en signe de deuil, et pour cela, il dut faire enlever
de l'hôtel de Gondi les tentures qui avaient servi lors du décès de
Catherine de Médicis.

Mais revenons aux mutations de la propriété de Jérome de
Gondi. En 1618, l'hôtel « passa au sieur Sancerre, argentier du
« roi ; en 1625, Jean François de Gondi, frère du Cardinal et
« évêque de Paris acheta ce même hôtel. Ses héritiers, le reven-
« dirent en 1655 au sieur Hervard, intendant des finances qui le
« vendit à Monsieur, frère du roi, moyennant 240.000 livres, quoi
« qu'il n'eût coûté à Catherine de Médicis que 4.157 livres avec
« 13 arpens de terre contigus, au lieu que lors de la vente faite à
« Monsieur, il en contenait 24 (1). »

Nous venons, par la reproduction de ce document, de résumer
toutes les mutations subies par cet hôtel. Mais, à côté, il existe des
détails qui méritent d'être indiqués.

Sous Jean François de Gondi la propriété de son ancêtre fut
considérablement améliorée et embellie.

Aussi bien, c'était l'époque où Maçonnis, Président à la généralité de Lyon, avait trouvé le moyen d'élever les eaux au-dessus de
leur source, et on avait profité de toutes les eaux pour y créer des
jets et des machines qui nous paraîtraient peut-être bizarres
aujourd'hui, mais qui, alors, semblaient tenir du prodige. Il est

(1) M. Tronchet. Déjà cité.

à supposer, également, que Alexandre Francini, célèbre méca-
nicien florentin, venu en France sur les instances de Marie de
Médicis, mit la main à l'installation et à l'amélioration de ces jeux
d'eau.

« En 1639, ce beau logis avait un jardin d'une très grande
« étendue et estimé pour les belles grottes qui s'y trouvaient et
« par les fontaines dont les eaux faisaient jouer plusieurs
« instruments, qu'en outre il y avait quantité de statues de marbre
« et de pierre, de parterres à compartiments, bordures, carreaux,
« allées couvertes et un bois fort frais en été (1). »

Telle est la description qui nous est parvenue de cette maison
dont il ne reste, comme souvenir, qu'une gravure d'Israël.

Le premier archevêque de Paris (ce fut pour Jean François
de Gondi, évêque, que Grégoire XV érigea, en 1622, le siège épis-
copal de la Métropole en archevêché) était paraît-il, un protecteur
éclairé des lettres. Arnaud, Sarrasin, entre autres, étaient ses
commensaux habituels. Dans les *Œuvres* du dernier (2) on trouve
à propos de la victoire de Lens (3) remportée par le Prince de
Condé sur les Allemands et les Espagnols, une ode à Calliope (4)
qui fut composée à Saint-Cloud comme l'auteur le dit lui-même
dans sa lettre d'envoi à Arnaud.

« I'ay ordre d'une fille de votre connoissance de vous écrire ce
« qui s'est passé à Sainct Clou et de vous réciter une avanture
« que nous y avons eue ensemble…

> « Vitte promptement l'armée
> « de l'Invincible Condé
> « Glorieuse renommée
> « qui l'as toujours fécondé ;
> « Passe d'une aile légère
> « De l'un à l'autre hémisphère

---

(1) Du Breuil. *Fastes et antiquités de Paris. Suppl.*
(2) Sarrasin. *Œuvres*, p 307.
(3) 20 avril 1648.
(4) Muse qui présidait à la poésie épique.

« Et sur la terre et sur les flots
« Dy de ce Prince indomptable
« Que l'Histoire ny la Fable
« N'ont point de plus grands Héros. »

A Jean François de Gondi succéda Hervard ou Herwart.

Financier allemand, né à Augsbourg, mort à Tours en 1676, Hervard s'associa avec son frère, fonda une maison de banque à Paris, et quand l'Alsace fut envahie, mit généreusement sa fortune à la disposition de Louis XIII afin de permettre au roi de payer dix mille Suédois qui, faute d'argent, allaient passer à l'ennemi. En 1648, lorsque Turenne se fut déclaré pour le Parlement contre Mazarin, Hervard qui, déjà, était chargé de savoir ce que valait la conscience du prince de Condé, partit pour l'Allemagne muni des pleins pouvoirs du Cardinal. En cette circonstance, il fit preuve d'une telle habileté que les troupes commandées par Turenne — troupes que Hervard connaissait comme ayant appartenu au duc de Saxe Weimar — l'abandonnèrent au moment où il voulut marcher sur Paris (1). A la nouvelle de cette défection, Mazarin qui était à Saint Germain dit tout haut devant le roi : « Hervard a sauvé l'Etat et conservé au roi sa couronne. Ce « service ne doit jamais être oublié. Le roi en rendra la mémoire « immortelle par les marques d'honneur et de reconnaissance « qu'il mettra en sa personne et en sa famille. »

Hervard intervint encore efficacement lorsqu'il s'agit d'empêcher les émissaires de Turenne de débaucher, à Stenai, cette même armée que le parti de la Fronde désirait tant avoir. Hervard la conserva au service du roi et tant pour cette affaire que pour la précédente, il fit à l'Etat l'avance de plus de deux millions de francs. Banquier de Mazarin, celui-ci le choisit, en 1656, pour intendant des Finances; mais Hervard était protestant et ce choix déchaîna une tempête dans le parti catholique. Les violentes réclamations qui s'élevèrent ne firent aucune impression sur le Cardinal qui maintint sa décision. Bien plus, l'année suivante, il nommait Her-

---

(1) Vanhuffel. *Recueils de documents inédits sur l'Hist. de France et sur l'Alsace.*

vard contrôleur général. Dans sa nouvelle position, Hervard continua d'avancer, pour le service de l'Etat, des sommes considérables. Aussi, quand Louis XIV revint de Bretagne où il avait fait arrêter Fouquet, il fit venir Hervard et lui dit : « Je compte sur « votre crédit ! » A cette époque, on le sait, le roi de France était sans argent. Or, le financier lui avança aussitôt deux millions.

Protestant, Hervard était plein de zèle pour sa religion et tout dévoué à ses coreligionnaires. Ces derniers trouvèrent en lui un protecteur et l'administration des finances devint le refuge de ceux des Réformés que l'on repoussait des autres emplois. Il en fut ainsi jusqu'en 1680, et selon la remarque de Ruthières, on ne vit point, pendant cette période, de ces fortunes scandaleuses contre lesquelles s'exerçait si fort la verve des satiriques. Hervard mourut simple conseiller d'Etat, avant la révocation de l'Edit de Nantes qui entraîna la ruine complète d'un grand nombre de protestants. Cette mesure n'eut pas de conséquences aussi graves pour les héritiers d'Hervard, mais elle détermina, sur eux, la confiscation de Landser et de la forêt de Hart que Louis XIII, en récompense de ses services, lui avait donnés. Sa veuve continua les traditions de son mari, soutint la religion protestante et les temples ; et lorsque l'on notifia aux pasteurs la ridicule défense de faire des conversions, ce fut elle qui, par ses libéralités, contrebalança, pendant longtemps, le pouvoir de Pelisson qui achetait les convertis.

Maintenant que nous connaissons Hervard, nous reviendrons à la maison de Gondi qu'il paya un million, dit-on, alors qu'elle n'avait coûté, à Catherine de Médicis, que 4.157 livres avec ses treize arpents de terre.

Une des premières améliorations qu'il apporta à la propriété, eut pour but d'assurer le bon fonctionnement de ses jets. Comme l'eau manquait, nous le voyons, l'année même de son acquisition, entamer des négociations avec la dame Dupré. En 1655, cette dame « vend à M. Hervard, intendant des finances, lors proprié-« taire de la maison formant le château de Saint-Cloud toutes les « eaux qui sont ou seront en la fontaine et autres lieux de la « maison de ladite dame Dupré, située à Garches et aux clos et

« héritages de ladite maison pour être lesdites eaux conduites en
« la maison nouvellement acquise par ledit sieur Hervard et vul-
« gairement appelée Maison de Gondi (1) ».

On est en droit de supposer que la quantité d'eau ainsi obtenue
était encore insuffisante, car Hervard entreprit, toujours dans le
même but, avec le chevalier Viellard, seigneur de Villeneuve, des
pourparlers qui durèrent trois années. En 1658, enfin, le chevalier
Viellard accorda « au sieur Hervard, contrôleur général des
« finances, le droit de faire toutes recherches et fouilles d'eau
« qu'il avisera dans les terres ou dans l'enclos du sieur Viellard,
« en sa maison de Villeneuve, pour être lesdites eaux conduites et
« rendues en tous tuyaux que le sieur Hervard voudra et dans les
« bassins qui sont indiqués dont l'un est appelé le bassin du
« petit bois proche le parterre et conséquemment auprès du
« château (2) ».

Faute de documents nous ne pouvons indiquer tous les changements et tous les embellissements que le financier fit opérer
dans sa propriété, mais c'était l'époque où les traitants offusquaient
et irritaient le peuple, malheureux déjà, par un luxe indécent et
des dépenses immodérées, et, sans doute, Hervard n'a pas échappé
à ce travers. Et puis, malgré le puritanisme que lui prêtent ses
biographes, peut-être n'était-il pas absolument indemne, car nous
allons le voir consentir à la cession, pour une somme relativement
modique, de la propriété qui, tous comptes faits, lui revenait,
paraît-il, à deux millions environ.

Sur cette mauvaise affaire pour Hervard, deux versions ont été
données. Selon la première, le contrôleur général des finances
ayant appris que Louis XIV cherchait à acquérir une propriété
pour ensuite l'offrir à Monsieur, son frère, aurait eu l'idée de proposer le château de Saint-Cloud. Donc, un jour, il pria le cardinal
d'inviter le roi et son frère à venir visiter l'ancienne maison de
Gondi. L'invitation transmise et acceptée, les deux princes se
rendirent, le 6 octobre 1658, chez Hervard qui les traita avec une

(1) Poncet de la Grave. Déjà cité.
(2)   Id.   —   Id.

munificence telle que le roi ne put s'empêcher de lui exprimer toute sa satisfaction. Puis, Louis XIV et son frère partis, Hervard resta seul avec Mazarin qui, à brûle pourpoint, lui demanda : Combien vous a coûté cette maison ? — Cent mille écus, répondit Hervard. Mazarin n'ajouta pas un mot et se retira à son tour; mais le lendemain, Hervard recevait une cassette contenant cent mille écus et un contrat de vente. Si cette version est exacte, et nous en doutons, il faudrait en conclure qu'Hervard eut, dès le début, l'intention de faire un cadeau à Louis XIV. Or, ce ne doit pas être cela et la seconde version est plus vraisemblable.

Le roi connaissait la maison d'Hervard; il savait que depuis que ce financier en était le propriétaire, le parc avait été considérablement augmenté, que les appartements avaient été richement décorés et enfin qu'on n'avait reculé devant aucune dépense pour l'embellir. La fantaisie vint donc au roi de vouloir l'acheter; il s'en ouvrit à Mazarin qui se chargea de la lui procurer pour un prix modéré. Le cardinal n'était pas d'une amitié très sûre ; il sacrifiait volontiers ses intimes à ses intérêts. En cette circonstance, considérant davantage le service qu'il rendrait au roi, que les services rendus à lui-même et à l'Etat par Hervard, il fit mander ce dernier. Alors le cardinal, prenant un air sévère, rappela au financier que Louis XIV ne voulait pas que ceux qui étaient chargés de la perception de ses droits fissent douter de leur probité en réalisant des fortunes énormes et que Sa Majesté était très mécontente de le voir dépenser tant d'argent à construire et à embellir le château de Saint-Cloud. En entendant cette mercuriale, Hervard fut atterré; l'idée de Fouquet traversa son esprit; il se crut perdu. Aussi bien, avec Mazarin, on ne savait jamais comment pouvait tourner une pareille conversation. Il jugea cependant utile de protester contre la suspicion qui le frappait et offrit au cardinal de le convaincre que l'acquisition de la propriété et les travaux qu'il avait fait exécuter ne s'élevaient pas à plus de cent mille francs.

Mazarin était trop fin pour n'avoir pas saisi l'état d'esprit d'Hervard; mais il n'en laissa rien paraître et feignit de croire absolument ce que venait de dire Hervard. Même, il changea d'attitude,

Philippe d'Orléans, régent de France sous la minorité de Louis XV.

se fit caressant, s'engagea à mettre tout en œuvre pour que le roi revînt de sa prévention mal fondée. Pendant quelque temps encore, Mazarin continua de faire preuve d'une grande bienveillance envers le financier qui, de son côté, se flattait, en secret, d'avoir trompé le cardinal. Sur ces entrefaites, il était arrivé au roi, en passant, de sourire à Hervard! Il n'en fallait pas davantage pour que celui-ci se crût à la veille des plus brillantes faveurs. Enfin, un jour, Mazarin rencontrant Hervard, lui apprit que le roi, désireux d'offrir une propriété à Monsieur, avait jeté les yeux sur le château de Saint-Cloud, et il lui proposa de le vendre à Sa Majesté qui le paierait ainsi qu'il convenait à sa dignité.

Hervard aurait bien voulu refuser cette proposition. Mais était-ce possible ? La crainte d'une disgrâce, l'espérance de plaire et surtout la perspective de faire une opération, peut-être peu avantageuse au point de vue pécuniaire, mais certainement utile à sa fortune, le décidèrent, et il parut accepter de bonne grâce une affaire qui, au fond, et malgré tous les raisonnements, lui laissait des regrets. Enfin, il est appelé chez le cardinal qui l'accueille avec une grande cordialité et lui montre un contrat de vente tout dressé, auquel il ne manque que sa signature. Hervard en prend connaissance et... s'arrête, étonné, en voyant que le prix de vente est fixé à cinquante mille écus, somme excessivement inférieure à tout ce qu'il a dépensé et à toutes ses prévisions !.. Hervard voulut protester, mais le cardinal, redevenant sévère, lui imposa silence. Il lui rappela leur première entrevue « lui représentant « que le roi se montrait fort généreux en lui donnant un bénéfice « d'un tiers au-dessus de la valeur et qu'il serait très offensé « d'apprendre qu'on lui en eût imposé la première fois ou qu'on « lui en imposât à présent. M. Hervard n'eut d'autre parti à prendre que celui de signer. Mais Louis XIV ayant su la ruse de « son ministre, fit donner au financier une somme de cinquante « mille francs pour diminuer un peu ses regrets » (1).

Si les deux versions diffèrent d'intérêt, elles aboutissent du moins au même résultat. Le contrat de vente, passé devant M^e

_____

(1) Dugast. *Paris, Versailles et les provinces au XVIIIe siècle.*

Mouffle, notaire royal, et son confrère Me Lefoin, portait qu'à partir du 25 octobre 1658, Hervard cesserait d'être propriétaire de l'ancienne maison de Gondi et que l'immeuble passerait dans les mains de Monsieur. Toutefois, dès le 12 octobre, la *Gazette de France* annonce que « la Reine et Mademoiselle se sont rendues « à Saint-Cloud visiter la maison de Monsieur qui était ci-devant « au sieur Hervard ».

Il serait bien difficile aujourd'hui d'indiquer exactement ce qu'était alors cette propriété. Le célèbre architecte Fontaine a multiplié les recherches afin de retrouver un plan : il a dû y renoncer. Le seul renseignement certain que l'on possède c'est un acte découvert par M. de Grouchy dans le minutier de M^e Le Fouyn (1). Cet acte mentionne « une grande maison scituée au « bourg de Sainct Cloud, en la rue d'Aulnay, appelée vulgaire- « ment la maison de Gondi, concistant en plusieurs bastiments, « édifices et lieux, cour, basse cour, jardins, fontaines, grottes, « réservoirs, sources, bois, arbres et autres appartenances... y « compris lesdits murs, les deux muffles de bronze qui sont dans « la principale court sur les portes qui vont au jardin du coté de « la chapelle, l'orologe, la table de marbre ou jaspe qui est « dans la grotte, tous les plombs estant tant dans l'enclos « que dehors ladicte maison et enclos, bassins, robinets, figures, « statues, ustensiles servant audictes fontaines, avecq les terres « qui sont enclozes au grand réservoir pour ce qui en appartient « au sieur Hervard, grottes, jardins et lieux avec les adjustements, « constructions, augmentations, réparations et aultres choses que « ledict sieur Hervard a fait faire en l'étendue de ladicte maison « et au dehors d'icelle, depuis l'acquisition qu'il en a faite des « sieurs héritiers bénéficiaires de feu Monseigneur l'Archevêque « de Paris ».

Dans l'opuscule auquel a donné lieu la publication de l'acte ci-dessus, M. de Grouchy s'élève, avec raison, contre les allégations formulées par la presque généralité des auteurs qui ont eu à s'occuper de l'origine du château. Effectivement, ces derniers

---

(1) De Grouchy. *La Maison de Gondi à Saint-Cloud.*

6

prétendent que Monsieur aurait fait édifier sa demeure sur l'emplacement de trois immeubles ayant appartenu : le premier à Hervard, le second à un sieur Fouquet, et le troisième enfin à un sieur Monnerot.

La vérité est qu'à l'époque de cette acquisition l'étendue de la propriété, soit 12 hectares environ, ne permit pas l'exécution des plans conçus et qu'il devint nécessaire de procéder à de nouvelles acquisitions. C'est ainsi que l'ancienne résidence d'Hervard s'augmenta successivement des immeubles suivants :

1° La maison du Tillet, acquise du trésorier de la marine et payée 60.000 livres par contrat du 29 mai 1659.

2° La maison du sieur Duverdier, achetée le 12 décembre 1673, par devant Mᵉ Gigault, notaire, et payée 39.000 livres.

3° La moitié de la seigneurie de Sèvres à laquelle Monsieur joignit une parcelle de terre acquise d'un particulier dont le nom nous est resté inconnu. Cette moitié de la seigneurie de Sèvres fut octroyée à Monsieur, par Louis XIV, en vertu de lettres patentes de décembre 1677.

4° Une autre parcelle de terre dite « Les Rivières » achetée à M. de Longueil.

5° Une maison sise à Sèvres cédée par le sieur Monnerot.

6° Plusieurs autres maisons situées sur les confins des territoires de Ville d'Avray et de Marnes, et dont nous n'avons pu découvrir les noms des vendeurs.

7° Une maison où pendait pour insigne le « Maure », sise à Saint-Cloud et possédée par Nicolas Deschamps. Cette auberge transportée à un autre endroit est, cela n'est pas douteux, devenue la « Tête Noire » (1).

8° Une autre maison, contiguë à la précédente, et située au bas de l'avenue de Saint-Cloud (2).

9° De nouvelles lettres patentes en date de décembre 1678, signées Louis XIV, attribuèrent à Monsieur la propriété de 31 arpents, 67 perches — environ 19 hectares — de terre à prendre

---

(1) *Archives de Seine-et-Oise.* A. 1501, liasse.

(2)   Id.   —   Id.

sur le haut de la montagne derrière les murs du parc de Saint-Cloud.

10° En 1683, au mois de novembre, par contrat passé devant Mᵉ Béchet, notaire, Monsieur devint acquéreur, au prix de 66.000 livres, d'une maison appartenant à Armand de Béthune, duc de Charost.

11° En 1691, le prieur de Saint-Martin des Champs déclara céder à Monsieur, frère du roi, le fief dit de " l'arpent franc " avec tous droits de justice, haute, moyenne et basse.

12° En 1695, la dame de Saint-André, en vertu d'un contrat signé devant Mᵉ Bellanger le 25 octobre, vendit au duc d'Orléans le fief de Villeneuve pour la somme de 57.200 livres.

Au résumé, l'ensemble des acquisitions et donations faites dans le but de constituer la résidence de Saint-Cloud se monte à 1156 arpents, soit 590 hectares environ. C'est du moins ce qui résulte d'un plan dressé par Legrand, en 1736, et sur lequel figurent, bien entendu, les palais, jardins, parcs et dépendances de toute sorte.

Nous n'indiquerons pas les transformations extérieures ou intérieures subies par le château de Saint-Cloud. Nous n'en ferons même qu'une très brève description, car il n'en reste plus rien.

Le régime qui a laissé subsister pendant de longues années, en pleine capitale de la France, le triste témoignage de nos discordes civiles, a mis, semble-t-il, un certain empressement à faire disparaître ce qui pouvait attester du vandalisme d'une nation civilisée. On n'a point voulu conserver la très éloquente leçon de choses qu'eussent été, pour les générations futures, les ruines de ce monument éventré à coups de canon, dont les murs noirs de la fumée de l'incendie, auraient révélé le degré de barbarie que peut atteindre un peuple inaccessible aux générosités du cœur, à la grandeur d'âme.... Mais le moment n'est pas encore venu de mettre sous les yeux du lecteur, les atrocités froidement commises, à Saint-Cloud, par les Allemands. Nous le ferons plus loin, en un chapitre spécial, et, en attendant, revenons à ce château... dont les lambris, autrefois, entendirent alternativement, ou les exclamations de la joie la plus grande, ou les lamentations de la douleur la plus profonde ; dont les murs, spectateurs muets et insensibles, virent ainsi qu'en une fabuleuse comédie, se dérouler tous les calculs, toutes les ambitions, tous les sentiments, toutes les passions, tout ce qui, en un mot, met en mouvement l'Humanité, l'abaisse et la couvre des hideurs du vice où l'élève et la revêt des splendeurs de la vertu !... Il n'est que trop vrai, hélas, qu'entre les parois de cette demeure de souverains, l'adulation poussée jusqu'à la bassesse se montra à côté de la dignité sereine et fière, que l'hostilité et la haine hypocrites coudoyèrent le dévouement absolu et aveugle ; que l'ingratitude, sans vergogne, se mêla à la reconnaissance ; qu'aux heures de tristesse et de péril enfin, le sacrifice de soi à un homme malheureux et accablé sous le poids de revers parfois immérités, se heurta, en venant s'offrir à la défection lâche et vile...

Le Temps et les Révolutions ont pu passer sur tout cela, accomplir leur œuvre destructrice, mais ils n'ont pu tout effacer, bien que sur l'emplacement de cet édifice qui abrita tant de gloires et tant d'infortunes, qui fut le dernier refuge de ceux que réclamait l'exil, il n'y ait rien, plus rien !... Si, pardon !

De même que sur le tertre surmontant la tombe de ces pauvres hères qui ne laissent derrière eux personne pour les pleurer, la nature, toujours généreuse, met un tapis vert où chaque printemps pique de modestes fleurs, désormais, dit-on, une surface herbue figurera l'espace occupé par le château de Saint-Cloud. Quelques esprits, que la gloire offusque, se plairont à voir là une image ; ils se diront que sous ce gazon gît un passé, d'eux détesté. Mais la prévention, le parti pris qui les animent, leur fait oublier qu'ici bas rien ne se perd et que tout ne meurt pas.

Si l'Infini a absorbé la poussière des ruines de cette demeure princière, l'Histoire en a également recueilli les souvenirs et les a soustraits à l'Oubli, comme Dieu ravit au néant cette émanation de lui-même : l'âme humaine !

Voici, d'après Corneille, ce qu'était, à l'origine, le château de Saint-Cloud : « C'est un des plus beaux palais de France. La « situation, les vues, les bois, l'architecture, le marbre, les sculp- « tures, les peintures, et les dorures, tout semble y former un

« chef-d'œuvre d'autant plus digne du prince qui l'habite qu'il
« est l'ouvrage de ses soins. Le bâtiment qu'on trouve dans une
« dernière cour, élevée en haute terrasse plus longue que large
« est composé d'un grand corps de logis de 144 pieds de façade
« sur 72 d'élévation. On y a joint deux encoignures saillantes d'un
« entrepilastre, soutenues de deux gros pavillons et d'un enta-
« blement d'ordre corinthien. De ces pavillons commencent deux
« ailes moins exhaussées qui s'étendent par une agréable symétrie
« jusqu'aux deux tiers de la cour. Elles fournissent par les
« balcons de leurs avant-cotez des vues sur la plaine et sur Paris
« qui présentent de toutes parts des paysages que l'on ne peut
« assez bien décrire. L'orangerie, le labirinthe, les bosquets qui
« composent les jardins hauts et les jardins bas où se trouve cette
« cascade si admirable, qu'on la peut nommer le chef-d'œuvre
« de l'hydraulique, font la beauté d'un parc de près de quatre
« lieues de circuit. La verdure des coteaux, la vaste étendue des
« sombres allées, la fraîcheur délicieuse des eaux, l'agrément
« continuel des plus beaux lointains, tout y inspire une satisfaction
« digne de la richesse des appartemens du château qui ont été
« peints par Mignard (1) ».

A cette décoration par Mignard se rattachent deux souvenirs
qui marquèrent dans la vie du peintre et qu'il nous paraît
intéressant de rappeler. C'était à l'époque où le rival de Lebrun
peignait l'olympe dans le salon de Vénus du château de Saint-
Cloud. Un jour, il fut victime d'un accident dans lequel il faillit
perdre la vie. Dans son impatience de juger l'œuvre du peintre,
alors que celui-ci était encore au travail, le duc d'Orléans donna
l'ordre d'enlever les échafaudages. Mignard, tout en maugréant
contre le caprice du prince, se hâta de descendre, et dans sa précipitation, le pied lui manquant il fit une chute qui le cloua au lit
pour deux mois.

Un peu plus tard, lorsque tout fut terminé, le duc d'Orléans
invita Louis XIV à venir visiter Saint-Cloud. A cette époque, la

---

(1) *Dict. Géographique et Historique.*

cour était partagée entre Mignard et Lebrun ; les uns tenaient pour le peintre de Versailles, les autres pour celui de Saint-Cloud ; mais nul ne connaissait l'opinion du Roi et tout le monde devinait que Louis XIV allait, dans le cours de cette visite, faire pencher la balance en faveur de l'un ou de l'autre. En tout cas l'anxiété des deux peintres était extrême... Mignard, était à la porte du salon de Mars quand le Roi parut. Louis XIV se dirigea vers lui et, sur un ton des plus affectueux, il lui dit : « Mignard mon frère « a dû vous dire combien j'ai été affecté de votre accident et « combien de fois je lui ai demandé de vos nouvelles »... Le peintre, ému, s'inclina. Au fond, cet accueil le ravissait parce qu'il lui semblait d'un bon augure pour la suite. Louis XIV visita tous les salons avec lenteur, mais sa plus grande attention fut pour la galerie d'Apollon. Sa visite terminée, le Roi se tourna vers ceux qui l'accompagnaient : Messieurs, leur dit-il, « je souhaite fort « que les peintures de mes galeries de Versailles répondent à la « beauté de celles que nous venons de voir ». L'éloge était délicat. Le Roi avait rendu hommage au talent de Mignard sans blesser la susceptibilité de Lebrun. Il convient de remarquer que le résultat de cette visite valut au peintre de Saint-Cloud de peindre, plus tard, à Versailles les petits appartements d'abord, puis la galerie qui porte son nom.

La destruction du château de Saint-Cloud rend toute description superflue. On se représente mal, d'ailleurs, ce que le regard ne peut percevoir. Nous négligerons donc le château, pour arriver aux dépendances qui subsistent encore, au moins en partie. Les plus importantes sont constituées par

Les Cascades

A leur propos, il nous a paru intéressant de reproduire une description les concernant, qui remonte à l'année 1700 environ, c'est-à-dire presque au lendemain du jour où Philippe d'Orléans, après les avoir modifiées selon les conseils de Mansard, les fit jouer pour la première fois — juin 1699 — devant la population parisienne accourue pour assister à cet événement qui l'émerveilla, paraît-il.

Sans doute, depuis deux siècles, les progrès de la science de
l'hydraulique et d'autres faits ont déterminé de nombreuses modifications. Aussi, les détails qu'on va lire ont-ils perdu en exactitude ce qu'ils ont gagné en intérêt rétrospectif. D'ailleurs, nous
ferons observer que jamais notre intention n'a été de faire de cet
ouvrage un guide.

C'est donc encore le *Dictionnaire historique et géographique* qui
va nous renseigner sur ce que les cascades étaient vers l'an 1700.
« La merveilleuse cascade, dit l'auteur, est partagée en deux
« parties différentes. Ce que l'on nomme la haute cascade a 108
« pieds de face sur autant de pente jusqu'à l'allée du Tillet qui y
« forme un large repos et la sépare de la basse cascade. Celle qui
« est la plus élevée, a trois rampes, accompagnées de quatre
« différens espaces d'une égale proportion. Deux de ces espaces
« sont entre les rampes et servent à monter vers deux arcades
« fournies de leurs renfoncemens. Les deux autres espaces qui
« commencent à deux statues des Vents, s'élèvent en haute terrasse,
« plantée de deux rangs d'épiciats appuyez contre la palissade,
« dont toute la cascade est entourée. Le milieu de ce bel ouvrage
« est orné d'une autre rampe à neuf gradins, disposez par autant
« d'étages, depuis la balustrade près de laquelle ils commencent.
« Cette balustrade se trouve à hauteur d'appui et règne sur toute
« la face de la haute cascade pour y former un grand balcon large
« et étendu, où l'on descend du petit canal, qui sert là de réservoir.
« On découvre en cet endroit tous les jardins bas, et jusque dans
« la plaine, la vue y pénètre par dessus la cime des arbres, qui,
« dans les deux côtez sont bien moins élevez que le balcon qui
« surmonte cet admirable Edifice. On a posé sur le milieu de cette
« balustrade deux statues à demi couchées. L'une représente le
« Dieu de la Seine, et l'autre sert de symbole au Fleuve de la
« Loire. Vers les extrémitez de la même balustrade, sont élevées
« quatre autres statues, qui représentent Hercule avec des Faunes.
« Les figures du Dieu de la Seine et de celuy de la Loire sont
« appuyées chacune sur une grande urne, d'où commencent à
« couler les belles eaux, dont l'élévation, le rabaissement, les
« saillies, les chutes, les fuites, les contours et les nappes causent

« une attention qui ne donne pas moins de plaisir que de surprise.
« Leur premier effet forme dans cette urne une grosse gerbe à
« vingt jets de six pieds de haut, sur quatre-vingts lignes de sortie.
« L'amas des lances qui la composent, fait à son retour une
« première nappe, qui tombe dans un bassin où l'on a placé sept
« bouillons de quatre et cinq pieds d'élévation, sur douze et dix-huit
« lignes d'ajustage. La confusion des eaux qui sortent de cette
« gerbe et de ces bouillons descend par neuf différentes nappes
« jusqu'au bas de la rampe. Ces nappes ont douze pieds de large
« sur dix et demi de saillie, avec trois de chute : Elles sont posées
« sur autant de gradins, accompagnez dans leurs extremitez
« d'Urnes soutenues par un corps d'architecture, dont les faces
« sont ornées de tables de rocailles. Ces tables sont au-dessous
« d'une espèce de bassin bordé d'un gros glaçon, que l'épaisseur
« des nappes n'empêche pas de discerner. Le bassin est appuyé
« dans la dernière rampe qui a six pieds de chute sur trois tortues,
« qu'on croiroit sans peine la base de toute cette batisse. Les côtez
« de la rampe sont garnis de pilastres appareillez de pierres
« refendues par bossages. Leur couronnement se termine encore
« par des glaçons et les entrepilastres sont revêtus de tables de
« rocailles, qui s'élèvent à mesure qu'elles approchent des Dieux
« qui dominent sur le haut de toute la cascade.
    « Cette première rampe en a deux autres à vingt pieds de
« distance, composées de quatorze pilastres, d'un même appareil
« que ceux de la première. Ils sont terminez par vingt-huit
« bassins, jaspez, taillez en chandeliers, distribuez en quatre
« rangs, et disposez par degrez sur les bords de ces deux rampes.
« Les bassins ont quatre pieds de diamètre sur une forme ronde ;
« il s'en élève autant de bouillons de six pieds de haut sur douze
« lignes de sortie. Les deux rampes aboutissent contre les extré-
« mitez de la balustrade, où la statue d'Hercule et celles des
« Faunes sont placées. Entre ces statues, on a monté un bassin
« rond de huit pieds de diamètre, soutenu par un demi-rond de
« pierre. Ce bassin en renferme un autre de trois pieds de largeur,
« qui s'élève de quatre, pour fournir plus avantageusement sa
« lance de trois pieds de hauteur, et former une nappe plus

Marie-Louise-Elisabeth d'Orléans, duchesse de Berri.

« brillante autour de la rocaille qui le soutient. La même eau fait
« encore une seconde nappe autour du bassin qui luy sert de
« piédestal, couvrant même jusqu'au demi-rond qui y donne le
« premier appuy. Ce demi-rond porte deux masques de marbre
« feint, qui vomissent l'eau dans un troisième bassin de quatre
« pieds de diamètre. Il est posé sur un pied d'architecture, orné
« de glaçons et d'un masque, d'où tombe une lance d'eau, sur une
« goulotte de deux pieds et demi de large. La même eau se
« communique comme par degrez à quatre goulottes enfoncées
« dans le gazon. Cet enfoncement fournit une pente sur chacun
« des bassins qui cause une chute si précipitée et en même temps
« si rapide que l'eau qui s'y rassemble à gros bouillons blanchit
« et semble écumer par la violence dont elle est poussée. Cette
« nouvelle forme qu'on a trouvé l'art de faire prendre à l'eau
« même, tout impraticable qu'est cet élément fluide, la pousse
« dans un autre bassin de quatre pieds de large qui est encore
« bordé de glaçons et soutenu d'une grande console, au milieu de
« deux tables de rocailles. On en voit sortir une nappe de la
« largeur du bassin, qui tombe dans une cuvette en demi-cercle
« de huit pieds de diamètre d'où naît un gros bouillon de cinq
« pieds d'élévation sur vingt-quatre lignes de sortie.

« La cuvette du milieu des deux piédestaux d'architecture est
« ornée d'un masque de pierre posé sur une autre table de
« glaçons de huit pieds de large, sur quatre et demi de haut.
« L'eau coule en sortant de ce masque par une chute de trois
« pieds, dans une auge de pierre également ornée de glaçons.
« Elle a quatre pieds de large, et fait une autre nappe d'un pied
« seulement d'élévation, dans une goulotte d'une étendue pareille
« à celle de l'auge. Cette goulotte descend dans un chêneau
« qui porte huit lances de chaque côté. Elles ont six pieds de
« haut sur huit lignes d'ajustage. Ce chêneau règne le long d'une
« terrasse de douze pieds de profondeur sur soixante de largeur.
« On y trouve de part et d'autre une figure de dix pieds qui
« représente un des Aquilons. Elle est élevée sur un grand
« piédestal et sert d'ornement à cette première terrasse. Le même
« chêneau est appuyé sur un ordre d'architecture dont la table et

« la plinthe les plus élevées sont encore garnies de glaçons. Seize
« masques taillez sur une autre plinthe reçoivent l'eau du chêneau,
« et la jettent de quatre pieds de haut dans un dernier bassin, où
« tombent les nappes des trois rampes. Ce bassin s'étend sur
« toute la face de la cascade. Il forme un demi-cercle dans son
« centre, diminuant insensiblement le premier des deux perrons
« de gazon, qui terminent l'extrémité de ce beau lieu. Entre les
« deux rampes des côtez et celle du milieu, règnent deux autres
« espaces de vingt pieds d'ouverture, qui conduisent à deux
« arcades de dix pieds de large. Elles sont revêtues de glaçons
« par bandes et ornées d'une corniche, qui aide à supporter la
« balustrade où les dieux de la Seine et de la Loire sont placez.
« Ces arcades ont leur renfoncement de quarante-deux pieds de
« profondeur sur dix-huit de largeur. Ils s'élèvent en rampe et
« portent au fond de leur extrémité une fontaine bâtie en tour
« creuse, enrichie de bossages et de glaçons. On a posé sur
« chacune de ces petites tours une baleine qui pousse l'eau par
« les naseaux et par la gueule. Elle porte un jeune Triton qui en
« jette aussi par un cornet qu'il embouche. Toutes ces eaux se
« réunissent dans une coquille de pierre de trois pieds et demi de
« large, appuyée sur une console. Il s'en forme une nappe qui
« tombe dans une seconde coquille, plus large d'un pied que la
« précédente. Une autre nappe en descend pour se perdre dans
« un bassin de sept pieds en quarré, accompagné de deux ifs
« dont la pyramide élevée se termine en globe. Cette verdure
« forme une agréable variété, au milieu de cette diversité de
« rocailles, de glaçons et des différents jets dont ces renfonce-
« ments sont garnis. Leur abord est encore orné d'un autre bassin
« de huit pieds de diamètre qui porte deux lances de sept pieds
« de haut sur douze lignes d'ajustage. Il semble que le petit
« torrent qui couvre l'escalier qu'on découvre un peu plus bas,
« s'en échappe et en déborde. On trouve en effet à la sortie de
« ces renfoncements un escalier dont la première marche et la
« plus élevée est garnie d'une grande grenouille, large de trois
« pieds et épaisse de quinze pouces. Elle est de pierre et jette son
« eau sur tout le degré, qui s'étend depuis les arcades, jusqu'au

« chêncau de la basse terrasse, qui tombe sur l'allée du Tillet.
« Les côtez de ces deux degrez sont ornez de deux bassins en
« chandelier, de quatre pieds de diamètre, qui portent des bouillons
« de cinq pieds de hauteur. L'eau s'en répand par un masque de
« bronze, pour en fournir trois autres de pareil bronze par six
« différentes goulottes, enfoncées dans un gazon planté d'ifs. Ces
« masques sont accompagnez d'autant de bassins de quatre pieds
« de large, garnis de rocailles, d'où sortent des nappes de deux
« pieds de chute, qui se rendent par différens retours dans le
« dernier bassin, qui termine cette première partie la plus élevée
« de la cascade.

« Ce que l'on nomme la haute cascade est entouré d'une balus-
« trade en rampe de hauteur d'appuy. Elle est ornée de tables de
« rocailles, et porte un amortissement chargé d'une grande
« coquille, occupée par une écrevisse qui pince un masque. La
« balustrade se termine par un large piédestal orné de chiffres et
« de la devise de feu Monsieur. Ces chiffres qui sont relevez d'or,
« forment la première lettre du nom de Philippe, et le corps de la
« devise est une bombe enflammée, prête à se briser en pièces sur
« ceux que la foudre des canons auroit épargnez, suivant ces
« paroles qui en font l'âme : *Alter poft fulmina terror.* Ce pié-
« destal porte encore une statue des Vents, et sert de bornes à la
« palissade qui entoure cette curieuses pièce. La basse et nou-
« velle cascade se trouve à la chute de la haute. L'allée du Tillet
« sépare ces deux cascades et forme entre elles comme un large
« repos, d'où l'on admire de plus près la rare distribution de la
« haute, et d'où l'on examine plus à loisir la disposition de la
« basse. Celle-cy est élevée en fer à cheval arrondi, et contient
« avec son canal deux cent soixante et dix pieds de longueur, sur
« quatre vingt seize dans sa plus grande largeur. Une rampe à
« hauteur d'appuy et qui s'avance vers le canal, en forme de
« demi-cercle, accompagné de deux lignes droites, partage ce fer
« à cheval en deux bassins inégaux, pour l'élévation et pour
« l'étendue. L'eau passe du premier bassin dans le second, par
« cinq grandes nappes disposées, sur cette rampe, pour couler par
« une autre nappe, qui termine ce fer à cheval, dans un troisième

« bassin plus enfoncé que les précédens. Les eaux paraissent se
« rassembler en cet endroit pour se précipiter avec plus de vio-
« lence par une dernière nappe, dans le canal où se rendent les
« deux cascades. Ce canal est garni de douze lances de quatre
« pieds et demi d'élévation sur dix-huit lignes d'ajustage.

« La distribution de ces eaux est si bien entendue qu'on pren-
« droit cette cascade pour un vaste théâtre de cristal, jaillissant,
« par l'arrangement et la disposition des flots, des chûtes, des
« nappes, des lances, des bouillons, des jets, des tortues, des
« grenouilles, des dauphins et des masques dont elle est embellie.
« Toutes ces eaux, après avoir coulé quelque temps sous l'allée
« du Tillet, se répandent par trois grands masques marins sur
« une table vaste et large de vingt pieds de face, d'où s'élèvent
« deux bouillons de cinq pieds, qui portent dix-huit lignes d'ajus-
« tage. Leurs nouvelles eaux confondues dans le déluge de ces
« divers masques, augmentent encore la première nappe de la
« cascade, qui dans cet endroit seul est élevée de dix-sept pieds.
« Cette première nappe est cintrée dans le milieu, et tombe sur
« une seconde table de vingt-deux pieds de largeur. Il en coule
« une autre nappe qu'on a réduite à quinze pieds, pour donner
« plus de grâce à celle d'au-dessus, et faire une diminution plus
« sensible d'avec la plus élevée. Toutes les tables sont enfoncées
« entre les pilastres, qui commencent les rampes de la cascade,
« et ces rampes sont soutenues d'un gazon par dehors, qui diminue
« à mesure qu'elles se rétressissent vers les Dauphins qu'on voit
« à la tête du canal. Pour mieux orner le fond de cette belle cas-
« cade, où les eaux coulent en nappes disposées par étages, plus
« saillants les uns que les autres, sur une hauteur de près de
« quinze pieds, on a encore attaché aux deux pilastres qui donnent
« l'appuy à ces tables de larges bassins taillez en coquilles. Il
« semble que les eaux de la haute cascade doivent être épuisées
« par la multitude et par la confusion des nappes qu'elles font
« couler dans la basse et que tous les lieux d'alentour doivent être
« secs, stériles et arides. Cependant les nouvelles nappes qu'on
« voit naître des pilastres dont les rampes sont appuyées, les
« masques placez au-dessus de ces nappes et les bassins en chan-

« delier qui servent de comble aux pilastres d'une curieuse archi-
« tecture, font connoître que ces eaux sont encore très abondantes.
« Chaque pilastre est bâti de pierres refendues par bossages,
« entre lesquelles on a placé de grandes tables de rocailles, qui
« diminuent à mesure que la rampe est moins exhaussée. Ces
« tables sont au milieu d'un corps d'architecture bordé par le haut,
« et à fleur d'eau d'une plinthe chargée de glaçons semblables à
« ceux des autres tables qu'on a placées entre les consoles, qui
« donnent l'appuy aux nappes du fond. On a porté sur le haut de
« chaque pilastre un bassin de quatre pieds de diamètre, élevé sur
« un pied d'ouche qui en fait le couronnement. Un bouillon de
« cinq pieds sur dix-huit lignes d'ajustage s'en élève et fournit
« l'eau du masque dont la décharge couvre la première coquille
« qu'on a jointe à la seconde nappe du fond. Cette coquille est
« posée sur un groupe de trois consoles, ornées d'une autre
« plinthe aussi taillée en glaçons. Elle répand encore son eau par
« une nappe dans un bassin, formé de trois coquilles rassemblées,
« faisant un tour de dix-sept pieds sur huit de saillie et cinq de
« chute. L'eau s'en précipite avec la dernière nappe de ce même
« fond, dans le grand bassin où son agitation la pousse et semble
« l'abîmer.

« Les pilastres les plus proches de ces derniers sont également
« chargez d'un bassin dont les eaux coulent dans un masque,
« qu'on a attaché au-dessous du chapiteau, pour rendre le mé-
« lange de ces lances plus agréable et moins confus. A six pieds
« de ces pilastres on en trouve un moins élevé, où l'on a joint
« un grand massif d'une admirable structure. Il est garni de trois
« consoles de face et de deux de profil, ornées d'écailles de pois-
« son et de feuilles d'eau, entre deux plinthes, et chargées aussi
« de glaçons. Ces consoles supportent un autre groupe de trois
« coquilles, qui forment un grand bassin de vingt-deux pieds de
« tour sur huit et demi de saillie. Il en tombe une nappe de cinq
« pieds de chute, que la séparation des coquilles fait couler
« comme si elle étoit déchirée. Les eaux de cette nappe descen-
« dent de trois pieds plus haut, d'une autre coquille à oreille,
« également appuyée sur un second groupe de consoles. Elles

« paroissent encore à travers la nappe, qui a onze pieds de tour
« et qui vient du bassin en chandelier, dont le bouillon se ter-
« mine en nappe seulement en cet endroit. C'est de cette nappe
« que tombe l'eau dans les bassins qui sont au-dessous, au lieu
« de tirer sa chute du masque d'où viennent les autres lances
« dont on a déjà parlé. A la distance de six pieds des differens
« piédestaux qui partagent ce fer à cheval, on apperçoit un pi-
« lastre semblable à celuy dont l'ornement n'est composé que
« d'un masque. L'eau du bassin qui le surmonte produit en ce
« lieu le même effet que dans les autres bassins, et forme une
« lance dont le jet n'a pas moins d'agrémens que la hauteur du
« bouillon qui luy donne naissance. Le piédestal qui se trouve à
« six pieds de ce pilastre est long de cinq pieds, sur deux pieds
« et neuf pouces de large. Il porte un dragon marin et sépare en
« deux bassins inégaux le grand réservoir en fer à cheval. Une
« rampe de quatre pieds de haut, faisant vis-à-vis le canal un
« demi-cercle de vingt et une toises de tour, forme tout ce par-
« tage. Cinq nappes d'inégale proportion, divisées par quatre bas
« pilastres, font passer l'eau sur cette rampe pour en tomber avec
« plus de rapidité par dix-huit pieds de saillie dans un second
« bassin. La prodigieuse quantité des différentes eaux qui s'y
« précipitent, les lances des grenouilles élevées sur ces bas pilas-
« tres et celles des dragons marins qui s'y rendent de dessus les
« deux piedestaux, tout y excite un murmure si bruyant de toutes
« parts, que la chute du plus rapide torrent causeroit à peine un
« aussi grand bruit. Le second bassin se décharge dans un troi-
« sième par une autre nappe de huit toises d'étendue, qu'on a
« élevé de trois pieds sur une rampe également garnie de tables
« de rocailles. Deux doubles pilastres amortis d'autant de Dau-
« phins ornez de leurs lances, composent les encoignures, où
« aboutissent les basses rampes du fer à cheval, et soutiennent la
« nouvelle nappe qui le ferme. Elle commence l'entrée du canal,
« où les eaux semblent s'engouffrer avec plus de violence, en
« blanchissant sur une dernière nappe qui les réunit, et dont la
« forme est un quarré à oreilles d'une largeur semblable à la pré-
« cédente. Cette nappe coule aussi par dessus une dernière rampe

« de trois pieds d'élévation, et tombe enfin dans le canal, long de
« deux cens pieds et large de cinquante-quatre. Toutes les eaux
« paroissent alors suspendre leur mouvement et rester presque
« ensevelies dans cette espèce d'abîme, où mille chûtes diverses
« les ont précipitées, du haut de la grande cascade, comme si
« elles ne devoient jamais être ranimées dans les deux boulin-
« grains qu'on a disposez pour la décharge de ce canal. Un demi
« ovale de vingt toises de long sur quinze de large, et garni dans
« ses extrémitez de deux nouveaux jets de quinze pieds de haut
« sur douze lignes de sortie termine et finit ce canal qui est envi-
« ronné d'une rampe unie de cinq pieds de hauteur où l'on a
« pareillement taillé une plinthe ornée de glaçons, et qui s'étend
« entre deux hautes palissades de charmes et de buis, embellies
« de quelques statues modernes jusqu'à l'allée des portiques.
« Cette allée conduit à la grille du Pont de Saint-Cloud et sur la
« place d'Orléans. Ce qui reste de la même allée jusqu'au bord
« de la Seine est tapissé d'un gazon large et épais, et bordé de
« plusieurs bancs, pour admirer, de là, plus commodément le
« rare artifice par lequel tant de belles eaux sont élevées. Ce
« canal est encore garni de douze gros bouillons de quatre
« pieds et demi de hauteur sur douze lignes de sortie.
« Au milieu des deux boulingrains de trente cinq toises de
« largeur, sur cinquante de longueur, on découvre un bassin rond
« de cinquante quatre pieds de diamètre sur cent soixante et deux
« de tour, d'où naît un rocher en pyramide de sept pieds de
« hauteur. Son élévation est d'autant plus belle qu'elle est admi-
« rablement variée par l'inégalité des nappes qui le couvrent. La
« plus haute de trois pieds de chute, et qui se trouve plus basse
« d'un pied que celle qui luy est inférieure, appuig sur un diamètre
« de sept autres pieds, posé sur un moins élevé qui en a treize.
« L'art y a formé huit pans égaux, alternativement ornez de nappes
« de gueules-bayes et de rocailles. Ces diverses élévations, ces
« coupures si différentes, ces bassins d'un diamètre inégal, ces
« rochers si bien imitez, et ces nappes si abondantes, sont enfin
« couronnées dans l'extrémité de la pyramide, par un large
« bouillon de six pieds de saillie sur quatre pouces d'ajustage.

« C'est ce qui termine ces cascades, jusqu'à présent le plus riche
« comme le plus sçavant effet de l'Hydraulique. On les peut
« regarder comme un chef-d'œuvre qui ne sçauroit être assez
« admiré, soit par la distribution des deux cent vingt toises d'eau
« cube, qui font le nombre de cinq mille huit cent quatre vingt
« quatorze muids d'eau qu'elles dépensent par heure, en passant
« par huit soupapes, dont quatre sont de douze pouces de diamètre,
« deux de dix, et deux autres de huit, soit par la diversité des
« objets qu'elles produisent depuis leur commencement jusqu'à
« ces rochers qui les finissent ».

Maintenant, nous ajouterons, avec l'auteur du Dictionnaire, que
ce qui précède est tiré « d'une description très exacte qui a été
« faite de la belle maison de Saint-Cloud par les ordres et sous les
« lumières de feu Monsieur, par M. Harcouet de Longueville qui
« avoit l'honneur de travailler auprès de ce prince en qualité de
« Conseiller et Historiographe ».

Un des principaux changements qui ont été apportés dans
l'ensemble des cascades est relatif aux statues qui représentaient
l'une « le dieu de la Seine » et l'autre « celuy de la Loire ». En
1734, elles furent remplacées par deux autres : la Seine et la Marne
qui avaient environ 5 mètres 60 de hauteur. La première était
assise sur un rocher au-dessous duquel on apercevait une outre
d'où sortait une grande nappe d'eau ; la seconde était un peu
penchée et s'appuyait sur une urne de laquelle sortait également
une nappe d'eau qui, se mêlant à l'eau de la première, tombait dans
la grande coquille du milieu. Ces deux belles figures, accompagnées
des attributs convenables, étaient dues au ciseau du sculpteur
Adam — Lambert Sigisbert — revenu de Rome dans le cours de
l'année précédente et reçu à l'unanimité, lors de son retour,
membre de l'Académie Royale de peinture et de sculpture. Plus
tard, l'œuvre d'Adam, abîmée par les intempéries et s'effritant,
fut remplacée par deux statues dont l'une, de Mallet, représentait
la Seine, et l'autre, de Nanteuil, figurait l'Oise (1). Enfin, en 1743,

---

(1) Vatout. *Domaine de la Couronne.*

7

les goulottes furent détruites et sur leur emplacement l'on dessina un petit parc.

La description que nous avons donnée des cascades dit bien qu'elles produisaient autant « de plaisir que de surprise », mais il faut surtout lire le « Mercure » de l'époque pour se faire une idée de l'émerveillement des esprits. Bien qu'il ne soit pas donné à tout le monde d'*aller à Corinthe*, de traduire ses impressions en vers, il se trouva néanmoins, si l'on en croit Poncet de la Grave, un nombre fort respectable de poètes pour célébrer les beautés des cascades de Saint-Cloud. Cet auteur reproduit même quelques-uns de ces poèmes. Nous n'en ferons pas autant parce que les uns sont médiocres et les autres sont mauvais. Qu'ils soient en latin ou en français, aucun d'eux n'est intéressant. Cependant, la description un peu sèche du Dictionnaire mérite un dédommagement. En voici une autre plus poétique, empruntée à l'auteur du *Poème des Jardins* :

. . . .

    « La cascade, d'ailleurs, a plus d'un caractère.
    « Il faut choisir ; tantôt d'un cours tumultueux,
    « L'eau se précipitant dans son lit tortueux,
    « Court, tombe et rejaillit, retombe, écume et gronde ;
    « Tantôt avec lenteur développant son onde,
    « Sans colère, sans bruit, un ruisseau doux et pur
    « S'épanche, se déploie en un voile d'azur.
    « L'œil aime à contempler ces frais amphithéâtres
    « Et l'or du feu du jour sur les nappes bleuâtres,
    « Et le noir des rochers, et le vert des roseaux,
    « Et l'éclat argenté de l'écume des eaux.

. . . .
. . . .

    « J'aime ces jets où l'onde en des canaux pressée,
    « Part, s'échappe et jaillit avec force élancée.
    « A l'aspect de ces flots qu'un art audacieux

Louise Adélaïde d'Orléans, Abbesse de Chelles.

« Fait sortir de la terre et lance jusqu'aux cieux,

« L'homme se dit : C'est moi qui créai ces prodiges.

« L'homme admire son art dans ces brillants prestiges.

« C'est peu, tout doit répondre à ce riche ornement ;

« Que tout prenne à l'entour un air d'enchantement !

« Persuadez aux yeux que d'un coup de baguette

« Une fée en passant s'est fait cette retraite.

« Tel, j'ai vu de Saint-Cloud le bocage enchanteur ;

« L'œil de son jet hardi mesuré la hauteur ;

« Aux eaux qui sur les eaux retombent et bondissent,

« Les bassins, les bosquets, les grottes applaudissent ;

« Le gazon est plus vert, l'air plus frais ; des oiseaux

« Le chant s'anime au bruit de la chute des eaux ;

« Et les bois, inclinant leurs têtes arrosées,

« Semblent s'épanouir à ces douces rosées.

. . . .

. . . .

Le Pavillon de Breteuil

La construction de ce bâtiment fut commencée en 1743 et son nom lui vint, par la suite, de ce qu'il servit d'habitation à l'abbé de Breteuil, chancelier du duc d'Orléans. Cet abbé fut l'oncle du baron de Breteuil, Ministre d'Etat et de la Maison du Roi sous le règne de Louis XVI.

Actuellement, il donne asile au bureau international des Poids et Mesures, créé à la suite de la convention diplomatique dite du « Mètre » qui eut lieu en 1875. Lorsque cette création fut décidée, le gouvernement français offrit le pavillon de Breteuil auquel il adjoignit un terrain de deux hectares où fut élevé un second bâtiment destiné à recevoir une fort intéressante collection d'instruments métrologiques, tels que comparateurs, balances, thermomètres, baromètres, machines à diviser, etc. Ce bureau fonctionne sous la surveillance d'un Comité qui est lui-même placé sous la direction des délégués de tous les Etats ayant adhéré à la convention, réunis en conférence générale.

Ecole Normale Supérieure d'Enseignement primaire

Cette école a été fondée, en 1882, dans ce qui reste des communs du château. Elle a pour but la formation de professeurs pour les écoles normales d'instituteurs et les écoles primaires supérieures de garçons. Elle se divise en deux sections : lettres et sciences. Dans chacune des sections l'admission est le résultat d'un concours pour lequel les inscriptions doivent être faites un mois avant la date d'ouverture. Les candidats doivent avoir dix-neuf ans au moins et vingt-cinq au plus, être pourvus d'un baccalauréat ou du brevet supérieur. De même que pour les élèves-maîtres des écoles normales primaires, l'enseignement et la pension sont gratuits, sous la réserve de l'accomplissement intégral de l'engagement décennal. Toutefois les élèves de l'école de Saint-Cloud qui contractent cet engagement sont dispensés de deux années de service militaire. Aussi les candidats admis n'entrent-ils à l'école qu'après avoir accompli l'année de service à laquelle ils sont astreints s'ils font partie d'une classe appelée ou, dans le cas contraire, après deux années d'études à Saint-Cloud. La sortie de l'école a lieu à la suite d'examens entraînant, s'il y a lieu, un certificat d'aptitude au professorat des écoles normales.

Le Trocadéro

est un jardin, faisant partie du parc de Saint-Cloud, qui fut planté en 1823, d'après les dessins de M. Heurtot, architecte du roi. Le nom qui lui fut donné rappelle le souvenir d'un des épisodes de la dernière guerre d'Espagne, en 1823.

La Lanterne de Démosthène

que nous avons réservée pour la fin de ce chapitre, est aujourd'hui disparue. On verra plus loin, lors des événements de 1870, dans quelles conditions et dans quelles circonstances eut lieu sa destruction. Cet édicule était la copie exacte du monument chorégique de Lysistrate à Athènes. M. de Choiseul Gouffier, pendant son séjour en Grèce, avait fait prendre une copie de ce monument, et les plâtres avaient été envoyés à Paris. Les frères Trabucchi les reproduisirent en terre cuite, et l'ensemble figura à l'Exposition de 1802 où il valut une médaille d'argent à ses auteurs. M. Denou signala cette œuvre au Premier Consul qui, sur le point culminant du parc de Saint-Cloud, fit édifier l'œuvre des deux frères.

La Lanterne de Démosthène était allumée tous les soirs, tant que durait la présence de Napoléon au château de Saint-Cloud.

V

AVANT LA RÉVOLUTION

1.

Philippe d'Orléans

Déjà, chacun des siècles écoulés a donné à Saint-Cloud un lambeau de sa propre histoire. Peu à peu, l'humble bourgade des premiers temps a pris une certaine importance et nul ne pourrait écrire l'histoire des dix-sept premiers siècles sans parler de Saint-Cloud. Mais si, devenue une ville, elle a reçu un peu de la splendeur qui accompagnait les princes et les souverains, elle a eu, en revanche, à subir une large part des adversités qui accablèrent la nation. Si, sur son territoire, elle a vu défiler les somptueux cortèges qui marchent sur les pas des rois, elle a vu passer aussi les armées et les désastres qui les suivent. Si les parcs, les jardins de ses demeures princières ont entendu des acclamations joyeuses, si les allées solitaires de ses bois ont été les témoins de ces éphémères idylles qui sont comme la deuxième aurore de l'existence des hommes, ses échos ont aussi repercuté les furieuses clameurs des soldats ivres de la bataille et les plaintes qui sont le triste prélude de la fin de la vie, lorsque sur elle s'étend et plane l'ombre de la mort.

Tout cela, cependant, n'est rien à côté de ce que l'avenir réserve à la ville de Saint-Cloud. Dans l'espace des deux siècles qui suivent, elle devient résidence princière, demeure royale, villégiature impériale ; presque autant que la capitale elle subit le contre-coup des événements graves qui agitent la France ; avec l'épopée impériale, elle atteint au sommet des splendeurs ; puis elle voit l'agonie de deux royautés et l'effondrement de deux empires ; enfin, dans un désastre suprême qui ne laisse debout que le souvenir de son éclat, elle redevient, à peu de chose près, l'image de ce que pouvait être l'humble bourgade d'antan, au lendemain du passage des Normands !... *O quantum est in rebus inane* !....

Le véritable édificateur du château de Saint-Cloud fut, nous le savons, Philippe I, duc d'Orléans, fils puiné de Louis XIII et d'Anne d'Autriche, frère de Louis XIV. Né en 1640, il avait donc 18 ans lorsque son frère lui donna Saint-Cloud. Mais, à cette époque, la maison d'habitation d'Hervard n'était pas digne du prince. Aussi lorsque, en 1661, le 30 mars, Monsieur épousa Henriette d'Angleterre, le château de Saint-Cloud était-il encore en construction.

Ce n'est guère que vers 1665 que Philippe d'Orléans put habiter le château. Monsieur « étoit beau (1), bien foit, mais d'une beauté « et d'une taille plus convenables à une princesse qu'à un prince, « aussi avoit-il plus songé à faire admirer sa beauté de tout le « monde qu'à s'en servir pour se faire aimer des femme, quoi qu'il « fût continuellement avec elles. Son amour propre sembloit ne le « rendre capable d'attachement que pour lui-même. Mlle de « Thianges avoit paru lui plaire plus que les autres ; mais leur « commerce étoit plutôt une confidence libertine qu'une galanterie. « L'esprit du prince étoit naturellement doux, bienfaisant et civil, « capable d'être prévenu et si susceptible d'impressions que les « personnes qui l'approchoient pouvoient quasi répondre de s'en « rendre maîtres en le prenant par son foible. La jalousie domi- « noit en lui, mais cette jalousie le faisoit souffrir plus que « personne, la douceur de son humeur le rendant incapable des « actions violentes que la grandeur de son rang auroit pu lui « permettre... »

« Ce prince, jeune, beau, et qui aimoit les plaisirs, commença « par être amoureux de sa femme qui avoit non seulement de « l'esprit, mais même dans sa personne, tous les agrémens

---

(1) Mme de Lafayette. *Henriette d'Angleterre.*

« imaginables. La violence de cette passion dura peu, et quoi
« qu'il ait eu toute sa vie beaucoup de commerce avec les femmes,
« je doute qu'il en ait jamais eu d'autre. De tout l'amour qu'il eut
« pour elle, il ne lui resta bientôt que la jalousie. Il eut assez de
« sujet de l'exercer auprès d'une jeune princesse adorée de tout
« le monde, un peu coquette, et quoique vertueuse, à ce que je
« crois. » (1)

Dans l'orbe de ce fils de France, gravitait, on n'en doute pas,
une nuée de courtisans. Parmi eux : le marquis de Villequier,
de Manicamp, de Marsillac qui était duc de Larochefoucaud,
d'Harcourt bien plus connu sous le nom de chevalier de Lorraine,
le chevalier de Chastillon, enfin et surtout le marquis d'Effiat et
le comte de Guiche étaient ses favoris.

Le dernier, Armand de Grammont, comte de Guiche « étoit le
« jeune homme de la Cour le plus beau et le mieux fait, aimable
« de sa personne, galant, hardi, brave, rempli de grandeur et
« d'élévation. La vanité, que tant de bonnes qualités lui donnoient,
« et un air méprisant répandu dans toutes ses actions, ternissoient
« un peu tout ce mérite ; mais il faut pourtant avouer qu'aucun de
« la cour n'en avoit autant que lui. Monsieur l'avoit fort aimé dès
« l'enfance et avoit toujours conservé avec lui un grand commerce
« et aussi étroit qu'il y en peut avoir entre de jeunes gens. » (2)

En effet, cette intimité était si grande que, dans certaines circonstances, elle a donné lieu à de malveillantes interprétations.
L'existence du duc d'Orléans et de sa cour s'écoulait, à Saint-
Cloud, dans une succession de distractions et de fêtes où se
faisaient jour des excentricités dont le récit n'est pas d'un ouvrage
du genre de celui que nous écrivons. « On s'y divertissoit avec
« tout l'agrément imaginable et sans aucun mélange de chagrin.
« Mme de Chalois y venoit assez souvent ; le comte de Guiche ne
« manquoit pas de s'y rendre ; la familiarité qu'il avoit chez
« Monsieur lui donnoit l'entrée, chez ce prince, aux heures les
« plus particulières. Il voyoit Madame à tous moments... (3)

---

(1) Marq de la Fare. *Mémoires*.
(2-3) Mme de Lafayette Déjà citée.

Nous savons que Madame — Henriette d'Angleterre — était jeune, belle. Son esprit était cultivé et sa grâce inexprimable; elle brillait au premier rang parmi l'élégante cour de Louis XIV. Bientôt, dans son entourage, tous furent amoureux d'elle, tous, tous, excepté, dit-on, le seul homme qui lui fût permis d'aimer. Monsieur rendait bien à sa femme tous les devoirs de la plus rigoureuse étiquette, mais, dit encore Mme de Lafayette « il n'y « manquoit que l'amour, et le miracle d'enflammer le cœur de ce « prince n'étoit réservé à aucune femme du monde ».

L'évêque de Valence, D. de Cosnac qui jouissait d'une estime toute particulière auprès de Henriette d'Angleterre, nous a laissé cet autre portrait : « Madame avoit l'esprit solide et délicat, du « bon sens, le tact des choses fines, l'âme grande et juste, éclairée « sur ce qu'il falloit faire, mais ne le faisant pas quelquefois, soit « par une paresse naturelle, soit par une certaine hauteur d'âme « qui se ressentoit de son origine et lui faisoit envisager son « devoir comme une bassesse. Elle mêloit dans toute sa conver- « sation une douceur qu'on ne trouvoit pas dans les autres « princesses. Elle savoit gagner tous les cœurs par cette affabilité « et cette aimable bienveillance qu'on aime à rencontrer dans les « personnes de son rang ».

Mais cette douceur constatée dans le caractère de Madame par tous ses contemporains fut cependant impuissante à réagir contre la jalousie qui portait Monsieur à s'exagérer toutes choses et dont nous comprenons qu'il ait pu souffrir « plus que personne »... Au début de ce mariage, Louis XIV subit le charme répandu autour d'Henriette d'Angleterre par sa grâce et par sa beauté. Il se sentit attiré vers elle. Un commerce d'amitié et d'esprit s'établit même entre eux. Pour elle il donna des fêtes. Il lui écrivait. Elle « lui répondait et il arriva, dit Voltaire, que le même homme « fut à la fois le confident du roi et de Madame, dans ce commerce « ingénieux. C'était le marquis de Dangeau ; le roi le chargeait « d'écrire pour lui et la princesse l'engageait à répondre pour elle. « Il les servit tous les deux sans laisser soupçonner à l'un qu'il « fût employé par l'autre. Ce fut là une des causes de sa fortune... ».

Mais cette intimité qui troubla si fort la famille royale et d'où naquirent les premiers dissentiments qui séparèrent Monsieur de Madame, ne fut après tout qu'un moyen employé par Louis XIV pour arriver à Mlle de la Vallière qui était fille d'honneur d'Henriette d'Angleterre.

L'intervention de la reine-mère, celle de la reine, et sans doute aussi l'abandon de Mlle de la Vallière mit fin à ces relations auxquelles la personnalité du roi donnait trop d'éclat. Louis XIV parut alors négliger Madame. Mais plus tard il revint vers elle.

Le roi avait été profondément contrarié de voir la Hollande qui devait, en grande partie, son existence à la France, s'interposer entre lui et l'Espagne. Un ambassadeur des Provinces Unies, Van Benning, s'exagérant son rôle de médiateur, s'était plu à humilier le roi et ses ministres, et cette attitude avait achevé d'irriter Louis XIV contre qui les gazetiers hollandais se permettaient, chaque jour, de violentes diatribes, des invectives, voire même des outrages. L'opinion publique, en France, partageait l'irritation du roi et la guerre à laquelle on se préparait prenait, peu à peu, un caractère national. On connaît, d'ailleurs, le virelai de La Fontaine :

> Salut, révérence, hommage,
> A vous, marchands de fromage,
> Salut, révérence, hommage.

Le premier soin de Louis XIV fut de dissoudre la triple alliance et de mettre l'Angleterre et la Suède dans ses intérêts. Il se rapprocha de sa belle-sœur dont il s'était éloigné et lui confia une mission confidentielle auprès de Charles II, qui était le frère de Madame. Déjà, un ambassadeur avait échoué. « Une princesse de « vingt-six ans fut le plénipotentiaire qui devait consommer ce traité « avec le roi Charles. On prit pour prétexte du passage de « Madame en Angleterre un voyage que le roi voulut faire dans « ses conquêtes nouvelles vers Dunkerque et Lille. La pompe et « la grandeur des anciens rois de l'Asie n'approchaient pas de « l'éclat de ce voyage. Trente mille hommes précédèrent ou « suivirent la marche du roi ; les uns destinés à renforcer les

« pays conquis, les autres à travailler aux fortifications, quelques-
« uns à applanir les chemins. Le roi menait avec lui la reine sa
« femme, toutes les princesses et les plus belles femmes de sa
« cour. Madame brillait au milieu d'elles et goûtait dans le fond
« de son cœur le plaisir et la gloire de tout cet appareil qui
« couvrait son voyage. Ce fut une fête continuelle depuis Saint-
« Germain jusqu'à Lille.

« Le roi, qui voulait gagner les cœurs de ses nouveaux sujets
« et éblouir ses voisins, répandait partout ses libéralités avec
« profusion ; l'or et les pierreries étaient prodigués à quiconque
« avait le moindre prétexte pour lui parler. La princesse Henriette
« s'embarqua à Calais pour voir son frère, qui s'était avancé
« jusqu'à Cantorbéry. Charles, séduit par son amitié pour sa
« sœur et par l'argent de la France, signa tout ce que Louis XIV
« voulait, et prépara la ruine de la Hollande au milieu des plaisirs
« et des fêtes » (1).

Ni la beauté, ni la grâce, ni le rang ne retardent, d'un instant,
l'heure suprême ; et comme l'a dit Racan :

> Les lois de la mort sont fatales
> Aussi bien aux maisons royales
> Qu'aux taudis couverts de roseaux.
> Tous nos jours sont sujets aux Parques,
> Ceux des bergers et des monarques
> Sont coupés des mêmes ciseaux.

Madame était, depuis quelque temps déjà, revenue d'Angleterre
lorsqu'un jour, à Saint-Cloud, souffrant d'un mal d'estomac, elle
demanda un verre d'eau de chicorée. A peine l'eut-elle bu, qu'elle
éprouva d'atroces douleurs, s'écriant qu'elle était empoisonnée.
Alors, dans le château, retentit cette exclamation : Madame se
meurt ! L'écho emporta ces lugubres paroles jusqu'à Versailles
où elles tombèrent au milieu des amusements de la cour. Mlle de
Montpensier (2) dit qu'un gentilhomme, envoyé par la reine, vint

---

(1) Voltaire. *Siècle de Louis XIV.*
(2) *Mémoires.*

prévenir le roi que Madame « l'avoit chargé de dire à Sa Majesté
« qu'elle se mouroit, que si Elle la vouloit trouver encore en vie,
« elle La supplioit très humblement d'y aller bientôt, parce que
« si Elle tardoit, Elle la trouveroit morte ».

Le roi, la reine et Mademoiselle se rendirent donc à Saint-
Cloud. « Lorsque nous arrivâmes, dit Mademoiselle, nous vîmes
« Madame sur un petit lit de fer qu'on lui avoit foit à la ruelle,
« tout échevelée ; elle n'avoit pas eu assez de relâche pour se
« faire coiffer de nuit, sa chemise dénouée au cou et aux bras, le
« visage pâle, le nez retiré, elle avoit la figure d'une morte : elle
« nous dit : Vous voyez l'état où je suis ».

Dès la première atteinte du mal qui devait emporter Madame,
son premier médecin, M. Esprit, avait été appelé. Après son
examen, il déclara « que c'étoit la colique et ordonna les remèdes
« ordinaires à de semblables maux ». Mais la princesse assura
que son état était plus grave qu'on ne pensait, qu'elle sentait bien
qu'elle allait mourir. Néanmoins, le médecin persista dans son
diagnostic et une heure après, alors que les souffrances redoublaient
au lieu de s'apaiser, il déclara au duc d'Orléans qu'il répondait de
Madame. Mais Monsieur n'avait pas grande confiance en la science
de M. Esprit. Ce fut avec colère qu'il accueillit cette assurance du
docteur. « Il lui dit qu'il lui avoit répondu de M. de Valois et qu'il
« étoit mort ; qu'il lui répondoit de Madame et qu'elle mourroit
« encore ».

Sur ces entrefaites, on avait envoyé à Paris chercher M. Gueslin,
en lequel la princesse avait une grande confiance. Dès qu'elle le
vit entrer dans sa chambre, Madame lui dit qu'elle « étoit bien
« aise de le voir, qu'elle étoit empoisonnée et qu'il la traitât sur ce
« fondement ». M. Gueslin avait amené avec lui M. Vallot, premier
médecin du roi. Une consultation eut lieu, après laquelle ils annoncèrent à Monsieur que la princesse n'était pas en danger. Mais,
deux heures plus tard, le mal avait fait des progrès. En constatant
que Madame avait les extrémités absolument froides, ils changèrent
d'avis et conseillèrent au duc d'Orléans de « lui faire recevoir
« Notre Seigneur !... »

Depuis longtemps déjà, le curé de Saint-Cloud était accouru

Madame s'était déjà confessée à lui, mais il s'était éloigné et attendait l'arrivée de M. de Condom (1). Sur la prière de Monsieur, l'abbé Feuillet revint. « Il parla à Madame avec une austérité « entière mais il la trouva dans des dispositions qui alloient aussi « loin que son austérité. Elle eut quelque scrupule que ses « confessions passées n'eussent été nulles et pria M. Feuillet de « lui aider à en faire une générale ; elle la fit avec de grands senti- « ments de piété et de grandes résolutions de vivre en chrétienne « si Dieu lui redonnoit la santé ».

Pendant ce temps, l'ambassadeur d'Angleterre, lord Montagu, était informé du danger où se trouvait la sœur de son roi ; on le mit également au courant des bruits d'empoisonnement qui circulaient. Il se hâta de se rendre à Saint-Cloud, et fut immédia- tement introduit auprès de Madame. Elle lui parla du roi, son frère ; puis, lord Montagu lui demanda si réellement elle se croyait empoisonnée. « Je ne sais si elle lui dit qu'elle l'étoit, mais je sais « bien qu'elle lui dit qu'il ne falloit rien mander au roi, son frère, « qu'il falloit lui épargner cette douleur et qu'il falloit surtout qu'il « ne songeât pas à en tirer vengeance ; que le roi n'en étoit pas « coupable ; qu'il ne falloit pas s'en prendre à lui. Elle lui disoit « toutes ces choses en anglois et comme le mot de poison est « commun à la langue françoise et à l'angloise, M. Feuillet « l'entendit et interrompit la conversation disant qu'il falloit « sacrifier à Dieu et ne pas penser à autre chose ». (2)

Enfin, M. de Condom arriva comme elle recevait l'Extrême- Onction. Il l'entretint pendant quelques instants, lui fit faire les actes qu'il jugea nécessaires, jusqu'au moment où elle exprima le désir de prendre quelque repos. M. de Condom s'éloigna, mais la princesse le rappela aussitôt : elle sentait qu'elle allait expirer. Le prélat se rapprocha d'elle et lui donna le crucifix.

« Elle le prit et l'embrassa avec ardeur. M. de Condom lui « parloit toujours et elle lui répondoit avec le même jugement que « si elle n'eût pas été malade, tenant toujours le crucifix attaché

---

(1) Bossuet.
(2) Mme de Lafayette. *Henriette d'Angleterre.*

Louis d'Orléans.

« sur sa bouche : la mort seule le lui fit abandonner. Les forces
« lui manquèrent ; elle le laissa tomber, et perdit la parole et la vie
« quasi en même temps. Son agonie n'eut qu'un moment ; et après
« deux ou trois petits mouvemens convulsifs dans la bouche, elle
« expira à deux heures et demie du matin et neuf heures après
« avoir commencé à se trouver mal ». (1)

Ce fut ainsi que Madame mourut, le 30 juin 1670, ayant montré
constamment une très grande fermeté. Elle ne se plaignit point de
la cruauté du sort qui la frappait alors qu'elle était encore jeune
et dans tout l'éclat de sa beauté. Ses lèvres ne s'ouvrirent, pour
ainsi dire, que pour prier. Elle n'eut même pas la pensée d'une
révolte contre les souffrances atroces qui la déchiraient. Elle
exprima cependant un regret. A Monsieur qui, tout en larmes,
s'était approché de son lit pour l'embrasser, elle dit, avec une
extrême douceur : « Hélas ! Monsieur, vous ne m'aimez plus, il y
« a longtemps, mais cela est injuste, je ne vous ai jamais manqué »...
Sa contenance fut celle que donne une âme en paix que n'effraye
pas la vision, souvent terrible, de l'au-delà !

Ses funérailles eurent lieu le premier juillet. Son cœur, enfermé
dans une boîte de vermeil, fut porté au Val-de-Grâce. Une partie
des intestins fut réservée à l'église des Célestins, l'autre partie à
celle de Saint-Cloud, et au chapitre concernant l'Eglise nous
ferons connaître l'inscription que fit graver, sur son tombeau, sa
fille Anne-Marie. Le reste du corps, dont l'inhumation devait avoir
lieu à Saint-Denis, demeura au château jusqu'au 4 juillet. Ce
jour-là, à minuit, une longue et funèbre procession, éclairée par
des torches, en tête de laquelle étaient Mademoiselle d'Orléans,
la princesse de Condé, les duchesses de Longueville, d'Angoulême,
de Nemours, d'Aiguillon et de la Meilleraye, se dirigea vers
Saint-Denis, où Bossuet devait prononcer l'admirable oraison
funèbre qui a immortalisé la mémoire de Madame :

« O nuit désastreuse ! ô nuit effroyable ! où retentit tout-à-coup
« comme un éclat de tonnerre cette étonnante nouvelle : Madame
« se meurt ! Madame est morte ! Qui de nous ne se sentit frappé à

---

(1) Mme de Lafayette. *Henriette d'Angleterre.*

« ce coup comme si quelque tragique accident avait désolé sa
« famille ? Quoi donc ? Elle devait mourir si tôt ! Dans la plupart
« des hommes les changements se font peu à peu et la mort les
« prépare ordinairement à son dernier coup. Madame, cependant,
« a passé du matin au soir, ainsi que l'herbe des champs. Le
« matin, elle fleurissait, avec quelles grâces, vous le savez ; le
« soir nous la vîmes séchée... »

Claudite jam rivos, pueri, sat prata liberunt. En effet, si tout ne
devait pas avoir une fin, on ne se lasserait pas de citer cet admirable morceau d'éloquence ; mais il nous faut revenir à d'autres
soins.

La mort de Madame causa, en France, une impression profonde
et douloureuse. « D'une extrême bonté, elle n'était que bienveil-
« lance. Toute douceur et lumière, sympathique pour tous, bonne
« pour ses ennemis » (1) elle laissa d'unanimes regrets et sa fin
inspira plus d'un poète.

« Cette princesse, dit encore un contemporain, un de ceux
« dont elle recevoit les soins et les assiduités avec le plus de
« bonté » fut infiniment regrettée. — Troisville, que je ramenai
« ce jour là de Saint-Cloud, et que je retins à coucher avec moi
« pour ne pas le laisser en proie à sa douleur, en quitta le monde
« et prit le parti de la dévotion, qu'il a toujours soutenu depuis.
« Il est certain qu'en perdant cette princesse la Cour perdit la
« seule personne de son rang qui étoit capable d'aimer et de dis-
« tinguer le mérite ; et ce n'a été, depuis sa mort, que jeu, confu-
« sion et impolitesse » (2).

Madame est-elle morte empoisonnée ? Pour la plupart des
contemporains il n'y a pas de doute à ce sujet ; et l'on a pu voir,
par l'emprunt que nous avons fait à l'ouvrage de Mme de Lafayette,
que Madame est morte avec la conviction de son empoisonnement. Mlle de Montpensier, Saint-Simon, Duclos et même la
seconde femme de Philippe d'Orléans accusèrent formellement le
chevalier de Lorraine d'avoir envoyé le poison au marquis

---

(1) Michelet.

(2) Marq. de La Fare, *Mémoires.*

8

d'Effiat par un nommé Maurel qui devint, au lendemain du crime, maître d'hôtel chez le duc. Mais cette accusation ne repose que sur des présomptions. Pour d'autres contemporains Madame mourut d'une attaque de choléra et ils appuient leur opinion sur le procès-verbal de l'autopsie, dont les accusateurs contestent la sincérité. Ce qui est certain c'est que les discussions soulevées par cette mort se sont pour ainsi dire prolongées jusqu'à nos jours et il paraît établi maintenant que Madame a succombé à une perforation spontanée par ulcère simple de l'estomac.

De son mariage avec Philippe Ier d'Orléans, Madame laissa deux filles. La première, MARIE-LOUISE d'Orléans née à Paris, en 1662, épousa, en 1679, Charles II, roi d'Espagne. Elle mourut dix ans après, empoisonnée, si l'on en croit la version donnée par le Comte de Rebenac, ambassadeur de France en Espagne... La seconde, ANNE-MARIE d'Orléans, née au château de Saint-Cloud le 27 août 1669, fut titrée Mademoiselle de Valois. Elle épousa, en 1684, Victor-Amédée II, duc de Savoie et mourut le 26 août 1728.

*_**

La mort de Madame ne paraît pas avoir plongé la Cour du duc d'Orléans dans un deuil bien profond, car un poète de l'époque dont le nom nous est resté inconnu, a dit :

. . . .

« Depuis cet accident, nous avons vu ces lieux
« Par des épanchements faire honte à nos yeux » (1).

Celui qui déplorait, en ces termes, que la Cour de Philippe d'Orléans eût repris son existence de distractions et de fêtes, ignorait sans doute que la tristesse et la douleur ne demeurent pas longtemps assises aux pieds des trônes. Les rois, les princes se doivent à des intérêts supérieurs et se trouvent, parfois, dans la

---

(1) Cité p. Poncet de la Grave.

cruelle situation du jeune lacédémonien qui avait volé un renard.
Nous ne prétendons pas que le duc d'Orléans fût inconsolable de
la mort de Madame; mais il serait puéril de lui reprocher ces
« épanchements » auxquels il ne prit point part...

Ici, nous devons rappeler à nos lecteurs que lorsque Louis XIV
préparait la ruine de la Hollande, Henriette d'Angleterre lui avait
assuré l'alliance de Charles II. Il en contracta d'autres avec la
Suède, l'archevêque de Cologne, l'évêque de Munster, Maximilien
de Bavière... Cette dernière eut pour conséquence le second
mariage — 21 novembre 1671 — de Philippe Ier d'Orléans avec la
princesse Charlotte Elisabeth de Bavière, plus connue sous le
nom de princesse palatine. Fille de Charles Louis, électeur pala-
tin du Rhin, elle naquit à Heidelberg le 27 mai 1652.

Ce qu'était physiquement la princesse, c'est elle-même qui va
nous l'apprendre : « Dans tout l'univers entier, on ne peut, je
« crois, trouver de plus laides mains que les miennes. Mes yeux
« sont petits; j'ai le nez court et gros; les lèvres longues et plates;
« de grandes joues pendantes; une figure longue. Je suis très
« petite de stature; ma taille et mes jambes sont grosses. Somme
« totale, je dois être un assez vilain petit laideron. J'ai pris le
« parti de rire la première de ma laideur, ce qui m'a fait grand
« bien » (1).

Telle était la princesse qui succédait à Henriette d'Angleterre,
« toute douceur et lumière » a dit Michelet. Aussi lorsqu'elle
arriva au milieu de la Cour étonnée de sa laideur, « elle s'y trouva
« comme tombée des nues ».

Mais ce physique disgracieux cachait une nature droite, franche,
loyale, peu faite pour le milieu dans lequel elle était appelée à
vivre désormais. « C'était une princesse de l'ancien temps, attachée
« à l'honneur et à la vertu; inexorable sur les bienséances; de
« l'esprit autant qu'il en faut pour bien juger; bonne et fidèle
« amie, vraie, droite, aisée à prévenir et à choquer; fort difficile

---

(1) *Fragments de lettres originales de Madame.*

« à ramener, vive, et femme à faire des sorties quand les choses
« et les personnes lui déplaisaient » (1).

Les premières années de cette union furent des plus heureuses.
La princesse s'était assez vite familiarisée avec la langue française dont elle ne parlait pas un mot lors de son mariage, ce qui
avait fait dire à Madame de Sévigné dans une de ses *Lettres :* «Vous
comprenez bien la joie qu'aura Monsieur d'avoir une femme qui
« n'entend pas le français ». Mais, en revanche, elle ne voulait,
ni ne pouvait prendre les manières « françaises ». Aussi eut-elle
plus d'un sujet d'étonnement dans cette Cour où la frivolité était
érigée en principe.

En 1672, Louis XIV fait la guerre à la Hollande, et rompant
l'intimité des deux jeunes mariés, il emmène le duc d'Orléans avec
lui. Mais il le tient en une sorte de tutelle et Philippe Ier ne prend
part à différentes affaires que sous le commandement du roi.

Le prince rentra à Saint-Cloud pour assister, le 2 juin 1673, à la
naissance d'ALEXANDRE-LOUIS d'Orléans, duc de Valois, qui mourut
au Palais Royal dans le cours de l'année 1676.

L'année suivante fut celle de la naissance de PHILIPPE d'OR-
LÉANS, deuxième du nom, petit-fils de France, duc d'Orléans, de
Chartres, de Nemours, de Montpensier. Ce prince, que nous retrouverons plus loin, naquit à Saint-Cloud le 2 août 1674. Jusqu'à la
mort de son père, il porta le titre de duc de Chartres.

En 1676 enfin naquit MADEMOISELLE. Ces deux derniers enfants
furent baptisés ensemble, le 5 octobre 1676, dans la chapelle du
château de Saint-Cloud « en présence de Leurs Majestés, de Mon-
« seigneur le Dauphin, de Monsieur et de Madame accompagnés
« de toute la Cour. Monseigneur le duc de Chartres fut tenu sur
« les fonts baptismaux par le prince de Condé et la grande
« duchesse de Toscane qui le nommèrent Philippe. Mademoiselle
« fut tenue par le duc d'Enghien et par Madame la duchesse de
« Guise qui la nommèrent Elisabeth. La maréchale de Clérem-
« bault, gouvernante des enfants de Leurs Altesses Royales pré-
« senta le prince et la princesse au baptême, et l'évêque du Mans,

----

(1) Saint-Simon. *Mémoires.*

« premier aumônier de Monsieur, fit la cérémonie assisté de tous
« les aumôniers et chapelains de la maison de Monsieur et de
« Madame. Leurs dites Majestés avec Monseigneur le Dauphin
« étant ensuite montés au salon y trouvèrent une magnifique
« collation où le prince de Condé, la grande duchesse de Toscane,
« le duc d'Enghien et Madame de Guise furent placés à la même
« table. Il y en avait une autre dans l'antichambre de Monsei-
« gneur le duc de Chartres pour les princes de Condé et de la
« Roche-sur-Yon où se mirent plusieurs seigneurs de la première
« qualité. Leurs Majestés eurent ensuite le divertissement de
« l'opéra, dans le même salon qui avait été préparé à cet effet » (1).

L'année suivante vit le commencement de la quatrième campagne de Flandre. Louis XIV après s'être emparé, le 17 mars 1677,
de Valenciennes fit assiéger, simultanément, Cambrai par le
maréchal de Luxembourg et Saint-Omer par le duc d'Orléans qui
avait le maréchal d'Humières sous ses ordres. Philippe d'Orléans,
au cours des opérations dont il avait la direction, ayant appris
que le prince d'Orange accourait au secours de la place assiégée,
résolut de ne pas l'attendre ; il sortit de ses lignes, alla au devant
de son adversaire, remporta une victoire décisive entre Cassel et
Saint-Omer, revint reprendre le siège de cette dernière ville qui
capitula.

« Monsieur attaqua Saint-Omer et le roi, Cambray : ces deux
« conquêtes ne furent pas si faciles. Le prince d'Orange marcha
« avec trente mille hommes au secours de Saint-Omer, mais
« Monsieur le battit bien à Cassel : après quoi le Roi fit à son
« aise le siège de la ville et de la citadelle de Cambray, et s'en
« retourna glorieusement à Versailles, non sans mal au cœur de
« ce que Monsieur avoit par dessus lui une bataille gagnée. On
« remarqua qu'après la prise de Cambray, étant venu voir Saint-
« Omer et Monsieur qui y étoit, il fut fort peu question de cette
« bataille dans leur conversation ; qu'il n'eut pas la curiosité
« d'aller voir le lieu du combat, et ne fut apparemment pas trop
« content de ce que les peuples sur son chemin crioient : *Vivent*

---

(1) *Mercure de France.*

« *le Roi et Monsieur qui a gagné la bataille !* Aussi a-ce été et la
« première et la dernière de ce prince ; car comme il fut prédit
« dès lors par des gens sensés, il ne s'est retrouvé de sa vie à la
« tête d'une armée. Cependant il était naturellement intrépide et
« affable sans bassesse, aimoit l'ordre, étoit capable d'arran-
« gement, et de suivre un bon conseil. Il avoit assez de défauts
« pour qu'on soit, en conscience, obligé de rendre justice à ses
« bonnes qualités (1) ».

Avec le retour du roi et de son frère, recommencèrent les fêtes.
Elles étaient fréquentes et le duc d'Orléans s'ingéniait à les
rendre plus brillantes les unes que les autres. Aussitôt revenu à
Saint-Cloud, Monsieur reçut le roi et la reine pendant huit jours ;
puis ce fut le Dauphin, son neveu ; puis les princes, les ambassadeurs, etc., etc. En 1682, la naissance du duc de Bourgogne,
petit-fils de Louis XIV pour qui, plus tard, Fénelon composa
Télémaque, donna lieu à la représentation extraordinaire d'une
comédie en musique, mêlée de ballets, qui avait pour titre :
« L'Automne à Saint-Cloud et dans laquelle jouèrent ou figurèrent
« des demoiselles très jolies et surtout très bien faites ».

Mais, sur ces continuels éclats de rire, sur cette joie incessante,
sur ces somptuosités, sur l'enivrement des passions auxquelles
chacun, sans contrainte, s'abandonnait, des coups de foudre
éclataient, presque aussitôt étouffés par le recommencement des
exclamations. Cependant, en 1683, les sons espacés, lugubres,
d'un glas se font entendre... Tout s'arrête, subitement... on écoute,
on tressaille, on frémit, les visages pâlissent, les cœurs se serrent,
les âmes sont pénétrées d'effroi... La Fin de tout apparaît, tout à
coup, à cette cour dont les poitrines halètent encore !... La Reine
est morte !.. Et Louis XIV quitte Versailles, se réfugie auprès de
son frère, au château de Saint-Cloud. Et de là il écrit à l'Archevêque de Paris :

« Mon Cousin, dit-il, la douleur sensible que je viens de
« ressentir par la mort de la reine, ma femme, ne peut être
« soulagée que par le secours de Dieu et par la ferme espérance,

---

(1) Marq. de la Fare. *Mémoires.*

« dans laquelle je suis, que par un effet de sa haute bonté il a
« voulu couronner, de bonne heure, la haute vertu et la piété
« insigne qui ont accompagné toutes les actions de sa vie, et
« comme c'est par mes prières et par celles de tous mes peuples
« que je dois demander à Dieu le repos de son âme et la conso-
« lation de ma douleur, je vous écris cette lettre, pour vous dire
« qu'aussitôt que vous l'aurez reçue vous fassiez faire des prières
« publiques dans l'étendue de votre diocèse et que vous ayez à
« convier à celles qui se feront dans votre église les corps qui ont
« coutume d'assister à ces tristes occasions et m'assurant que
« vous tiendrez la main à ce que ces prières se fassent avec toute
« la piété requise ; je ne vous ferai la présente plus longue que
« pour prier Dieu qu'il vous ait, mon cousin, en sa sainte et digne
« garde.

« Ecrit à Saint-Cloud le dernier du mois de juillet 1683.

Signé : Louis.

. . . .

Avec le courage et la fermeté qu'elle montrait pour la justice,
avec la hauteur à l'égard des grands qui était dans son caractère,
la princesse palatine ne devait pas tarder à voir la mésintelligence
se placer entre elle et Monsieur, trop faible pour résister à la
funeste influence de ses favoris. « Femme à faire des sorties »,
comme a dit Saint-Simon, elle a dû en faire, et d'ailleurs dans les
deux volumes de *Lettres* qu'elle a écrites et que l'on a publiées, on
trouve plus d'une appréciation sévère.

« Monsieur était très petit, il avait les cheveux noirs comme du
« jais, les sourcils épais et bruns, un visage fort long et très
« étroit, un grand et gros nez, une très petite bouche et de vilaines
« dents. Il avait les manières d'une femme plutôt que celles d'un
« homme. Il n'aimait qu'à jouer, tenir un cercle, bien manger,
« danser et faire sa toilette, en un mot tout ce qu'aiment les
« femmes ».

Tel est le portrait de Philippe d'Orléans, que nous a laissé Elisabeth de Bavière. Il est certain que cette effémination devait choquer cette princesse qui toujours n'avait rien tant désiré que de pouvoir être un homme et qui rectifiait l'erreur de la nature à son égard en se conduisant comme un homme.

« Ayant entendu conter, dit-elle, que Marie Germain (?) était « devenue garçon à force de sauter, je me suis mis à sauter d'une « telle façon que c'est un vrai miracle que je ne me sois pas « cassé la tête cent fois pour une ». Loin de renoncer aux exercices du corps, elle s'y adonnait avec passion, aimant avec une même ardeur, les chevaux, les chiens, la chasse et les spectacles. « Elle n'étoit guères qu'en grand habit ou en perruque « d'homme, et en habit de cheval et avoit plus de 60 ans qu'elle « n'avoit pas connu une robe de chambre. » (1)

A une nature aussi exhubérante, le séjour de la Cour, le voisinage du roi, pèsent lourdement. Et Elisabeth de Bavière préfère Saint-Cloud à Versailles. Ici c'est la liberté, les longues et folles chevauchées à travers les bois, tandis que là c'est l'étiquette, le cérémonial, et surtout ce que hait sa franchise, l'hypocrisie. D'ailleurs, le 18 octobre 1687 la duchesse d'Orléans écrit de Saint-Cloud à une amie : « Elle — la Cour — devient si ennuyeuse « qu'on n'y tient plus, car le roi s'imagine qu'il est pieux, s'il « fait en sorte qu'on s'ennuie bien. C'est une misère quand on « ne veut plus suivre sa propre raison et se guider que d'après des « prêtres intéressés et de vieilles courtisanes ; cela rend la vie « bien pénible aux gens honnêtes et sincères... Si vous voyiez « comment vont les choses présentement, vous ririez bien, mais « aux gens plongés dans cette tyrannie, à la pauvre Dauphine et « à moi par exemple, la chose, il est vrai, paraît ridicule mais « nullement risible.... »

Laissant de côté les réceptions et les fêtes qui se continuent à Saint-Cloud, nous abordons l'année 1700. Malgré les distractions que Monsieur recherche et provoque même ; malgré tout ce que tente pour le faire rire un nommé Lenglé, « un homme de rien »

---

(1) St-Simon. *Mémoires.*

Louis-Philippe d'Orléans.

d'après Saint-Simon qui, jaloux jusqu'à la petitesse des privilèges de la noblesse, ne comprend pas la présence d'un plébéien auprès d'un prince du sang ; malgré tout, Philippe d'Orléans est pris d'accès de mélancolie. Non seulement ceux-ci sont rebelles à toutes les tentatives faites pour les dissiper, mais encore un sombre pressentiment semble avoir pénétré son âme. Comme les autres hommes, il en est à ce moment dont parlait Bossuet, où « la mort les prépare à son dernier coup ». Si dans son entourage, on lui demande la raison de ces méditations profondes où il tombe, la cause de la tristesse qu'exprime son visage, Monsieur répond *que bientôt il devra tout quitter*... Il a déjà eu une attaque, car dans la correspondance de Madame on lit : « Depuis son accident, une « attaque d'apoplexie, Monseigneur a peur de mourir. Il devient « tout pensif ».

Fagon, médecin du roi, lui disait : « Vous êtes menacé « d'apoplexie et vous ne pouvez être saigné trop promptement ». Mais, Monsieur, dont l'attitude sur les champs de bataille avait été celle d'un homme brave et courageux, redoutait effroyablement la saignée. Et le roi d'intervenir : « Vous verrez, lui disait Louis « XIV, ce que votre opiniâtreté vous coûtera. On nous éveillera « une de ces nuits pour nous dire que vous êtes mort ». Cette intervention ne put rien contre l'obstination du prince à ne pas vouloir se soumettre à la saignée. Aussi, au commencement de 1701, avait-il eu déjà de fréquents saignements de nez, symptômes du danger qui le menaçait et que lui-même rendait imminent par sa manière de vivre.

« Monsieur mangeait énormément à ses deux repas, sans parler « du chocolat abondant du matin et de tout ce qu'il avalait de « fruits, de pâtisseries, de confitures et de toutes sortes de frian- « dises toute la journée dont les tables de ses cabinets et ses poches « étaient toujours remplies ». (1)

Enfin, le 8 juin 1701, Monsieur soupa assez gaiement, mais à la fin du repas il eut une indisposition. Sa parole devint alors embarrassée, difficile. On le porta aussitôt sur un lit de repos et

---

(1) St-Simon. *Mémoires.*

tous les remèdes ordinaires contre l'apoplexie et la paralysie furent employés immédiatement... « J'entends un grand vacarme, écrit la « princesse Palatine. Je vois Madame de Ventadour entrer chez « moi, pâle comme la mort. Monsieur se trouve mal, dit-elle. Je « cours immédiatement dans sa chambre Il me reconnut à la « vérité, mais il ne pouvait parler de façon à se faire comprendre. « Je ne pus saisir que ces mots : Vous estes malade, allès chez « vous en... On lui a tiré du sang trois fois. A midi Monsieur « mourut... » Sur ces entrefaites, on était allé prévenir le roi qui était à Marly. « St-Pierre arriva de Sain*-Cloud qui demanda à « parler au roi de la part du duc de Chartres. On le fit entrer dans « le cabinet où il dit au roi que Monsieur avait eu une grande « faiblesse en soupant, qu'il était mieux, mais qu'on lui avait donné « de l'émétique » (1). Malgré l'assurance donnée par Saint-Pierre, le roi se rendit à Saint-Cloud. Il était trois heures du matin. Le roi trouva son frère sans connaissance et repartit immédiatement. Personne, en effet, ne croyait à une mort si prochaine; on espérait une amélioration et le Père Trévoux, son confesseur, revint le matin, pensant que l'espoir s'était réalisé. Il s'approcha du duc d'Orléans. « Monsieur, lui dit-il, ne connaissez-vous pas votre « confesseur? Ne connaissez-vous pas le bon petit père Trévoux « qui vous parle? Et tout le monde de rire autour du lit de mort » (2). Hélas, cette attitude des courtisans devait être bien plus scandaleuse encore à la mort de Louis XIV.

Dès que la fin de Monsieur fut connue, les Pères de la Mission vinrent veiller son corps. Il avait toujours eu, pour ces religieux, une très grande vénération et il leur portait un tel intérêt que dans son testament, déposé chez Clignet et Bellanger, notaires au Châtelet, il les recommandait à sa femme, à son fils, à ses héritiers enfin.

Les obsèques de Philippe d'Orléans se firent avec toute la pompe convenable à un prince du sang. Son cœur fut porté le 14 juin au Val-de-Grâce par l'archevêque de Rouen, qui était premier

(1) St-Simon. *Mémoires.*

(2) St-Simon. *Mémoires.*

aumônier de la maison du duc, et son corps, après une exposition qui permit de voir le visage à découvert, fut transporté, le 20, dans les caveaux de Saint-Denis.

Enfin, le 30 juin, la princesse Palatine, sa veuve, écrivait : « ... Si l'on pouvait savoir dans l'autre monde ce qui se passe dans « celui-ci, feu Monsieur serait fort content de moi, car j'ai cherché, « dans ses bahuts, toutes les lettres que ses mignons lui ont écrites « et les ai brûlées sans les lire, afin qu'elles ne tombent pas en « d'autres mains... »

De son second mariage, Philippe Ier d'Orléans laissa deux enfants dont le baptême eut lieu à Saint-Cloud. Ce fut d'abord LOUIS-PHILIPPE, que nous retrouverons plus loin ; puis, ELISABETH-CHARLOTTE D'ORLÉANS, qui, en 1698, épousa Léopold, duc de Lorraine. Elle eut treize enfants dont l'aîné, François-Etienne, duc de Toscane-Lorraine, grand duc de Toscane et enfin empereur d'Allemagne, sous le nom de François Ier, épousa Marie-Thérèse et fut le chef de la maison impériale de Lorraine-Autriche. A la mort de son mari, Elisabeth devint régente. Elle eut le titre de princesse de Commercy quand, en 1736, la Lorraine fut cédée à Stanislas Leckzinski. Cette princesse, qui avait porté à la cour de Lunéville toute la politesse de celle de Versailles, mourut en 1744.

2.

LOUIS-PHILIPPE D'ORLÉANS

Le Régent.

On sait qu'il naquit à Saint-Cloud le 2 août 1674 et qu'il y fut baptisé en même temps que sa sœur, le 5 octobre 1675. D'autre part, la correspondance de sa mère, la princesse Palatine, nous a appris qu'il eut pour gouverneur le marquis d'Effiat et l'Histoire nous révèle que l'abbé Dubois fut son précepteur, toutefois après Saint-Laurent.

Louis-Philippe d'Orléans porta d'abord le titre de duc de Chartres. Dès sa jeunesse, il montra un esprit vraiment supérieur, curieux de tout, s'assimilant tout avec une extrême facilité. Après avoir accompagné Louis XIV, son oncle, au siège de Mons, il suivit, pendant tout l'été de 1691, le maréchal de Luxembourg dans sa campagne de Flandre. En 1692, il épousa Françoise-Marie de Bourbon, dite Mlle de Blois, fille légitimée de Louis XIV et de Mme de Montespan. Mais des dissentiments, suivis d'une rupture, éclatèrent entre la princesse Palatine et la jeune duchesse, qui se montrait très orgueilleuse, paraît-il, de son origine. On la comparaît, d'ailleurs, à Minerve qui, ne se reconnaissant pas de mère, se glorifiait d'être la fille de Jupiter. Sans nous faire connaître la nature de ces dissentiments, Dangeau nous apprend cependant que, le 10 juillet 1694, « Madame de Montespan va à « Saint-Cloud voir Monsieur et Madame en particulier, y fait venir « Madame de Chartres et la réconcilie avec eux » (1).

Malgré l'orgueil que la duchesse de Chartres puisait dans sa naissance, les mémoires de l'époque nous la montrent douée d'une grande sagesse et d'un cœur excellent. Sa piété était sincère ; elle professait l'amour de tous ses devoirs et elle avait, pour son époux et pour ses enfants, un attachement inviolable.

En 1695, la duchesse de Chartres donna le jour, au château de Saint-Cloud, à MARIE-LOUISE-ELISABETH. Appelée Mademoiselle, baptisée dans la chapelle du château le 29 juillet 1696, elle fut mariée à quinze ans à Charles, duc de Berry, petit-fils de Louis XIV. Née, selon Saint-Simon, avec un esprit supérieur, douée d'un grand charme, elle fut d'abord une enfant gâtée, et, malheureusement, sa vie de femme est de celles sur lesquelles il convient de ne pas insister. Après avoir déçu toutes les espérances que sa jeunesse avait fait concevoir, elle mourut, en 1719, âgée de vingt-quatre ans seulement.

Pendant une suspension de la guerre, le duc de Chartres revenu en France s'occupa de littérature et d'art. Il protégea Arlaud, le miniaturiste, dont il disait : « Les peintres en ce genre n'ont fait « que des images ; Arlaud leur a appris à faire des portraits. Sa « miniature s'exprime aussi fortement que la peinture à l'huile... » Le duc de Chartres s'attacha Arlaud, lui donna un appartement au

---

(1) *Journal.*

château de Saint-Cloud où il se rendait lui-même afin de prendre des leçons. C'est ainsi que, plus tard, le Régent illustra les *Pastorales* de Longus, traduites par Amyot. L'édition de 1718 contient vingt-neuf figures dessinées par le Régent et gravées par Benoît Audran...

Il se plaisait avec les philosophes et les artistes et c'est à un milieu de ce genre que Louis XIV, en 1706, vint l'arracher pour l'envoyer commander l'armée qui mettait le siège devant Turin. Le prince Eugène le suivait de près. Le duc d'Orléans — à la mort de son père, en 1701, il avait quitté le titre de duc de Chartres — forma le projet d'aller à sa rencontre et faisait déjà ses préparatifs, lorsque le maréchal Marchin lui mit sous les yeux un ordre du roi par lequel, en cas d'action, l'avis du maréchal seul prévalait. Le duc d'Orléans se résigna, fut battu, blessé et contraint de battre en retraite. Ce fut même pire, car ce fut une déroute. Malheureux en Italie, le duc d'Orléans espéra pouvoir prendre sa revanche en Espagne. Il s'y rendit en 1707 et, dans le cours de cette campagne, il y montra les qualités d'un grand capitaine en s'emparant de la forteresse de Lérida, devant laquelle avaient échoué le comte d'Harcourt, en 1646, et le grand Condé, en 1647.

Cependant une ambition qui n'était pas, en somme, absolument illégitime, naissait dans le cœur du duc d'Orléans. Le bruit courait que Philippe V allait abdiquer la couronne d'Espagne. Comme ce trône lui revenait, à défaut des enfants du Dauphin, il prit ses mesures pour le disputer à l'archiduc lorsque Philippe se retirerait. Ses desseins furent pénétrés par la princesse des Ursins, qui les présenta sous l'aspect d'une conspiration. Louis XIV se hâta de rappeler le duc d'Orléans à Paris, où il fut assez mal accueilli. Pendant quelque temps, le roi fut indécis sur la suite à donner à cette affaire; on parla même d'une mise en jugement arrêtée par l'intervention du duc de Bourgogne. S'il n'en fut rien, il est certain, toutefois, que Louis XIV pardonna difficilement à son neveu le désir ambitieux qu'il avait de parvenir à un trône dont il était digne. Aussi croit-on généralement que les dispositions testamentaires de Louis XIV relatives à la régence lui furent dictées par sa rancune.

Tenu à l'écart de la Cour, la méchanceté des courtisans s'abattit sur le duc d'Orléans. On lui reprocha âprement ses relations, les plaisirs auxquels il s'abandonnait parfois et qui, hélas, il faut bien en convenir, n'étaient pas toujours d'une haute moralité ; mais venant de la Cour, ce royal mécontentement, si extrême, qui aurait peut-être dû se manifester à l'égard de Monsieur d'abord, était moins la conséquence de principes rigoureux chez le roi que le résultat d'une vieillesse triste et bigote et que les effets des tracasseries et des petites persécutions d'une Cour à l'image du roi.

Le malheur, qui n'épargne personne, frappa successivement et avec une rapidité foudroyante quelques membres de la famille royale. Ce fut alors une stupeur générale. Sous l'empire de l'effroi, les esprits s'égarèrent, les imaginations divaguèrent, et la calomnie insinua que quelqu'un seul pouvait avoir intérêt à ces morts, à ces crimes. L'insinuation porta. Le duc d'Orléans fut accusé. « Disgracié à la Cour, comme soupçonné de magie et sous ce « prétexte accusé de crimes imaginaires » (1) le duc fut extrême- ment malheureux. Nous croyons, nous voulons croire que Louis XIV ne dut pas l'être moins que son neveu : l'un d'être sous le poids d'accusations dont il pouvait croire que le roi et le peuple ne reconnaissaient pas suffisamment l'impossibilité et la fausseté ; l'autre en proie au doute que l'envie et la haine entrete- naient soigneusement en son esprit. Aussi, comme nous nous le disions plus haut, Louis XIV, dans son testament, témoigna-t-il de l'antipathie qu'il ressentait à l'égard du duc d'Orléans. Il décerna à son neveu un titre sans puissance réelle. Séparant la régence de la tutelle, le Conseil de régence, où le duc n'aurait eu que voix délibérative, devait exercer l'autorité souveraine dans toute sa plénitude. Mais le duc d'Orléans avait des prétentions plus hautes, et aussi plus légitimes. Au lendemain de la mort de Louis XIV il se rendit au Parlement.

Il était le soleil levant ; tous, même ceux sans doute qui, quelques jours auparavant, le desservaient auprès du roi, vinrent le saluer.

---

(1) Cᵗᵉ de Sellhac. *L'abbé Dubois.*

Pour se rendre devant le Parlement il eut un cortège composé de princes, de pairs du royaume, d'officiers, de courtisans. Devant l'assemblée, le prince prononça un discours où se révéla la supériorité de son esprit ; il fit entendre aux magistrats qu'il s'éclairerait de leurs conseils et leur fit comprendre que s'il cédait à une ambition c'était à celle de tenir d'eux le titre et le pouvoir qu'il tenait déjà de sa naissance. Les magistrats flattés, et impatients aussi de secouer le joug qu'ils subissaient depuis soixante ans, cassèrent le testament, reconnurent le duc d'Orléans pour régent du royaume et lui donnèrent pleins pouvoirs pour composer à son gré le conseil de régence.

« Le duc d'Orléans était d'une figure agréable, d'une physio« nomie ouverte, d'une taille médiocre, mais avec une aisance et « une grâce qui se faisaient sentir dans toutes ses actions. Doué « d'une pénétration et d'une sagacité rares, il s'exprimait avec « vivacité et précision. Ses réparties étaient promptes, justes et « gaies. Des lectures rapides, aidées d'une mémoire heureuse, lui « tenaient lieu d'une application suivie ; il semblait plutôt « deviner les matières que les étudier. Avec une valeur brillante, « il eût été général si le roi lui eût permis de l'être ; mais il avait « toujours été en sujétion à la Cour et en tutelle à l'armée. Une « familiarité noble le mettait au niveau de ceux qui l'approchaient. « Il sentait qu'une supériorité personnelle le dispensait de se « prévaloir de son rang. Il ne gardait aucun ressentiment des « torts qu'on avait eus envers lui et en tirait avantage pour se « comparer à Henri IV... Humain, compatissant, il aurait eu des « vertus si l'on en avait sans principes. » (1)

Sur ce portrait, Saint-Simon renchérit encore, et Voltaire enfin a dit de lui : « De toute la race de Henri IV, Philippe d'Orléans « fut celui qui lui ressembla le plus ; il en avait la valeur, la « bonté, l'indulgence, la gaieté, la facilité, la franchise avec un « esprit cultivé. Sa physionomie incomparablement plus gracieuse « était cependant celle d'Henri IV. Il se plaisait quelquefois à « mettre une fraise et c'était alors Henri IV accompli. »

(1) Duclos. *Mémoires secrets.*

Il est inutile d'étudier ici les actes de ce prince, ami des plaisirs, ennemi de l'hypocrisie, dont la politique, la vie, les mœurs constituaient un contraste absolu avec le régime précédent, surtout avec la dévotion fausse qu'avait imposé à son entourage le Roi-Soleil dans les dernières années de son règne. Lorsque le Parlement eut déféré la régence au duc d'Orléans, sa mère, dont on connaît le franc-parler, lui dit : « Mon fils, je ne désire que le bien « de l'Etat et votre gloire ; je n'ai qu'une chose à vous demander « pour votre honneur et j'en exige votre parole : c'est de ne « jamais employer ce fripon d'abbé Dubois, le plus grand coquin « qu'il y ait au monde et qui vendrait l'Etat et vous pour le plus « léger intérêt. ».... Mais celui-ci, placé auprès du duc de Chartres par deux des favoris de son père, le chevalier de Lorraine et le marquis d'Effiat, l'abbé Dubois s'était appliqué avec un zèle égal à orner l'esprit de son élève et à dépraver ses mœurs. Non seulement il avait réussi dans cette double tâche mais encore il était parvenu à prendre sur le duc d'Orléans un tel ascendant « que son pouvoir était sans bornes. » (1) Aussi le régent, méconnaissant la promesse faite à sa mère, éleva Dubois aux fonctions de conseiller d'Etat, en attendant une fortune plus haute et plus scandaleuse.

Se reposant entièrement sur Dubois du soin des affaires, le duc d'Orléans put s'abandonner aux plaisirs.

Le château de Saint-Cloud n'eut point les préférences du Régent. Néanmoins, il y donna quelques fêtes : une, en mai 1717, pour recevoir le Czar Pierre le Grand, et une autre en 1721 qui fit courir tout Paris et dont on trouve la trace dans le *Journal* de Barbier. Il en abandonnait la complète jouissance à sa mère pour qui il avait une très grande vénération. Si l'affection profonde et la pieuse déférence que le duc d'Orléans professait pour la princesse Palatine, ne le protégeaient pas contre certaines défaillances, ne le fortifiaient pas contre la domination de Dubois, en son cœur, cependant, elles demeuraient vivaces malgré tout, comme ces fleurs dont les racines plongées dans la fange naissent, croissent,

_____

(1) St-Simon. *Mémoires*.

9

s'épanouissent, se flétrissent et reparaissent parées de nouvelles couleurs, exhalant de nouveaux parfums dès que les rayons du soleil les appellent à la lumière, à la pureté. Le duc d'Orléans aimait beaucoup sa mère et, à ses derniers moments, l'entoura de soins pieux. Longtemps à l'avance, Madame eut le pressentiment de sa fin prochaine. De Saint-Cloud, qu'elle ne cessa guère d'habiter, elle écrivait le 21 novembre 1722 : « Chère Louise, je « baisse d'heure en heure et je souffre nuit et jour. Tous les « remèdes qu'on me fait prendre ne me soulagent en rien. Que le « Tout-Puissant me donne de la patience, j'en ai grand besoin, « mais c'est un bonheur pour moi qu'il me délivre de mes « souffrances et me retire de cette vallée de larmes. Ne vous « affligez donc pas trop si vous veniez à me perdre, ce serait le « plus grand bonheur qui pût m'arriver. » (1) Ennemie du faste et de la grandeur, la vie de Madame avait été toute simple et elle exigea que ses obsèques fussent en concordance avec sa vie. Elle ne voulut ni que l'on ouvrît son corps, ni qu'on le portât en pompe à Saint-Denis. C'est dans un carrosse que le 10 décembre 1722, deux jours après sa mort, ses restes furent transportés dans la sépulture réservée aux membres de la famille royale.

En 1723, le 20 octobre, Louis XV fut solennellement sacré à Reims. La Régence était donc terminée. Dubois resta premier ministre, mais il mourut peu de temps après. Vers la même époque le duc d'Orléans eut une première attaque d'apoplexie ; il la négligea ; en eut une seconde, le 2 décembre 1723, qui l'emporta. Mort au château de Versailles, son corps fut rapporté à Saint-Cloud d'où, le 9, son cœur fut transporté au Val-de-Grâce. L'inhumation eut lieu, le 16, dans la cathédrale de Saint-Denis.

Mme de Caylus (2) a dit du régent : « On le vit adopter des « goûts qu'il n'avait pas, s'enivrer sans aimer le vin, galant sans « amour et même sans galanterie... De tout ce que nous avons vu

---

(1) Lettre à la duchesse de Hanovre.
(2) *Souvenirs.*

Henriette d'Angleterre.

« en lui, de tout ce qu'il a voulu paraître, il n'y avait de réel que
« l'esprit dont, en effet, il avait beaucoup, c'est-à-dire une con-
« ception aisée, une grande pénétration, beaucoup de discerne-
« ment, de la mémoire et de l'éloquence. Mais malheureusement
« son esprit tourné au mal lui avait fait croire que la vertu n'est
« qu'un vain nom. »

Si l'on veut se donner la peine d'étudier la vie politique du
régent, en se maintenant au-dessus de l'étroitesse des partis, on
est amené à penser que le duc d'Orléans aurait été un des pères
de l'Etat s'il n'avait trouvé, en prenant le pouvoir, des dettes à
éteindre, des plaies à fermer. Il avait toutes les qualités et tous les
avantages de l'esprit. Sa pénétration était vive, ses connaissances
étendues et, avec du goût pour tous les arts, il avait une philosophie qui le plaçait au-dessus de toutes les mesquineries, de toutes
les ambitions qui s'agitaient autour de lui et dont il perçait tous
les mobiles secrets. Né avec un caractère sensible, compatissant,
droit, vrai, généreux, il fut, on l'a vu, comparé à Henri IV. Au
milieu des illusions que procure le rang qu'il occupait, il n'en
connaissait pas moins tous les besoins qui assujettissent les
hommes, même ceux qui sont au bas de l'échelle sociale. Il aspirait à établir les libertés publiques ; il admirait la constitution
anglaise dont la loi seule est la base et où les citoyens n'ont
d'autre juge que la loi. « Il rappeloit avec complaisance l'anecdote
« du prieur de Vendôme qui enleva deux maîtresses à Charles III
« sans que le monarque anglois eût d'autres moyens de se venger
« qu'en priant Louis XIV de rappeler en France ce dangereux
« rival ». Enfin ce qui le caractérise le mieux, c'est qu'il lui
arriva souvent de prendre le parti du peuple contre ses ministres.
Un jour que la banque Law menaçait l'Etat d'une banqueroute,
un tumulte populaire s'éleva et les Conseillers du Régent l'enga-
geaient à sévir à l'aide des troupes. Indigné, le régent s'écria, en
repoussant ce conseil : « Le peuple a raison, s'il se soulève ; il est
« bien bon de souffrir tant de choses !... »

. . . .

De son mariage avec Mademoiselle de Blois, décédée en 1749,
le régent Philippe d'Orléans eut huit enfants :

1° N.., née en 1693 et morte l'année suivante.

2° MARIE-LOUISE-ELISABETH, devenue duchesse de Berry dont nous avons déjà parlé.

3° LOUISE-ADÉLAIDE, née en 1698 et morte en 1743. Elle fut abbesse de Chelles et avait toutes les hautes vertus de sa mère.

4° CHARLOTTE-AGLAÉ, née en 1700. Elle épousa François-Marie, duc de Modène qui succéda, en 1737, à son père Renaud. Ce prince était un amateur éclairé des arts et des lettres; il protégea Muratori et Tiraboschi. La duchesse mourut en 1761.

5° LOUIS. Fait l'objet de l'article qui suit.

6° LOUISE-ELISABETH, née en 1709. Elle fut mariée, en 1722, à don Luis, prince des Asturies. Devenu roi d'Espagne, en 1724, par suite de l'abdication de son père Philippe V, il mourut dans le cours de la même année. Sa veuve rentra en France où elle décéda en 1742.

7° PHILIPPE-ELISABETH, naquit en 1714 et mourut, sans alliance, en 1734.

8° LOUISE-DIANE, née en 1716, épousa, en 1734, Louis-François, prince de Conti, qui aurait été un grand capitaine si Madame de Pompadour, devant la popularité que lui avaient valu ses talents militaires ne l'avait fait écarter de la Cour. C'est de lui qu'un poète a dit :

« Des héros de son sang, il augmenta l'éclat.

« Mécène des savants, idole du soldat,

« Favori d'Apollon, de Thémis, de Bellone,

« Il protégea les arts et défendit le trône ».

La princesse de Conti mourut jeune, après deux années, à peine, de mariage.

3.

LOUIS D'ORLÉANS

Le troisième propriétaire du château de Saint-Cloud, Louis d'Orléans, naquit à Versailles le 4 août 1703. A vingt-et-un ans, il épousa la princesse Augustine-Marie de Bade, qui mourut en 1726, laissant un fils, Louis-Philippe, né en 1725, que nous retrouverons plus loin, et une fille, Louise-Madeleine, née en 1726 et décédée, au château de Saint-Cloud, en 1728. La mort de la duchesse d'Orléans, douée des plus heureuses qualités et d'une haute vertu, laissa de profonds et sensibles regrets. Cette perte si soudaine et si douloureuse, plongea le duc d'Orléans en des méditations d'une haute philosophie. Revenu de certaines erreurs, toutes superficielles d'ailleurs, il comprit l'inanité des titres et des grandeurs. Il prit une résolution que hâta le nouveau deuil dont il fut frappé lorsqu'il perdit sa fille. Il prit un appartement à l'abbaye de Sainte-Geneviève, y fixa sa demeure, n'allant au Palais Royal que pour assister à son Conseil, ne sortant que pour accomplir ses œuvres de charité. En effet, tous les malheureux étaient assurés de trouver de la compassion dans le cœur de ce prince et une ressource dans ses libéralités.

A deux reprises différentes, cependant, le duc d'Orléans fit trêve à l'austérité de sa vie. En 1735, le 17 septembre, il se rendit au château de Saint-Cloud où il donna une fête en l'honneur de Marie Leckzinska, reine de France ; puis, en 1743, il en donna une autre à l'occasion du mariage de son fils, Louis-Philippe d'Orléans, duc de Chartres, avec Louise de Bourbon Conti. Alors, le duc d'Orléans jugea qu'il avait assez sacrifié au monde. Il rentra à l'abbaye de Sainte-Geneviève, où la mort vint le surprendre le 4 février 1752. En apprenant cette triste nouvelle, la reine dit : « C'est un bienheureux qui laisse après lui beaucoup de malheu-« reux ». En effet, la bienfaisance du duc d'Orléans s'efforçait de marier des jeunes filles, de doter des religieuses, de procurer une éducation aux enfants, de faire apprendre des métiers, de fonder des collèges. Il établissait des marchands, il empêchait la ruine de ceux qu'on lui signalait, il soutenait des officiers pauvres, subvenait aux besoins des enfants et des veuves, donnait des soins aux malades et visitait fréquemment les hôpitaux. Les Arts et les Lettres avaient en lui un protecteur d'autant plus éclairé que lui-même cultiva toutes les sciences. « Il possédait l'hébreu, le « chaldéen, le syriaque, le grec, l'Histoire sainte, les Pères de « l'Eglise, l'Histoire universelle, la géographie, la botanique, la « chimie, l'Histoire naturelle, la physique, la peinture » (1). Les principaux ouvrages qu'il a laissés, en manuscrits, à l'ordre de Saint Dominique sont : « I. Traductions littérales des Paraphrases « et des commentaires sur une partie de l'Ancien Testament ; — « II. Traduction littérale des Psaumes faite sur l'hébreu avec une « paraphrase et des notes. Cet ouvrage est accompagné d'un grand « nombre de dissertations très curieuses et remplies d'érudition, « dans l'une desquelles il prouve clairement que « les notes « grecques sur les Psaumes qui se trouvent dans la Chaîne des « Pères grecs de Corderius et qui portent le nom de Théodore « d'Héraclée sont de Théodore de Mopsueste ». — III. Plusieurs « Dissertations contre les juifs pour servir de réfutation au fameux « livre hébreu : le Bouclier de la foi. — IV. Traduction littérale « des Epîtres de St-Paul, faite sur le grec. — V. Un Traité contre « les spectacles ». (2)

4.

LOUIS-PHILIPPE D'ORLÉANS

Né à Versailles, marié à Saint-Cloud, le duc d'Orléans ne paraît avoir habité le château que pendant l'existence de son père. C'est ainsi que le 13 juillet 1745, la duchesse donne le jour à une fille qui mourut le 14 décembre suivant. Deux ans après, le 13 avril

(1 et 2) Ladvocat : *Dict Historique et Bibliographique.*

1747, le duc de Chartres — à cette époque le duc d'Orléans vivait encore — eut un fils qui fut titré duc de Montpensier et dont nous reparlerons. Enfin, en 1750, le 9 juillet, ce fut la naissance d'une princesse : Louise-Marie-Thérèse. Elle épousa, en 1770, le duc Louis-Henri-Joseph de Bourbon Condé et fut la mère de l'infortuné duc d'Enghien, fusillé dans les fossés du château de Vincennes. Obligée de se séparer de son mari, la duchesse devint une des adeptes les plus ferventes du mysticisme de la fin du XVIIIe siècle. La Révolution la relégua au fort Saint-Jean à Marseille, puis l'exila. Revenue en France, lors de la Restauration, la duchesse persista à ne pas vouloir reprendre la vie conjugale ; elle se retira dans son hôtel, 59, rue de Varennes, dont elle fit un hospice, dit hospice d'Enghien, pour recevoir les malades. La duchesse de Bourbon Condé termina sa vie, loin de la Cour, dans la pratique de ses théories charitables.

Le duc d'Orléans, dont il s'agit ici, commença par payer son tribut à la vie publique. Il commanda la cavalerie dans la campagne de Flandre en 1742 et se distingua d'une façon toute particulière à Dettingen l'année suivante, ce qui lui valut d'être nommé Maréchal de camp. Lieutenant Général en 1744, il assista aux batailles de Fontenoy en 1745, de Raucoux en 1746, de Lawfeld en 1747. La même année, il fut nommé gouverneur du Dauphiné en survivance de son père et chevalier de la Toison d'or en 1752. Pendant la guerre de Sept ans, il prit part à la bataille d'Hastembeck en 1757, puis il ne reparut plus aux armées.

C'était un homme intelligent et bon. Possesseur d'une fortune immense, il en faisait le plus noble emploi. Comme son père, le duc Louis d'Orléans, dont il continua les principes de bienfaisance et de charité, il chargea une personne de confiance de visiter les prisons et de pénétrer dans les tristes réduits de la misère et d'y porter des secours. Il payait les dettes des pères de famille qui, à cause d'elles, étaient détenus ; il faisait des pensions à des veuves, secourait de vieux soldats et d'anciens officiers. Aucun malheur, aucune infortune ne le trouvait indifférent. Il estimait qu'auprès de ceux qui souffrent et qui pleurent, il y a toujours quelque chose à faire, ne serait-ce qu'à tenter d'apaiser la souffrance des uns et à s'efforcer de consoler les autres. Sa charité était inépuisable et, chaque année, il distribuait 250.000 francs aux pauvres, sans compter ce que les gens de lettres, les artistes recevaient de sa générosité. Ils sont nombreux, ceux qu'il aida, qu'il soutint et qui lui durent leurs succès.

Le duc d'Orléans habita peu le château de Saint-Cloud. Il lui préférait le Palais Royal. Il y donna cependant une fête en 1752, le 21 septembre, à l'occasion de la convalescence du Dauphin (1). La splendeur de cette fête ne fut jamais dépassée. Elle se termina par un feu d'artifice que tirèrent les sieurs Ruggieri, artificiers italiens. A la suite de cette fête, à laquelle il avait convié tout Paris, le peuple décerna « au duc d'Orléans, le surnom de Roi de « Paris ». (2)

Le duc d'Orléans, devenu veuf en 1759, voulut ensuite épouser la marquise de Montesson, qui lui avait inspiré une très vive affection. Mais son désir se heurta à un ancien édit de Louis XIII interdisant à tout prélat du royaume de marier aucun prince du sang sans une autorisation écrite de la propre main du roi. Le duc d'Orléans se rendit alors auprès de Louis XV, mais le roi était sous la domination de Madame du Barry et, quoi qu'il en coutât au duc, ce fut à la favorite qu'il se vit obligé de présenter sa requête. Nous négligerons de mentionner la réponse triviale que Madame du Barry fit, paraît-il, au duc d'Orléans, réponse que certains historiens n'ont pas craint d'enregistrer. L'autorisation demandée fut accordée cependant en 1773; le roi écrivit à l'archevêque pour lui dire qu'il désirait que cette union restât secrète autant que faire se pourrait, c'est-à-dire aussi longtemps qu'aucun enfant n'en serait le fruit. Cette union eut lieu en l'église Saint-Eustache, paroisse de Madame de Montesson.

Sur les instances de la marquise, le duc d'Orléans se retira dans une délicieuse retraite qu'il possédait à Bagnolet et où il s'aban-

---

(1) Depuis Louis XVI.

(2) Duc de Luynes. *Mémoires.*

donna à la passion qu'il avait de jouer la comédie. Enfin, ayant appris que Marie-Antoinette désirait acquérir le château de Saint-Cloud, Madame de Montesson réussit à persuader au duc d'Orléans de le lui vendre. Des négociations furent entamées, mais « la poli- « tique intervint et faillit tout compromettre ». (1) Néanmoins, l'accord se fit et la cession du château de Saint-Cloud à Marie-Antoinette par le duc Louis-Philippe d'Orléans, fils de Louis, petit-fils du Régent, eut lieu par un acte signé à Versailles le 24 octobre 1784, et ratifié par la Reine le 20 février 1785. Voici, d'ailleurs, la ratification du contrat de vente :

« Marie-Antoinette, par la grâce de Dieu, Reine de France et
« de Navarre, à tous ceux qui ces présentes verront, salut !...
« Le sieur marquis de Paulmy, notre chancelier, nous ayant
« représenté l'expédition du contrat passé entre lui et le chancelier
« de notre très cher cousin le duc d'Orléans, par devant Lhomme
« et Picquais, notaires au Châtelet de Paris, le 19 de ce mois, par
« lequel le duc d'Orléans, notre dit cousin, nous aurait cédé et
« transporté la propriété du château de Saint Cloud et de ses
« dépendances, aux clauses, charges, conditions et réserves
« énoncés audit contrat moyennant les sommes et prix de six
« millions de livres que nous avons été autorisée par le Roi, notre
« très honoré seigneur et époux, à employer de la manière que
« nous jugerons à propos ; Nous, après avoir pris connaissance
« dudit contrat que nous avons trouvé conforme à nos intentions
« nous l'avons par ces présentes signées de notre main, ratifié,
« confirmé et approuvé, le ratifions, confirmons et approuvons en
« tout son contenu, avons consenti et consentons qu'il soit exécuté
« suivant sa forme et teneur. En foi de quoi nous avons fait mettre
« à ces dites présentes notre grand sceau en cire rouge.
« Donné à Versailles, &ᵃ
« Par la Reine.   « Signé : Marie-Antoinette
            « Augeard. » (2)

---

(1) Augeard. *Mémoires secrets.*
(2) Arch Nat. O 3870.

Quelque temps après cette vente, le 18 novembre 1785 vint marquer le terme de la vie du duc Louis-Philippe d'Orléans. Les profonds et sincères regrets que causa sa mort furent en raison du bien qu'il n'avait cessé de répandre autour de lui, et cet événement si douloureux et si funeste a bien été caractérisé par les vers suivants :

« Que Philippe, en effet, mérite bien nos pleurs !
« Digne par ses vertus du sang qui le fit naître,
« Il sut être à la fois noble et simple en ses mœurs,
« Père, ami, citoyen, tendre époux et bon maître ».

Lorsque le duc d'Orléans mourut, son mariage avec la marquise de Montesson n'était plus un secret. Et c'est miracle que la Révolution n'ait pas envoyé à l'échafaud la veuve d'Orléans ainsi qu'elle avait été autorisée, par Louis XVI, a signer les actes relatifs à son douaire ; peut-être se rappelait-on encore que, dans le rigoureux hiver de 1788-1789, elle avait fait retirer les arbres et les plantes exotiques de son orangerie et de ses serres pour changer ces bâtiments en salles de travail, où les pauvres trouvaient de l'ouvrage, un abri contre l'intempérie de la saison, une nourriture saine et des secours de toute espèce. Elle fut cependant arrêtée, mais le 9 thermidor lui rendit la liberté. Après le 18 brumaire, elle eut le désir de prendre le titre de duchesse d'Orléans et fit, à ce sujet, pressentir Bonaparte. Cette demande parut singulière au premier Consul qui, paraît-il, avait toujours cru à des relations entre le roi et Madame de Montesson. Mais, sur l'assurance qu'on lui donna que Louis XV avait bien consenti au mariage du duc d'Orléans avec la marquise, que, depuis la mort de son mari, elle prenait, dans tous les actes, le titre de douairière d'Orléans, Bonaparte répondait : « Mais encore, même dans ce cas, qu'avait à dire et à « faire le premier Consul ? » (1)

_____

(1) *Mémorial de Ste-Hélène.*

Mme de Montesson eut une vieillesse heureuse et calme et mourut à Paris le 6 février 1806. Selon ses désirs, elle fut transportée à Seine-Port, paroisse du château de Saint-Assise qui lui avait appartenu et où le duc d'Orléans était mort.

5.

LOUIS-PHILIPPE-JOSEPH D'ORLÉANS

Louis-Philippe-Joseph d'Orléans naquit à St-Cloud, le 13 avril 1747; titré duc de Montpensier, il porta ce titre jusqu'à la mort de son grand-père, Louis d'Orléans. Alors, il devint duc de Chartres et ne fut duc d'Orléans qu'à la mort de son père, en 1785.

A propos de ce prince, on pourrait presque renouveler la protestation de Voltaire contre la partialité des écrivains en général. L'auteur du *Siècle de Louis XIV* disait : « Nous avons cent volumes « contre Louis XIV, contre Monseigneur, contre le Régent, et pas « un pour parler de leurs mérites ».

Louis-Philippe-Joseph d'Orléans avait beaucoup d'esprit naturel, des manières élégantes, le goût de l'indépendance et un certain besoin d'agir autrement que le vulgaire. Il fut, avec le duc de Richelieu, la personnification de ces grands seigneurs philosophes de la fin du XVIIIᵉ siècle; mais il fut le seul, ou à peu près, qui sut tenir compte des lumières et des progrès de son époque. Il épousa, le 5 août 1769, Louise-Marie-Adélaïde de Bourbon, fille du duc de Penthièvre, qui avait la charge de grand amiral de France.

Sa première attitude politique date de 1771, où il se joignit à la résistance que rencontra M. de Maupeou lorsqu'il eut dissous les Parlements, et, avec tant d'autres princes, le duc de Chartres refusa de siéger dans le Parlement constitué par le chancelier. Cette attitude lui valut d'être exilé de la Cour, mais Louis XVI, à la mort de Louis XV, ayant rétabli les anciens parlements, le duc de Chartres fut autorisé à revenir à la Cour.

Quelques années après, comme on parlait d'une guerre maritime, le duc de Chartres demanda à partir. Tout d'abord, il fit deux campagnes d'évolutions, et la même année, en 1777, fut nommé Lieutenant-Général des armées navales. En 1778, arborant son pavillon sur le *Saint-Esprit*, il prit le commandement de l'escadre Bleue et participa au combat d'Ouessant, livré à la flotte anglaise le 27 juillet par le vice-amiral comte d'Orvilliers. Quoi qu'on en ait dit, il fit preuve, en cette circonstance, d'une réelle bravoure, et le ministre de la marine écrivit au duc de Penthièvre, amiral de France : « M. D'Orvilliers a donné des preuves de la plus grande « habileté ; M. le duc de Chartres, d'un courage froid et tranquille « et d'une présence d'esprit étonnante. Sept gros vaisseaux, dont « un à trois ponts, ont successivement combattu celui de M. le « duc de Chartres qui a répondu avec la plus grande vigueur « quoique privé de sa batterie basse; un vaisseau de notre armée « a dégagé le *Saint-Esprit* et a essuyé un feu si terrible qu'il a été « absolument désemparé et obligé de se retirer ».

Lorsqu'il revint à Paris, le duc de Chartres fut accueilli par des démonstrations trop flatteuses au gré de la Cour, où l'indépendance de son caractère lui avait suscité déjà de nombreux et puissants ennemis. Héritier d'un grand nom et d'une popularité non moins grande — son père ayant été surnommé le Roi de Paris — tout ce qui, de la part du duc de Chartres, pouvait être de nature à le mettre en évidence devait être, par ses ennemis, considéré comme un danger. Aussi ces derniers profitèrent-ils de ce qu'il était retourné à bord de son vaisseau pour faire publier sur lui d'infâmes libelles où la calomnie le disputait à l'odieux. Le résultat de ces pamphlets donna raison au *Figaro* de Beaumarchais : un revirement subit se produisit dans l'opinion. Quand le prince revint à Paris, il trouva le public refroidi à son égard, son beau-père aigri, et le Roi parfaitement résolu à lui refuser la survivance de Grand Amiral qu'il ambitionnait. Dédaigneux de ces attaques, il ne songea qu'à faire son devoir. Il se préparait à repartir lorsque la Reine lui écrivit pour le lui défendre formellement : « Le Roi est informé et « mécontent, Monsieur, de la disposition où vous êtes de vous « joindre à son armée. Le refus constant qu'il a cru devoir faire

« aux instances les plus vives, de ce qui le touche de plus près,
« les suites qu'aura votre exemple, ne me laissent que trop voir
« qu'il n'admettra ni excuses, ni indulgence. La peine que j'en ai
« m'a déterminée à accepter la commission de vous faire connaître
« ses intentions, qui sont très positives. Il a pensé qu'en vous
« épargnant la forme sévère d'un ordre, il diminuerait le chagrin
« de sa contradiction, sans retarder votre soumission. Le temps
« prouvera que je n'ai consulté que votre propre intérêt, et qu'en
« cette occasion comme en toute autre je chercherai toujours,
« Monsieur, à vous prouver mon sincère attachement.

« Marie-Antoinette ». (1)

Puis, comme une ironie à ses espérances et pour lui faire bien
comprendre qu'il ne devait pas compter sur la survivance de son
beau-père, le Roi créa pour lui la charge de Colonel Général des
hussards. C'était peut-être une faveur, mais « donner pour récom-
« pense de services rendus sur mer, un poste sur terre, c'étoit une
« sorte de mocquerie, une véritable censure. Le public prit la
« chose ainsi et les parisiens qui rioient encore alors, recommen-
« cèrent leurs plaisanteries sur le prince ». (2)

Le duc de Chartres s'éloigna de la Cour et, malheureusement,
sa conduite privée donna, par certains côtés, prise à la malveillance
de ses ennemis, qui ne l'abandonnaient pas et tirèrent parti des
faits relevés contre le prince pour accréditer les insinuations
perfides et odieuses qu'ils ne cessaient de faire circuler contre lui.

La mode était alors aux aérostats ou plutôt aux montgolfières.
C'est à propos d'une ascension que parut encore contre le prince
un de ces monstrueux libelles que toutes les particularités de sa
vie semblaient faire éclore. Et, dans un ouvrage qui est bien le
plus infâme que nous connaissions sur Louis-Philippe Joseph
d'Orléans, l'auteur, faisant abstraction de la haine qui semble
avoir constamment guidé son esprit, déclare « que les faits ont

---

(1) *Correspondance de L.-P.-J. d'Orléans.* P. 14 et 15 de l'Introduction.

(2) Montjou. *H. de la conjuration de L.-P.-J. d'Orléans.*

LOUISE MARIE
THERESE BATHILDE
D'ORLEANS, DUC... DE BOURBON,
Née à St Cloud le 9 Juillet 1750.

Dessiné et gravé par Dupin

été mal rendus au public ». Et il s'appuie sur cette concession à la vérité pour établir son impartialité !..

Voici, d'après cet auteur, le récit de cette ascension qui a sa place marquée dans l'histoire de Saint-Cloud.

« Une autre particularité de sa vie privée, contribua à nourrir
« l'opinion qu'il n'avoit nul courage. Mais cette particularité fut
« mal rendue au public, et la conséquence qu'on en tira, n'en
« découloit pas naturellement. Voici à cet égard, l'exacte vérité que
« j'accompagne de quelques détails, pour qu'elle soit plus intelli-
« gible à la postérité. Montgolfier, avoit imaginé une machine de
« forme sphérique, et d'un volume plus ou moins grand, qui
« ressembloit assez à ces ballons creux, dont les bonds sont un
« des amusements et des exercices de notre jeunesse.

« . . . .

« . . . .

« On en vint à se persuader qu'on pourrait les diriger dans les
« airs, comme à l'aide des voiles et du gouvernail on dirige en
« mer un navire. Deux frères appellés Robert, et leur beau-frère
« nommé Collin-Hullin, tous trois habiles mécaniciens, constru-
« sirent un de ces aérostats ; ils lui donnèrent la forme cylindrique,
« cinquante-deux pieds de long sur trente-deux de diamètre et
« l'armèrent de rames et d'un gouvernail ; ils annoncèrent ensuite
« qu'ils s'élèveroient dans les airs au moyen de ce globe, et qu'à
« la faveur des rames et du gouvernail ils le dirigeroient à leur
« volonté, contre le gré du vent. Le duc de Chartres voulut être
« du voyage.

« Ce fut dans le parc de St-Cloud que se fit l'ascension de
« l'aérostat. Les deux Robert, Collin-Hullin et le duc de Chartres
« montèrent dans la nacelle qui devoit les emporter dans les
« régions aëriennes. Les deux femmes des deux Robert tenoient
« les cordes qui arrêtoient le ballon, en attendant qu'il s'élevât.
« A huit heures du matin les cordes furent lâchées, et l'aérostat
« monta majestueusement. Un public immense étoit présent à ce
« spectacle. Les personnes éloignées témoignèrent à grands cris
« qu'elles désiroient que celles qui étoient plus près du lieu de la
« scène s'agenouillassent pour laisser à chacun la liberté de jouir

« du coup d'œil que présentoit le départ de cette superbe machine.
« Ce désir fut exaucé d'un mouvement unanime, chacun mit un
« genou en terre. Au milieu de cette multitude ainsi prosternée,
« l'aérostat s'éleva lentement. Jamais image ne fut plus imposante.
« Au bout de trois minutes, les spectateurs perdirent le ballon de
« vue. Il s'éleva à une telle hauteur, que les voyageurs non-seu-
« lement n'apperçurent plus la terre, mais qu'ils se sentirent portés
« dans une région bien différente de celle qu'ils venoient de
« quitter ; tout-à-coup, quoique le tems fût calme, ils furent
« emportés et comme engloutis dans une vapeur épaisse ; un vent
« impétueux frappant avec rapidité sur la surface que présentoit
« le gouvernail, fit tourner trois fois l'aérostat sur lui-même. Les
« voyageurs abandonnèrent alors l'espoir de diriger leur navire,
« et pour ôter toute prise au vent, ils déchirèrent le taffetas du
« gouvernail. Au même moment des nuages épais se roulant à
« plusieurs toises au-dessous de leurs pieds, sembloient leur inter-
« dire le retour vers la terre. Ils furent entraînés rapidement à la
« surface de cette mer de nuages. Là le soleil produisit à la vapeur
« que renfermoit le ballon, une dilatation effrayante. Le duc de
« Chartres jugea qu'il y auroit de la folie à braver de plus longs
« dangers. Pour que la descente se fît sur-le-champ, il imagina de
« vuider le ballon d'une partie du gaz qui le tenoit suspendu au-
« dessus des nuées. Pour cela il déchira de la longueur d'environ
« sept à huit pieds le taffetas dont la machine étoit composée. Le
« gaz se faisant brusquement passage par cette ouverture, elle
« descendit avec la plus grande rapidité ; mais aucun des aéro-
« nautes ne fut blessé. Cette manœuvre et la rapidité de la descente
« furent attribués à la poltronnerie du duc de Chartres. Ce juge-
« ment n'étoit pas juste, sa conduite dans cette occasion étoit plutôt
« une preuve de prudence que de poltronnerie. Les quolibets et
« les sarcasmes n'en plurent pas moins de toute part sur le
« prince ».

Le Palais Royal était la demeure habituelle du duc de Chartres, mais une partie de sa famille occupait également, à Saint-
Cloud, le pavillon dit de Breteuil. C'est là que grandissaient ses
enfants parmi lesquels était le futur roi des Français Louis-

Philippe. Comme ses ancêtres, le duc de Chartres s'intéressait à toutes les sciences, à tous les arts. Il continuait les traditions de sa famille, accueillant volontiers toutes les innovations qu'on venait lui soumettre, se montrant toujours également bienveillant et affable.

Nous ne referons pas l'historique de la Révolution pas plus que nous ne suivrons le duc d'Orléans dans sa conduite politique pendant cette période ; nous constaterons seulement qu'il fut sans cesse en butte aux attaques de la Cour. C'est lui que le parti des Tuileries alla chercher au Palais Royal pour l'accuser d'avoir ourdi une conspiration contre le trône. On lui fit un grief des cahiers destinés aux Etats Généraux ; on chercha à faire croire qu'ils avaient été rédigés sous son influence, comme si la volonté d'un seul homme qui n'était dépositaire d'aucune autorité pouvait communiquer, comme par enchantement, au même jour, et à la même heure, cet unanime élan vers la liberté. On lui reprocha également d'avoir employé sa fortune à opérer la Révolution, mais comme le dit avec tant de raison Madame Staël : «Un peuple « entier n'est pas mis en mouvement par des moyens de ce genre ; « la grande erreur des gens de la Cour a toujours été de chercher « dans quelques faits de détail la cause des sentiments exprimés « par la nation entière ». Les événements des 5 et 6 octobre furent aussi mis sur son compte. On prétendit qu'il en avait été le moteur et on s'efforça d'imputer au prétendu parti d'Orléans les crimes qui ensanglantèrent cette nuit terrible. Or, dit encore Mme de Staël : « Nul parti ne reconnaissait le duc d'Orléans pour « chef et lui-même ne voulait l'être de personne ». Il y a plus, tous les partis ont mis de l'empressement et même une certaine affectation à s'en justifier. On lui fit un grief de son nom, mais sans avoir soin de faire comprendre pourquoi il avait dû accepter ce surnom d'Egalité. La Constituante avait supprimé les noms de terre et décidé que les princes ne porteraient plus que leurs pré-noms suivis de la dénomination de *prince français*. Il n'y avait là rien que de très honorable. Mais après le 10 août 1792, il se trouva qu'avec le nouvel ordre de choses établi, le duc d'Orléans n'avait plus de nom. On lui fit entendre que la loi avait prévu ce cas et qu'elle prescrivait de s'adresser à la municipalité. Il recourut donc à la Commune de Paris qui s'empressa de lui décerner le nom d'Egalité, comme nom de famille. Il n'osa pas le refuser, et ses ennemis, dénaturant cette démarche, faisant volontairement le silence sur les raisons qui la lui imposèrent, sont parvenus à lui faire un crime de cette dénomination. Quant à l'accusation d'avoir répandu ou fait répandre de l'argent elle n'a jamais été prouvée malgré l'enquête à laquelle procédèrent les juges au Chatelet qui ne demandaient pas mieux, en cette circonstance, que de rendre service à la Cour. Du reste, le rapport Chabroud et la procédure du Chatelet ont été imprimés, et quiconque voudrait prendre la peine de lire cette longue procédure se convaincrait qu'elle prouve précisément le contraire de ce qu'elle est destinée à établir.

. . . .

Cependant la Révolution continuant sa marche, le premier appel à l'insurrection retentit sous ses fenêtres ; la voix des orateurs populaires de la Bouche de fer, siégeant au cirque, fait retentir à son oreille ces mots magiques : *Liberté, Egalité, Fraternité* ; alors c'est lui un duc d'Orléans, un prince du sang que la Révolution vient prendre pour en faire un tribun du peuple, un juge de son roi et ensuite une victime........

Le 4 avril 1793 le duc d'Orléans fut arrêté au Palais Royal avec son troisième fils, le comte de Beaujolais, et emprisonné à l'Abbaye. Peu de jours après, il fut transféré au fort St-Jean à Marseille, où le duc de Montpensier, son second fils, avait été conduit après son arrestation à Nice. A la séance du 3 octobre, le député Amar proposa de mettre en accusation quarante-cinq députés Girondins. Billaud-Varennes proposa, simplement et sans motif, que le nom du duc d'Orléans fût ajouté à la liste des députés que la Convention allait envoyer devant le tribunal révolutionnaire. Des commissaires furent chargés d'aller chercher le duc d'Orléans à Marseille. Il arriva à Paris dans la nuit du 5 au 6 novembre. Le lendemain, on lui fit connaître l'acte d'accusation sur lequel il allait être jugé. Son étonnement fut grand en voyant que cet acte d'accusation était le même que celui qui avait été dressé contre les Girondins, ses ennemis, et sur lequel ils avaient été condamnés à mort. Comme au député Carra, et sans plus de raisons d'ailleurs, on lui reprochait *d'avoir voulu placer le duc d'York sur le trône de France*. Aussi, lorsque le duc d'Orléans entendit la lecture de cet article, il dit froidement : « Mais, en vérité, ceci a l'air d'une plaisanterie ». Interpellé sur ce qu'il avait à répondre aux accusations, il se borna à faire observer « qu'elles se détruisaient d'elles-mêmes et qu'elles « ne lui étaient pas applicables, puisqu'il était notoire qu'il avait « été constamment opposé aux systèmes et aux mesures du parti « qu'on l'accusait d'avoir favorisé ». Le tribunal l'ayant condamné à mort, il dit, après avoir entendu sa sentence : « Puisque vous « étiez décidés à me faire périr, vous auriez dû chercher, au moins, « des prétextes plus plausibles pour y parvenir, car vous ne per- « suaderez jamais, à qui que ce soit, que vous m'ayez cru coupable « de tout ce dont vous venez de me déclarer convaincu, et vous « moins que personne, vous qui me connaissez si bien, » ajouta-t-il en regardant Antonelle, le chef du jury, avec qui le duc d'Orléans avait eu des relations. « Au reste, continua-t-il, puisque mon sort « est décidé, je vous demande de ne pas me faire languir ici jusqu'à « demain, et d'ordonner que je sois conduit à la mort sur le « champ ! »

Cette triste faveur lui fut accordée. La charrette qui le condui- sait au supplice se trouva arrêtée, quelques minutes, sur la place du Palais Royal. Pendant ce temps d'arrêt, le prince promena son regard avec le plus grand sang-froid sur la façade de son palais. Arrivé à la place Louis XV, son visage n'offrait aucune altération, et c'est d'un pas ferme qu'il gravit les degrés de l'écha- faud (1). Ainsi, simplement et sans aucune de ces « défaillances » dont on le disait coutumier, le 6 Novembre 1793 — 16 Brumaire an II — à 4 heures du soir, périt ce prince, affable et bon, bien- veillant à tous, dont un de ses fils a dit : « Malheureux et excellent « père ! quiconque a pu vous voir de près et vous bien connaître, « sera forcé de convenir, s'il n'est un insigne calomniateur, que « vous n'aviez dans le cœur ni la moindre ambition, ni aucun

---

(1) *Bullet. du Trib. Révolutionnaire.* — *Hist. parlementaire de la Révolution.*

« désir de vengeance ; que vous possédiez les qualités les plus
« aimables et les plus solides ; mais que vous manquiez de cette
« fermeté qui fait qu'on n'agit que d'après sa propre impulsion ;
« que, d'ailleurs, vous accordiez votre confiance avec trop de
« facilité, et que les scélérats avaient trouvé le moyen de s'en
« emparer pour vous perdre et vous sacrifier à leurs atroces
« projets ! Celui qui tiendra ce langage ne fera que vous rendre
« la justice la plus sévère ; mais vos ennemis écraseront sa voix,
« et malheureusement ils n'en ont que trop de moyens. Eh ! bien,
« qu'ils consomment leur ouvrage ! qu'ils achèvent de déchirer
« la mémoire de cet être infortuné et sacrifié ! Mais puissent-ils,
« au moins, être connus un jour ! puisse le monde savoir ce que
« je sais ! et puissé-je encore exister à cette époque !... (1)

En effet, le duc d'Orléans fut sacrifié par ceux-là mêmes dont
il avait embrassé la cause, à la haine implacable que lui portaient
ses ennemis, leurs propres adversaires. Triste et mémorable
exemple des vicissitudes de la fortune et de l'inconstance de la
faveur populaire !

. . . .

Louis-Philippe-Joseph d'Orléans laissa trois fils et une fille :

1º Louis-Philippe, né le 6 octobre 1773, que nous retrouverons,
dans le cours de cet ouvrage, sous le nom de Louis-Philippe I,
roi des Français.

2º Antoine-Philippe d'Orléans, duc de Montpensier, né le 3
juillet 1775. A l'époque de la Révolution, quand son frère aîné
fut fait officier général, le duc de Montpensier devint son aide de
camp. Ils étaient tous les deux à Valmy, et le soir, Kellerman
écrivait : « Embarrassé du choix, je ne citerai parmi ceux qui ont
« montré un grand courage, que M. Chartres et son aide de camp,
« M. Montpensier, dont l'extrême jeunesse rend le sang-froid, à
« l'un des feux les plus soutenus que l'on puisse voir, extrêmement
« remarquable (2) ».

---

(1) Duc de Montpensier. *Coll. des Mémoires sur la Révolution française.*
(2) *Moniteur.* 22 sept 1792.

Devenu lieutenant-colonel-adjudant général, il se signala de nouveau à Jemmapes, puis passa, avec le même grade, dans l'armée d'Italie sous les ordres du général Biron. C'est là qu'au mois d'avril 1793, il fut arrêté, pendant que son père et son frère, le comte de Beaujolais, l'étaient à Paris. Ils se retrouvèrent tous les trois au fort Saint-Jean, à Marseille, où pendant toute la durée de leur séjour on usa, avec eux, d'une rigueur excessive. La mort de leur père vint accabler l'infortune des deux frères. Et après plusieurs tentatives d'évasion restées infructueuses, le Directoire consentit à leur rendre la liberté si leur frère aîné s'engageait à quitter l'Europe. Le duc d'Orléans, s'étant embarqué pour l'Amérique, les deux frères purent sortir de prison. Ils s'embarquèrent à destination de Philadelphie où ils retrouvèrent leur frère aîné, le duc d'Orléans. Une fois réunis, les trois frères ne se séparèrent pas. Ils entreprirent ensemble de longs voyages ; puis, enfin, se fixèrent à Twickenham. Mais pendant sa longue captivité, privé d'air, et même des soins les plus élémentaires, le duc de Montpensier avait contracté les germes d'une maladie de poitrine qui l'enleva le 18 mai 1807. Enterré à Westminter.

Le duc de Montpensier a tracé lui-même le récit de sa captivité. Cet écrit rempli de charme et d'intérêt fait partie des Mémoires sur la Révolution Française. On retrouve dans le style, la délicatesse de son goût et les grâces naturelles de son esprit ; dans les jugements qu'il porte, sa franchise et son respect pour la vérité ; dans les scènes déchirantes qu'il décrit, l'extrême sensibilité de son âme ; dans ses rapports avec sa famille, sa piété filiale et l'habitude des plus douces affections.

3° Eugène-Louise-Adélaïde d'Orléans, née le 23 Août 1777. Elle était jumelle d'une autre sœur, son aînée d'une demi-heure, morte des suites de la rougeole le 1er février 1782. Pendant toute la durée de la Révolution la jeune princesse fut obligée de subir toutes les vicissitudes qui accablaient les émigrés. Elle séjourna d'abord en Suisse, puis en Hongrie avec la princesse de Conti, puis en Espagne auprès de sa mère, la duchesse d'Orléans. Contraintes de quitter leur résidence de Figuières à cause du bombardement de cette ville par les français, en 1807, la princesse Adélaïde se mit à la recherche de son frère aîné. Elle se rendit vainement à Gibraltar, à Malte, et le rejoignit enfin à Portsmouth. Tous deux se rembarquèrent à destination de Malte où ils arrivèrent en 1809. Après un séjour de quelques mois, elle s'embarqua de nouveau pour aller à Mahon chercher la duchesse d'Orléans, sa mère, et la conduire à Palerme où devait se célébrer le mariage du duc d'Orléans avec la fille du roi des Deux-Siciles.

Depuis, la vie de la princesse Adélaïde s'est confondue avec celle de son frère aîné dont la famille était devenue la sienne.

La princesse, ne connut d'autres mauvais jours que ceux où elle ne put pas faire un peu de bien. La duchesse de Bourbon, sa tante, lui ayant légué l'hôtel de la rue de Varennes où elle avait fondé l'hospice d'Enghien, la princesse Adélaïde recueillit, religieusement, cet héritage et s'occupa sans cesse d'adoucir le sort des malheureux.

La princesse, morte le 31 décembre 1847, n'a pas eu la douleur de voir le trône de son frère emporté par la Révolution de 1848.

4º Louis-Charles d'Orléans, comte de Beaujolais, né le 7 octobre 1779. Arrêté avec son père le duc d'Orléans, alors qu'il n'avait que treize ans, l'histoire de sa captivité se confond avec celle de son père, dont on le sépara, puis avec celle de son frère. Rendu à la liberté en 1796, alors qu'il avait été arrêté en 1793, sa vie s'écoula avec ses frères jusqu'au jour enfin où, atteint également aussi d'une maladie de poitrine, il succomba lui-même. Ce jeune prince n'avait que 28 ans !

MARIE-ANTOINETTE

Après être resté pendant plus d'un siècle dans la famille d'Orléans, le château de Saint-Cloud fut donc vendu à Marie-Antoinette, qui s'empressa de faire opérer par son architecte, Micque, des remaniements qui modifièrent d'une manière assez sensible la physionomie primitive de l'édifice (1). Puis, comme si

---

(1) **Marius Vachon**. *Chât. de St-Cloud.*

la reine eût essentiellement tenu à ce que chacun sût que le château et ses dépendances lui appartenaient en propre, elle exigea que le personnel revêtît la livrée de sa maison et que les règlements affichés fussent précédés de la formule suivante : *De par la Reine !...* Tout d'abord, le public vit avec indifférence cette manifestation de la personnalité de Marie-Antoinette ; mais, quand les premières agitations de la politique se firent sentir dans l'opinion, quand l'affaire du Collier (1) éclata, c'est-à-dire quelques mois après l'acquisition de Saint-Cloud, quand la rumeur publique prêta à la reine une influence néfaste sur les finances du royaume et qu'elle-même fut accusée de dilapidations, ce ne fut pas seulement cette attestation d'autorité qui souleva le mécontentement, mais encore l'acquisition même.

Le premier séjour de Marie-Antoinette à Saint-Cloud date de 1785. Pour cette sorte de prise de possession, elle obtint que Louis XVI séjournerait pendant six semaines au château. Il y eut des fêtes, des réjouissances de toute sorte. La Cour fut invitée et Marie-Antoinette, qui cherchait peut-être à réagir contre les mau‑ vaises dispositions qui se manifestaient à son égard, permit à des forains de s'établir dans le parc ; des bals publics s'installèrent où elle ne craignit point de se montrer, se mêlant à la foule. Un des anciens ministres de cette monarchie expirante a dit que Marie-Antoinette recevait à Saint-Cloud les femmes de la ville et des environs « avec les mêmes bontés affectueuses et tout cela « simplement et sans la moindre affectation » (2). Un autre nous apprend que, lorsqu'elle « fit inoculer ses enfants à Saint-Cloud, « elle poussa les égards pour le peuple jusqu'à se tenir enfermée « dans le château les jours où les parisiens venaient visiter les « appartements : ne voulant pas, disait-elle, leur communiquer « l'air contagieux qu'elle respirait auprès de ses enfants ». (3)

Malgré les difficultés que, chaque jour, la monarchie voyait surgir autour d'elle, Marie-Antoinette continuait à s'abandonner à

(1) Juillet 1785.

(2) Cte de Vauxblanc. *Mémoires.*

(3) Ed. Hocquart. *Premières leçons d'Hist.*

Louis-Philippe-Joseph d'Orléans.

sa légèreté naturelle et à son goût pour l'indépendance. De toutes les royales demeures où elle aimait « à oublier qu'elle était reine », Trianon et Saint-Cloud avaient ses préférences. Dans la dernière, surtout, elle se retirait le plus souvent possible. A en juger par les règlements affichés, à considérer les termes de l'acte d'acquisition, on pouvait croire qu'elle était effectivement chez elle et que là dominait sa seule volonté. Mais il n'en était pas ainsi. Aussi bien là qu'ailleurs, Marie-Antoinette subissait, en réalité, l'influence des Polignac qu'elle avait enrichis, de leurs parents et des personnes assez heureuses pour leur plaire, de cette société intime qui fut la cause de beaucoup de fautes et de tant de malheurs. Cet entourage lui suscita, même au sein de la Cour, de nombreux ennemis qui exploitèrent habilement contre elle la triste affaire du Collier. C'est encore à l'instigation de ceux qui l'entouraient que Marie-Antoinette, plus inconséquente que coupable, fit arriver au ministère Calonne et Loménie. Ces choix étaient loin d'être heureux. On la rendit responsable des erreurs de tout genre commises par ces deux ministres, du gaspillage qu'ils firent des finances de l'Etat ; et les fêtes de Trianon, l'achat du château de Saint-Cloud, la fortune soudaine des Polignac constituèrent autant de présomptions contre la reine qui fut, dès lors, accusée non seulement de n'avoir pas tenté d'arrêter les dilapidations des ministres, mais d'en avoir profité.

Ce qui est vrai, hélas, c'est qu'à Saint-Cloud les fêtes succédaient aux fêtes et qu'elles étaient devenues le but de promenade d'une foule de parisiens. Tous les dimanches, l'exode de la capitale se faisait vers la petite localité où la reine, dans le grand parc de son château, toujours entourée et méconnaissant certaines convenances qu'elle n'aurait jamais dû oublier, se mêlait au public.

De cette mode, qui battait son plein en 1788, d'aller à Saint-Cloud, Mercier (1) nous a laissé une description. C'est le coup d'œil qu'offrait à cette époque la route de Paris.

« De petites demoiselles endimanchées, dit-il, montrant d'abord « leurs jambes, escaladent la voiture à jour. Les voilà rangées

---

(1) *Tableau de Paris.*

« comme une marchandise à vendre et pressées, Dieu sait ! Dès
« que le charretier jureur a donné le premier coup de fouet, toutes
« les têtes féminines ballottent, les bonnets se dérangent, les
« fichus aussi, c'est le moment des petites licences, et les gros
« mots du charretier semblent préluder au ton du jour... Si la
« charrette, ainsi chargée, rencontre un équipage, pour peu qu'il la
« heurte, toutes les petites demoiselles pirouettent ; elles crient
« d'effroi, tandis que les vieilles font la grimace. Mais quand
« l'essieu casse, comme toute la compagnie est assise sur des
« chaises mobiles, ces chaises augmentent le désordre en soulevant
« les petites jupes bourgeoises. Il n'y a point là de panneaux pour
« voiler les accidens de la chute, c'est une clameur perçante au
« milieu des risées des spectateurs. Le charretier ne songe qu'à
« son rossin tombé, tandis que le gauche cousin ne sait s'il débar-
« rasse sa gauche cousine ou sa tante. C'est à travers deux cents
« chocs les plus rudes et autant de contre-coups que la vieille
« charrette rend enfin à Saint-Cloud la petite bourgeoisie cahotée
« qui brave tous les accidens de la route parce que cette voiture
« est la plus économique. Lorsqu'une petite demoiselle a fait deux
« ou trois promenades de cette espèce, elle connoit à fond la langue
« des charretiers et celle des plaisants licencieux. On diroit qu'elle
« n'y entend rien, mais elle n'a pas perdu une seule de ces expres-
« sions énergiques qui font paroître, il est vrai, la voix de son
« amant plus honnête et plus douce, mais qui l'invitent en même
« temps à quelques gaudrioles non encore prononcées ».

Nous laisserons Marie-Antoinette à ses plaisirs pour revenir à
des faits plus sérieux et plus graves. Proche est l'heure où doit
commencer le cataclysme social appelé à bouleverser la nation et
à faire trembler sur leurs trônes les souverains de l'Europe. Les
esprits s'échauffent, s'exaspèrent ; la suspicion ne règne pas encore,
mais on la sent s'infiltrer, peu à peu. Déjà la Cour est, pour ainsi
dire, placée sous une sorte de surveillance. Et lorsque, en 1790,
le roi, la reine accompagnés du Dauphin et de Madame, de Madame
Elisabeth sœur de Louis XVI, de Mesdames Adélaïde et Victoire
ses tantes, du comte et de la comtesse de Provence, se retirent à
Saint-Cloud, la garde de la Cour est faite par la garde nationale,

à laquelle se joignent des volontaires de Saint-Cloud et de Sèvres. La royauté est d'ores et déjà sous l'œil du peuple... A ce doute qui l'enveloppe, qui suit ses pas, scrute ses actes, écoute ses paroles, Louis XVI oppose un visage serein. Né sur les marches du trône où il est monté, ses devoirs ont grandi avec sa grandeur même. Ce sont eux qui le guident en ces heures et c'est d'eux seuls qu'il s'inspire. A mesure que croît le péril, son âme semble s'élever au-dessus des passions humaines et dans la pratique des sentiments les plus généreux et les plus nobles, préparer à sa mémoire l'auréole qui la suivra à travers les siècles.

En cette même année, une société qui s'était formée entre les principaux libraires de Paris allait être, par suite de l'agitation qui régnait dans tout le royaume et entravait les affaires, dans l'obligation de suspendre ses payements. De nombreuses maisons de province, affiliées à cette association, allaient être entraînées dans la même déconfiture. Informé de cette situation, Louis XVI n'eut aucune hésitation ; il intervint immédiatement en avançant à la société une première somme de 50.000 écus. Puis, engageant les fonds mêmes de sa liste civile, il cautionna l'association jusqu'à concurrence de 1.050.000 livres. Les termes dans lesquels l'offre de ce secours était conçue rehaussent encore le mérite du bienfait. Voici, au reste, la copie de ce document :

« L'intérêt que m'a inspiré le sort des libraires associés et celui
« des nombreux ouvriers qu'ils emploient tant à Paris qu'en pro-
« vince et qui auraient été sans ouvrage sans ce prompt secours
« (la Caisse d'Escompte et d'autres capitalistes auxquels on s'est
« adressé n'ayant pu les secourir) m'a engagé à leur faire avancer
« à titre de prêt, sur les fonds de ma liste civile, les 50.000 écus
« qui leur étaient indispensables le 31 du mois dernier. Les mêmes
« raisons m'engagent à cautionner, sur les mêmes fonds, la somme
« qu'ils pourront se procurer pour compléter avec les 50.000 écus
« dont j'ai fait l'avance, la somme de 1.200 000 livres remboursables
« en dix années, y compris mon avance à laquelle je n'assigne pas
« de terme fixe de remboursement.

« A Saint-Cloud le 4 août 1790

« Louis ».

C'est pendant ce séjour de Marie-Antoinette à Saint-Cloud que l'Assemblée Constituante lui fit donner, ainsi qu'au roi, connaissance du rapport Chabroud. On sait que le tribunal du Châtelet avait reçu l'ordre d'ouvrir une instruction sur les événements des 5 et 6 octobre 1789. On sait également que ce tribunal fut invité à prouver que le duc d'Orléans et le comte de Mirabeau avaient étaient les promoteurs de ces événements. Bref, on n'ignore pas davantage que Marie-Antoinette, mal conseillée, avait été l'instigatrice de cette enquête. Donc, après le dépôt, par le tribunal, du résultat de son instruction, l'Assemblée Constituante chargea un de ses comités d'examiner s'il y avait lieu, comme le demandaient les juges, à accusation contre le duc d'Orléans et le comte de Mirabeau. Le député Chabroud, chargé du rapport, déposa son travail quelques jours après et ses conclusions, absolument contraires aux désirs de la Cour, furent adoptées à une forte majorité par l'Assemblée Constituante.

C'est encore pendant la durée de ce séjour que les historiens, en général, placent les entrevues de Marie-Antoinette avec Mirabeau. La vérité est que personne ne sait à quelle date eurent lieu ces entrevues, ni ce qui fut dit entre la reine et le tribun. A ce sujet, tout le monde en est réduit aux conjectures, car aussitôt après la mort de Mirabeau, le 2 août 1791, quelques personnes de la Cour s'occupèrent de soustraire, parmi ses papiers, ceux qui pouvaient prouver sa corruption. M. de la Marck, qui fut un de ceux chargés de ce soin, s'acquitta si bien de sa mission, que l'on ne saura jamais probablement plus qu'on ne sait actuellement.

Enfin, le 18 août 1791, le roi et la reine se préparaient à partir pour Saint-Cloud. Mais, tout à coup, les voitures furent entourées par la foule. Louis XVI et Marie-Antoinette rentrèrent dans leurs appartements : Ils ne devaient plus revoir le château de Saint-Cloud !...

VI.

18 BRUMAIRE

1.

PRÉLIMINAIRES

Le 21 septembre 1792, jour de l'abolition de la royauté en France, de la proclamation de la République et de l'ouverture de la Convention Nationale, il y avait trois ans, à peine, que la Révolution était commencée et, déjà, la royauté, le clergé, la noblesse, les parlements, l'armée, l'administration, tout enfin était renversé ou bien près de l'être. De tout ce qui avait fait la force ou la faiblesse, la gloire ou l'humiliation, l'orgueil ou la honte d'une monarchie de quatorze siècles, il ne restait rien ou presque rien. Ce que les calculs de la politique, bien ou mal inspirée, de corps privilégiés avaient mis quatorze cents ans à édifier, moins de trois ans de passions populaires ardentes avaient suffi pour l'abattre. La veille, tout semblait vivre encore, tout semblait l'avenir ; le lendemain tout était le passé ; ou gisant pêle mêle sur un sol encombré, ou éparpillé aux quatre vents, attendait quelque main créatrice et puissante qui remît un peu d'ordre dans cet effroyable chaos.

Chose triste ! — et qui, hélas ! se renouvelle à chaque convulsion sociale – dans cette œuvre de destruction du régime disparu la confusion avait fini par être partout, dans les esprits comme dans les faits. Du passé on ne se rappelait que les abus, les misères et les hontes. Le bon avait été complètement oublié ; le mauvais seul avait survécu dans les souvenirs. Et, dans la crainte que de cet ancien ordre social, vu ainsi sous son seul aspect défectueux, et même vicieux, il ne restât quelque germe, on ne se lassait ni de renverser, ni d'abattre.

Dans le cadre très étroit d'un ouvrage comme celui-ci, il est impossible de faire de la Convention une étude complète. Cependant, tout en reconnaissant le grand mérite qu'elle eut de fonder, au milieu des drames qui la déchiraient, d'utiles institutions, il est permis de constater qu'elle sut plutôt vaincre les ennemis du dehors que les obstacles de l'intérieur. Enfin ce n'est pas être injuste envers elle que de constater encore qu'elle ne put mettre un gouvernement régulier à la place de celui du passé. Divisée en comités, ceux-ci se fractionnèrent et chacune des fractions eut un chef ; puis, lorsqu'il s'agit d'imprimer une direction aux affaires intérieures, malgré la presque unanimité des suffrages, d'où la Convention pouvait espérer une homogénéité également presque parfaite, des rivalités et même des luttes éclatèrent entre ces groupements. C'est que, en effet, toute tentative de réorganisation ou de constitution d'un pouvoir exécutif semblait être, pour les conventionnels, la résurrection de la tyrannie. C'est ainsi que tous les partis issus des différentes classes de la Société nouvelle tentèrent de prendre en mains les rènes de l'Etat ; qu'aucun d'eux ne parvint à faire prévaloir son système et que tous tombèrent, sans retour possible. L'unité de direction faisant défaut absolument, la terreur de la dictature frappant de suspicion les intentions les plus louables, l'anarchie était inévitable, fatale, et, comme un autre Saturne, la Convention était condamnée à dévorer ses enfants : ce qu'elle a fait, d'ailleurs, en des crises dont l'Histoire a enregistré, sur ses tablettes, les sinistres phases avec du sang !...

Au gouvernement composé de mille têtes qu'avait été la Convention, un autre, n'en ayant que cinq, succéda : ce fut le Directoire...

Le Directoire avait entrepris d'organiser, au dehors, des gouvernements qui furent aussi éphémères que lui-même. Le général Berthier fonda la *République romaine* (1). Brune constitua les

---

(1) 15 février 1798.

cantons Suisses en *République helvétique*. Championnet établit à Naples la *République parthenopéenne* (1). Genève fut réunie à la France. L'Europe, inquiète de cette propagande révolutionnaire, se coalisa de nouveau, dans l'espoir de réduire la France à ses ancienne limites ; mais la Prusse et l'Espagne refusèrent leur concours. Obligé de défendre une frontière qui s'étendait du Texel à l'Adriatique, le Directoire envoya Brune en Hollande, Jourdan en Allemagne, Masséna en Suisse et Schérer en Italie. Celui-ci se fit battre par les Russes et les Autrichiens réunis ; il perdit ses positions l'une après l'autre et remit enfin le commandement à Moreau. Ce général sut relever le courage de l'armée, mais la défaite de Macdonald (2) à la Trebbia et celle de Joubert à Novi (3) où il fut tué, forcèrent les armées françaises à évacuer toute l'Italie, excepté Gênes. Du côté de l'Allemagne, notre territoire était menacé d'une invasion lorsque la victoire de Brune sur le duc d'York à Berghem (4) et celle de Masséna à Zurich (5) sur l'armée russe déterminèrent la retraite des Autrichiens et des Russes.

Le gouvernement directorial penchait alors vers sa ruine. « C'était, a dit un historien, une anarchie tempérée par les « violences ». Les Conseils rêvaient de coup d'Etat contre le Directoire et celui-ci n'était pas mieux disposé à leur égard.

Aux « Anciens » comme aux « Cinq Cents » trois partis se trouvaient en présence : 1° *Les Patriotes*, qui tenaient leurs réunions au Manège et avaient Jourdan pour chef ; 2° *Les Pourris,* sous la haute direction de Barras ; 3° *Les Mous* ou *Politiques,* conduits par Sieyès et Moreau.

Que faire ? Etant donné l'émoi causé dans le pays et dans le gouvernement par les insuccès des armées françaises, quelles

---

(1) 5 mars 1798.

(2) 23 janvier 1799.

(3) 15 juin 1799.

(4) 15 août 1799.

(5 et 6) 25 et 26 septembre 1799.

mesures adopter ? Revenir aux procédés de la Convention nationale : décréter les Conseils en permanence, déclarer la Patrie en
danger, appeler tout le monde aux armes, rétablir la loi des
suspects, tout cela était d'une extrême gravité ; de plus, c'était
d'une grande difficulté, car c'était revenir aux excès d'un passé
terrible, à peine effacé des esprits. Qui sait, d'ailleurs, si un tel
retour en arrière n'eût point précipité les événements ? Cependant,
telles étaient les mesures que préconisaient Jourdan, Bernadotte,
Briot et d'autres. (1)

Sur ces entrefaites, les élections survinrent. Elles se ressentirent
des dispositions de l'esprit public et les Conseils, domptés et
soumis depuis l'épuration de Fructidor, virent, avec les transports
d'une joie mal dissimulée, leur opposition muette se transformer,
tout-à-coup, en une majorité à laquelle, en des circonstances aussi
critiques, le désarroi, la stupeur du gouvernement et l'irritation
du sentiment national communiquaient une force irrésistible.

Alors, tous les hommes politiques comprirent « qu'un grand
« changement était nécessaire et inévitable; mais, d'accord sur ce
« point, ils différaient d'opinion sur l'emploi du remède. Les vieux
« républicains qui tenaient à la Constitution de l'an III, alors en
« vigueur, crurent que pour sauver le pays, il suffisait de changer
« quelques membres du Directoire. Deux de ces derniers furent
« renvoyés et remplacés par Gohier et Moulins. Mais ce moyen ne
« fut qu'un très faible palliatif aux calamités sous lesquelles le
« pays allait succomber et l'anarchie continua de l'agiter... » (2)

A la suite de la journée du 30 prairial, « le nouveau Directoire
« ainsi composé de Barras, Sieyès, Roger Ducos, Moulins et
« Gohier, ne tarda pas à se fractionner en deux partis : l'un qui
« voulait maintenir la Constitution de l'an III, l'autre qui voulait
« la renverser. Au premier de ces partis appartenaient Moulins et
« Gohier, au second Sieyès et Roger Ducos. Barras flottait entre
« les deux, prêt à se réunir à celui qui serait le plus fort. Dès ce

---

(1) Iung. *Bonaparte et son temps.*

(2) Marbot. *Mémoires.*

« moment, dans le sein du gouvernement et autour de lui, les
« partis vont se livrer pour la conquête du pouvoir à une lutte
« active d'intrigues qui préparera le terrain à un plus puissant
« compétiteur ». (1)

Mais d'où sortira-t-il, ce rival, et qui sera-t-il ?... Depuis les
Girondins jusqu'aux babouvistes, tous les partis avaient essayé de
diriger l'Etat et le seul résultat obtenu par ces tentatives avait été
d'envoyer leurs auteurs à l'échafaud ou en exil. Jusqu'alors, seule,
l'armée s'était tenue à l'écart et avait été rigoureusement maintenue
en dehors des luttes politiques. Cependant, deux journées, celle
du 13 vendémiaire, sous la Convention, et celle du 18 fructidor,
sous le Directoire, n'avaient point été sans ouvrir quelque horizon
à plus d'un général, comme on le verra plus loin.

En outre, pendant que la nation se lassait des secousses inévitables et terribles qu'elle éprouvait, mais qui eussent été bien
moins douloureuses et bien moins fréquentes, si moins grande
avait été la haine de toute autorité supérieure, le parti militaire
continuait à s'observer. En songeant à ce qu'il avait fait, à ce qu'il
faisait chaque jour au delà des frontières et même sur le territoire
français, il était fatalement conduit à se rendre un compte exact
de son importance dans la nation. Il constatait, alors, lui-même, que,
dans l'œuvre de la Révolution, l'armée seule avait accompli le plus
difficile de sa tâche. Initié à sa propre puissance par ses victoires,
il comprenait quelle force d'action imprime aux masses la
direction d'un chef lorsque celui-ci est véritablement digne de
confiance. Enfin, en scrutant ses rangs, il les voyait le refuge des
natures scrupuleuses et de tous ceux qui avaient l'anarchie en
horreur.

Avant que, dans sa composition, le Directoire n'eût subi les
modifications que nous avons indiquées, le gouvernement n'avait
pas été sans prendre ombrage de la popularité croissante du
général Bonaparte. Il savait, en outre, que dans plusieurs réunions
secrètes, le général avait été vivement sollicité de se mettre à la
tête d'une révolution. Cette conspiration était alors formée par

---

(1) Anquetil. *Hist. de France.*

Marie-Antoinette d'Autriche, Reine de France.

tous ceux dont les événements avaient fait ou conservé la fortune ou qui avaient pris un rang élevé dans l'opinion. On assure qu'à la dernière conférence qui avait eu lieu Bonaparte l'avait terminée en disant : *la poire n'est pas mûre.* Sans doute, la pensée du général signifiait qu'il n'était pas encore devenu assez nécessaire, assez grand, pour exécuter cette entreprise.

Mais si, parmi les hommes du Directoire, Talleyrand conspirait pour Bonaparte, tel directeur préférait Joubert, alors que tel autre caressait Masséna, et Barras voulait Hédouville. Chaque parti politique, d'ailleurs, avait son général : les royalistes comptaient sur Pichegru, sur Moreau peut-être ; les républicains, surtout après la mort de Hoche, espéraient en Bernadotte.

« Plusieurs directeurs, au nombre desquels était le célèbre
« Sieyès, pensèrent, ainsi qu'une foule de députés et l'immense
« majorité du public, que pour sauver la France il fallait remettre
« les rênes du gouvernement entre les mains d'un homme ferme
« et déjà illustre par les services rendus à l'Etat. On reconnaissait
« aussi que ce chef ne pouvait être qu'un militaire ayant une très
« grande influence sur l'armée, capable, en réveillant l'enthou-
« siasme national, de ramener la victoire sous nos drapeaux et
« d'éloigner les étrangers qui s'apprêtaient à franchir les frontières.
« Parler ainsi c'était désigner le général Bonaparte, mais il se
« trouvait en ce moment en Egypte, et les besoins étaient
« pressants. Joubert venait d'être tué en Italie. Masséna était un
« excellent général, mais nullement un homme politique. Berna-
« dotte ne semblait ni assez capable ni assez sage pour réparer
« les maux de la France.

« Il y avait encore Moreau, mais sa conduite au 18 fructidor
« l'avait rendu suspect. Toutefois, il est certain que faute de mieux,
« on lui offrit de lui confier les rênes de l'Etat avec le titre de
« président ou de consul. Bon et brave guerrier, Moreau manquait
« de courage politique, et peut-être se défiait-il de ses propres
« moyens pour conduire des affaires aussi embrouillées que
« l'étaient alors celles de la France. D'ailleurs, égoïste et pares-
« seux, il s'inquiétait fort peu de l'avenir de sa patrie et préférait
« le repos de la vie privée aux agitations de la vie politique.

« Abandonnés par l'homme de leur choix, Sieyès et ceux qui
« voulaient, avec lui, changer la forme du gouvernement, ne se
« sentant ni assez de force, ni assez de popularité pour atteindre
« leur but sans l'appui de la puissante épée d'un général dont le
« nom rallierait l'armée à leurs desseins, se virent contraints de
« songer au général Bonaparte. » (1)

En Egypte, le général était au courant de ce qui se passait à
Paris ; il connaissait tous les désastres dont la France était
accablée. Alors il comprit que la nation était dans un tout autre
état d'esprit que le jour où il avait dit : « Les Français ne sont
« pas encore assez malheureux ; ils ne sont que mécontents. On
« me dit de monter à cheval ; si je le faisais personne ne me
« suivrait. Il faut partir... » Mais la France avait fini par se lasser.
En l'espace de sept années, elle avait vu non pas huit changements
de gouvernement, mais huit fois elle en avait vu changer le pilote (2).
Pour mettre fin à tant d'instabilité, on demandait maintenant à
Bonaparte de rentrer et, pour le décider, on lui apprenait que son
nom était également dans les souvenirs comme dans les espérances.

On a dit que Bonaparte était doué d'une immense ambition.
Mais quelle autre attitude eût été plus noble, plus généreuse, plus
digne de lui ? Sans doute, il pouvait rester en Egypte, y conquérir
de la gloire, encore de la gloire, et même y mourir ; mais alors de
quelle utilité eût été sa vie ; à quoi eussent servi ces qualités
brillantes, ces dons extraordinaires, ce génie que, par la suite, son
existence a révélés et qui l'ont placé si haut dans l'Histoire universelle que César, Annibal, Charlemagne en sont presque effacés !...
Pouvait-il méconnaître les vœux presque unanimes de quarante
millions d'hommes qui l'appelaient, le désiraient par l'intermé-

---

(1) Marbot. *Mémoires* T. I. p. 35.

(2) 1º 31 mai 1793. Chute des Girondins. — 2º An II, 16 germinal. Mort de Danton, C.
Desmoulins, etc. — 3º An II, 9 thermidor. Arrestation de Robespierre, etc. — 4º An III, 12
germinal. La salle de la Convention est envahie par le peuple. Barrère, Collot d'Herbois sont
déportés. — 5º An III, 1er prairial. La Convention est de nouveau envahie par les factieux. —
6º An IV, 13 vendémiaire. Barras est nommé commandant de la force armée. Bonaparte, avec
les troupes de la Convention, disperse les factieux — 7º An V, 18 fructidor. Les directeurs
Carnot et Barthélemy sont déportés — 8º An VII, 30 prairial. Révolution qui amène un
changement dans le Directoire.

diaire de leurs représentants ?... Devait-il laisser la France, alors
qu'elle éprouvait déjà tous les déchirements, toutes les détresses,
redevenir la proie d'une anarchie qui ne demandait qu'à rouvrir
« l'ère des criminelles erreurs » de la Terreur ?... N'y avait-il donc
point assez de sang répandu ?... assez de têtes coupées ?... Se
refuser de parti pris ou sous l'empire d'un scrupule politique aux
vœux secrets de toute la France, n'envisager que soi quand l'intérêt
de tous était en cause et allait périr, c'eût été de la part de Bonaparte une décision monstrueuse. L'Histoire ne s'en fût pas montrée
plus reconnaissante envers lui et ne lui eût point épargné ses
malédictions !..... .

Par suite d'une chance extraordinaire, le chemin de la mer fut
constamment libre et Bonaparte débarqua à Fréjus le 16 vendémiaire
an III (9 octobre 1799). De cet endroit jusqu'à Paris, le voyage du
général ne fut qu'un long triomphe. Partout, sur son passage, la
foule l'acclamait, le saluait du nom de *libérateur*. A Lyon, des
fêtes eurent lieu en son honneur. Et cet enthousiasme qui le
suivait, qui l'enveloppait, ne ressemblait en rien à celui qui avait
accueilli son retour d'Italie. Bonaparte ne se trompa point sur les
sentiments qu'exprimaient ces acclamations. C'était surtout contre
les ennemis du dedans que la population tout entière lui demandait
son appui ; et il comprit que si, avant son départ pour l'Egypte,
on l'avait *sollicité*, maintenant on le SOMMAIT d'agir.

Nous ne croyons pas utile d'exposer ici la marche des négociations entamées et poursuivies entre Sieyès et Bonaparte. Tout
le monde sait que l'on trouva dans la Constitution de l'an III le
principe même de sa destruction, tant il est vrai que la prévoyance
des uns ne va jamais aussi loin que la malice des autres. En effet,
usant des pouvoirs que lui conférait la Constitution, le Conseil
des Anciens, acquis à la Révolution de brumaire, rendit, sous le
prétexte d'un complot des Jacobins, un décret transférant le siège
du Corps Législatif dans la commnne de Saint-Cloud. Pour l'exécution de cette mesure Bonaparte reçut, par décret, le commandement de toutes les forces militaires situées dans toute l'étendue de
la 17e division militaire et dans tout l'arrondissement constitutionnel.

Moins d'une heure après que ce décret fut en sa possession, Bonaparte avait pris ses dispositions. Il choisit Lefebvre comme premier lieutenant, Andréossy et Caffarelli furent ses chefs d'Etat-Major. Il distribua les commandements suivants : Lannes aux Tuileries ; Murat au Conseil des Cinq Cents ; Serrurier à Saint-Cloud ; Berryer aux Invalides ; Macdonald à Versailles et Moreau fut chargé de la garde du Luxembourg, résidence des Directeurs. Puis, chacun prit possession de son poste.

Aucun incident grave ne vint marquer l'exécution du premier acte de cette révolution et Bonaparte se flattait que la journée du lendemain se passerait avec le même calme. Mais plus d'une fois, il devait regretter son obstination à ne pas suivre les avis que Siéyès lui avait donnés concernant l'exclusion de certains membres du Conseil des Cinq Cents.

« Croyez-en, lui avait dit Siéyès, ceux qui ont une longue
« expérience de nos assemblées : la violence et l'exaltation sont
« contagieuses. Vous seriez désolé de tirer l'épée ; il serait affreux
« qu'avec une unanimité nationale, telle qu'on n'en vit pas une
« pareille depuis 89, l'obstination de quelques hommes fît répandre
« du sang. Eh bien ! si vous les admettez vous serez peut-être
« forcé d'en venir là. Sans eux, le Conseil des Cinq Cents finira
« par suivre celui des Anciens. Avec eux, il y aura du désordre.
« Je ne veux pas, avait répondu le général, qu'on m'accuse d'avoir
« eu peur d'Augereau et de Jourdan. N'avons-nous pas, pour
« nous, le peuple, l'armée, les Anciens, une partie des Cinq Cents
« et la majorité du Directoire ? Car je vous garantis que Barras ne
« marchera pas, ne votera pas contre moi. Avec tout cela, exclure
« vingt députés, ce serait agir comme si nous craignions d'être
« désavoués par la Nation. Non, je ne puis y consentir ; tous les
députés seront admis. Je ne veux pas de consigne et je réponds
de tout. » (1)

. . . .

. . . .

---

(1) Lucien Bonaparte. *La Révolution de brumaire.*

2

A SAINT-CLOUD

Saint-Cloud avait déjà failli, au 13 vendémiaire, être le refuge de la Convention nationale. Ce jour-là Bonaparte qui commandait en second, en réalité en premier, les troupes de la Convention, avait lancé, en éclaireurs, de forts détachements sur les routes de Versailles, Saint-Germain, Franciade (1) et leur avait donné pour mission de s'emparer des hauteurs, afin de ménager, au besoin, aux membres de la Convention, une retraite à Saint-Cloud. Cette précaution fut inutile. Les 8.000 hommes dont disposait Bonaparte eurent facilement raison des 40.000 insurgés... et Saint-Cloud dut attendre le 18 brumaire pour être le théâtre d'un événement qui devait donner un nouvel essor à la fortune la plus prodigieuse des temps modernes, à l'homme destiné par la Providence à fixer la Révolution, cette œuvre si rude à laquelle s'étaient usées déjà tant d'existences...

Au 18 Brumaire, la situation de chacun des partis en présence, se composait ainsi : d'un côté Bonaparte, la minorité du Directoire, Siéyès et Roger Ducos, Fouché, Talleyrand, Lucien Bonaparte, Moreau et la plupart des généraux, une majorité considérable des Anciens, une minorité très faible des Cinq Cents, le parti modéré et une grande partie de la population ; de l'autre côté le parti de la Constitution, la majorité du Directoire, Gohier, Moulins et Barras, Barras dont Bonaparte avait, avec dédain, repoussé les avances ; Bernadotte, Dubois Crancé, ministre de la guerre, l'immense majorité des Cinq Cents, la minorité des Anciens, les satisfaits du gouvernement et tout le parti démocratique qui redoutait, de la part de Bonaparte, une dictature militaire.

Le succès du 18 Brumaire ne garantissait pas celui du 19. Une assemblée délibérante, dans laquelle il y a autant de volontés que

---

(1) Dénomination de Saint Denis pendant la Révolution.

d'individus, ne ressemble en rien à une armée où des milliers de têtes n'ont d'autres desseins que ceux du général qui les commande.

Or, la translation du Corps législatif à Saint-Cloud avait été une manœuvre d'autant plus habile qu'on séparait ainsi les jacobins de leur armée. Mais à la proposition d'une nouvelle mesure constitutionnelle — car au gouvernement directorial tombé la veille il fallait bien qu'un autre succédât — l'opposition n'allait-elle pas se reproduire plus ardente et plus violente ? D'ailleurs, il est impossible de méconnaître que dans les Conseils se trouvaient des hommes courageux et consciencieux, que rien ne pouvait amener à composer avec les circonstances, et qui mettaient leur gloire à défendre des institutions auxquelles les attachaient leur caractère et leurs serments. Le malheur est que ces derniers étaient entourés d'hommes doués d'une avidité turbulente, qui ne voyaient dans la République qu'un état de choses qui mettrait tout à leur merci s'ils parvenaient, grâce aux factions dont ils disposaient, à s'emparer du pouvoir.

Le ministre Fouché connaissait bien la puissance de ces chefs de faction. Et lui, d'ordinaire si prudent, avait donné un avis qui avait la valeur d'un conseil : « L'autorité des baïonnettes, « avait-il dit en parlant des Conseils réunis à Saint-Cloud, est « moins puissante ici que celle des toges. L'important est de ne « pas laisser les meneurs engager les Conseils dans les mesures « qui donneraient à leurs partisans du dehors le temps d'inter-« venir. Mieux vaudrait brusquer l'événement. Quant à moi, « mes précautions sont prises : le premier qui remuera sera f... à « la rivière. Je réponds de Paris au général. C'est à lui de répon-« dre de Saint-Cloud ».

Des précautions !... Tout le monde en avait pris. Tout avait été réglé, ordonné, convenu, prévu... tout, excepté l'incident qui mit le feu aux poudres et qui démontra, une fois de plus, que le génie ne supplée pas toujours à l'expérience.

D'abord, l'aménagement des salles destinées aux deux Conseils, ne fut pas prêt à l'heure fixée pour l'ouverture des séances. Ce ne fut qu'à deux heures, au lieu de midi, que les Anciens et les Cinq Cents purent se réunir : les uns, au premier étage, dans la galerie peinte par Mignard ; les autres, au rez-de-chaussée, dans l'orangerie.

Selon le plan convenu, ceux des Cinq Cents favorables au coup d'Etat devaient occuper la tribune jusqu'à ce que les Anciens eussent pu envoyer des explications sur le décret de translation pris la veille ; elles devaient être suivies d'un projet relatif au Consulat provisoire et aux Commissions législatives dont les travaux seraient ensuite fournis à l'approbation des électeurs.

La séance des Cinq Cents s'ouvrit sous la présidence de Lucien Bonaparte. Aussitôt après la lecture du procès-verbal, Gaudin monta à la tribune et prononça le discours suivant :

« Un décret du Conseil des Anciens a transféré le lieu de cette
« séance dans la commune de Saint-Cloud. Nous y sommes réunis.
« Cette mesure extraordinaire doit être motivée sur des périls
« imminents. En effet, citoyens collègues, on a déclaré que des
« factions puissantes menaçaient de nous déchirer et qu'il fallait
« leur arracher l'espoir de renverser la République et rendre
« ainsi la paix à la France... Reportez vos regards sur la situa-
« tion où vous étiez au 30 prairial : vous voulûtes arracher, à des
« usurpateurs, l'empire qu'ils avaient pris sur la représentation
« nationale et faire jouir le peuple de l'indépendance et du
« bonheur qu'il a mérités par son courage et son dévouement ;
« cependant, la représentation nationale ne fut jamais plus
« impunément attaquée que depuis cette époque ; jamais, les idées
« généreuses ne furent plus complètement méconnues. Il n'est
« pas d'événements où, depuis cette époque, vous n'ayez figuré
« comme tristes témoins ou comme acteurs dévoués. Jamais vous
« ne vîtes faire sous vos yeux plus de pas rétrogrades vers les
« idées désorganisatrices ; jamais vous ne fûtes plus en butte ou
« aux suggestions royalistes ou aux fureurs démagogiques. Les
« conspirateurs promenaient la hache fatale sur toutes les têtes
« et ne la tenaient plus suspendue qu'à un fil. Il est temps,
« représentants du peuple, de sauver la patrie, de rétablir dans
« leur pureté les principes de la révolution, de réintégrer tous
« les citoyens dans l'exercice de leurs droits. Vous y parviendrez
« si en brumaire vous montrez le dévouement de fructidor.

« Dans ces circonstances, je demande : 1° qu'une commission
« de sept membres soit nommée pour faire un rapport sur la
« situation de la république et les mesures de salut public qu'il
« conviendrait de prendre ; 2° que cette commission fasse son
« rapport séance tenante ; 3° que toute proposition lui soit ren-
« voyée ; 4° que toute détermination et délibération soient sus-
« pendues jusqu'au rapport de la commission ». (1)

Cette entrée en matières, il faut en convenir, ne fut pas heureuse.
Imprécis, vague, le discours de Gaudin manquait de développement
et d'éloquence. L'assemblée, en partie composée d'esprits prévenus,
défiants, ne se laissa point gagner et discours et proposition furent
accueillis par des murmures. Delbrel s'écria :

« Avant tout, la Constitution ! La Constitution ou la mort ! Les
« baïonnettes ne nous effrayent pas ; nous sommes libres ici !... » (2)

Cette apostrophe, vigoureusement applaudie, fut immédiatement
suivie de cris : *Point de dictature !... A bas les dictateurs !... Vive
la Constitution !...* De sa place, un député réclame le renouvellement du serment de fidélité à la Constitution. De plus violents
s'approchent du bureau, l'entourent, le menacent. Le président
parvient enfin à dominer un instant le tumulte et peut faire entendre
l'expression de son indignation.

A ce moment, Grandmaison demande la parole :

« Représentants du peuple, dit-il, la France ne verra pas sans
« étonnement que le conseil des Cinq Cents, cédant au décret
« constitutionnel des Anciens, se soit rendu à Saint-Cloud sans
« apprendre le danger qui nous menaçait. On parle de former une
« Commission pour proposer des mesures de salut public ! Au lieu
« de penser aux mesures à prendre, il faudrait plutôt demander
« compte des mesures déjà prises. On a parlé de factieux... Nous
« les avons signalés depuis longtemps et, certes, ils ne nous épou-
« vantent pas. Je demande qu'on s'informe des motifs qui nous
« ont amenés ici ; qu'on nous dise enfin quels sont les grands
« dangers qui menacent la Constitution... Je dis la Constitution,

---

(1) Lucien Bonaparte. *Mémoires.*
(2) *Moniteur.*

« car tout le monde peut parler de la République. Reste à savoir
« quelle république l'on veut... Sera-ce celle de Venise ?... Celle
« des Etats-Unis ?... Prétendra-t-on qu'en Angleterre la république
« et la liberté existent ?... Certes, ce n'est pas pour vivre sous de
« tels gouvernements que nous avons, pendant dix ans, fait tous
« les sacrifices imaginables, que nous avons épuisé nos fortunes.
« Le sang français coule depuis dix ans pour la liberté ; et ce n'est
« pas pour avoir une constitution semblable à celle des Etats-Unis
« ou un gouvernement semblable à celui de l'Angleterre... Je
« demande qu'à l'instant tous les membres du Conseil soient tenus
« de renouveler leur serment de fidélité à la Constitution de l'an
« III ; je demande que nous fassions le serment de nous opposer
« à toute tyrannie. Je demande, en outre, un message au Conseil
« des Anciens pour que nous soyons instruits du plan et des
« détails de cette vaste conspiration qui était à la veille de renverser
« la République ».

Au dehors, Bonaparte prévenu se présenta aux Anciens, dont
les lenteurs étaient un peu cause de ce qui se passait chez les
Cinq Cents.

« La République n'a plus de gouvernement, leur dit-il. Les
« factions s'agitent ; l'heure de prendre un parti est arrivée. Vous
« avez appelé mon bras, et celui de mes compagnons d'armes, au
« secours de votre sagesse. Nous voici. Je sais qu'on parle de
« César, de Cromwell : je ne veux que le salut de la République.
« Je ne veux qu'appuyer les décisions que vous allez prendre...
« Grenadiers, dont j'aperçois les bonnets aux portes de cette salle,
« vous ai-je jamais trompés ? Ai-je trahi mes promesses lorsqu'au
« milieu de toutes les privations je vous promettais l'abondance ?...
« — Jamais ! s'écrient les grenadiers.
« — Eh bien ! général, dit Lenglet, jurez avec nous fidélité à la
« Constitution de l'an III. C'est jurer de sauver la République.
« — La Constitution de l'an III, répliqua-t-il, vous n'en avez plus !
« Vous l'avez violée au 18 fructidor quand le gouvernement a
« attenté à l'indépendance du Corps législatif ! Vous l'avez violée
« au 30 prairial an VII quand le Corps législatif a attenté à l'indé-
« pendance du gouvernement ! Vous l'avez violée au 22 floréal,

« quand, par un décret sacrilège, le gouvernement et le Corps
« législatif ont attenté à la souveraineté du peuple en cassant les
« élections faites par lui ! La Constitution violée, il faut un nouveau
« pacte, de nouvelles garanties ».

Cette sortie véhémente et précise frappa les Anciens. Cependant
un des membres osa accuser le général comme l'auteur principal
d'une conspiration menaçant la liberté publique. C'est alors qu'il
s'écria :

« Elle est menacée par vingt conspirations différentes. J'ai le
« secret de tous les partis. Tous sont venus sonner à ma porte ; tous
« sont venus me solliciter de les aider à renverser la Constitution,
« dans des buts différents à la vérité. Les uns veulent y substituer
« une démocratie modérée où tous les intérêts nationaux, toutes
« les propriétés soient garantis. Les autres, se fondant sur les
« dangers de la patrie, parlent de rétablir le gouvernement révolu-
« tionnaire dans toute son énergie, c'est-à-dire dans toute son
« horreur. D'autres songent même à rétablir ce que la révolution
« a détruit. C'est pour conserver ce qu'elle a acquis de bon que
« je suis armé par votre ordre. Législateurs, que les projets que
« je vous dénonce ne vous effraient pas, avec l'appui de mes frè-
« res d'armes, je saurai vous délivrer. Je n'ai compté que sur le
« Conseil des Anciens ; je n'ai jamais compté sur le Conseil des
« Cinq Cents.... Je vais m'y rendre et si quelque orateur payé par
« l'étranger parlait de me mettre hors la loi, qu'il prenne garde de
« porter cet arrêt contre lui-même. Fort de la justice de ma cause
« et de la droiture de mes intentions, je m'en remettrai à mes
« amis, à vous et à ma fortune ».

Puis, il sortit. Nous devons à la vérité de déclarer qu'il n'est
point prouvé que Bonaparte ait prononcé ce dernier discours
devant les Anciens. Mais tant d'historiens lui ont prêté ces paroles
qu'on a fini par leur donner la valeur d'un document historique.

Au conseil des Cinq Cents, la prestation de serment achevée, on
se préparait à discuter sur le message à envoyer au Directoire.
A ce propos Darracq demanda la parole :

« Pour s'adresser au Directoire, dit-il, il faudrait savoir où il se
« trouve. Quant à moi, je l'ignore. S'il existait quelque part, je

« pense qu'il nous l'eût annoncé. La Constitution lui ordonne de
« siéger dans la commune où est le Corps législatif... Eh! bien,
« le Directoire est-il à Saint-Cloud?... Il est donc inutile de voter
« un message qui ne saurait où aller... Je demande l'ordre du
« jour... »

Cette motion ne fut point prise en considération et le message
fut voté. A peine le vote était-il terminé que Barras faisait remettre
au président une lettre ainsi conçue :

« Citoyens représentants, engagé dans les affaires politiques
« uniquement par ma passion pour la liberté, je n'ai consenti à
« accepter la première magistrature de l'Etat que pour le soutenir
« dans les périls par mon dévouement, pour préserver des attein-
« tes de leurs ennemis les patriotes compromis dans sa cause, et
« pour assurer aux défenseurs de la patrie ces soins particuliers
« qui ne pouvaient leur être plus constamment donnés que par
« un citoyen anciennement témoin de leurs actions héroïques et
« toujours touché de leurs besoins.

« La gloire qui accompagne le retour du guerrier illustre à qui
« j'eus l'honneur d'ouvrir le chemin, les marques éclatantes de
« confiance que lui donne le Corps législatif, et le décret de la
« représentation nationale m'ont convaincu que, quel que soit le
« poste où m'appelle désormais l'intérêt public, les périls de la
« liberté sont surmontés et les intérêts des armées garantis.
« Je rentre avec joie dans les rangs des simples citoyens, heureux,
« après tant d'orages, de remettre entiers et plus respectables
« que jamais les destins de la République dont j'ai partagé le dépôt.

« Salut et respect,
« Barras. »

Si le plan des conjurés avait manqué dès le début par la faute
des Anciens, celui des jacobins se trouvait démoli par la lettre de
Barras. Il y eut quelques minutes d'incertitude pendant lesquelles
les deux partis cherchèrent une nouvelle orientation. Tandis que
les partisans du Coup d'Etat ne demandaient qu'à gagner du temps,
les jacobins étaient pour l'action immédiate. Enfin on demanda
l'établissement de la liste décuple pour remplacer le directeur

Bonaparte.

démissionnaire. Cette proposition inespérée fut saisie avec empressement par Lucien Bonaparte qui allait la mettre aux voix, lorsque
Crochon, dans un but des plus louables dit :

« Nous ne pouvons pas mettre une telle précipitation à nommer
« les candidats de la magistrature suprême. Il faut y réfléchir. La
« Constitution nous a donné le droit de passer cinq jours à former
« la liste des dix candidats à chaque place de directeur. Ce délai
« a pour motif l'importance de cette élection. La Constitution
« nous a presque défendu d'élire *ex abrupto*... C'est peut-être
« parce qu'on n'a pas assez médité sur les choix qui ont été faits
« que les événements actuels arrivent. Je demande l'ajournement
« à demain. »

Grandmaison, « l'un des Jacobins le plus redoutable par son
« talent et son courage », remonta à la tribune pour combattre la
proposition de Crochon. Mais cette proposition était tellement
raisonnable, et il le comprenait si bien lui-même, qu'il ne savait
guère quels arguments invoquer. Toutefois, il parvint à dire :

« Avant tout il faut savoir si cette démission n'est pas l'effet
« des circonstances extraordinaires où nous nous trouvons. Je
« crois bien que parmi les membres qui se trouvent ici, il en est
« qui savent d'où nous sommes partis et où.... (nous allons) ».

Mais, tout à coup, l'orateur est interrompu... Un grand mouvement se produit vers la porte... Ce n'est pas le message tant
désiré des Anciens.... Ce sont des militaires. C'est Bonaparte
lui-même, suivi de quatre grenadiers de la garde du Corps
législatif... Des généraux, des officiers de tous grades, des soldats
demeurent à l'entrée de l'orangerie...

A cet aspect, toute l'assemblée se lève... Des exclamations
partent de tous les côtés... Des députés s'avancent vers Bonaparte
qui est sans armes, son chapeau à la main. Ils le pressent,
l'apostrophent... *A bas le dictateur !... hors la loi !. . A mort le
tyran !...* Que faites-vous, *téméraire*, lui dit Bigonnet ; *vous violez
le sanctuaire des lois !...* Un autre, Destrem, moins respectueux
ou plus emporté s'écrie : *Est-ce donc pour cela, général, que tu as
vaincu ?...* Toutes ces vociférations lui partent aux oreilles... Il
ne peut répondre à toutes ces imprécations... il se trouble...

« Plusieurs bras lèvent des poignards et le menacent... Les
« grenadiers font à Bonaparte un rempart de leurs corps et
« l'entraînent hors de la salle. Un d'eux, le grenadier Thomé fut
« légèrement atteint ». (1)

On a dit que Bonaparte eut peur, qu'il pâlit, que ses soldats
durent l'emporter dans leurs bras, ses forces l'ayant abandonné...
De ce que peuvent produire, lorsqu'il s'agit de politique, l'esprit
de parti, la rancune et la mauvaise foi des espoirs déçus, est-il
quelque chose de plus caractéristique que cette version ? Comment
Bonaparte aurait-il eu peur, au point de s'évanouir presque, lui
qui, sur vingt champs de bataille, avait fait ses preuves ; lui qui,
notamment au pont d'Arcole, avait montré à Augereau comment
on conduit des soldats à la victoire... Pourquoi donc aurait-il eu
peur ? parmi les Cinq Cents il comptait de nombreux amis, quatre
grenadiers armés l'accompagnaient et autour de l'Orangerie il y
avait six mille hommes... Ceux qui avaient intérêt à ce que la
faiblesse qu'ils ont prêtée à Bonaparte devînt historique, se sont
donné un mal inouï, ont appelé la métaphysique à leur secours,
pour prouver qu'il y a plusieurs sortes de courage. Ils n'ont
étudié ni le caractère de Bonaparte, ni son tempérament militaire.
Ils ont surtout négligé la situation toute particulière et bien
définie du général, c'est-à-dire qu'ils auraient dû tenir compte
qu'il était couvert par le décret des Anciens et qu'il n'était que le
général, chargé par eux de faire respecter leurs décisions... Non,
Bonaparte n'a pas eu peur ; mais il a été frappé de stupeur par
l'accueil violent qui lui fut fait... Avant de pénétrer dans l'Orangerie il avait certainement prévu qu'il serait reçu avec le calme et
la dignité qui conviennent à des assemblées issues de la volonté
du peuple ; il avait, sans aucun doute, prévu une interpellation
directe à laquelle il eût répondu... Au lieu de ces prévisions ce
furent des violences de langage, un déchaînement de passions,
une contagion de colères qui jetèrent le trouble dans son esprit...
d'où cette hésitation avec laquelle, habilement, il faut en convenir,
on a créé la légende de la peur...

_____

(1). Lucien Bonaparte. Déjà cité.

Les *Mémoires* de Napoléon rapportent, de la manière suivante, sa démarche auprès des Cinq Cents :

« Deux grenadiers que l'ordre du général avait retenus à la
« porte et qui n'avaient obéi qu'à regret et en lui disant : *Vous ne*
« *les connaissez pas, ils sont capables de tout !* culbutèrent le sabre
« à la main ce qui s'opposait à leur passage pour rejoindre leur
« général et le couvrir de leur corps. Tous les autres grenadiers
« suivirent cet exemple et entraînèrent Napoléon en dehors de la
« salle. Dans ce tumulte, l'un d'eux fut légèrement blessé d'un
« coup de poignard. Le général descendit dans la cour du
« château, fit battre au cercle, monta à cheval et harangua les
« troupes.

« J'allais, leur dit-il, leur faire connaître les moyens de sauver
« la République et de nous rendre notre gloire. Ils m'ont répondu
« à coups de poignard. Ils voulaient ainsi réaliser le désir des
« rois coalisés. Qu'aurait pu faire de plus l'Angleterre ?... Soldats,
« puis-je compter sur vous ?

« D'unanimes acclamations répondirent à ce discours ».

Mais revenons aux Cinq Cents où l'entrée inconsidérée du général avait déterminé un émoi considérable. Il en était résulté également un changement complet dans la position qu'occupaient les deux partis. Ceux qui voulaient le Coup d'Etat étaient atterrés, découragés. Les jacobins, au contraire, montraient une énergie désespérée et dominaient leurs adversaires. Ces attitudes si différentes sont la démonstration que dans les révolutions la force reste toujours à la violence lorsque ceux qui l'emploient savent s'arrêter à temps. Mais, heureusement, les jacobins ne surent pas conserver leur supériorité ; ils se laissèrent emporter hors de toute mesure et, sortant eux-mêmes de la légalité, ils finirent par en appeler à la force matérielle...

Au milieu de l'agitation qui continuait malgré la sortie du général, une voix retentissante s'écria : *Hors la loi !... hors la loi Bonaparte et ses complices !...* Aussitôt cent voix répètent le même anathème et le président, Lucien Bonaparte, est sommé de mettre aux voix cette épouvantable mesure qui vise son frère !.... Saisi d'horreur devant le sacrifice que l'on exige de lui, il se lève, cède son fauteuil à Chazal, vice-président.

Mais ces cris de *hors la loi* s'entendaient du dehors. Ils parvinrent jusqu'au groupe où se tenaient Bonaparte et Sieyès. « Puisqu'ils « vous mettent hors la loi, dit ce dernier au général, ce sont eux « qui y sont. » (1)

A ce moment apparut auprès d'eux le général de Frècheville, un des inspecteurs du Conseil des Cinq Cents, à qui, en descendant de son fauteuil, Lucien Bonaparte avait rapidement dit quelques mots. Il venait de la part du président des Cinq Cents et comme tel chargé de la police de la salle, requérir l'emploi de la troupe. Bonaparte se tournant vers un officier lui dit : — Colonel Dumoulin, prenez quelques hommes et allez délivrer mon frère !

« Le choix de cet officier prouve à quel point Bonaparte savait « se servir des moindres circonstances qui pouvaient lui être « utiles. Le colonel Dumoulin était le premier aide-de-camp du « général Brune qui commandait alors la belle et triomphante « armée de Hollande. Choisir cet officier, c'était pour le moins « donner à penser que Brune lui-même était d'accord avec « Bonaparte. » (2)

Grâce à un peu d'accalmie chez les Cinq Cents, Bertrand (du Calvados) était monté à la tribune. Il fit ressortir la légalité de la translation et l'illégalité de la nomination de Bonaparte, puis termina en demandant au Conseil de déclarer que le général n'est pas le commandant de la garde du Corps législatif.

Cette proposition aurait pu être extrêmement dangereuse si Jourdan ou Augereau avaient été présents dans la salle. Tout d'abord, en voyant Talot qui était leur ami monter à la tribune, les partisans de Bonaparte crurent que la proposition de Bertrand était le résultat d'une combinaison préparée à l'avance. Il n'en fut rien. Talot ne sut pas saisir l'occasion qui lui était offerte de mettre ses amis en avant. Il se rallia simplement à la motion de Bertrand en ajoutant que « les membres du Conseil devaient

---

(1) Rœderer. *Notice de ma vie.* — Lavalette. *Mémoires.*
(2) Duch. d'Abrantès. *Mémoires.*

« sur l'heure retourner à Paris, revêtus de leur costume et se
« mettre sous la sauvegarde de la population.»

Grandmaison sentant que le Conseil s'égarait, voulut le ramener
à voter le caractère inconstitutionnel de la nomination de Bonaparte. Déjà on criait : *Aux voix*, lorsque Crochon s'éleva contre
cette proposition ; mais Destrem, Blin, Delbrel, montrèrent tant
d'insistance que le vice-président allait être obligé de céder si, en
demandant la parole, Lucien Bonaparte n'eût créé une nouvelle
diversion : « Je ne viens pas, dit-il, m'opposer directement à la
« proposition, mais il est temps de faire observer au Conseil que
« les soupçons élevés si légèrement ont amené de bien tristes
« excès. Une démarche, même irrégulière, pouvait-elle faire
« oublier si vite tant de hauts faits, tant de services rendus à la
« patrie ? »

Dominant les murmures qui s'élevaient, l'orateur reprit :

« Non ! vous ne pouvez voter une pareille mesure avant d'enten-
« dre le général. Je demande qu'il soit appelé à la barre. J'entends
« dire que vous ne le reconnaissez pas ; mais le Conseil des Anciens,
« l'armée, le peuple, le reconnaissent... Ces interruptions concer-
« tées qui étouffent la voix de vos collègues sont indécentes...
« Elles continuent... elles augmentent... je n'insisterai donc pas
« davantage... Quand le calme sera rétabli parmi vous, quand
« l'inconvenance extraordinaire qui s'est manifestée aura complè-
« tement disparu, vous rendrez justice vous-mêmes à qui elle est
« due, dans le silence des passions....»

A ce moment les violences redoublèrent. Les jacobins s'ingé-
niaient à empêcher Lucien de défendre son frère contre lequel ils
étaient absolument décidés à voter. C'est alors que Lucien prit la
résolution de se dépouiller de sa toge.

« Il n'y a plus ici de liberté, s'écria-t-il encore. N'ayant plus le
« moyen de me faire entendre, vous verrez au moins votre pré-
« sident, en signe de deuil public, déposer ici les marques de la
« magistrature populaire. »

Au moment même où Lucien Bonaparte descend de la tribune,
apparaît le détachement commandé par le colonel Dumoulin.
L'émoi est à son comble. Cette fois des vociférations n'accueillent

pas la troupe. Pour être muets, les jacobins n'en sont pas moins troublés... Lucien Bonaparte se dirige vers les officiers, déclare se mettre sous leur sauvegarde et sort, suivi d'un grand nombre de représentants du peuple... Arrivé dans la cour du château, il se dirige vers le général, à qui Augereau venait de dire : « Eh bien ! « te voilà dans une jolie position » ; ce à quoi Bonaparte avait répondu : « Nous en sortirons. Souviens-toi d'Arcole ! .. »

Lucien demande un cheval. On lui amène celui d'un dragon. Un roulement de tambour commande le silence et le président du Conseil des Cinq Cents — car si Lucien Bonaparte a cédé la présidence à Chazal, si, indigné de la mesure que l'on veut prendre contre son frère, il a déposé la toge, il n'a pas donné sa démission — le président des Cinq cents, disions-nous, harangue les troupes :

« Français, le président du Conseil des Cinq Cents vous déclare
« que l'immense majorité de ce Conseil est, en ce moment, sous
« la terreur de quelques représentants à stylets qui assiègent la
« tribune, menacent de mort leurs collègues et leur proposent les
« délibérations les plus affreuses. Je vous déclare que ces audacieux
« brigands, inspirés sans doute par le génie fatal du gouvernement
« anglais, se sont mis en rébellion contre le Conseil des Anciens,
« en demandant la mise *hors la loi* du général chargé d'exécuter le
« décret du Conseil... comme si nous étions encore à ces temps
« affreux de leur règne où ce mot de *hors la loi* suffisait pour faire
« tomber les têtes les plus chères à la patrie... Je vous déclare
« que ce petit nombre de furieux se sont mis eux-mêmes *hors la*
« *loi* par leurs attentats contre la liberté de leurs collègues. Au
« nom de ce peuple qui, depuis tant d'années, est la victime ou le
« jouet de ces misérables enfants de la Terreur, je confie aux
« guerriers le soin de délivrer la majorité des représentants du
« peuple, afin que, protégés contre les stylets par les baïonnettes,
« nous puissions délibérer en paix sur les intérêts de la répu-
« blique... Général, et vous, soldats, et vous tous, citoyens, vous
« ne reconnaîtrez pour députés de la France que ceux qui se
« rendent avec leur président au milieu de vous... Quant à ceux
« qui persisteraient à rester dans l'Orangerie pour y voter des
« *hors la loi*, que la force les expulse !... Ces proscripteurs ne sont

« plus les représentants du peuple, mais les représentants du
« poignard... Que ce titre leur reste... qu'il les suive partout... et
« lorsqu'ils oseront se présenter à leurs commettants qui les désa-
« vouent, que tous les doigts accusateurs les désignent sous ce
« nom mérité de représentants du poignard... (1)

« Plusieurs écrivains ont avancé qu'en parlant aux troupes, sur
« la place de Saint-Cloud, j'avais calomnié mes adversaires ; qu'il
« n'y eut point de poignard tiré, point de menaces de mort, enfin
« que tous ces excès furent supposés pour autoriser notre usur-
« pation... Le bon sens du public a su apprécier ces étranges
« accusations. Des hommes de parti n'ont vu peut-être ou n'ont
« voulu voir que ce qui leur convenait. D'autres n'ont écrit
« qu'après les événements et ils ont écrit avec la même assurance
« que s'ils avaient tout vu. Ils ont fait, comme à l'ordinaire, des
« livres avec des livres. C'est tout simple... Nous avons agi, parlé
« devant le peuple et l'armée. Mille voix auraient démenti les fables
« qu'on aurait eu la témérité d'inventer. Ceux qui ont tant de peine
« à croire aux poignards de Saint-Cloud nous permettront d'être
« moins incrédules, nous qui avons été exposés à leurs coups... »

Si nous avons reproduit ce passage des *Mémoires* de Lucien
Bonaparte, c'est parce que, en effet, de ce que le *Moniteur* du 20
brumaire n'a pas, dans son compte rendu des faits de la veille,
fait mention de poignards, les adversaires de Bonaparte en ont
conclu qu'à la suite de réflexions l'argument fut inventé de toutes
pièces trois jours après le 19 brumaire. Or, voici un témoignage
dont on peut contrôler l'exactitude en consultant les journaux de
l'époque.

Le soir du 19 brumaire, le théâtre Feydau donnait en autres
pièces : *L'auteur dans son ménage*. A cette représentation assistaient Mme Bonaparte, mère du général, Mme Leclerc, sa sœur
et Mlle Permon que Junot devait épouser (2). Mme Bonaparte
paraissait inquiète ; elle semblait attendre l'arrivée d'un messager.
Peut-être était-elle au courant de la tentative de son fils. En tout

---

(1) Lucien Bonaparte. Déjà cité.
(2) Elles occupaient la loge grillée n° 11.

cas, personne ne venait. Mais tout à coup, les acteurs cessèrent de jouer ; et celui qui remplissait le rôle de l'AUTEUR *dans son ménage* (1) s'avança sur le devant de la scène et fit l'annonce suivante :

« Citoyens, le général Bonaparte a manqué d'être assassiné, à « Saint-Cloud, par les traîtres à la patrie... (2).

Nous nous contenterons de faire remarquer que le silence du *Moniteur* résulte simplement d'un manque d'information, et que le fait ignoré par le journal était connu du public, le 19 au soir.

Mais revenons aux événements :

Au dernier mot prononcé par le Président des Cinq Cents, le général Bonaparte donna un ordre à Murat qui prit le commandement d'un bataillon et se dirigea vers l'Orangerie... Le bruit du tambour qui se rapproche jette l'alarme dans la salle. Les portes s'ouvrent et Murat paraît. *Au nom du général Bonaparte*, dit-il *d'une voix tonnante, le Corps législatif est dissous ! Citoyens, retirez-vous!* — On lui répond par les cris de : *Vive la République !*... Murat commande : *En Avant !*... Les tambours, battant la charge, couvrent le son des voix et les grenadiers, lentement, s'avancent car toute effusion de sang est rigoureusement interdite... La résistance étant impossible, les députés fuient, les uns par les fenêtres, les autres par les couloirs...

« César avait franchi le Rubicon !
« Nul pouvoir ne retient un tonnerre lancé :
« Sur le pont de Saint-Cloud, Bonaparte a passé ;
« C'était le Rubicon de la nouvelle Rome : (3)

. . . .
. . . .
. . . .

---

(1) C'était Elleviou.
(2) Duch. d'Abrantès. *Mémoires.*
(3) Barthélemy. *Douze journées de la Révolution.*

Le Conseil des Cinq Cents dissous, il ne s'agissait plus que de prouver au Conseil des Anciens la légalité de tout ce qui venait d'avoir lieu. Ce Conseil ne demandant pas mieux que de laisser faire cette démonstration, accueillit une proposition où il était dit que « des deux Conseils qui composaient le Corps législatif lui « seul se trouvait existant, attendu la retraite du Conseil des Cinq « Cents », il se constituait en Comité général et décrétait que quatre des membres du Directoire « exécutif ayant donné leur « démission et le cinquième étant en surveillance », il serait nommé une Commission exécutive provisoire composée de trois membres. On allait procéder à la nomination de cette Commission quand Lucien Bonaparte parut et annonça que le Conseil des Cinq Cents venait de se recomposer. La vérité c'est qu'il avait rassemblé une quarantaine de membres du Conseil des Cinq Cents qui « erraient çà et là dans les appartements de Saint-Cloud, « dans les corridors, dans les cours du palais ». Les plus fiers républicains étaient consternés, non peut-être de n'avoir pas réussi, mais de s'être compromis vis-à-vis du vainqueur ; c'était le moment de ces capitulations de conscience, où les ambitions s'irritent d'avoir mal calculé. D'autres, les incertains de la veille, se mettaient d'autant plus en évidence, qu'il ne fallait pas qu'après la réussite on pût même les acccuser d'incertitude.

A l'annonce de la réunion du Conseil des Cinq Cents, celui des Anciens rapporta le décret dont nous avons parlé.

Le Corps législatif reprit ses séances. Les Anciens dans la galerie de Mignard ; les Cinq Cents dans l'Orangerie.

Alors les deux Conseils abolirent le Directoire (1), ce gouvernement qui, depuis le 18 fructidor, avait marché de faute en faute et préparé lui-même les éléments de sa chute. En outre, ils nommèrent une Commission (2) chargée de la révision de la Constitution et une Commission consulaire exécutive. Ils adressèrent également une proclamation au peuple français (3).

Quant à la Commission exécutive, elle se composait de Sieyés,

(1-2-3) Voyez Appendices.

Journée de Saint-Cloud, le 18 brumaire an VIII. — 9 novembre 1799.

Roger Ducos et Bonaparte. Elle se réunit le soir même, prêta serment après avoir rédigé la proclamation suivante :

« Les Consuls de la République aux Français !

« Français,

« La Constitution de l'an III périssait. Elle n'avait su ni garantir « vos droits, ni se garantir elle-même. Des atteintes multipliées « lui ravissaient sans retour le respect du peuple ; des factions « haineuses et cupides se partageaient la république. La France « approchait enfin du dernier terme d'une désorganisation générale.

« Les patriotes se sont entendus. Tout ce qui pouvait vous « nuire a été écarté ; tout ce qui pouvait vous servir, tout ce qui « était resté dans la représentation nationale, s'est réuni sous les « bannières de la liberté.

« Français, la République raffermie et replacée dans l'Europe « au rang qu'elle n'aurait jamais dû perdre, verra se réaliser « toutes les espérances des citoyens et accomplira ses glorieuses « destinées.

« Prêtez avec nous le serment que nous faisons d'être fidèles à « la République une et indivisible, fondée sur l'égalité, la liberté « et le système représentatif.

« Par les Consuls de la République :

« Roger Ducos, Bonaparte, Siéyès. »

Ainsi finit la Constitution de l'an III, l'œuvre politique la plus déplorable de la Convention ou plutôt des thermidoriens. Si la révolution qui la renversa ne s'effectua pas sans violence, du moins fut-elle exempte de sang. Ce n'est pas faute cependant qu'on ne l'eût désiré d'un certain côté : le coup de poignard reçu par le grenadier Thomé en est la preuve, et tout porte à croire qu'on eût été enchanté que la riposte suivît l'attaque. Mais, par contre, de l'autre côté l'emploi des armes avait été rigoureusement interdit et on connaissait à cette époque la valeur d'une consigne.

Quant au général Bonaparte, il quitta Saint-Cloud à trois heures du matin, et le premier usage qu'il fit de son autorité fut de sous-traire à la proscription ceux qui réclamaient avec tant d'insistance sa mise *hors la loi*. Et plus tard, voici comment il parlait de cet événement :

« Pour mon propre compte, toute ma part dans le complot
« d'exécution se borna à réunir à une heure fixée la foule de mes
« visiteurs, et à marcher à leur tête pour saisir la puissance. Ce
« fut du seuil de ma porte, du haut de mon perron, et sans qu'ils
« en eussent été prévenus d'avance que je les conduisis à cette
« conquête ; ce fut au milieu de leur brillant cortège, de leur vive
« allégresse, de leur ardeur unanime que je me présentai à la
« barre des Anciens pour les remercier de la dictature dont ils
« m'investissaient.

« On a discuté métaphysiquement, et l'on discutera longtemps
« encore si nous ne violâmes pas les lois, si nous ne fûmes pas
« criminels ; mais ce sont autant d'abstractions bonnes tout au
« plus pour les livres et les tribunes, et qui doivent disparaître
« devant l'impérieuse nécessité ; autant vaudrait accuser de dégât
« le marin qui coupe ses mâts pour ne pas sombrer. Le fait est
« que la patrie sans nous était perdue et que nous la sauvâmes.
« Aussi les acteurs, les grands acteurs de ce mémorable coup
« d'Etat, au lieu de dénégations et de justifications, doivent-ils, à
« l'exemple de ce Romain, se contenter de répondre avec fierté à
« leurs accusateurs : Nous protestons que nous avons sauvé
« notre pays ; venez avec nous en rendre grâce aux dieux. » (1)

« Il n'attenta point à la liberté, dit un autre historien (2)
« puisqu'elle n'existait plus ; il étouffa le monstre de l'anarchie, il
« sauva la France et ce fut là le plus beau de ses triomphes ».

Enfin « quelque jugement que l'on porte sur la nature et le
« caractère politique de cet événement, il fut heureux pour la
« France. On peut tout exagérer, mais non pas le service que
« Bonaparte lui a rendu. » (3)

Voici sur le 18 brumaire une dernière appréciation que nous ne
voulons pas avoir le regret de ne pas mentionner ici. « Si l'on me
« demande comment, avec mes opinions, je n'ai pas été révolté
« par la violation de la Constitution au 18 Brumaire, je répondrai

---

(1) *Mémorial de Sainte-Hélène.*
(2) Général Mathieu-Dumas. *Précis des événements militaires.*
(3) De Broglie. *Discours de réception à l'Académie.*

« naïvement qu'en moi le patriotisme a toujours dominé les doc-
« trines politiques et que la Providence ne laisse pas toujours
« aux nations le choix des moyens de salut. Ce grand homme —
« Bonaparte — pouvait seul tirer la France de l'abîme où le
« Directoire avait fini par la précipiter. »

C'est ainsi que Béranger jugeait Napoléon. Et cependant, alors
que l'Empereur était dans sa toute puissance, que la censure
impériale se montrait d'une sévérité excessive et qu'il fallait un
certain courage pour émettre une opinion contraire à l'Empire,
Béranger était un des seuls qui osât se livrer à la critique.

Bref, de tous les partis, ce fut la masse de la nation qui se
trompa le moins sur l'avènement de Bonaparte au pouvoir. Alors
que tous les autres espéraient absorber le général, elle comprit
qu'un grand capitaine allait tenir d'une main ferme les rênes de
ses hautes destinées et rouvrir les sources, depuis longtemps
taries pour elle, de la prospérité et du bien-être.

Cependant, si l'on veut, à toute force, considérer le 18 Brumaire
comme un attentat, il nous semble logique de convenir qu'il fut
dirigé surtout contre les formes de la liberté plutôt que contre la
liberté même. D'ailleurs, hormis quelques jours du règne de
l'assemblée constituante, la France n'avait jamais été libre et
commençait à ne plus trop se soucier de l'être. Avant tout, elle
voulait de l'ordre, parce que l'ordre c'est le repos et elle sentait
que Bonaparte seul était de taille à lui en donner. Le 18 Brumaire
eut donc une popularité égale à la gloire de celui qui avait aidé à
le faire et qui devait seul en profiter un peu plus tard.

Quatre jours après, le théâtre du Vaudeville célébra les événements dans un *à-propos* fait et appris en vingt-quatre heures et
intitulé : « *La girouette de Saint-Cloud* ». Le couplet d'annonce
était ainsi conçu :

« D'un fait qui vivra dans l'Histoire
« Tout à l'heure on vous parlera ;
« Et si nous manquons de mémoire,
« Aucun de vous n'en manquera.

« Cette pièce, avant d'être prête
« Fut annoncée aux spectateurs :
« L'ouvrage est mal dans notre tête,
« Mais le sujet est dans nos cœurs.

Les deux couplets suivants eurent les honneurs du bis :

« Nous connaissons certain génie,
« Actif autant qu'il est puissant ;
« Qui sait de l'Europe à l'Asie
« Franchir l'espace en un moment.
« Si, dans ses courses immortelles,
« Il nous mit à couvert partout,
« Je crois qu'aujourd'hui de ses ailes
« Il pourra bien couvrir Saint-Cloud.

« La fuite en Egypte jadis
« Conserva le sauveur des hommes ;
« Pourtant quelques malins esprits
« En doutent au siècle où nous sommes.
« Mais un fait bien sûr en ce jour
« Du vieux miracle quoi qu'on pense,
« C'est que de l'Egypte un retour
« Ramène un sauveur à la France ! » (1)

---

(1) P. Véron. *Mém. d'un bourgeois de Paris.*

VII,

NAPOLÉON BONAPARTE

En 1793, le château de Saint-Cloud et son parc devinrent propriété nationale, mais à la condition qu'ils ne seraient pas vendus. La Convention ordonna « qu'ils seraient conservés et entretenus « aux dépens de la République pour former des établissements « utiles à l'agriculture et aux arts ». En même temps, comme Saint-Cloud était devenu la promenade favorite des parisiens, les jours de « décadi », elle réserva « une partie du parc pour l'agré- « ment des habitants de Paris ».

Au lendemain du 18 brumaire, le château de Saint-Cloud, si tumultueux la veille, reprit son calme accoutumé et n'offrit plus qu'une vaste solitude. Mais ce ne fut pas pour longtemps. Nous allons le voir reprendre son ancienne splendeur et donner, dans quelques années, son nom au cabinet impérial.

D'abord, nous devons faire ressortir une particularité assez étrange de la vie de Bonaparte. Après avoir soutenu de brillants examens, il sortit de l'école officier d'artillerie. Or, ce fut de la localité où devait se faire le 18 brumaire, de ce château qu'il devait habiter plus tard comme premier consul, comme empereur, de Saint-Cloud enfin, que lui vint son brevet d'officier, dont voici la copie :

« A Monsieur le Chevalier de Lance, Brigadier d'infanterie, « Colonel du régiment de La Fère, de mon corps royal de « l'artillerie, et, en son absence, à celui qui commande la com- « pagnie des bombardiers d'Autun.

« Monsieur le Chevalier de Lance,

« Ayant donné à *Napoléon de Buonaparte* la charge de lieutenant « en second de la compagnie de bombardiers d'Autun du régiment

« de La Fère, de mon corps royal d'artillerie, je vous écris cette
« lettre pour vous dire que vous ayez à le faire recevoir et faire
« reconnaître en ladite charge de tous ceux et ainsi qu'il appar-
« tiendra ; et la présente n'étant pas pour autre fin, je prie Dieu
« qu'il vous ait, Monsieur de Lance, en sa sainte garde.

   « Ecrit à Saint-Cloud le 1er septembre 1785.

                  « Signé : Louis » (1)

Lorsque la Révolution éclata, Bonaparte la salua d'un cri de joie.
Il y vit le triomphe des principes de liberté et d'indépendance qu'il
avait, pour ainsi dire, sucés avec le lait. Ses détracteurs ont été
jusqu'à dire qu'il ne s'était attaché à la révolution que lorsque le
succès en fut assuré. Ils lui ont même fait dire que « s'il eût été
« maréchal de camp, il eût embrassé le parti de la cour ; mais que,
« lieutenant et sans fortune, il dut se jeter dans la Révolution ».
Pour que de pareilles accusations eussent une apparence d'exactitude, il faudrait que Bonaparte n'eût point été élevé à l'école des
grands esprits des XVIIe et XVIIIe siècles ; il faudrait que les déchirements de sa patrie, dont il fut témoin étant encore enfant, ne lui
eussent point inspiré un ardent amour de la liberté ; il faudrait,
enfin, qu'il n'eût point eu, étant jeune homme, le pressentiment
des réformes sociales qui se préparaient et préoccupaient son
esprit à ce point qu'il fit, en vue d'un concours, un travail sur
« *les principes et les institutions à inculquer aux hommes pour les*
« *rendre le plus heureux possible* ». Il est donc probable que pour
développer, sur ce sujet, et avant que la Révolution eût éclaté, des
principes libéraux, démocratiques, Bonaparte n'avait sans doute
pas soumis sa vie au calcul qu'on lui a prêté.

D'ailleurs, en présence d'un fait aussi considérable que la Révolution, faire de Napoléon un soldat de fortune jouant à pile ou
face à quel parti il offrira le concours de son épée, le représenter
hésitant et se décidant enfin pour le parti populaire parce qu'il
n'est que lieutenant, c'est méconnaître la vérité, c'est enlever à

---

(1) De Ségur.

cette grande existence, à l'influence qu'elle a exercée, son caractère le plus élevé, son sens le plus profond.

On a dit encore que Napoléon était plus Corse que Français. Justement, parce qu'il avait pour son île une affection sincère, il n'admettait pas pour elle d'autre patronage que la France régénérée. Aussi, quand il lui fut impossible de douter de l'alliance de Paoli avec les Anglais, il n'eut aucune hésitation, il rompit et rentra en France... Cependant Paoli était le héros de l'indépendance de la Corse, tous les efforts de sa vie n'avaient eu d'autre but que la liberté pour son pays ; cependant Paoli était un vieil ami de la famille Bonaparte et il avait pour Napoléon, qui la lui rendait, une affection profonde.

A son retour de cette expédition en Corse « où Napoléon avait « pu voir l'exemple de tous les ridicules militaires, il rentra dans « l'artillerie, mais avec le grade de chef de bataillon. Il avait « trouvé, en Corse, sa famille ruinée, il revenait en France avec « son grade pour toute fortune et il avait vingt-quatre ans. Que « se passait-il alors dans cette âme ardente ? J'y vois : 1º la cons-« cience de ses propres forces ; 2º l'habitude d'être incapable de « distraction ; 3º la facilité d'être profondément ému par un mot « touchant, par un présage, par une sensation ; 4º la haine de « l'étranger.

« Napoléon qui vient de voir sa famille dans la misère sent, « plus que jamais, la nécessité de faire fortune. En rentrant à « Paris, chef de bataillon, et regardant autour de lui, Napoléon « vit une assemblée furibonde, chargée de la conduite d'une « grande guerre et demandant des talents partout. Il peut donc se « dire : Et moi aussi, je vais commander ! mais la carrière mili-« taire conduit maintenant à des périls hideux. Dans sa certitude « d'être environnée de traîtres, dans son impuissance à juger le « fond des choses, la Convention nationale envoie à l'échafaud tout « général qui se laisse battre ou qui ne remporte pas une victoire « complète.» (1)

_____

(1) Stendhal. *Les débuts de Napoléon.*

Toulon !... Ce fut là, vraiment, le début de la carrière de Bonaparte ; ce fut aussi sa première victoire : elle lui valut le grade de général de brigade. Et Dugommier qui l'avait proposé, disait : « Récompensez et avancez ce jeune homme, car si l'on « était ingrat envers lui, il s'avancerait tout seul ! »

Dans la confusion du moment, se révéler supérieur aux autres, n'était pas sans danger. La suspicion, la jalousie, qui s'attachaient à tous en cette époque de troubles, le frappèrent également. La sévérité de ses mœurs, l'irréprochabilité de sa conduite, son extrême réserve le signalèrent aux uns, tandis que les autres prirent ombrage de la rapidité de son avancement. Les uns et les autres tentèrent de le perdre. Arrêté, il se disculpa heureusement et on dut le relaxer ; mais Bonaparte eut bientôt l'occasion de constater que ses ennemis n'avaient point désarmé, on voulut lui imposer l'obligation de quitter l'artillerie pour l'infanterie. Il refusa et sa mise en disponibilité fut prononcée.

En ce temps de révolutions successives, les événements marchaient avec une rapidité inouïe. Les journées de vendémiaire arrivèrent. Barras, nommé commandant des troupes de la Convention, s'adjoignit Bonaparte qui ne se dissimula pas que « la victoire « même aurait quelque chose d'odieux ; mais était persuadé que la « défaite de la Convention aurait ceint le front de l'étranger et « scellé la honte de l'esclavage de la patrie. »

Nommé commandant de Paris, Bonaparte procéda au désarmement des sectionnaires. Ce fut dans ces circonstances qu'il connut Joséphine Tascher de la Pagerie, veuve du général de Beauharnais. A la suite d'une visite que fit Joséphine à Bonaparte pour le remercier de lui avoir fait restituer une arme ayant appartenu à son mari, des relations, qui devinrent bientôt pleines d'intimité et de tendresses, s'établirent entre eux et leur union fut consacrée quelque temps après.

Née en 1763 à la Martinique, du Comte Tascher de la Pagerie, la jeune et charmante créole est mariée à quinze ans au vicomte de Beauharnais ; mais, en venant à Paris, elle part avec la tête pleine de rêves de gloire et de splendeurs. Une négresse, réputée sybille infaillible, ne lui a-t-elle pas prédit, à l'ombre des forêts de son pays natal, une destinée souveraine :

. . . .

> La négresse du fond des bois,
> Marronne,
> M'a prédit la grandeur des rois
> Vingt fois !

Une fortune royale, lui a-t-on dit, et la voilà mêlée au plus épouvantable cataclysme qui ait jamais ébranlé les trônes ! Ah ! qu'elle dut souvent rire des présages éblouissants de la négresse en voyant tomber la tête du roi de France, en voyant son mari monter sur l'échafaud comme aristocrate, en se voyant, elle aussi, emprisonnée et menacée du même sort que son mari. Et pourtant, l'heure des revirements soudains a sonné. Le 9 thermidor lui rendit la liberté et du jour au lendemain elle fut une des plus brillantes étoiles du Directoire. Une visite au général Bonaparte attire sur elle le regard du héros du jour et... vous savez le reste.

« Son visage était le fidèle miroir de son cœur ; miroir où « séjournaient les grâces et qu'embellissaient à chaque moment « une bienveillance universelle et ces dispositions tendres qui, « dans tout être sensible, cherchent un malheureux à plaindre, « une infortune à soulager. » (1)

Nommé général en chef de l'armée d'Italie, Bonaparte dut partir quelques jours après son mariage. Mais les soins de la guerre ne le détournaient pas de ses devoirs de fils et d'époux. « Depuis « que je t'ai quittée, écrivait-il à Joséphine, j'ai toujours été triste. « Mon bonheur est d'être près de toi. Sans cesse, je repasse dans « ma mémoire tes baisers, tes larmes... » Dans le cours de cette campagne, il lui écrivit fréquemment et ses lettres qui resteront comme un monument de grâce, de tendresse et d'esprit, le montrent aussi grand dans sa vie privée que dans sa vie publique.

---

(1) Marco St-Hilaire.

Napoléon en 1804.

« A ce moment-là l'amour de Napoléon pour Joséphine est
« beaucoup plus vif que celui de Joséphine pour Napoléon. C'est
« lui qui est jaloux ; c'est lui qui écrit des lettres brûlantes ; c'est
« lui qui a tout l'enthousiasme, toute l'ardeur, tout le lyrisme de
« la passion. Joséphine ne se décide qu'à regret à quitter Paris,
« où elle se plaît ; mais elle trouve en Italie, une véritable royauté.
« Elle s'installe à Milan, dans le palais Serbelloni dont elle fait
« admirablement les honneurs et où la haute aristocratie milanaise
« lui rend hommage. Elle suit son mari à la guerre, car il ne peut
« se passer d'elle, et un jour qu'elle verse des larmes, au milieu
« de tant de dangers, il s'écrie : Wurmser me payera cher les
« pleurs qu'il te cause. » (1)

Nous franchirons rapidement les années pour arriver à 1802.
Bonaparte vient d'être nommé Consul à vie. Les habitants de
Saint-Cloud, dont le château est toujours inhabité, adressent, au
Tribunat une pétition dans laquelle ils expriment le désir que le
château soit mis à la disposition du premier Consul pour en faire
sa résidence d'été. Le Tribunat n'a rien à refuser à Bonaparte et
pour peu que celui-ci le veuille... Le premier Consul se rend à
Saint-Cloud et constate lui-même le délabrement de la princière
demeure des ducs d'Orléans. Non seulement rien n'était entretenu,
mais tout tombait en ruines. L'amour de l'ordre, en toutes choses,
était une des qualités distinctives de Bonaparte. Les architectes
établirent des devis ; il les discuta. Puis les travaux furent
commencés et conduits avec une extrême rapidité. Depuis les
combles jusqu'aux parquets, tout fut refait. Enfin, le 24 septembre
1802, le premier Consul s'installa tout à fait au château de Saint-
Cloud.

Par la suite, il préféra cette résidence à toutes les autres, et ne
se trouvait bien que lorsqu'il était à Saint-Cloud. Il y arrivait,

(1) Imbert de St-Amand.

chaque année, d'aussi bonne heure qu'il le pouvait, y passait l'été tout entier, quelquefois l'automne et, le plus souvent, il fallait les grands froids ou les mauvaises journées de l'hiver pour qu'il se décidât à rentrer à Paris. Mais les avantages que ce domaine offrait à ses hôtes servaient bien plutôt à l'entourage de Bonaparte qu'à Bonaparte lui-même, car à Saint-Cloud le premier Consul suivait la même existence simple et tranquille, toute de travail, qui avait été celle de toute sa vie.

« .... Il travaille dix-huit heures par jour. Le tour des ministres
« ne vient que le soir. La nuit est longue, dit-il. En effet, il n'est
« jamais couché avant quatre heures du matin, il tient six ou sept
« Conseils par décade, et y discute, lui-même, sur tous les objets
« d'administration, avec une précision, une clarté qui étonnent
« les hommes les plus habitués au travail.... » (1)

Bonaparte possédait la science du gouvernement à un plus haut degré encore que la science militaire et il préférait à la gloire des armes la gloire pacifique du législateur. M. de Metternich disait, plus tard, à un homme d'Etat : « C'était un esprit puissant, plus
« remarquable encore quand il traitait les grandes questions socia-
« les que lorsqu'il parlait de guerre ; quel malheur qu'il n'ait pas eu
« plus de confiance en moi ! Nous nous serions entendus facile-
« ment, il serait encore sur le trône, entouré de grandeurs et moi
« j'aurais quelques reflets de sa gloire !... »

L'Administration du pays, les travaux, le Conseil législatif, le Conseil d'Etat, les relations extérieures, les finances, l'occupaient tour à tour et partout sa haute et merveilleuse intelligence des affaires faisait pénétrer l'ordre et la stabilité. Cette multiplicité de soins l'absorbait au point qu'il n'avait, de lui-même, aucun souci.

D'ailleurs, quoi qu'en aient dit ses détracteurs, Bonaparte était brave. Il le montra un jour à Augereau, au pont d'Arcole. Une autre fois, à Essling, il s'aperçoit qu'un régiment, à qui avait été confiée la garde d'un village, battait en retraite. Il s'élance, au galop,

---

(1) P. Véron. *Lettre de M. Dubois Crancé à un de ses amis.* Citée dans les *Mémoires d'un bourgeois de Paris.*

sur le champ de bataille. Arrivé au centre du régiment, il s'arrête et, froidement, au milieu des balles qui sifflaient, il demande où est le colonel. « Personne ne dit mot. Napoléon ayant renouvelé sa « question, quelques soldats répondent qu'il vient d'être tué. « — Je ne vous demande pas s'il est mort, mais où il est? — Alors, « une voix timide annonce qu'il est resté dans le village. — Com- « ment ! soldats ! dit Napoléon, vous avez abandonné le corps de « votre colonel au pouvoir de l'ennemi ! Sachez qu'un brave régi- « ment doit toujours être en mesure de montrer son aigle et son « colonel, mort ou vif!... Vous avez laissé votre colonel dans ce « village, allez le chercher ! (1)

Pour faire douter du courage de Bonaparte, ses calomniateurs ont prétendu qu'il poussait la crainte d'un attentat contre lui jusqu'à se faire confectionner une nourriture spéciale. « Il n'est « pas vrai qu'il ne mange que des plats pour lui seul apprêtés. Il « a mangé, entre autres, d'un pâté aux champignons dont j'ai eu « ma bonne part, car tu sais que je les aime ».

Malgré le peu de précautions que prenait Bonaparte, malgré l'excès contraire dont la police l'entourait, on sait quelles conspi- rations furent organisées contre lui et on connaît les suites qu'eurent la plupart d'entre elles. Mais il en est une que nous ne pouvons passer sous silence, parce que, pour certains des accusés, elle eut son dénouement à Saint-Cloud. Nous voulons parler de l'affaire de Georges Cadoudal — mars 1804 — peu de temps avant la proclamation de l'Empire. Parmi les accusés, ou plutôt parmi les condamnés, se trouvaient MM. de Polignac, de Rivierre et Lajolais.

La femme et l'enfant de ce dernier avaient été arrêtées. La jeune fille — elle avait quatorze ans — remise en liberté et recueillie par des amis, ignorait la condamnation de son père. Les personnes qui lui donnaient l'hospitalité l'entouraient même d'une certaine surveillance pour que ne parvînt pas jusqu'à elle la connaissance du malheur dont elle était menacée. Mais le hasard, qui déjoue

(1) Marbot. *Mémoires*. T. II, p. 216.

parfois les meilleures intentions, voulut qu'un jour un crieur public passât devant la maison au moment où Mlle Lajolais était à la fenêtre et qu'il annonçât la condamnation à mort du traître Lajolais. Ce fut, pour la malheureuse enfant, comme un coup de foudre. Elle s'abattit sur le sol ; revenue à elle, Mlle Lajolais s'abîma en de profondes méditations d'où elle sortit avec, sur le visage, un air résolu qui frappa ceux qui l'environnaient. Leur surveillance redoubla, mais pas assez incessante cependant pour que Mlle Lajolais ne pût s'enfuir au milieu de la nuit et se rendre à Saint-Cloud. Le jour naissait à peine lorsqu'elle arriva devant les grilles encore fermées du château. Là, elle comprit que seule, sans recommandation, elle ne parviendrait jamais jusqu'à l'Empereur, dont elle voulait implorer la pitié... Le ciel a des grâces pour les cœurs en détresse. La pauvre enfant eut une inspiration soudaine. Courageusement, elle rentra à Paris et se fit indiquer la demeure de la princesse Louis Bonaparte, dont elle avait entendu dire toute la bonté. Celle qui devait devenir la reine Hortense habitait alors la rue Cerutti — actuellement rue Laffitte — dans cet immense hôtel que tout récemment les Rothschild ont fait démolir. La princesse était d'un accès facile et plus encore pour les malheureux qu'elle ne repoussait jamais. Elle reçut Mlle Lajolais en présence de M. de Lavalette, directeur général des postes. D'une voix altérée, d'un accent déchirant, la pauvre enfant exposa le but de sa démarche et l'espoir qu'elle avait conçu. M. de Lavalette, aussi ému que la princesse, estima qu'il n'y avait pas un instant à perdre et qu'il fallait faire intervenir l'Impératrice elle-même.

Mais pendant que la voiture de la princesse Hortense faisait le trajet de Paris à Saint-Cloud, le château était assailli par les parents et les amis de la plupart des condamnés, dont l'exécution était fixée au lendemain. Lorsque la princesse Louis Bonaparte parvint jusqu'à Joséphine, celle-ci était toute bouleversée. Auprès d'elle, la suppliant, l'implorant, se trouvaient déjà Madame la Duchesse de Polignac, présentée par Madame de Montesson, veuve du duc d'Orléans, petit-fils du Régent, et Madame la Marquise de Rivierre, appuyée de Caroline Bonaparte, femme de Murat.

Déjà, Joséphine avait tenté d'obtenir de Napoléon qu'il reçût les femmes de ces condamnés, mais il s'y était refusé avec une certaine obstination ; et bien que pour Joséphine l'attitude de Napoléon n'eût aucune signification, elle semblait à Mmes de Polignac et de Rivierre, grosse de menaces...

En dépit des ordres sévères donnés par l'Empereur pour qu'on le laissât travailler avec Talleyrand, de Lavalette en arrivant se fit annoncer. Napoléon aimait beaucoup le directeur général des Postes ; il l'avait en très haute estime. En entendant le nom de Lavalette, Napoléon se leva et alla lui-même à la porte de son cabinet lui faire signe d'entrer. L'Empereur était très physionomiste ; il vit, de suite, que Lavalette s'efforçait de rendre à son visage son expression ordinaire. Napoléon, se doutant de quelque chose, voulut être fixé et, tout en accueillant Lavalette, il lui dit : Vous êtes passé chez ma femme ? — Oui, Sire. — Que fait-on ? — Sire, on pleure, et l'Impératrice plus que les autres. C'est navrant... Napoléon, tourna brusquement le dos à Lavalette, puis troublé, silencieux, les mains derrière le dos, fit quelques pas de long en large dans son cabinet et enfin revint à son interlocuteur...

Au même instant la porte s'ouvrit. Bravant la consigne, Joséphine parut. Derrière elle, venaient la duchesse de Polignac et la marquise de Rivierre. Celles-ci tombèrent aux pieds de celui que leurs maris avaient voulu assassiner. L'Empereur ne laissa rien paraître de son émotion et s'adressant à la duchesse, il lui dit : « Madame, c'est à ma vie qu'en voulait votre époux, je puis donc « lui pardonner !...

Tandis que cette scène se passait dans le cabinet de l'Empereur, Mlle Lajolais, toujours désespérée, était retenue dans l'antichambre. Devant elle, elle avait vu passer ces femmes enveloppées de longs vêtements noirs, et elle avait compris qu'elles aussi allaient implorer la magnanimité du souverain. Et pendant que de profonds sanglots déchiraient sa poitrine, que les larmes ruisselaient sur ses joues, une cruelle appréhension envahissait peu à peu son esprit. Ces femmes allaient importuner l'Empereur, elles le fatigueraient de leurs supplications, il céderait, ferait grâce, puis quand elle paraîtrait devant lui pour l'implorer en faveur de son père, il la repousserait et... demain... et comme elle n'avait jamais vu d'échafaud elle s'imaginait un effroyable instrument de supplice, placé sur une estrade d'où, sur le sol, roulerait la tête de son père. Comme tous ceux qui sont malheureux, qui souffrent et qui pleurent, non seulement elle redoutait que sa douleur ne fût insupportable à tous ces gens dorés, chamarrés, l'air heureux, qui passaient, repassaient, indifférents et affairés, mais elle avait comme la pudeur de son chagrin... Elle faisait des efforts surhumains pour que personne n'entendît ses ses sanglots. Pour les étouffer, pour comprimer leur éclat, elle mordait son mouchoir, s'en faisait un bâillon, puis le dépliant, fébrilement, ses mains, en leurs crispations nerveuses, le tordaient en une sorte de corde... Elle sentait toute la misère de sa jeunesse, tout son abandon, tout son isolement en ce palais où ruisselaient les ors, où nul ne la voyait, ne la voulait voir...

Enfin la porte du cabinet de l'Empereur s'ouvrit de nouveau. L'Impératrice en sortit rayonnante. Mlle Lajolais comprit et elle crut qu'allaient cesser les palpitations de son cœur !... Hortense parut à son tour et revint vers sa protégée.

L'Impératrice et sa fille s'efforcent alors de lui faire comprendre que l'Empereur est fatigué de telles émotions, qu'il vaut mieux attendre une occasion plus propice... Mais la pauvre enfant ne veut rien comprendre... L'Impératrice et la princesse Louis emmènent Mlle Lajolais dans un salon où passera l'Empereur... mais quand ?... Et la bonne Joséphine surtout s'ingénie à calmer la malheureuse enfant, à lui faire prendre patience, à lui rendre l'espoir. Elle connaît bien l'Empereur ; elle sait bien que sous son air sévère, sous sa brusquerie, se cachent un cœur d'or et, ce qui est mieux, une âme qui connaît l'humanité avec toutes ses faiblesses et toutes ses misères... Tantôt avec l'Impératrice, tantôt avec la princesse Hortense, parfois seule, de longues heures s'écoulent sans que l'Empereur paraisse... Peu à peu, l'obscurité vient, emplit le salon et pénètre jusqu'au cœur de la pauvre enfant... La princesse arrive en toute hâte. . L'Empereur va passer... Courage, mon enfant, murmure la voix d'Hortense... La clarté se fait... voici l'Empereur, suivi de Lavalette... Il paraît sombre, préoccupé... Mlle Lajolais veut s'élancer, mais hélas, elle est brisée, sans force, elle s'écroule plutôt qu'elle ne s'agenouille, et d'un ton où repassent tous ses déchirements, toutes ses angoisses, elle dit : Grâce !... L'Empereur s'arrête, brusquement. Son regard sévère interroge la princesse. — Mlle Lajolais, Sire, répond Hortense... Napoléon fait un pas, puis encore un, il va passer... il s'arrête, mais c'est pour dire froidement : « Votre « père est un traître. C'est la deuxième fois qu'il agit contre l'Etat. « Je ne puis rien faire pour lui ». — Sire ! Sire ! je vous en conjure, reprend Mlle Lajolais, grâce pour mon père !... Et ses mains jointes, ses yeux baignés de larmes se lèvent vers l'Empereur.

Alors Napoléon s'abandonne au trouble de son âme. En lui, la générosité lutte contre la raison d'Etat. Il regarde Hortense et Lavalette, et tous les deux de leurs yeux humides l'implorent. Il passe sa main fine et blanche sur son front comme pour en chasser une dernière pensée de résistance, puis redevient luimême. Ce n'est plus l'Empereur, c'est l'homme qui s'approche de l'enfant, se penche, la relève avec douceur, l'embrasse en lui disant : « Allez, mon enfant, allez apprendre à votre père que je lui fais grâce !.... »

Mlle Lajolais a bien entendu, a bien compris .. elle voudrait pouvoir dire... ses lèvres s'entr'ouvrent, mais après une si longue et si cruelle anxiété la joie qui s'empare d'elle est si intense qu'elle s'évanouit. Napoléon la regarde, murmure : Pauvre enfant ! Il fait signe à Hortense qu'il la lui confie, dit quelques mots à Lavalette et rentre dans son cabinet, heureux, comme Titus, d'avoir marqué cette journée de son règne par des bienfaits.

Revenue de son évanouissement, Mlle Lajolais trouva, selon les ordres de l'Empereur, M. de Lavalette et un aide de camp prêts à l'accompagner à la prison du Temple. Mais en présence de son père, la pauvre enfant eut une nouvelle syncope et ce fut le directeur général des Postes qui apprit au prisonnier le bel acte d'amour filial que sa fille venait d'accomplir.

Montesquieu a dit : « Les monarques ont tout à gagner par la « clémence ; elle est suivie de tant d'amour ; ils en tirent tant de

« gloire que c'est presque toujours un bonheur pour eux d'avoir
« à l'exercer. »

De toutes les prérogatives attachées à la souveraineté, le droit
de grâce est, en effet, celui qui permet au souverain de réparer ces
crimes des magistrats qu'on appelle des erreurs, ou ces erreurs
des lois qu'on nomme juste sévérité. Cette prérogative enveloppe
le prince d'une sorte de majesté religieuse ; elle le montre, au
sommet de la hiérarchie sociale comme une émanation de la
Providence, et elle permet à la prière et aux larmes de monter
vers le trône pour en faire descendre la miséricorde ou l'équité.
Si, dans les délits ordinaires la clémence ressemble parfois à de
l'injustice ou à de la faiblesse, elle est certainement, dans les
condamnations politiques, la vertu des belles âmes, car dans ce
cas, dit encore Montesquieu « elle est pleine de périls. »

Pendant toute la durée de son règne et jusqu'au dernier moment,
Napoléon a toujours montré une sorte d'indifférence généreuse
aux conspirateurs et au traîtres. Et lui qui connaissait les hommes,
savait les apprécier à leur juste valeur, ne s'était point fait illusion
en graciant MM. de Polignac, de Rivierre, Bouvet, d'Hozier, etc.
Il n'ignorait pas que la clémence est de tous les bienfaits celui
qui pèse le plus lourdement aux hommes ; de toutes les faveurs,
celle qui engendre le plus d'ingratitude. Non seulement sa magnanimité ne désarma aucun de ceux qui lui devaient la vie, mais il
en fut un, surtout, qui poursuivit d'une haine toujours égale et
jamais lassée le prince, dont la femme, sœur de Napoléon, avait
sollicité et obtenu sa grâce...

Les adversaires de Napoléon ont fait de lui un despote et un
tyran. Ce qu'il y a de remarquable c'est que ces qualifications se
trouvent surtout dans des ouvrages dus à des républicains.
Pourquoi ne pas appliquer les mêmes épithètes à la Convention ?
C'est cependant bien durant cette période que la France fut en
proie au despotisme et à la tyrannie. Le despote c'était la Convention. Les tyrans c'étaient les proconsuls. L'un frappait les masses :
nobles, prêtres, vendéens, suspects. Les autres, représentants en
mission, venaient ensuite choisir, à leur gré, dans ces catégories,
les individus qui devaient porter le poids de leur haine. Quelques-

uns furent plus que les autres affamés de chair humaine, ainsi Carrier et Fouché. Quand on se rappelle les frontières du pays cernées par des hordes ennemies, les ports bloqués par l'étranger, la trahison livrant les villes, la guerre civile s'allumant dans l'intérieur, on peut pardonner à la Convention ses terribles mesures de salut public, mais ce qui doit être flétri par l'historien, c'est la conduite odieuse des proconsuls, c'est l'horreur qu'ils ont répandue, les vols et les pillages dont ils se sont rendus coupables, le sang qu'ils ont versé.

Pour créer un gouvernement sage et fort, respectueux de la propriété d'autrui, sur les ruines sociales laissées par la Convention et le Directoire, à une époque où les esprits confondaient la licence avec la liberté, il fallait une volonté de fer, celle d'un homme comme Napoléon. C'est cette volonté que ses détracteurs ont appelée despotisme. Nous ne chicanerons pas pour un mot. En tout cas, il est incontestable que Napoléon exerça son despotisme avec une admirable dextérité. Il n'en concéda pas la plus légère parcelle à ses ministres et ceux qui, en son absence, osèrent procéder à l'exécution du conspirateur Malet n'obtinrent à son retour que cette virulente apostrophe à Cambacérès : « Vous « aussi, vous avez conspiré contre moi ; vous aussi, vous devriez « être mis en jugement : personne, en France, n'a le droit de « verser une seule goutte de sang sans mon ordre. »

Mais ce maître si terrible était cependant plein de bonté et de justice pour ceux qui le servaient.

Un jour, sur les plaintes réitérées d'un adjudant du palais, le maréchal Duroc vint proposer à l'Empereur d'approuver le renvoi d'un de ses valets de pied. Napoléon, avant de prendre une décision, voulut connaître le motif de cette mesure. Duroc répondit que cet homme avait des dettes et qu'il était l'objet de continuelles réclamations de la part de ses créanciers. « L'Empereur, et ceci « prouve à quel point il entrait dans les détails les plus minutieux « de sa maison, l'Empereur demanda au maréchal Duroc depuis « combien de temps cet homme était à son service et quelle était « l'origine de ses dettes.— Songez bien, Duroc, lui dit-il en propres « termes, qu'un homme ne doit pas être renvoyé légèrement de

« chez moi, ce serait une flétrissure, il ne trouvera à se placer
« nulle part. Faites-moi un nouveau rapport ». Le grand maréchal,
voulant savoir la vérité par lui-même, fit venir le valet de pied en
sa présence et il apprit qu'en effet il avait des dettes, mais qu'elles
remontaient à une époque antérieure à son entrée dans la maison
de l'Empereur, qu'elles avaient été contractées par suite « de la
« maladie de sa femme et de deux de ses cinq enfants, que même
« il en avait déjà payé une partie et qu'enfin il devait encore deux
« mille francs. Après avoir contrôlé ces renseignements, le
« maréchal remit un nouveau rapport à l'Empereur, qui lui dit
« alors : — Vous voyez bien, Duroc, qu'on a agi trop légèrement.
« Dites à cet homme que je paie ses dettes, mais en même temps,
« signifiez-lui que s'il en fait de nouvelles étant à mon service, il
« en sera chassé impitoyablement ». (1)

« Je me rappelle, dit le même auteur, la manière dont il fit payer
« à un sellier dont j'ai oublié le nom, un mémoire montant à près
« de soixante mille francs, dont on poursuivait en vain le paiement
« auprès de Madame Murat, alors grande-duchesse de Berg. Ne
« sachant plus à quel saint se vouer, le sellier-carrossier prit le
« parti de s'adresser directement à l'Empereur. Un jour de revue,
« à Saint-Cloud, il l'attendit sur son passage et lui présenta le
« mémoire avec une note. Un heureux hasard ayant voulu que
« l'Empereur jetât les yeux dessus immédiatement, il dit au
« maréchal Duroc : — Faites dire à cet homme de ne pas
« s'éloigner ; je veux lui parler après la revue. Vous le ferez con-
« duire chez vous… Effectivement, la revue terminée, l'Empereur
« entra dans les appartements du grand maréchal où le sellier
« l'attendait, craignant une réprimande pour sa démarche ; mais,
« ayant examiné le montant du mémoire et après avoir discuté le
« prix de diverses fournitures, l'Empereur le paya en se faisant
« substituer au sellier dans sa qualité de créancier. Alors, se
« tournant vers le grand maréchal : — Tenez, lui dit-il, envoyez

---

(1) Avrillon. *Mémoires.*

« recevoir cela chez Madame Murat ; j'entends qu'elle me paye
« aujourd'hui même... La princesse paya ». (1)

Très méticuleux, très ordonné, rien n'irritait Napoléon comme
les questions d'argent. Cependant, si l'ordre et l'économie avaient
en lui une personnification, si l'emploi des moindres sommes devait
être justifié à ses yeux, et avec la plus rigoureuse exactitude, il
aimait, en revanche, à ne point calculer la portée d'une largesse
ou la magnificence d'un cadeau. Joséphine le plaisantait, quelquefois, sur ce qu'elle appelait « ses bouffées de générosité ».
Alors Napoléon lui répondait : « Oui, moque-toi de moi ! C'est
« bien à toi de parler, toi qui ne te contentes pas de brûler la
« chandelle par les deux bouts à la fois : afin d'aller plus vite, tu
« l'entames par le milieu... — Cela n'empêche pas, reprenait
« Joséphine, que souvent tu ne sois plus prodigue que moi avec
« tes prétendus petits cadeaux, je te le prouverai quand tu voudras...
« — C'est possible, ripostait Napoléon en riant et en se frottant
« les mains ; mais, au moins, moi, ma chère amie, je sais ce que
« je fais ; j'ai mes raisons : les petits cadeaux entretiennent l'amitié ».

Pour Joséphine, ce proverbe invoqué par Napoléon était un
argument péremptoire. Elle n'objectait plus rien. Au reste, la
question d'argent était un terrain brûlant sur lequel, en femme
avisée, elle s'aventurait le moins possible, tant elle savait à Napoléon de raisons de lui faire des reproches. Un jour qu'il parlait, à
Sainte-Hélène, des dépenses, du gaspillage, des dettes permanentes
de Joséphine, il en arriva à raconter qu'à Saint-Cloud il s'était vu,
lui, l'homme le plus régulier qui existât, l'objet d'un esclandre.

« Etant dans une calèche, disait-il, l'impératrice Marie-Louise
« à mes côtés et au milieu d'un concours immense de peuple, je
« me vis interpellé, tout à coup, à la façon de l'Orient, par un
« homme qui avait travaillé pour moi, et réclamait une somme
« considérable dont on lui refusait le payement depuis longtemps.
« Après examen, il se trouva que c'était juste ; mais j'étais en
« règle, j'avais payé ; seul, l'intermédiaire était coupable. » (2).

---

(1) Avrillon. *Mémoires.*

(2) *Mémorial.*

Cérémonie du mariage de Napoléon avec Marie-Louise d'Autriche
au Château de Saint-Cloud.

Dans ces irritantes questions, si Joséphine restait silencieuse ce n'était pas seulement parce qu'elle redoutait de justes reproches, mais parce qu'elle était parvenue à une connaissance parfaite du caractère de Napoléon et qu'elle possédait un tact admirable pour la mettre en pratique.

Au début de leurs relations, le génie même qu'elle voyait briller dans le regard perçant et impérieux de Bonaparte avait exercé, sur son âme aimable et indolente, une sorte de fascination. Elle éprouvait comme une appréhension et plusieurs fois elle s'était demandée si l'extraordinaire assurance du général n'était pas la conséquence d'une présomption condamnée à d'amers mécomptes. Elle s'abandonna cependant au sentiment jeune et vigoureux qu'elle avait fait naître et qui l'attirait. Puis, en même temps que les événements se déroulaient, en même temps qu'elle voyait se réaliser les ambitions de Bonaparte, son appréhension, sa crainte se transformait en une espèce de religiosité. Pour elle, alors, Bonaparte devint presque un demi-dieu qui pouvait tout. Afin de mieux lui plaire, elle s'attacha à l'étudier et grande fut sa surprise quand elle constata, en cet homme supérieur, des faiblesses communes aux autres hommes. Par exemple, elle le vit très sensible au son des cloches et, au cours d'une promenade, s'arrêter soudain pour écouter les tintements de l'Angelus s'égrener dans l'espace. Elle l'entendit souvent lui dire que « rien ne lui « paraissait plus charmant qu'une femme, vêtue de blanc, mar- « chant lentement sous les arbres. » Elle comprit d'autant mieux cette nuance du caractère de Bonaparte que son âme, à elle, était imprégnée toute des parfums de la poésie de son pays natal. C'est ainsi que, pour elle, s'effaça, peu à peu, l'homme de guerre et que lui apparut un poète, au moins d'impression et que sous l'aspect un peu rude du soldat se révéla un cœur sensible et tendre. Elle eut ainsi l'indice certain de la bonté de Bonaparte, de ce sentiment sincère et profond qui était en lui et qu'il mettait une certaine ostentation à céler sous un abord brusque, impérieux et les manifestations constantes d'un esprit dominateur.

Lorsque rien ne le tourmentait, Napoléon se montrait, en effet, très bon avec les personnes qui l'entouraient. Il leur parlait avec une sorte de bonhomie et d'abandon, comme s'il eût été leur égal, mais ses paroles étaient presque toujours des questions, et c'était lui déplaire, que de ne pas répondre ou simplement de paraître embarrassé. Il leur donnait quelquefois des tapes ou leur tirait l'oreille et les personnes qui recevaient ces démonstrations pouvaient juger du degré de sa bonne humeur par le plus ou moins de mal qu'il leur faisait.

« Bien souvent il agissait de même avec Joséphine lorsque « nous étions en train de l'habiller ; il lui donnait des tapes en « jouant, et de préférence sur ses épaules qui étaient fort belles. « Elle avait beau lui dire : Finis donc, finis donc Bonaparte ! « mais il continuait tant que le jeu lui plaisait. Et, malgré sa « souffrance, Joséphine s'efforçait de rire, car elle était avec lui « d'une inaltérable douceur et d'une complaisance dont je n'ai « jamais vu d'exemple chez personne. » (1)

En ces circonstances Napoléon eût pu s'appliquer à lui-même ce qu'il disait plus tard à Sainte-Hélène lorsqu'il se justifiait de la restauration des choses de l'ancienne monarchie : « Combien « d'hommes supérieurs sont enfants plus d'une fois dans la « journée ! »

Oui, Joséphine était pour Napoléon d'une inaltérable douceur. « Elle se tourmentait tant pour chercher ce qui pouvait lui plaire, « pour deviner ses intentions, pour aller au devant de ses moindres « désirs ! Avait-il l'indisposition la plus légère, le plus faible « souci, elle était littéralement à ses pieds, et alors il ne pouvait « se passer d'elle. Il sentait que du jour où il serait malheureux, « il trouverait dans sa chère Joséphine sa seule consolatrice. Elle « lui avait tant porté bonheur, elle était si tendre, si douce, si « dévouée ! Elle avait si bien mérité de recevoir de lui le dia-« dème ! (2) ».

La bonté de Joséphine était extrême et ne connaissait pas de limites. Si elle eût été la dispensatrice de tous les trésors de la terre, elle les eût tous donnés et eût encore trouvé le moyen de

(1) Avrillon. *Mémoires.*
(2) Imbert de St-Amand. *La Cour de Joséphine.*

faire des dettes. Mais, en revanche, que de malheureux elle a
secourus, que d'émigrés ne vécurent que de ses bienfaits, que
d'établissements de charité elle soutint de ses largesses ! Et tous
ces dons, elle les répandait avec une délicatesse et une grâce
exquises ! A la façon dont elle donnait, c'était elle qui était
l'obligée... « Autour d'elle, elle n'avait pas le courage de faire une
« critique, un reproche. Si quelqu'une de ces dames lui donnait
« un sujet de mécontentement, la seule punition qu'elle lui
« infligeait, c'était un silence absolu de sa part qui durait plus
« ou moins longtemps, selon la gravité des circonstances. Eh
« bien ! cette peine, si douce en apparence, était cruelle pour le
« plus grand nombre. Elle savait si bien se faire aimer (1) ».

L'excessive bonté de Joséphine, son extrême désir de faire des
heureux, la spontanéité de son caractère la mettaient quelquefois
en de grands embarras. Un soir que Joséphine se trouvait au
Théâtre français où elle assistait à une représentation du '' Misan-
thrope '', elle fit venir Louise Contat dans sa loge. Après avoir
parlé de la Terreur pendant laquelle elles s'étaient connues,
Joséphine invita Mlle Contat à déjeuner avec elle le lendemain à
Saint-Cloud. Cette invitation était tout à fait en dehors de l'étiquette et la dame d'honneur le fit remarquer à l'Impératrice.

« Que faire, dit Joséphine embarrassée. — Je ne vois qu'un
« moyen, c'est que Votre Majesté se fasse malade. — En effet, le
« lendemain, Mme de la Rochefoucaud prévenait Mlle Contat de
« l'indisposition de l'Impératrice qu'une forte migraine forçait à
« garder lit, ajoutant que Sa Majesté avait bien voulu la désigner
« pour la remplacer et que le déjeuner les attendait. Mlle Contat,
« qui avait tout deviné, s'excusa le plus gracieusement du monde.
« Il avait été, en effet, question d'un déjeuner qu'elle avait oublié ;
« elle n'était venue que pour avoir des nouvelles de Sa Majesté ;
« ne pouvant elle-même présenter ses hommages, elle priait Mme
« de la Rochefoucaud d'être auprès d'elle l'interprète de ses
« sentiments respectueux. Mlle Contat remonta en calèche pour

---

(1) Constant. *Mémoires.*

« retourner à Paris. Napoléon revenait à Saint-Cloud, lorsque
« sur la route il reconnaît Mlle Contat et fait arrêter sa voiture.
« — Je croyais, Madame, que vous déjeuniez ce matin avec
« l'Impératrice ? — Sa Majesté n'ignore pas que la santé. . —
« C'est juste, dit Napoléon en souriant. Mais vous étiez venue
« pour déjeuner avec l'Impératrice et vous déjeunerez avec
« l'Empereur. — Un instant après Napoléon rentrait au palais
« avec Mlle Contat qu'il présentait à sa femme. La migraine avait
« disparu. L'Empereur se trouvait dans un des ses rares moments
« d'abandon, Mlle Contat était éblouissante d'esprit et de gaîté,
« le déjeuner fut charmant. De ce jour, l'Impératrice ne cessa pas
« de voir Mlle Contat (1) ».

Mais ce n'étaient pas seulement des embarras de ce genre que
la spontanéité de Joséphine lui créait. Elle avait fréquemment
des ennuis d'argent. Alors, elle prenait son courage à deux mains
comme on dit, et avouait tout à Napoléon. Comme il avait de
grandes habitudes d'ordre et d'économie, il se fâchait, il grondait
sévèrement sa prodigue et finissait toujours par payer.

« Au fond, Napoléon ne savait rien refuser à Joséphine et
« c'était, en réalité, la seule femme qui eût quelque influence sur
« lui. Résistait-il, elle avait une ressource infaillible : les larmes.
« Elle connaissait si bien le caractère de son mari ! Elle avait à un
« si haut degré le talent de parler à cet esprit, à ce cœur ! (2) ».

D'ailleurs, à propos de Napoléon, tout pour Joséphine devenait
une source d'inquiétudes qu'exagérait encore son esprit superstitieux, enclin à tirer des présages des moindres incidents. C'est
ainsi que le 18 Mars 1804, en apprenant que le décret qui nommait Napoléon empereur lui avait été présenté à Saint-Cloud, de
noirs pressentiments s'emparèrent de l'esprit de Joséphine...
L'assassinat d'Henri III dans cette localité lui était d'un mauvais
augure pour l'avenir de Napoléon !...

Il existait, entre Napoléon et Joséphine, un autre sujet de conversation au moins aussi scabreux que la question d'argent : c'était

(1) Jouslin de la Salle. *Souvenirs sur le théâtre français.*
(2) Imbert de St-Amand. *La Cour de Joséphine.*

lorsqu'il s'agissait d'enfants. Joséphine adorait les siens. Et pour eux, en elle, l'ambition était loin de parler aussi haut que l'amour maternel. L'idée de laisser son fils en Italie, la crainte de ne plus le revoir, ou même la certitude de le voir moins, la désespérait. Un jour que Napoléon se plaignait de sa tristesse, l'ayant trouvée plus affectée que de coutume, il lui dit avec une certaine amertume : « — Tu pleures, Joséphine ; vraiment cela n'a pas le sens « commun, tu pleures parce que tu vas être séparée de ton fils. Si « l'absence de tes enfants te cause tant de chagrin, juge donc ce « que je dois éprouver, moi ! L'attachement que tu témoignes pour « eux me fait cruellement sentir le malheur de n'en pas avoir !... »

De telles paroles ne pouvaient être une consolation pour Joséphine. Elles rappelaient à sa mémoire, le souvenir d'une autre conversation durant laquelle se produisit un incident dont son esprit superstitieux demeura frappé.

Joséphine possédait un éventail de nacre, découpé à jour. Il lui avait été donné par le général : ce fut même son premier cadeau. Elle en avait fait le talisman de sa vie et, réminiscence de son pays natal, elle l'avait naïvement surnommé son *gri-gri*. Or, un jour de graves confidences à Saint-Cloud, Napoléon parla de l'avenir, des nécessités de la politique, de l'obligation où sont parfois les Souverains de sacrifier leur bonheur à la raison d'Etat. Ce n'était peut-être là, de la part de Bonaparte, qu'un sujet d'entretien, que des paroles... Quoi qu'il en soit, Joséphine en fut si frappée que son éventail, son gri-gri lui échappa des mains, tomba sur le parquet où une de ses flèches se brisa... Un grand froid la saisit au cœur... Il lui sembla que le divorce venait d'être prononcé... Quant à l'éventail, elle le conserva et lorsque le destin fut accompli, elle le considéra comme une relique précieuse d'un passé qui ne serait jamais plus, et recommanda expressément qu'il fût déposé à côté d'elle dans son cercueil !...

Les douleurs réservées à Joséphine par le divorce lui auraient été, sans aucun doute, épargnées si le fils de la reine Hortense et du roi de Hollande ne fût point mort.

Lors de la solennelle proclamation du Concordat, à notre Dame, — 18 Avril 1802 — quelques enfants, nés en 1801, attendaient, pour recevoir l'eau sainte, que le Premier Consul qui tenait à être leur parrain avec Joséphine pour marraine, fixât lui-même le jour de la cérémonie. Parmi ces enfants se trouvaient le fils aîné du général Lannes et la fille aînée de Junot qui furent baptisés par le Cardinal Caprara, alors légat *at letare* en France. Peu de temps après la même cérémonie se renouvela pour le fils de la reine Hortense. Ce fut sur cet enfant que Bonaparte laissa, tout d'abord, reposer ses espérances dynastiques, et sans le refus obstiné de Louis Bonaparte, car ce qui était dans l'ordre de ses desseins ne fut pas toujours dans la volonté de ses frères, il l'aurait adopté. Mais, pour Joséphine, le malheur voulut que cet enfant ne vécût pas.

Le 30 Avril 1804, le tribun Curée, qui depuis la Révolution avait vu faire l'essai de tant de formes de gouvernement sans qu'aucune d'elles ne l'eût satisfait, demanda au Tribunat d'émettre le vœu que Napoléon Bonaparte fût proclamé empereur. Un autre tribun, Siméon, était venu dire : « C'est moins pour offrir une récom-
« pense nationale à Napoléon Bonaparte que pour nous occuper
« de notre sûreté et de notre dignité... Opposerait-on la possession
« longue, mais si solennellement renversée de l'ancienne dynas-
« tie ?... Les principes et les faits répondent... Le peuple, proprié-
« taire et dispensateur de la souveraineté, peut changer son
« gouvernement, et par conséquent destituer ceux auxquels il
« l'avait confié. L'Europe l'a reconnu. La Maison qui règne en
« Angleterre, n'a pas eu d'autres droits pour exclure les Stuarts.
« Il fallut qu'après les avoir repris l'Angleterre chassât les enfants
« de Charles I. Le retour d'une dynastie détrônée, abattue par le
« malheur, moins encore que par ses fautes, ne saurait convenir
« à une nation qui s'estime... Qu'on ne se trompe pas en regardant
« comme une révolution ce qui n'est qu'une conséquence de la
« révolution... »

Carrion de Nisas, dans un discours qui contenait en faveur des intérêts de la révolution et de la liberté publique des stipulations et des maximes inspirées par le patriotisme le plus pur, appuya la proposition Curée : Répondant à Carnot, il expliqua le système de monarchie que voulaient introduire les citoyens bien intentionnés, jaloux de lier sans efforts le passé à l'avenir, de conserver des formes reconnues en Europe, de consacrer des intérêts puissants et légitimés en France. « La royauté féodale, disait-il, « procéda par l'envahissement du territoire et celui du corps « même des hommes qui le cultivaient : *homines potestatis addicti* « *glebœ*. C'était sur cette monstrueuse fiction qu'elle établissait ses « droits, les titres et le jeu de son gouvernement. Le roi des « Français, tel que le voulut faire l'Assemblée Constituante, « l'empereur de la république française, tel que nous voulons « l'établir, n'est le propriétaire ni du sol ni de ceux qui l'habitent ; « il est le chef des Français par leur volonté ; son domaine est « moral, et aucune servitude ne peut découler d'un tel système ».

Le 30 avril 1804, la motion Curée est adoptée ; le 1er mai, le même vœu est proclamé par le Corps législatif et, le 18, un *Sénatus consulte*, qui est nommé organique, consacre le vote du Tribunat et du Corps législatif. Alors le Sénat se rend en députation à Saint-Cloud, sous la présidence de Cambacérès, chargé de porter son vœu à Napoléon qui répond :

« J'accepte le titre que vous croyez utile à la nation. Je soumets « à la sanction du peuple la loi de l'hérédité. J'espère que jamais « il ne se repentira des honneurs dont il environne ma famille. « Dans tous les cas, mon esprit ne sera plus avec ma postérité, le « jour où elle cessera de mériter l'amour et l'estime de la grande « nation ».

La proclamation de l'Empire avait, entre autres conséquences, celle de donner lieu à la cérémonie du sacre. C'est à ce propos que, de Saint-Cloud, furent envoyés aux fonctionnaires civils et militaires et aux grands officiers de l'Empire dont la nomination venait d'avoir lieu, les deux lettres circulaires que nous avons placées à la fin de cet ouvrage. (1)

Le 26 brumaire — 17 novembre — l'empereur « réunit à Saint- « Cloud un dernier Conseil pour régler définitivement le céré- « monial et les diverses cérémonies du sacre et du couronnement.

---

(1) Voir appendices.

« Ce Conseil fut composé des deux frères de l'Empereur, de
« l'archi-chancelier Cambacérès, de l'archi-trésorier Lebrun, du
« ministre de l'intérieur Champagny, du grand chambellan Talley-
« rand, du grand maître des cérémonies Ségur, du grand maréchal
« de la Cour Duroc et du grand écuyer Caulaincourt. Un grand
« nombre d'articles furent discutés et adoptés sans difficultés et
« l'on confirma, à peu de choses près, les dispositions relatives
« aux costumes, telles qu'elles avaient été arrêtées le 26 prairial
« au Conseil d'Etat ». (1)

Le couronnement eut lieu à Notre-Dame et, après les fêtes dont
il fut l'occasion, la vie reprit son cours.

Napoléon n'ignorait pas que les destinées d'un peuple ne
dépendent pas absolument de la force de ses armes. Il savait aussi
que l'industrie seule donne le sceptre du monde, que la prospérité
fondée sur le travail et les richesses industrielles est indestructible,
car cette prospérité est, de sa nature même, continuellement pro-
gressive. De même que Colbert, il mettait tous ses soins à protéger
l'industrie et les manufactures. L'Empereur, qui était toujours très
simplement vêtu de ce costume que l'image a vulgarisé, exigeait
cependant que chacun des officiers de sa maison se fît honneur des
émoluments qu'il recevait et que son costume répondît à sa
situation. Quant à lui « il disait qu'il ne voulait être habillé que
« comme un officier de sa garde ; il grondait continuellement sur
« ce qu'il prétendait qu'on lui faisait dépenser, et cependant, par
« fantaisie ou maladresse, il rendait fréquemment nécessaire le
« renouvellement de sa toilette. Entre autres coutumes destruc-
« tives, il avait l'habitude d'accommoder le feu avec son pied,
« brûlant ainsi ses souliers ou ses bottes, principalement quand
« il se livrait à quelque accès de colère ; alors, tout en parlant, il
« se fâchait, il repoussait violemment les tisons dans la cheminée
« près de laquelle il était... » (2)

---

(1) Miot de Mellito. *Souvenirs du Premier Empire.*
(2) Mme de Rémusat. *Les confidences d'une impératrice.*

Un jour, la princesse Pauline fit à Mlle Lesueur, lingère de la Cour, une commande très importante de dentelles, entre autres une robe faite exprès et sur un modèle donné. Il y en avait pour une trentaine de mille francs. Lorsque Mlle Lesueur vint pour livrer les dentelles, elle s'attendait non seulement à toucher le montant de sa facture, mais encore à recevoir des compliments. Rien de tout cela. La princesse avait changé d'avis. Pourquoi ? Pour rien, un caprice. Peu satisfaite, Mlle Lesueur trouva le moyen d'intéresser l'impératrice à sa déception. Mais elle-même, Joséphine, ne savait trop comment faire pour empêcher le scandale qui pouvait résulter de la désinvolture de la princesse. Elle se résigna à en parler à l'Empereur qui demanda à voir les dentelles. Il se rendit à Saint-Cloud et dans la chambre même de l'impératrice, il trouva Mlle Lesueur.

« Ce n'était pas, je l'avoue, dit Mlle Avrillon (1), un spectacle « ordinaire que de voir Napoléon examinant pièce à pièce les « dentelles contenues dans les cartons de Mlle Lesueur et disant « de temps à autre : — Comme on travaille en France... Je dois « encourager un pareil commerce... Pauline a tort... Le résultat « fut que l'Empereur acheta les dentelles pour son compte et en « fit la distribution entre quelques dames de la Cour ».

A cause de l'industrie nationale, Napoléon aimait à être entouré de luxe, mais pas de celui qui, par une sorte de superfétation, crée des besoins mensongers, exagère les vrais, les détourne de leur but, établit une concurrence de prodigalité ruineuse entre les citoyens, offre aux uns des satisfactions d'amour propre et présente aux autres le tableau trop désespérant d'un bonheur auquel ils ne pourront jamais atteindre. C'est contre ce luxe-là qu'il s'élevait avec force. Il ne voulait pas qu'à la Cour, composée d'une foule d'hommes honorables par leurs services, mais dont la plupart n'avaient pas de fortune, la folie d'une jeune femme pût compromettre le repos de son mari. « C'est à nous, disait-il un « jour à Junot, à donner l'exemple de la modération et à ne pas

---

(1) *Mémoires*.

Napoléon Ier, d'après le portrait de David.

« écraser par un faste ridicule la femme d'un officier sans fortune
« ou d'un savant respectable (1) ».

Et sur ce chapitre, répétons-le, il prêchait d'exemple. Par
contre, il s'abandonnait volontiers à sa générosité. Alors, il faisait
des cadeaux d'un prix généralement élevé, ou bien donnait de
l'argent, n'ignorant pas qu'une grande partie de ce don s'en irait
dans le commerce. Ce maître si terrible, ce despote, ce tyran,
pour employer les expressions familières à ses adversaires, avait,
au plus haut degré, le souci de la grandeur et de la prospérité de
la France.

C'est, au reste, un fait connu que jamais Napoléon ne refusa
son concours et son aide aux industriels momentanément dans la
gène. Il suffisait de lui demander une audience qui était toujours
accordée. Alors, comme il avait horreur de la prolixité, il suffisait
de lui exposer nettement, en peu de mots, la situation. Pendant
ce temps-là Napoléon prenait des notes... et la première audience
était terminée. Mais le jour même il donnait l'ordre de lui établir
un rapport qui devait lui revenir sous les yeux dans les quarante-
huit heures. Selon ce rapport, Napoléon jugeait si le solliciteur
était digne d'intérêt. Dans ce cas, il l'envoyait chercher et en
échange d'une ordonnance de la somme demandée, payable sur sa
liste civile, il se faisait remettre soit une reconnaissance, soit
une valeur à échéance fixe, afin d'éviter ce qu'il appelait des
scènes de sensiblerie.

Ce fut sous son règne et sous son impulsion que se développèrent à Lyon, les broderies et les soieries ; à Rouen, les coton-
nades et les tissus ; à Bruxelles, les dentelles et les points ; à Saint-
Etienne, les armes ; à Lille, les dentelles ; à Valenciennes, les
toiles et les batistes ; à Angoulême et à Douai, les canons ; à Saint-
Quentin, les batistes et les mousselines ; à Grenoble, les ganteries
et les soieries, etc., etc. « Tous les ans, il commandait à Lyon
« des tentures et des ameublements pour les différents palais.
« C'était afin de soutenir les manufactures de cette ville. De même

---

(1) Duch. d'Abrantès. *Mémoires.*

« on achetait encore tous les ans de beaux meubles d'acajou qu'on
« déposait au garde-meuble, des bronzes, etc. Les manufactures
« de porcelaine avaient des ordres pour fournir des services
« entiers d'une extrême beauté. Au retour du roi, tous les palais
« ont été trouvés meublés à neuf et les garde-meubles remplis...(1) ».

. . . .

Dans le système de Bonaparte, les ecclésiastiques n'étaient que
fonctionnaires publics, entièrement soumis à l'autorité civile,
tandis que d'après les maximes de la Cour de Rome, ils ne
devaient reconnaître, pour ce qui regardait la discipline intérieure
de l'Eglise et de la direction des consciences d'autres chefs que
leurs évêques, d'autre autorité que l'ultramontaine. Cette diver-
gence d'opinions et de principes était une source intarissable
d'empiètements et de griefs. La mésintelligence régnait entre les
deux gouvernements. Il y eut quelque apparence de réconciliation
vers 1804, époque à laquelle le premier Consul devenu empereur
désirait attirer le Pape à Paris et se faire couronner par lui. C'est
cet acte que les vieux républicains ont considéré comme tendant
surtout à remplacer la souveraineté du peuple par le droit divin.
Mais de leur part ce fut là une fausse interprétation. Le Pape
résista pendant longtemps à l'invitation de Napoléon. Cependant
la France était rentrée dans le giron de l'Eglise ; d'autre part la
correspondance de l'Empereur promettait d'améliorer le sort de
l'Eglise. Le Pape ne crut pas devoir continuer à se refuser aux
sollicitations de Napoléon. Il vint à Paris et le couronnement eut
lieu.

Sur ces entrefaites, Hortense de Beauharnais, femme de Louis,
eut un second fils en 1804. Pour cet enfant, Napoléon voulut profiter de la présence du Pape, c'est-à dire qu'il fut baptisé par le
Saint Père lui-même. Cette cérémonie eut lieu à Saint-Cloud le
27 mars 1805.

« Dimanche 3 germinal — an XIII — à trois heures de l'après-
« midi, Leurs Majestés Impériales, suivies de la Cour se rendi-

(1) Mme de Rémusat. *Confidences d'une impératrice.*

« rent à Saint-Cloud pour le baptême de S. A. I. Monseigneur le
« prince Louis. Cette cérémonie a été faite avec la plus grande
« pompe par Sa Sainteté. Huit voitures impériales ont conduit à
« Saint-Cloud le Pape Pie VII et son cortège de Cardinaux, Ar-
« chevêques, Evêques et Prélats et des Grands officiers de Sa
« Sainteté ». (1)

La galerie du château avait été convertie en chapelle. Pour
cette cérémonie « rien d'assez grandiose, d'assez archaïque, d'as-
« sez rituel. On a fouillé tous les cérémoniaires et compulsé
« tous les procès-verbaux ; on a raffiné sur l'étiquette et l'on a
« poussé les scrupules au point de rechercher des détails inusités
« depuis Louis XIV ». (2)

Dans un des salons de l'Impératrice, un lit, sans colonnes et
surmonté d'un dais, avait été dressé sur une plate-forme. Au pied,
un grand manteau d'hermine, pour envelopper l'enfant, était
étendu. Dans cette même pièce, dite Salon du Lit, pour la circonstance se trouvaient deux tables sur lesquelles étaient placés
les honneurs de l'enfant, c'est-à-dire le cierge, le crêmeau et la
salière et les honneurs du parrain et de la marraine, c'est-à-dire
le bassin, l'aiguière et la serviette. Sur ce dernier objet était un
carreau d'étoffe d'or, et tous les autres honneurs, à l'exception du
cierge, étaient placés sur un plat d'or.

Précédés par le Grand Maître des Cérémonies, le Grand Ecuyer,
le Grand Maréchal du Palais et suivis par un Colonel Général de
la Garde, par le Grand Aumônier, le Grand Chambellan et le
Grand Veneur, le parrain qui était l'Empereur, et la marraine
qui était Madame Mère, se rendirent dans le Salon du Lit.

L'enfant fut découvert par Mlle de Villeneuve, dame d'honneur de la princesse Louis Bonaparte, et par Mlle de Boubers,
faisant fonctions de gouvernante. La première leva l'enfant et le
présenta au parrain qui chargea Mlle de Boubers de le porter aux
fonts baptismaux. Le Grand Maître des Cérémonies remit la sa-

---

(1) *Moniteur.*

(2) F. Masson. *Napoléon et sa famille.*

lière à Mlle de Bouillé, le crêmeau à Mlle de Montalivet, le cierge
à Mme la Maréchale Lannes, la serviette à Mme de Séraut, l'aiguière à Mme Savary, le bassin à Mme de Talhouët. On se rendit
ensuite à la galerie convertie en chapelle. Les Maréchales Bernadotte, Bessières, Davout et Mortier portaient les coins du manteau de l'Impératrice. Madame Mère était à la gauche de l'Empereur. Après le baptême, l'enfant fut reconduit dans le Salon du
Lit avec le même cortège.

Un banquet eut lieu ensuite, puis après une représentation
d'Athalie, avec des chœurs fournis par l'Académie de Musique
et dirigés par Lesueur, fut donnée sur le théâtre de la Cour par
les comédiens ordinaires de Sa Majesté.

La représentation terminée « on rentre dans les appartements
« où Leurs Majestés tiennent cercle, tandis que dans le parc
« ouvert au public, le populaire à la lueur des lampions de Gan-
« neron — et il y en a pour 22.407 francs 70 centimes — court
« aux orchestres de danse, aux jeux de bague, aux mâts de coca-
« gne, aux spectacles forains et s'extasie au feu d'artifice de
« Ruggieri — un feu d'artifice de 15.000 francs ». (1)

Mais, pendant que ces fêtes ont lieu à Saint-Cloud, au loin
l'horizon s'assombrit, les nuages s'amoncellent. Napoléon sait
cependant qu'il peut, ailleurs que dans la guerre, être aussi grand
et aussi glorieux. Il écrit au roi d'Angleterre une lettre où se
révèlent les aspirations de son cœur, les élans de son âme. Il lui
dit : « Je n'attache pas de déshonneur à faire les premiers pas...
« J'ai assez, je pense, prouvé au monde que je ne redoute aucune
« des chances de la guerre... La paix est le vœu de mon cœur,
« mais la guerre n'a jamais été contraire à ma gloire... Je conjure
« Votre Majesté de ne pas se refuser au bonheur de donner la paix
« au monde... » Mais, une fois encore, Napoléon se trompe comme
déjà Bonaparte s'était trompé... Vivant génie des batailles, issu
des luttes et des combats auxquels il est redevable de sa personnalité, de sa gloire, de son empire, de son auréole, Napoléon

---

(1) F. Masson. *Napoléon et sa famille.*

semble ne pouvoir exister que s'il cède au Destin qui l'a créé et qui le convie à de nouveaux exploits !... Une haine féroce, criminelle, anti-humaine, aveugle l'Angleterre qui, pour toute réponse à la lettre de Napoléon, rompt le traité d'Amiens. D'autre part, frappée de démence, l'Autriche rouvre le temple de Janus !...

Non, la guerre n'a jamais « été contraire à sa gloire », mais il en connaît toutes les horreurs et aussi toutes les douleurs. « Les « conséquences d'une bataille, dira-t-il plus tard, sont bien faites « pour inspirer aux princes l'amour de la paix et l'horreur de la « guerre. Il faudrait que tous ceux qui fomentent des luttes sem« blables puissent voir toutes ces monstruosités ; ils sauraient ce « que leurs projets coûtent à l'humanité. Devant un tel spectacle, « le cœur parle plus haut que la politique. C'est alors que la gloire « n'a plus d'illusions ! »...

La guerre recommence. Avec quels triomphes, on le sait. Ce n'est pas à nous de le redire.

> « . . . . . Il parcourait la terre
> « Avec ses vétérans, nation militaire
>   « Dont il savait les noms ;
> « Les rois fuyaient, les rois n'étaient point de sa taille
> « Et, vainqueur, il allait par les champs de bataille
>   « Glanant les canons.
>
> « Et puis il revenait avec la Grande Armée
> « Encombrant de butin sa France bien-aimée,
>   « Son Louvre de granit.
> « Et les Parisiens poussaient des cris de joie,
> « Comme font les aiglons, alors qu'avec sa proie
>   « L'aigle rentre à son nid ». (1)

Chaque journée de 1805, presque, fut marquée d'une victoire. Alors, l'éclat de la gloire militaire de Napoléon dominait tout, tout, même, il faut bien en convenir, les plaintes des mères... Au

---

(1) V Hugo.

loin, la veille d'Austerlitz, un vieux grenadier avait dit à l'Empereur : « Sire, tu n'auras pas besoin de t'exposer ; je te promets, au
« nom de mes camarades, que tu n'auras à combattre que des yeux
« et que nous t'amènerons demain les drapeaux et l'artillerie de
« l'armée russe pour célébrer l'anniversaire de ton couronne-
« ment !. . » Et l'engagement fut tenu !...

En apprenant cette victoire, Paris eut la fièvre, Paris eut le
délire... Des arcs de triomphe furent dressés de tous les côtés, sur
toutes les places, dans toutes les rues. Des réjouissances publiques
eurent lieu partout !... De cette victoire, la paix allait enfin résulter.
Du moins, tout le monde l'espérait tout bas, car personne n'osait
parler trop haut, et comme c'était la fin de l'année, on répétait ce
couplet d'un vaudeville :

« Combien dans la nouvelle année
« On doit prévoir de jours heureux !
« Dans celle qui s'est terminée
« Que d'événements glorieux !

« Toutes deux dignes de mémoire
« Seront à la gloire des Français :
« L'une finit par la victoire ;
« L'autre verra fixer la paix ! » (1).

« A notre retour de cette glorieuse campagne, dit Constant, la
« commune de Saint-Cloud, si favorisée par le séjour de la cour,
« avait décidé qu'elle se distinguerait, dans cette circonstance, et
« s'efforcerait de prouver tout son amour pour l'Empereur » (2).

En effet, le maire, qui était alors M Barré, avait résolu, après
avoir pris l'avis de son Conseil, d'élever, au bas de l'avenue, un
superbe arc de triomphe. Sur l'une des faces, on lirait :

A Son Souverain Chéri
La plus heureuse des communes.

---

(1) Radet. *La Réunion de Famille.*

(2) Constant *Mémoires.*

Sur l'autre :

A NAPOLÉON PACIFICATEUR

Le jour présumé de l'arrivée de l'Empereur, tout était prêt. Maire, conseillers, notabilités, population, étaient présents à leur poste. Ceux qui devaient prononcer des discours les connaissaient par cœur et la foule savait, à quels moments, elle devait faire entendre ses acclamations. La petite ambition qu'avait chacun de fixer sur soi, ne fût-ce qu'un instant, l'œil du triomphateur, maintenait tout le monde à sa place, malgré le froid rigoureux qu'il faisait alors. Cependant les heures passèrent sans que rien ne vînt annoncer l'arrivée de Napoléon... La nuit même se fit, atténuée par l'éclat des lampions. Chacun faisait preuve d'une patience digne d'un meilleur sort... Toutefois vers onze heures, les figures s'allongèrent, déconfites. On supposa que l'Empereur n'arriverait pas, avant le lendemain peut-être, et las d'avoir été exposé à la bise, chacun songea à prendre dans un peu de repos de nouvelles forces pour une nouvelle attente. Mais en homme de précaution, le premier magistrat de la commune, M. Barré, fit placer des échelles en travers du portique afin que nul ne pût passer sous la voûte... Bientôt le silence se fit, les rues devinrent désertes et une à une les lumières des maisons s'éteignirent... Soudain un grand bruit retentit dans la nuit : on eût dit un roulement de tonnerre ou le sourd retentissement sur le sol d'une troupe de cavaliers... Napoléon arrivait... Son escorte descend l'avenue au galop... Tout à coup elle s'arrête... L'Empereur interroge... On lui dit qu'un arc de triomphe barré par des échelles empêche le passage... Il comprend, ou plutôt il devine ce qui a dû se passer... Les échelles sont enlevées et Napoléon rentre au château.

Au lever du jour soixante coups de canon apprirent à la population de Paris, et aussi à celle de Saint-Cloud, que l'Empereur était arrivé ! Le pauvre M. Barré fut désolé de sa déconvenue. On en rit d'abord, puis cet incident finit par être oublié... Les réceptions eurent lieu à Saint-Cloud, et tous les corps de l'Etat vinrent haranguer le vainqueur d'Austerlitz à qui le Sénat décernait le titre de *Grand*.

1806, — cette année, en vertu d'un décret rendu à Saint-Cloud, en septembre 1805, le calendrier républicain céda la place au calendrier grégorien, — 1806, disions-nous, ne vit point se réaliser les espérances de paix conçues au lendemain d'Austerlitz. Peut-être Napoléon, lui aussi, pensa-t-il en avoir fini avec les batailles : Pitt, son adversaire acharné, son mauvais génie, venait de mourir !.. Mais les événements se chargèrent de lui enlever cette illusion, s'il l'eut jamais. Aussi, à peine l'année en était-elle à la moitié de son cours que, déjà, on parlait à nouveau de la guerre : *Bellaque matribus detestata...* « On me croit ennemi de « la paix, disait-il ; mais il faut que j'accomplisse ma destinée... « Je suis forcé de conquérir pour conserver ». Hélas, on ne pouvait expliquer d'une façon plus claire et plus précise le cercle vicieux dans lequel Napoléon allait désormais se mouvoir.

Cependant, on ne peut pas dire que l'Empereur envisageait cette constante perspective de guerre d'un cœur gai. A l'approche de ces sombres événements, il devenait morose et triste. En croupe, derrière le cavalier, était le noir souci : *Post equitem sedet atra cura...* Malgré sa confiance en son étoile, il n'était pas sans appréhensions et ne parlait de la lutte qu'il allait entreprendre contre la Prusse et la Russie qu'avec une sorte de répugnance. Autour de lui, à Saint-Cloud, « il y avait quelque chose de som- « bre, d'oppressé. — Pourquoi donc avez-vous l'air si triste ? « dit l'Empereur à Mme de Rémusat dont le mari, premier cham- « bellan, venait d'être envoyé à Mayence pour y préparer les « logements de son maître. — Je suis triste, répondit la dame du « palais, parce que mon mari m'a quittée. Et comme Napoléon se « moquait de cette douleur conjugale : — Sire, reprit-elle, j'i- « gnore tout à fait les jouissances héroïques et j'avais mis, pour « mon compte, ma part de gloire en bonheur. — Alors l'Empe- « reur se mit à rire et s'écria : Du bonheur ? Ah ! oui, il est bien « question de bonheur dans ce siècle-ci ». (1)

_____

(1) St-Amand. *La Cour de Joséphine.*

En effet, jamais époque ne fut moins propice aux existences désireuses de calme et de tranquillité. Il n'y eut d'heureux que les soldats.

Pour eux Napoléon avait des attentions toutes particulières, des soins paternels. Tout en les passant en revue, il les questionnait sur le lieu de leur naissance, sur leurs parents, s'informait si leur situation était bonne ou mauvaise. Dans ce dernier cas, il faisait toujours remettre un secours, aux vieux demeurés au pays. Rien de ce qui les concernait ne le laissait indifférent. Il vivait avec eux, au milieu d'eux, leur parlant d'un ton bref, mais toujours avec intérêt. Aussi était-il adoré d'eux, et beaucoup, dans sa garde surtout, avaient gardé à son égard le sans-façon des mœurs républicaines et ne se gênaient pas toujours pour lui parler nettement Au sentiment d'adoration dont il était l'objet se mêlait une liberté de langage qu'il tolérait sans doute parce qu'elle le changeait de l'obséquiosité des courtisans. Si Napoléon était pour eux le dieu, c'était aussi l'ami. D'un signe il pouvait les envoyer à la mort, mais il était également celui pour qui chacun était prêt à se jeter dans le gouffre. Au lendemain des batailles, il allait lui-même accompagné d'un aide-de-camp, visiter les blessés. Il s'efforçait, par de bonnes paroles, d'atténuer leurs souffrances, leur accordait la récompense de leur bravoure et s'en revenait toujours l'âme profondément triste.

Mais, à côté de la sollicitude que Napoléon témoignait à ses soldats, d'une manière parfois touchante, il tenait la main à l'application d'une discipline de fer. « La discipline dans une armée, « a dit le chevalier de Folard, peut être comparée au cœur du « corps humain. Si le cœur est affecté et gâté, le reste de la ma- « chine tend à la désorganisation et à la mort. Soyez convaincus, « une fois pour toutes, que les armées qui gagnent les batailles « sont celles où la discipline est en même temps la plus sage et « la plus inflexible ». (1)

---

(1) *Commentaires sur Polybe.*

Marie-Louise d'Autriche, Impératrice.

Sous ce rapport, la garde était un modèle et un type. D'ailleurs, Napoléon disait en parlant d'elle : « Si un corps privilégié ne se « comporte pas avec sagesse et avec mesure, il faut le dissoudre. « Je veux avoir des soldats aguerris dans ma garde, mais je ne « veux pas de soldats indisciplinés. Quel que fût leur uniforme, « ces hommes ne seraient à mes yeux que des janissaires ou des « prétoriens. Or, je ne suis pas un empereur de Bas-Empire, et « je ne veux être ni inquiété, ni déposé par des soldats que j'atta- « che à ma personne ».

C'est par l'application des principes de cette rigoureuse subor- dination qui, disait l'orateur romain, « a couvert la république « romaine d'une gloire éternelle et contraint la terre d'obéir à son « empire » que Napoléon put faire de sa garde cet admirable corps dont tout le monde connaît les exploits et dont le souvenir est impérissable. Cette austère discipline lui donna la prodigieuse intrépidité qui décida de tant de victoires, la rendit redoutable à l'ennemi et, lorsque le sort de la bataille se montrait indécis, faisait ardemment désirer sa présence par les autres troupes. Elle était alors comme ce magnifique palmier du Sinaï dont les immenses rameaux protègent à la fois contre les ardeurs d'un soleil dévorant et la violence des tempêtes les chétifs arbustes qui croissent sous son ombrage.

A dire vrai, les occasions de sévir étaient excessivement rares. Sans doute, ces guerriers n'étaient point des saints, encore moins des sages. Or, on sait que le sage pèche sept fois par jour. Mais il y a péché et péché. Toutefois, aucun des grenadiers de la garde n'aurait voulu, par une mauvaise action, compromettre la dignité du corps auquel il avait l'*honneur* d'appartenir. Ainsi, on n'eut jamais un vol à constater et à punir. D'ailleurs, personne n'ignore ce fait, survenu pendant la retraite de Russie, d'un trésorier aux armées confiant, par petites sommes, le montant de sa caisse, soit deux millions, aux grenadiers de la garde. Tous rapportèrent ce qui avait été confié à leur probité, tous, excepté un qui, au passage de la Bérésina, se noya avec les soixante-dix louis dont on l'avait chargé.

Les cas d'ivresse auraient peut-être été plus fréquents s'ils n'avaient été, eux aussi, rigoureusement réprimés. Outre le cachot, l'ivresse constatée, devenue l'objet d'une punition, entraînait l'exclusion de la garde et l'incorporation dans un autre corps. On conçoit aisément quelle puissance de coactivité cette dernière mesure avait sur des hommes qui mettaient leur orgueil à faire partie de la garde impériale.

Un jour, à Saint-Cloud, Joséphine voyant Napoléon en proie à de grandes préoccupations parvint, à force de tendres instances, à lui faire accepter, comme distraction, une promenade en voiture. Chemin faisant, l'Empereur s'avisa de taquiner un petit chien, hargneux et rageur, que Joséphine avait emmené et qu'elle tenait sur ses genoux. A ce jeu, le visage de Napoléon s'était éclairci et l'Impératrice était ravie. Mais Napoléon était d'un naturel taquin et quand il entreprenait quelqu'un, il y en avait pour longtemps. Le couple impérial rentrait à Saint-Cloud que Napoléon *agaçait* encore le chien de Joséphine. Le petit animal était furieux. Ses aboiements emplissaient la voiture. Joséphine « avait la tête cassée » et cependant elle ne disait rien, trop heureuse de cette diversion à la morosité de son mari. Comme la voiture traversait la route de Bellevue, non loin de la caserne des Guides, l'Impératrice aperçut une pancarte qui se balançait à l'une des fenêtres. « Tiens, regarde, Bonaparte, dit-elle, voici que l'on met à louer « une de tes casernes!... » L'Empereur sursauta, regarda dans la direction du bâtiment et vit, effectivement, un écriteau qui se balançait au vent. Il appela son aide-de-camp, lui donna l'ordre d'aller voir de quoi il s'agissait. Cinq minutes après, l'officier revenait. Joséphine aurait bien voulu savoir ce que signifiait cet écriteau, mais l'Empereur, en veine de taquinerie, exigea que l'officier lui parlât bas et à l'oreille. « ...Bien, dit Napoléon. Vous « direz au colonel de m'amener cet homme demain à la revue... » Ce fut tout ce que l'Impératrice entendit et tout ce qu'elle put savoir... jusqu'au lendemain.

Le lendemain, Napoléon avait oublié l'incident de la veille. Mais, à la revue de la garde montante, revue qu'il passait lui-même, il aperçut à l'extrémité du front un vieux soldat, à genoux, gardé par

deux sergents. Son visage s'assombrit. Il continua son inspection,
visiblement préoccupé. Il arriva enfin devant le vieux troupier et,
se tournant vers le colonel, il lui dit : « Que signifie cet homme à
« genoux ? — Sire, répliqua le colonel, Votre Majesté doit se
« rappeler qu'Elle a donné l'ordre de lui amener l'homme qui a
« fait un écriteau... — Ah ! oui, en effet, fit Napoléon, je me
« souviens »... Alors, s'adressant au soldat : « C'est toi qui
« t'avises, mauvais sujet, de te griser comme un vrai chenapan et
« d'avoir le vin mauvais ? Tu insultes un de tes chefs ! tu le
« frappes, te voilà dans de beaux draps ; et qu'est-ce qu'il va
« t'arriver ? Tu ne rougis pas d'une telle conduite, toi qui portes à
« la boutonnière une pareille décoration. Cela t'arrive-t-il souvent
« de te griser ? »... Le pauvre soldat était bien trop ému pour
répondre, ce fut son colonel qui répondit à sa place : « Non, Sire !
« — ...Ainsi, dit l'Empereur, tu vas passer au conseil de guerre
« aujourd'hui... Cependant, reprit-il, si j'étais sûr que tu fusses
« un bon camarade... » Et se tournant vers le régiment, il demanda :
« Est-ce un bon camarade ?... — Oui, oui, Sire ! crièrent plusieurs
« voix... — Où a-t-il gagné la croix ?... — A Austerlitz !... — Bien,
« bien, cela me suffit », dit Napoléon qui, prenant le vieux soldat
par les moustaches, lui dit alors : « Comment, tu étais à Austerlitz
« et tu te conduis comme un conscrit sans discipline ! Qu'est-ce
« qu'il te serait arrivé pourtant si ma femme n'avait pas eu de bons
« yeux... Crois-tu que je l'aurais vu, moi, ton écriteau qui te servait
« à demander grâce ?... Allons, lève-toi, va-t-en à ton rang et si
« tu te grises encore une fois, je te préviens que tous les écriteaux
« de la terre ne pourront rien pour toi !... (1)

Le régiment tout entier se mit à crier : *Vive l'Empereur !* et
Napoléon, alla lui-même, expliquer à Joséphine que l'écriteau
portait le mot: Grâce et qu'il venait de pardonner une faute contre
la discipline.

L'anecdote concernant la nomination d'un des Majors-Colonels
de la garde vaut la peine d'être contée et c'est par elle que

---

(1) Anonyme. 1808.

.nous terminerons ce passage de notre livre. Napoléon avait une estime toute particulière pour le général Gros. En parlant de ce dernier, l'Empereur disait : « Il vit dans la poudre à canon, « comme le poisson dans l'eau : c'est son élément ». De lui, on disait encore : « C'est un troupier fini ». Et c'était alors le plus bel éloge que l'on pût faire d'un soldat. Il avait à peine quarante ans. Il était grand, bien fait, avec une figure mâle et belle. A tous tous ces avantages, il joignait une voix forte et sonore, une excessive générosité et une valeur qui ne se plaisait qu'au milieu du danger. Malheureusement, il était peu lettré et il avait une manière de s'exprimer qui n'appartenait qu'à lui seul.

Gros était major des chasseurs à pied quand, un jour, il reçut l'ordre de se rendre à Saint-Cloud où l'Empereur voulait lui parler. Donc, Gros arrive et, en attendant son tour de réception, on le fait entrer dans un salon où il se trouva seul. Ne sachant que faire et peut-être un peu anxieux de ce que lui voulait l'Empereur, Gros se mit à arpenter le salon, dans tous les sens. Mais soit qu'il allât, soit qu'il revînt, il voyait toujours devant lui une glace qui réfléchissait son image. Tout d'abord il se regarda avec indifférence, puis, peu à peu, il en vint à s'admirer avec complaisance. Enfin, il finit par s'arrêter devant l'une des glaces et là, il haussa son col, rajusta ses épaulettes, s'extasia devant la régularité de sa tenue. Très satisfait de cet examen de sa personne, Gros, qui était seul, se tint à lui-même et à haute voix, ce petit discours que pimentait un accent méridional très prononcé : « Ah ! mon « cadet, il y en a peu de ficelés comme toi... Quel dommage que « tu n'aies pas appris les *mathémétiques* comme l'exige l'Em- « pereur, tu serais général aujourd'hui ! ». « — Tu l'es ! », dit soudain une voix derrière lui. Gros se retourna et perdit un peu de sa belle assurance en voyant l'Empereur, qui était entré sans bruit et avait entendu le soliloque de Gros. — « Oui, reprit Napo- « léon en riant de la confusion de l'officier, tu es général, puis- « que c'est pour t'apprendre ta nomination que je t'ai fait « venir » (1).

---

(1) Marco de Saint-Hilaire. *Hist. de la Garde Impériale.*

En 1809, la France commence à douter de l'infaillibilité politique de Napoléon. Ce qui fait naître le doute c'est le divorce
de l'Empereur, ou plutôt c'est la répudiation de Joséphine. Le
pays ne comprend pas que Napoléon rompe les liens qui l'unissent
à l'Impératrice depuis quatorze ans, parce que :

> « D'aucun gage les dieux n'ont honoré sa couche,
> « L'Empire vainement attend un héritier ».

Dès lors, Joséphine fut considérée comme la victime d'une
raison d'Etat difficile à justifier. D'universelles sympathies se
prononcèrent d'autant plus en sa faveur que pendant le Consulat
on savait qu'elle était souvent intervenue pour obtenir quelques
atténuations aux rigueurs, parfois excessives, du maître et que,
sur le trône impérial, elle s'était révélée un modèle de grâce et de
bon goût. Mme de Rémusat, ordinairement si peu bienveillante
pour l'Impératrice, est obligée dans ses *Mémoires* de reconnaître
l'attrait que Joséphine exerçait par son tact, son intelligence, sa
dignité.

Au début, elle aida puissamment le premier Consul dans la
consolation des malheurs auxquels il venait de mettre un terme.
Jamais personne ne se retira d'auprès d'elle sans être ou enchanté
ou reconnaissant. Elle accueillait toute espèce d'infortune immé-
ritée. Sa bienfaisance ne connaissait pas de partis. A l'insu de son
mari, elle faisait une pension à la nourrice du Dauphin, aussi
plus tard, lorsque Napoléon connut ce généreux secret, il voulut, lui aussi pensionner la nourrice de Louis XVI et celle de la
fille de ce roi. Sans se mêler des affaires politiques, Joséphine,
néanmoins éclairait souvent Napoléon sur une injustice et le pré-
disposait à accorder une grâce. Elle était la femme de l'homme
qui devait le plus facilement pardonner ; elle était la meilleure
des femmes.

La couronne, loin de la tenter, lui causait un certain effroi. Elle
fut remplie d'appréhension quand elle vit Napoléon proclamé
Consul à vie : elle comprit que c'était le premier pas vers l'Em-

pire. Si elle était généreuse et prodigue à l'excès, elle n'en avait pas moins des idées modestes et sages, et pour elle-même elle préférait de beaucoup le séjour de la Malmaison aux pompes de Saint-Cloud. Les grandeurs auxquelles atteignait son mari, ne lui tournèrent pas la tête ; elle parut, au contraire, moins ambitieuse, et regretta sincèrement le temps où on l'appelait simplement la citoyenne Bonaparte. Et si Napoléon l'eût écoutée il serait resté le premier citoyen d'une grande République.

A l'avènement de l'Empire, dans l'entourage de l'Empereur, s'était formé un parti qui s'inquiétait de ne point voir de successeur au chef de l'Etat. On lui parla de divorce et tout d'abord Napoléon repoussa ce conseil, puis il finit par céder. Combien tristes étaient les entretiens de Joséphine avec Napoléon, surtout lorsque l'Impératrice, pour ne pas donner à l'Empereur le regret de n'avoir pas d'enfants, s'abstenait de parler des siens et refoulait ses inquiétudes maternelles ! Ces entretiens se terminaient toujours d'une façon pénible. Quoi qu'il dît, « l'Empereur n'avait certainement pas « l'intention d'affliger sa femme, et elle, de son côté, ne pouvait « rien lui dire de l'interprétation que de douloureux souvenirs lui « faisaient donner, malgré elle, à ses paroles. L'Empereur était, « en effet, un des meilleurs maris que j'aie jamais connus. Lorsque « l'Impératrice était incommodée, il passait auprès d'elle tout le « temps qu'il lui était possible de dérober aux affaires. Il venait « toujours dans sa chambre avant de se coucher et, fort souvent, « lorsqu'il se réveillait pendant la nuit, il envoyait son mamelouk « savoir des nouvelles de Sa Majesté, ou il venait lui-même. Il « avait pour elle la plus tendre amitié et il est vrai de dire qu'elle « le payait bien de retour. De l'amour qu'elle avait eu pour lui, de « l'admiration qu'il lui inspirait s'était formé un sentiment qui « tenait presque du culte. Je parle sans hyperbole quand je dis « que l'Impératrice aurait donné sa vie pour son mari et, peut-être, « fit-elle plus par la suite. Rien de ce que je dis ici ne paraîtrait « exagéré si l'on avait pu, comme moi, être témoin des preuves « d'attachement que les deux époux se donnèrent réciproquement « et j'ai la certitude que, lorsque des raisons politiques les con-

« traignirent de se séparer, toute la douleur ne fut pas d'un seul
« côté ». (1)

« Je n'ai pas le courage, lui disait-il alors, d'en prendre la der-
« nière résolution et si tu me montres trop d'affliction, si tu ne fais
« que m'obéir, je sens que je ne serai jamais assez fort pour
« t'obliger à me quitter. Mais j'avoue que je désire beaucoup que
« tu saches te résigner à l'intérêt de ma politique et que, toi-même,
« tu m'évites tous les embarras de cette pénible séparation. En
« parlant ainsi, l'Impératrice ajoutait que Napoléon avait répandu
« beaucoup de larmes ». (2)

Dans ses entretiens à Sainte-Hélène, Napoléon, en parlant de
Joséphine, se disait convaincu qu'il avait été ce qu'elle aimait le
mieux et ajoutait, en riant, qu'il ne doutait pas qu'elle eût quitté un
rendez-vous d'amour pour venir auprès de lui. Elle n'eût pas
manqué un voyage, quelque pénible qu'il fût, pour tout au monde.
Ni fatigues, ni privations ne pouvaient la rebuter. Elle employait
l'importunité, la ruse même, pour le suivre. « Montais-je en
« voiture au milieu de la nuit, pour la course la plus lointaine, à
« ma grande surprise je trouvais Joséphine tout établie, bien
« qu'elle ne dût pas être du voyage. — Mais, lui disais-je, il vous
« est impossible de venir, je vais trop loin, vous auriez trop à
« souffrir. — Pas le moindrement, répondait Joséphine. — Et
« puis, il faut que je parte à l'instant. — Aussi, me voilà toute
« prête. — Mais, il faut un grand attirail. — Aucun, disait-elle,
« tout est préparé. — Et la plupart du temps, il fallait bien que je
« cédasse ». (3)

« En somme, concluait-il, Joséphine avait donné le bonheur à
« son mari et s'était montrée son amie la plus tendre, professant
« à tout moment et à toute occasion la soumission, le dévouement,
« la complaisance les plus absolus. Aussi lui conservait-il toujours
« les plus tendres souvenirs et la plus vive reconnaissance ». (4)

---

(1) Avrillon. *Mémoires.*
(2) Mme de Rémusat. *Confidences d'une impératrice.*
(3) *Mémorial.*
(4)   —

Joséphine est montée plus haut ; elle a été bien autrement honorée, bien autrement reine que ne le fut la veuve de Scarron, Mme de Maintenon, même devenue la femme de Louis XIV. Elevée comme elle, dans la même île, dans les mêmes conditions d'obscurité et de médiocrité, Joséphine, pendant dix années, a savouré toutes les faveurs de la fortune. Les empereurs et les rois ont brigué un de ses regards, sollicité une de ses paroles. Les potentats si fiers, si vains se sont empressés de lui prodiguer les hommages réservés jusqu'alors à leurs personnes, ils ont imploré sa protection auprès de l'homme qui disposait de leurs couronnes, du sort de leurs royales maisons. Mais, quel que fût son pouvoir, elle n'en usait qu'avec un tact admirable. « Jamais il ne lui est arrivé, par « exemple, disait Napoléon, de rien demander pour Eugène ; « d'avoir jamais même remercié pour ce que je faisais pour lui, « d'avoir même montré plus de soins ou de complaisances le jour « des grandes faveurs, tant elle avait à cœur de se montrer per- « suadée et de me convaincre que tout cela n'était pas son affaire « à elle, mais bien la mienne, à moi, qui pouvais et devais y « chercher des avantages. Nul doute qu'elle n'ait eu plus d'une « fois la pensée que j'en viendrais un jour à l'adopter pour « successeur ». (1)

Le double diadème qui ceignait le front de Joséphine lui a été conservé dans l'opinion publique lorsqu'elle perdit le titre d'épouse du plus grand homme qu'aient offert quarante siècles Le divorce de Napoléon ne fit qu'accroître la gloire de Joséphine et lui donna d'imprescriptibles droits au souvenir affectueux des Français. « Joséphine a subi sans murmurer sa destinée, cette « inflexible destinée qui lui ravissait tant d'honneurs et d'hom- « mages ; elle a conservé le sentiment et toute la dignité de sa « grandeur. Elle a su être impératrice et reine jusqu'à son dernier « soupir. Les Bourbons de Coblentz n'ont pas vu, au château des « Tuileries, la femme de Napoléon ! »

Le divorce par consentement mutuel eut lieu le 15 décembre

---

(1) *Mémorial.*

1809. Le Sénat l'enregistra et le *Moniteur* du 17 inséra les pièces qui le constatent.

Un mois après, à peine, le 12 janvier 1810, se réunit à Saint-Cloud un Conseil secret qui délibéra sur l'alliance la plus avantageuse pour la France que devait contracter Napoléon. Ce Conseil était composé de : Joseph Bonaparte, roi d'Espagne ; Louis Bonaparte, roi de Hollande ; Murat, roi des Deux-Siciles ; Cambacérès, prince archi-chancelier de l'Empire ; de Talleyrand, prince de Bénévent, vice grand-électeur de l'empire, et Maret, duc de Bassano, secrétaire d'Etat. Napoléon présidait ce conseil qui avait à fixer son choix entre une sœur de l'empereur de Russie, une fille de l'empereur d'Autriche et une fille du roi de Saxe.

Les hommes d'Etat, doués de quelque perspicacité, inclinaient tous pour la Russie. Il leur paraissait de toute évidence qu'une telle alliance déterminerait un désarmement, devenu nécessaire d'ailleurs. Mais, d'autre part, Napoléon avait pris des informations. L'archiduchesse d'Autriche lui plaisait, et à ce Conseil où il était venu, son siège étant déjà fait, Cambacérès combattit sa résolution en une discussion un peu vive. Le lendemain, M. Pasquier, alors maître des requêtes au Conseil d'Etat, ayant eu l'occasion de parler de cette alliance avec Cambacérès, celui-ci lui dit : « J'ai presque « forcé la porte du cabinet de l'empereur pour lui dire ce que je « n'avais pu dire hier en plein Conseil, c'est-à-dire pour lui faire « connaître les motifs de mon opposition au mariage autrichien. « Il n'a pas voulu m'écouter : la vérité est toujours difficile à « entendre. Il m'a presque chassé de sa présence, il m'a dit de le « laisser tranquille et j'ai dû céder. Mais, je vous le dis à vous, ce « mariage que l'on considère comme un gage de paix n'a pas de « valeur à mes yeux. Je ne donne pas deux ans de bonne intelli- « gence à ces deux hommes ; il n'y a pas de sympathie possible « entre eux et la nouvelle impératrice n'empêchera pas la guerre « d'éclater. Cela peut nous mener loin. La Russie va se trouver « froissée, la moindre discussion prendra un caractère violent et « je prévois des embarras de tout genre ». (1)

---

(1) *Revue Hebd. Journal du Dr Menière.*

La suite a prouvé que Cambacérès voyait loin et juste.

Pendant les quelques jours qui précédèrent le mariage de Napoléon, l'Empereur habita constamment Saint-Cloud. Il se promenait fréquemment dans le parc. Et c'est là que devait lui parvenir un écho des regrets laissés dans l'opinion publique par la répudiation de Joséphine. Un après-midi, comme Napoléon, accompagné du maréchal Ney, approchait de la grille, il se trouva en présence d'un sergent de la garde qui était de planton. Cet homme était resté très attaché à Joséphine. A l'arrivée de l'Empereur, le sergent salua militairement. Napoléon s'approcha de lui et, comme il le faisait avec tous les soldats de sa garde, s'informa de ses nouvelles. Le sergent lui rappelle qu'il a été en Italie et Napoléon lui demande enfin s'il est content. Alors, sans aucune hésitation et sans crainte, avec cette franchise toute militaire, le sergent répond : « Oui, Sire, « très heureux de servir Votre Majesté, comme nous étions con- « tents de servir l'Impératrice Joséphine ».

« L'évocation de la femme répudiée », dit le maréchal Ney à M. Pasquier à qui il racontait cet incident « au moment même « où allait se conclure l'union avec la fille des Césars, était d'une « audace extrême. En entendant la réponse du sergent, l'Empe- « reur s'élança et je crus qu'il allait châtier l'homme avec la cra- « vache qu'il avait à la main. Celui-ci n'avait pas bronché. Tou- « jours dans la raide attitude du militaire sous les armes, il « regardait droit devant lui. L'Empereur le toucha presque, le « fixa longuement dans les yeux, sans que l'autre fût intimidé, « puis, brusquement, sans mot dire, il reprit le chemin du palais. « Il marchait précipitamment. Sa colère devait être grande, car à « un moment, froissant quelques dépêches qu'on venait de lui « remettre, il les jeta au loin. Le soir il resta enfermé chez lui « et personne ne put l'approcher ». (1)

La future impératrice, Marie-Louise était la fille de François Ier, empereur d'Autriche et de Marie-Thérèse de Naples. Elle avait dix-huit ans. D'une grande taille, elle n'était ni belle, ni même jolie. Elle avait le charme que donne à une femme la santé et

_____

(1) *Revue hebdomadaire. Journal du Dr Ménière.*

la jeunesse. Son intelligence était ordinaire, et son caractère faible. Lorsqu'on lui parla de son mariage avec Napoléon, elle accepta, mais sans manifester de crainte, de déplaisir ou de joie. Cependant, elle avait un immense orgueil. Dans cette union avec Napoléon elle ne considéra que le trône de France : elle le vit digne d'elle et se jugea digne de lui. Quant à l'Empereur, il n'est pas absolument certain qu'à ses yeux le prestige de son génie, sa puissance et sa gloire eussent complètement effacé pour elle l'humilité de ses débuts !

Le mariage impérial fut célébré à Vienne, par procuration, le 11 mars 1810. Le premier avril suivant le mariage civil eut lieu au château de Saint-Cloud, avec un cérémonial dont on trouvera les détails dans une autre partie de cet ouvrage (1).

Pendant que la cérémonie avait lieu, le parc était ouvert au public. « Le soir, l'illumination du parc avait été disposée avec un « art infini, elle rendait le jeu des eaux plus brillant par les feux « sur lesquels ces eaux retombaient en cascades. L'aspect de la « grande cascade était surtout d'un effet vraiment magique. Dans « leurs descriptions de jardins enchantés, les poètes n'ont donné « qu'une faible idée d'un tel aspect et d'un tel effet de lumières. « Dans toutes les parties du parc des jeux de toute espèce avaient « été préparés. Une foule immense, venue de Paris et des environs, a pris part à la fête qui a eu beaucoup de mouvement et « de gaieté. La disposition de ce brillant spectacle était nouvelle « et elle a surpassé l'attente générale. » (2)

Puis comme toutes les solennités de ce genre, le mariage de Napoléon avec Marie-Louise donna lieu à des actes de clémence et de générosité de la part de l'Empereur.

Les fêtes continuèrent pendant plusieurs jours. Et, à Saint-Cloud comme à Paris, Marie-Louise fut acclamée par cette même foule qui dix-sept ans auparavant vociférait des injures à l'adresse de sa tante, l'infortunée Marie-Antoinette, alors qu'on la conduisait à l'échafaud !

(1) Voyez appendices.

(2) *Moniteur du 1ᵉʳ avril 1810.*

Dernière entrevue à Saint-Cloud, le 15 avril 1813.

Ce mariage ne fut pas heureux pour la France et fut loin de répondre aux espérances qu'il avait fait concevoir. Malgré la pompe dont l'Empereur entourait sa jeune épouse, malgré l'affection qu'il ne cessait de lui témoigner, il ne réussit jamais à gagner son cœur. Dans une de ses *Lettres*, le cardinal Maury disait à son correspondant : « Ce serait une entreprise inutile que « de tenter de vous faire comprendre combien l'Empereur aime « l'Impératrice. C'est de l'amour, mais de l'amour de bon aloi « cette fois-ci. Il est amoureux, vous dis-je, amoureux comme il « ne l'a jamais été de Joséphine ».

C'est, sans aucun doute, au sentiment de Napoléon pour Marie-Louise que doivent être attribués les ordres sévères qu'il donna concernant l'entourage de l'Impératrice. Marie-Louise, étant jeune, ignorante de la vie, l'Empereur prescrivit qu'elle ne devait voir aucun homme dans son intérieur. Paer, maître de piano, seul, était excepté, encore fut-il ordonné à la dame du Palais et aux dames d'honneur de ne jamais quitter l'Impératrice. Ces prescriptions, celles d'un mari jaloux, ne causèrent à Marie-Louise ni étonnement ni ennui. Elle était d'ailleurs habituée à une vie toute de famille et à une grande retraite. Cependant, un jour, à Saint-Cloud, l'Empereur arrive à l'improviste dans les appartements de l'Impératrice. En entrant, il aperçoit un homme dont il ne connaît pas les traits. La colère s'empare de lui et un mot très dur lui échappe à l'adresse de la dame de service. Celle-ci s'excuse, en disant : « Sire, c'est Biennais — un orfèvre — qui a dû venir « lui-même expliquer à Sa Majesté le secret d'un presse-papier. « — C'est égal, riposte Napoléon, c'est un homme, et aux ordres « que j'ai donnés il ne peut y avoir d'exceptions... ».

La passion de Napoléon, si tant est qu'il en ait éprouvé une pour Marie-Louise, ne parvint jamais à toucher l'Impératrice. En venant en France elle apporta, pour l'Empereur et pour les Français, une indifférence qu'elle ne chercha jamais à dissimuler. Elle se montra d'une complaisance et d'une soumission parfaite à l'égard de son époux, mais ce fut tout. C'est à croire, avec les contemporains, que la pièce représentée le soir même de son

mariage à Saint-Cloud (1) fut réellement une pièce de circonstance
et que, comme Agamemnon, l'Empereur d'Autriche avait sacrifié
sa fille.

La naissance du roi de Rome ne détermina aucun changement
dans ses sentiments. Dépourvue de tout courage, ne sachant être
ni femme, ni mère, ni souveraine, elle ne cessa de manifester,
pendant sa délivrance, la crainte qu'on ne la sacrifiât à l'enfant
qui allait naître. « Parce que je suis impératrice, faut-il donc que je
« sois sacrifiée? dit Marie-Louise... Eh ! qui lui avait parlé de
« sacrifice ? Sacrifiée ! Quelle était la pensée qui pouvait surgir
« dans cette âme de femme qui ne fut, quoique femme, ni épouse,
« ni mère ? » (2).

C'était tristement commencer sa triste carrière et la suite devait,
hélas, répondre à ce début !. Un jour viendra où, dédaignant
l'exemple de sa tante Marie-Antoinette, elle reniera son époux
malheureux et ne se considérera plus que comme la fille de l'Empereur d'Autriche sous la protection de qui elle se mettra. Au
contraire de Marie-Antoinette encore, elle ruinera son fils, renon-
cera pour lui à tous ses droits, puis l'abandonnera, jeune, faible,
marchant à peine, ayant besoin longtemps encore d'une main
amie qui le soutienne et le guide, et c'est sa gouvernante, Madame
de Montesquiou, *maman Quiou* comme il l'appelait, qui s'expatriera,
lui sacrifiera ses amitiés, sa famille, sa patrie, pour le suivre et
continuer à lui donner les soins maternels dont il ne peut se passer
et que sa mère lui refuse !... Mais passons...

Tout était prêt :

« Pour doter l'humble enfant de splendeurs éternelles ! »

Et quand, le 20 mars 1811, le vingt-deuxième coup de canon
retentit, la joie fit explosion avec des transports de délire : « La
« Destinée, suivant l'expression d'un historien, semblait désormais
« la servante de Napoléon ».

. . . .

(1) *Iphigénie en Aulide.*
(2) Duch. d'Abrantès. *Mémoires.*

« Et Lui, l'orgueil gonflait sa puissante narine ;
« Ses deux bras, jusqu'alors croisés sur sa poitrine,
　　« S'étaient enfin ouverts ;
« Et l'enfant, soutenu dans sa main paternelle,
« Inondé des éclairs de sa fauve prunelle,
　　« Rayonnait au travers.

« Quand il eut bien fait voir l'héritier de ses trônes
« Aux vieilles nations, comme aux vieilles couronnes,
« Eperdu, l'œil fixé sur quiconque était roi,
« Comme un aigle arrive, sur une haute cime,
« Il cria tout joyeux, avec un air sublime :
« L'avenir, l'avenir, l'avenir est à moi ! » (1).

.　.　.　.　.　.　.　.　.　.　.　.　.　.　.　.　.

Trois mois après, c'est-à-dire le 23 juin 1811, l'Empereur voulut qu'une fête fût donnée à Saint-Cloud, en l'honneur du roi de
Rome. Pour la description des splendeurs de cette fête, nous
laisserons la parole au *Moniteur*.

« Toute la journée un public nombreux s'est promené dans la
« partie du parc qui lui avait été réservée et a été témoin de tous
« les jeux qu'on y avait réunis. A quatre heures les distributions
« de comestibles ont eu lieu et le vin a jailli de plusieurs fontai-
« nes. A cinq heures tous les divertissements étaient en activité.
« Ils se sont prolongés jusqu'au moment de l'illumination qui était
« générale.

« A six heures Leurs Majestés l'Empereur et l'Impératrice
« se sont promenés en calèche dans le parc. L'air a retenti des
« plus vives acclamations.

« A huit heures six chaloupes canonnières ont exécuté sur la
« Seine le simulacre d'un combat naval. Mme Blanchard avait
« reçu l'ordre de se tenir prête à partir à neuf heures et demie,
« au signal qui lui serait donné. A neuf heures l'aérostat étant

---

(1) V. Hugo.

« rempli, elle est montée dans sa nacelle : on l'a conduite à l'ex-
« trémité du bassin des cygnes, en face du château ; on l'a main-
« tenue jusqu'au moment de son départ dans cette position, et à
« une hauteur qui dépassait celle des arbres les plus élevés, en
« sorte qu'elle a été vue pendant plus d'une demi-heure de l'im-
« mense nombre de spectateurs qui assistaient à la fête.

« C'est la première fois qu'on a vu une femme s'élever hardi-
« ment dans les airs, entourée de feux d'artifices : elle paraissait
« se promener sur un char de feu à une hauteur immense. Elle a
« semé sur son passage des couplets en l'honneur de Leurs Ma-
« jestés et du roi de Rome.

« A dix heures les artilleurs de la garde ont tiré un feu d'arti-
« fice dans lequel ils ont déployé toutes les ressources de la py-
« rotechnie. C'est à coup sûr le plus beau qu'on ait vu. A dix
« heures et demie du soir Leurs Majestés se sont rendues à l'O-
« rangerie : elles étaient suivies de leur cour. Toute la partie des
« Jardins qu'elles ont parcourue présentait un coup d'œil dont il
« est impossible de se faire une idée. Les illuminations étaient
« dessinées avec un goût parfait, les jeux offraient une grande
« variété et de nombreux orchestres cachés dans les arbres ajou-
« taient encore à l'enchantement. On a remarqué une optique
« dont les tableaux avaient été composés par M. Isabey. Parmi
« les principaux on distinguait l'Impératrice à Schœnbrunn, son
« départ de Vienne pour la France; sa première entrevue sur la
« route de Compiègne avec son auguste époux et son entrée à
« Paris. Leurs Majestés ont ensuite trouvé sur la route qu'elles
« ont parcourue une loterie arrangée de la manière la plus élé-
« gante. A un signal donné trois colombes sont parties du haut
« d'une colonnade de fleurs surmontée d'un vase de fleurs et sont
« venues offrir à Leurs Majestés Impériales et à Son Altesse
« Impériale le grand duc de Wurtzbourg plusieurs devises très
« ingénieuses. Plus loin, des paysans allemands dansaient des
« valses sur une pelouse charmante et couronnaient de fleurs le
« buste de Sa Majesté l'Impératrice. Enfin à quelques pas de là,
« on apercevait un théâtre élevé au milieu des arbres, et sur
« lequel les acteurs du Théâtre Feydau ont exécuté la *Fête du*

« *village* dont la musique avait été composée par M. Nicolo ; et
« M. Gourdet y avait ajouté des ballets qui ont été exécutés par
« les premiers sujets de l'Opéra. Après le spectacle, on a servi un
« magnifique souper à l'Orangerie et L.L.M.M. sont ensuite
« rentrées dans l'intérieur de leur palais ».

Le 15 août 1811, une fête non moins brillante que celle dont
on vient de lire la description eut lieu à Saint-Cloud à l'occasion
de l'anniversaire de Napoléon.

Mais tout à coup survint un orage épouvantable. Le tonnerre
se mêla au fracas de l'artillerie. En un clin d'œil, la tempête
renversa les brillants décors. L'eau du ciel éteignit les illuminations. Tout retomba dans l'obscurité. La joie populaire, si
bruyante habituellement, se tut et de toute la foule s'empara une
sorte de stupeur. Seul, l'orage continua et demeura maître de la
place... Triste image de la tourmente dans laquelle devait sombrer
l'Empire.

Déjà un an auparavant une fête donnée par le prince de
Schwartzemberg et à laquelle avaient assisté Napoléon et Marie-
Louise, s'était terminée d'une façon tragique. Là, la mort était
passée, laissant derrière elle des cadavres noircis, aux membres
contractés par le feu, aux visages restés grimaçants de leurs
épouvantables souffrances. Et cette fin de fête, elle aussi, avait
paru d'un sinistre augure !...

Napoléon, lui, n'était pas homme à tirer des faits de semblables
présages. D'ailleurs, il était si heureux d'avoir un fils. L'Empereur
restait de longs moments, silencieux et rêveur, devant le berceau du
roi de Rome... De graves pensers semblaient s'agiter en lui... A
quoi songeait-il ? En quelles méditations profondes s'abîmait son
esprit ? Quels noirs soucis le suivaient auprès de ce petit être que,
comme une dernière faveur, lui avait donné sa fortune ?... Aussi
bien aux Tuileries, à Saint-Cloud que, plus tard, à Sainte-Hélène,
pendant ses insomnies :

« Ce qui l'occupait, c'est l'ombre blanche et rose
« D'un bel enfant qui dort la bouche mi-close. » (1)

Lorsqu'il s'éloignait de ce berceau, l'âme pleine de l'image de
son fils, le cœur épanoui dans la contemplation de cet enfant,
c'était pour reprendre le gouvernail de l'empire, cet autre enfant
de son génie. Heureux, il s'abandonnait aux affaires et sa préoccupation semblait avoir pour but de donner à la France une large
part de son bonheur. Déjà, entre autres recommandations, il avait
dit au comte Dubois : « Faites donner tous les soins possibles à
« la construction des marchés, à leur salubrité, à la beauté de la
« halle au blé, à celle de la halle aux vins. Il faut que le peuple
« ait aussi son Louvre ».

Le matin même de la dernière fête dont nous venons de parler,
Napoléon eut l'idée de tenir un Conseil. Apercevant le duc de
Bassano, l'Empereur lui dit : « Retenez, à Saint-Cloud, le ministre
« de l'Intérieur, votre frère, Dubois, le comte Réal, Regnauld de
« St-Jean d'Angély. Nous tiendrons un Conseil. Vous direz à M.
« de Montalivet d'envoyer chercher à Paris les notes qu'il peut
« avoir sur la récolte de cette année et sur les restes de l'année
« dernière. Afin de donner à tout le monde le temps de se pré-
« parer, le Conseil aura lieu à trois heures ».

A l'heure dite, l'Empereur ouvrit le Conseil et questionna chacun
des membres sur l'état de la récolte de l'année. Le plus grand
nombre affirma que la récolte serait belle. Sur cette assurance,
Napoléon répliqua : « Et moi, Messieurs, je vous dis qu'il n'est
« pas vrai que nous ayons une belle récolte. Elle est mauvaise
« même.; elle est ce que fut celle de l'année dernière. Ceci est très
« grave. Vous savez tous de quelle importance est cette question
« pour la tranquillité de la France. Or, avant de quitter Paris, je
« tiens à ce que le peuple ait au moins du pain assuré... — Enfin,
« Sire, dit M. de Montalivet, Votre Majesté ne doit avoir aucune
« inquiétude, le pain sera cher mais il ne manquera pas... A peine

---

(1) V. Hugo. *Napoléon II.*

« M. de Montalivet avait-il dit son dernier mot que Napoléon se
« leva et furieux, arpentant le salon, il s'écria : Qu'est-ce à dire,
« Monsieur? Qu'entendez-vous par ces paroles : le pain sera cher
« mais ne manquera pas !... Et de qui donc croyez-vous, Monsieur,
« que nous nous occupions depuis deux mois ?... Des riches? Je
« m'en soucie bien, vraiment ! Et qu'est-ce que cela me fait à moi,
« Monsieur, que vous ayez du pain ou que vous n'en ayez pas?
« Je sais qu'avec de l'or on trouve de tout en ce monde. Mais ce
« que je veux, entendez-vous, c'est que le peuple ait du pain, qu'il
« en ait beaucoup et du bon, et à bon marché... Je veux que
« l'ouvrier puisse au moins, avec le produit de sa journée, nourrir
« sa famille .. — Puis, plus calme, il termina : Lorsque je serai
« loin de la France, le premier soin du pouvoir que j'y laisserai
« sera d'assurer la tranquillité et le bonheur publics, et les
« subsistances sont une des premières bases de cette tranquillité...
« pour le peuple surtout. J'ai vu dix émeutes qui n'auraient pas
« eu lieu si le peuple avait eu de quoi manger ». (1)

Comme tous les ans, le mois de septembre 1813 voit s'ouvrir
l'ère des réjouissances de Saint-Cloud. La saison est charmante et
les parisiens, attirés par la campagne, viennent prendre leur part
de ces plaisirs annuels. Tous ceux que ne retiennent pas chez eux,
soit de trop cruelles inquiétudes, soit un deuil trop récent, désertent
la ville pour le parc que domine l'impériale résidence, ce fastueux
château dont les hôtes sont alors en proie aux plus déchirantes
alarmes : les bulletins qui viennent du lointain, du théâtre de la
guerre, ne sont plus rédigés en ce langage d'autrefois qui sonnait
comme une fanfare; maintenant, les termes en sont mesurés, pesés,
ils sont d'une couleur terne, assombrie... et pour qui les étudie, ils
en disent trop ou pas assez. Mais la foule est superficielle et c'est
superficiellement qu'elle juge les choses. Elle les connaît, ces
bulletins, mais elle ne voit pas, elle ne pressent pas ce qu'ils dissi-
mulent. Toute à la fête de Saint-Cloud, elle ne s'aperçoit pas que
les feuilles publiques ne disent pas un mot des faits de l'extérieur

---

(1) **Duch.** d'Abrantès *Mémoires.*

et ainsi elle échappe aux angoisses que la rapidité des événements lui feront éprouver assez tôt, d'ailleurs... Pour le moment, elle envahit les terrasses de la gracieuse colline « et les banderoles qui « flottent au vent, les aigles d'or qui s'éploient, les mâts de cocagne « qui se dressent, le jaillissement des eaux et des feux lui font « croire, une fois de plus, que sa misère n'existe pas ».

C'est en cette même année que Napoléon fit son dernier séjour à Saint-Cloud. Parti de Mayence le 7 novembre à une heure du matin, le 9, à cinq heures du soir, il arrivait sur les bords de la Seine... Sa première visite est pour son fils. Puis, réclamé à Paris par les besoins du gouvernement, par ceux qu'exige la guerre, il laisse le roi de Rome à Saint-Cloud... Entre la capitale et le séjour de son fils, l'empereur fait la navette... Il va, vient, revient, toujours affairé, toujours pressé, toujours de plus en plus sombre, de plus en plus triste... Hélas, il n'a plus auprès de lui cette bonne Joséphine qui s'ingéniait à le distraire, qui, dans sa tendresse pour lui, cherchait sans cesse le moyen de lui dérober une part de ses ennuis, de ses tourments.

Enfin, Napoléon doit partir. L'armée le réclame .. L'ennemi s'avance... Cette fois, tous les peuples se sont mis contre lui, contre la France... Soudain, un doute passe en son esprit... Ce n'a été qu'une lueur rapide, il est vrai, mais assez vive cependant pour qu'il tressaille, lui, l'Empereur

« Qui, plus grand que César, plus grand même que Rome,
« Absorbe dans son sort, le sort du genre humain !

Il sait la Fortune inconstante et n'a plus en son étoile la même confiance. L'inquiétude s'empare de lui, le dévore, et l'angoisse tenaille son cœur... Il se demande, anxieux, quel sort lui réserve demain et quelle destinée la main toute puissante qui l'a fait, lui, si puissant, réserve à son fils... Son fils ! il le prend dans ses bras, il le presse contre sa poitrine et ses lèvres couvrent de baisers cette tête si chère de chérubin sur laquelle, peut-être, plane déjà le malheur ! A cette pensée qui fait saigner son âme, des larmes viennent aux yeux de Napoléon et une d'elles tombe sur les cheveux bouclés de l'enfant... Son fils!... Encore, il le tient serré contre lui, tandis que, silencieux et attentif, son regard, perdu dans le vague, suit une vision qui fuit, un rêve qui s'envole, une inanité insaisissable!... Et une émotion profonde, un trouble intense s'empare de tout son être... Ce n'est plus l'Empereur, c'est à peine Napoléon : dans ce moment, à cette heure suprême, il est surtout le Père... Sa souveraineté ne le défend pas contre les souffrances communes aux autres pères quand un danger menace leurs enfants ; comme eux, il ressent toutes les souffrances que font naître les alarmes, les inquiétudes, l'anxiété ; et sa puissance impériale ne lui donne pas le pouvoir de deviner quelle destinée Dieu, qui règne sur les rois, réserve à ce pauvre petit être dont la naissance lui causa tant de joie et tant d'orgueil... Il crut, ce jour-là, que l'avenir était à lui !

« Non ! l'avenir n'est à personne !
« Sire, l'avenir n'est qu'à Dieu !
« A chaque fois que l'heure sonne,
« Tout ici bas, nous dit adieu.
« L'avenir, l'avenir ! Mystère.
« Toutes les choses de la terre
« Couronnes éclatantes des rois,
« Victoires aux ailes embrasées
« Ne sont jamais sur nous posées
« Que comme l'oiseau sur les toits ! ».

Alors le cœur de Napoléon est envahi par une désolation navrante ; il sent son âme sombrer dans une détresse poignante. Et l'enfant, recevant ses caresses, de ses bras potelés et roses étreint le cou de son père et sourit à celui qui pleure... Mais soudain une larme qui tombe fait renaître, ainsi qu'une prescience sublime, ce reste d'intuition, prêt à s'effacer, qu'apportent avec eux les anges lorsqu'ils descendent sur la terre pour consoler l'homme de ses misères ; et l'enfant, qui en est à la pâle aurore de la vie, devine le drame déchirant qui se déroule dans l'âme de son père. Alors, de même qu'un souffle du ciel suffit à dissiper

Sésostris et César, l'ancien, le nouvel âge,
Frédéric, à sa vue, abaissent leurs lauriers,
Et sur le Nord brisé, passant comme un orage,
Il a conquis le nom le plus grand des guerriers.

l'orage, un baiser du chérubin rend à l'esprit de l'homme son calme, à l'empereur sa confiance et son génie !... Mais, en un instant, celui qui détient la puissance a vu toute sa faiblesse... Il redoute une nouvelle épreuve... Il s'arrache à sa tendresse. Il s'éloigne. Adieu !... Le sort s'est déjà prononcé : ils ne se reverront jamais plus !... Entre le père et le fils, entre l'Empereur des Français et le Roi de Rome, le Destin implacable a déjà commencé à dresser un cruel et insurmontable obstacle : le rocher de Sainte-Hélène !

Dans le cours de ces pages, et un peu au hasard des anecdotes, nous avons montré Napoléon sous différents aspects et chacun d'eux, sachons en convenir, a révélé le fond de bonté qui était en lui. Mais connaissant les hommes, comme il les connaissait, comment a-t-il pu croire sincèrement que ceux qu'il comblait de ses bienfaits s'en montreraient reconnaissants ? Sans aucun doute, il ne leur demandait pas tant, et ce ne fut pas, pensons-nous, une des moindres cruautés de la fin de sa destinée de constater le mal que certains voulurent lui faire. De tous ces hommes qu'il combla de faveurs, qu'il éleva aux honneurs, combien lui restèrent fidèles ?

Il en fut un — nous ne le nommerons pas — qui poussa la haine jusqu'à vouloir le faire assassiner. Et la preuve de cette accusation existe dans un rapport daté de juin 1815 et signé par deux substituts du Procureur impérial : MM. Thouret et Brière de Valigny... C'est à propos du même personnage que le grand maréchal du Palais Duroc a souvent dit, sans jamais varier : « Le « prince de .. a donné à l'empereur le conseil de faire enlever et « juger le duc d'Enghien ; il lui a donné également celui de « détrôner Charles IV et sa dynastie. La guerre d'Espagne a été « encore conseillée par lui ». Toujours à propos du même, l'ambassadeur de Naples, le duc de Montdragone racontait en 1808 : « Un jour de réception à Saint-Cloud, l'Empereur voyant entrer « le prince de... fixa sur lui des yeux flamboyants, et le faisant « reculer vers une croisée lui dit : C'est donc vous qui allez débiter « partout dans votre faubourg Saint-Germain que j'ai entrepris la « guerre d'Espagne malgré votre avis, malgré vos vives instances

« pour m'éloigner d'un tel dessein ? Malheureux ! c'est vous qui
« m'avez donné le conseil de faire arrêter et exécuter le duc
« d'Enghien et c'est vous qui m'avez représenté à outrance la
« nécessité d'expulser à tout prix les Bourbons d'Espagne, et vous
« avez l'audace de blâmer, de contrôler ma politique ? Prenez
« garde, Monsieur de... si j'entends dire encore que vous conti-
« nuez à débiter pareil orviétan, j'y mettrai bon ordre.

« Des témoins de la scène étaient encore parmi les pairs, entre
« autres M. le Comte de Montesquiou. Le vertueux duc de Dou-
« deauville me l'a racontée, la tenant de la bouche du même M.
« de Montesquiou, son beau-frère ; M. le Comte de Cessac présent
« à cette scène la répète à qui veut l'entendre ; il croyait que.....
« serait arrêté » (1).

En revanche, le prince Eugène de Beauharnais, dont la mère,
l'excellente Joséphine, fut sacrifiée à la politique, montra une dignité, une noblesse de cœur qui ne fut pas, hélas, assez imitée.
1814 était arrivé... Napoléon voyait s'écrouler, pierre à pierre,
l'édifice qu'il avait élevé. Autour de lui les défections s'accen-
tuaient, se précisaient, et il mesurait d'un œil calme cependant
les profondeurs de l'abîme que, sous ses pas, creusait l'ingratitude humaine... L'impératrice, enfermée dans son appartement,
ne savait que trembler. Incapable d'un sentiment généreux, d'une
résolution forte, elle laissait faire selon les vues et l'esprit de conseillers perfides, dont l'âme était agitée de continuelles terreurs,
qui n'avaient même pas la pudeur de déguiser leurs craintes,
avouaient publiquement que tout était perdu, qu'il fallait se résigner, se soumettre au vainqueur !... En moins de huit jours, on
était descendu aux corruptions du Bas-Empire. Il n'y avait déjà
plus pour l'impératrice d'empereur et d'époux. Elle s'occupait
beaucoup moins de lui que de son père : toutes ses pensées — et
peut-être aussi ses vœux,—étaient pour Vienne. Pour un peu,
comme au moment de la conspiration Malet, elle aurait dit : « Que
peut-on me faire, à Moi, la Fille de l'Empereur d'Autriche » ?..
Ni son mariage, ni l'amour dont l'avait entouré le géant dont

---

(1) Chateaubriand. *Mém. d'outre-tombe.*

la puissance agonisait, ni l'auréole de son malheur, ni la pitié qu'il inspirait, ni la maternité enfin, n'avaient pu faire d'elle une française ! Née autrichienne, autrichienne elle était restée.

Sans regrets, elle quitta à tout jamais le trône de France ; et sans scrupules, comme sans crainte d'un jugement sévère pour sa délicatesse, elle emporta les pierreries et les diamants dont elle était amplement pourvue. Sa conscience resta muette. Elle se couvrit même des étoffes précieuses dont la Turquie et la Perse avaient fait hommage à l'impératrice des Français. Quant à la double couronne que Napoléon posa sur sa tête, elle l'emporta également. Mais comme si d'une façon suprême elle eût voulu outrager la France, elle la livra au commissaire russe envoyé près d'elle, montrant ainsi le peu d'importance qu'elle y attachait et l'Empereur Alexandre sut que la femme de Napoléon s'était elle-même découronnée !

Le prince Eugène, lui, ne s'associa pas aux ennemis de la France. Il déplora son impuissance et se résigna à assister, en spectateur désolé, à la ruine de l'empire et à celle de la France ! Mais on s'était permis de suspecter l'élévation de son âme, on avait osé le pressentir !. Alors, il écrivit, le 20 avril 1814, à l'Empereur Alexandre :

« ...... Ni la perspective du duché de Gênes, ni celle du « royaume d'Italie, ne me porteraient à la trahison. J'aime mieux « redevenir soldat que souverain avili. L'Empereur, dites-vous, a « eu des torts envers moi. Je les ai oubliés ; je ne me souviens « que de ses bienfaits. Je lui dois tout : mon rang, mes titres, ma « fortune et, ce que je préfère à tout cela, je lui dois ce que votre « indulgence veut bien appeler ma gloire Je le servirai tant qu'il « vivra, ma personne est à lui comme mon cœur. Puisse mon épée « se briser entre mes mains, si elle était jamais infidèle à l'Empereur « et à la France... »

Combien rares sont ceux qui, à l'heure des revers, tinrent un tel langage ! Il est néanmoins consolant de penser qu'au milieu des abandons il fut d'autres hommes que ne changea pas la fortune, qui demeurèrent fidèles au passé et au malheur et qui ne transigèrent ni avec leur conscience, ni avec leur devoir !

La royauté avait donc repris possession des Tuileries; elle avait même donné une charte à la France. Mais, quand arriva le printemps de 1815, avec les fleurs dont ses anciens soldats lui avaient donné le nom afin de le désigner entre eux, avec les violettes enfin, Napoléon reparut!... Alors, on fit entendre à Louis XVIII que « l'ogre de Corse n'hésiterait pas à poser la main sur lui; qu'il était « friand du sang des Bourbons, qu'il en avait déjà goûté ». Soit que le prince fût frappé des ridicules terreurs qu'on s'efforçait de lui inspirer, ce qui n'est pas probable, soit qu'il regardât la résistance comme impossible, ce qui l'est davantage, il partit pour Lille.

Une révolution comportant des mesures conformes à la conjoncture entreprise, Napoléon, revenant de l'île d'Elbe, s'est peut-être complètement perdu par trop de générosité. En toutes choses les demi mesures sont fatales. Napoléon devait s'emparer de la personne du roi, puisqu'il le pouvait. Il s'abusa donc en s'imaginant que les puissances étrangères lui sauraient gré de sa modération. Les plus élémentaires raisons de politique comme de conservation lui faisaient une loi de se donner des otages qui auraient répondu de ses intérêts les plus chers, de sa propre famille.

Bref, la lutte recommença et avec elle les abandons, les défections, les négligences pires que des trahisons Un million de soldats étrangers ramenèrent les Bourbons pour la seconde fois. Cette fois, Napoléon était bien vaincu !!

« On a dit, malheureusement avec raison, que l'ambition de « Napoléon l'avait perdu. Mais on a généralement mal compris « cette ambition, qui se rapportait surtout à la France. Napoléon « voulait la voir si grande et si puissante de son vivant qu'elle fût « inattaquable après lui, d'abord en abaissant la puissance de « l'Angleterre, en second lieu en ne laissant subsister dans « l'Europe centrale et méridionale que des Etats ayant les mêmes « intérêts que la France, la considérant comme leur appui et « toujours prêts à la soutenir. Ce projet gigantesque eût exigé le « travail lent et méthodique de deux règnes et de deux souverains « comme Napoléon. Sa précipitation le perdit et ses premiers « succès l'aveuglèrent. Il crut ne pas trouver plus de résistance en « Espagne qu'il n'en avait éprouvé en Hollande, en Westphalie, à

« Naples, où il avait établi ses frères, non plus que dans le Portugal
« si facilement conquis ». (1)

Quoi qu'il en soit, cet homme prodigieux disparut ainsi pour la
dernière fois de la scène politique, laissant après lui un grand vide
où vinrent se heurter des intérêts divers et inconciliables. Leur
choc prolongea, au loin, d'effrayantes oscillations, comme on voit,
après l'engloutissement d'un navire, les vagues agitées bouillonner
à la surface du gouffre.

. . . .

    « Sa chute fit dans l'air un foudroyant sillon ;
    « Tous alors, sur son nid, fondirent pleins de joie ;
    « Chacun selon ses dents se partagea la proie :
    « L'Angleterre prit l'aigle et l'Autriche l'aiglon.

Puis,

    « Le destin prit des clous, un marteau, des carcans,
    « Saisit, pâle et vivant, ce voleur de tonnerre,
    « Et, joyeux, s'en alla, sur le pic centenaire,
    « Le clouer, excitant par son rire moqueur,
    « Le vautour Angleterre à lui ronger le cœur ». (2)

L'erreur qui conduisit Napoléon à bord du *Bellérophon* fut, sans
contredit, la plus haute et la plus éclatante manifestation de générosité de ce grand caractère. A cette loyauté sublime, l'Angleterre
répondit par Hudson Lowe et Sainte-Hélène.

Sire, « il vous fallait, à vous, les persécutions de Longwood ; il
« vous fallait votre longue agonie, comme il fallait au Christ sa
« couronne d'épines, son Pilate et son calvaire.

« Si vous n'aviez pas eu votre passion, vous ne seriez pas
« dieu ! » (3)

---

(1) Marbot. *Mémoires*.

(2) Victor Hugo.

(3) A. Dumas. *Mémoires*.

VIII.

LOUIS XVIII

« Le 31 mars 1814, Paris a capitulé ; mais l'œuvre de la trahison
« ne fait que commencer. Le prince de Talleyrand, et son com-
« plice l'abbé de Pradt sont en conciliabule à l'hôtel de la rue
« Saint-Florentin : c'est là que l'empereur Alexandre doit venir
« loger ; c'est de là que partiront les derniers coups qui vont saper
« le trône de Napoléon ».

Et le 7 avril, les troupes alliées occupèrent Saint-Cloud. Tout
d'abord ce fut l'Etat-Major autrichien qui s'installa dans le
château. Puis, le prince de Schwartzemberg, ex-ambassadeur
d'Autriche à Paris, donna à l'Empereur d'Autriche, son maître,
à l'Empereur de Russie, à tous les Souverains de la coali-
tion, une fête dans ces mêmes salons où, quelques années auparavant, il venait rendre ses hommages à Napoléon.

Peu de temps après le prince de Schwartzemberg céda la place
à un soudard, au général Blücher. « Il est brave, mais sans
« lumières et, comme général, infiniment au-dessous de son siècle »,
disait du général prussien un de ses contemporains. D'ailleurs,
Frédéric-le-Grand l'avait, au début de sa carrière, apprécié à sa
juste valeur. Estimant, sans doute que Blücher ne possédait pas
les aptitudes nécessaires à un officier supérieur, le roi de Prusse
le laissait se morfondre dans le grade de capitaine. Blücher, un
jour, menaça de donner sa démission. Le roi répondit à celui qui
lui en donnait avis : « Le capitaine Blücher a la permission de
« quitter le service et même d'aller au diable, s'il le juge à
« propos !... » Blücher quitta, en effet, l'armée, devint fermier et
n'alla pas au diable...

En venant en France, à la tête d'un corps d'armée, et surtout en prenant possession d'un palais de Napoléon, Blücher voyait, enfin, se réaliser le secret espoir de son âme haineuse. La vengeance, seule, le guidait. Il n'ignorait pas les jugements sévères portés sur sa conduite lorsque le 6 novembre 1806, il capitula, sans combattre, avec 25.000 hommes et 25 pièces de canon ; il n'ignorait pas davantage la piètre opinion qu'il avait donnée de sa science militaire en battant en retraite toutes les fois qu'il savait avoir Napoléon pour adversaire. Son désir le plus ardent était de faire expier le mépris dont il se savait frappé, non pas à Napoléon, mais à tout ce qui lui avait appartenu. Ainsi, il se couchait tout habillé dans le lit même de l'Empereur ; avec ses éperons, il déchiquetait les draperies, les tentures ; il dévastait les chambres du palais, mutilait les livres les plus précieux de la bibliothèque et, comme s'il eût tenu à ne laisser aucun doute sur l'ignominie de son caractère, il donnait lui-même, à la meute de chiens qui le suivait partout, l'exemple de lever la patte... et le reste.

Blücher quitta enfin Saint-Cloud, non sans avoir, auparavant, fait un choix de souvenirs qu'il mit dans ses bagages. Alors, pendant une année environ, Saint-Cloud jouit d'une tranquillité relative, et Louis XVIII ne fit aucune apparition au château. Puis arriva 1815.

Sous les murs de Paris, campait l'armée française composée de 120.000 hommes avec 500 pièces de canon. Un détachement de cette armée, fort de 3.000 hommes, occupait les ponts de Sèvres et de Saint-Cloud, sous le commandement de Carrion de Nisas. Déjà cette troupe avait repoussé, sans rien perdre de ses positions, les tentatives réitérées de 15.000 anglais ou prussiens. L'effort du général Excelmans sur Versailles d'où il revint avec 1500 prisonniers et 1000 chevaux est une preuve que la victoire pouvait être chèrement disputée et que les Alliés s'étaient exposés à regretter leur marche imprudente sur les rives de la Seine, car partout, sur tous les points, et dans tous les cœurs, se retrouvait la même énergie. Mais frappé du destin cruel réservé à la France, dans le cas d'un nouveau revers, le gouvernement provisoire, dit-on, ne voulut point tenter le sort. Le 3 juillet 1815, il envoya au maré-

chal Davoust l'ordre de traiter. Le même jour, entre MM. Bignon,
ministre provisoire des Affaires Etrangères, de Bondy, Préfet de
la Seine et le Comte Guilleminot, chef de l'état-major général de
l'armée, commissaires représentant le gouvernement provisoire
d'une part, et S. A. le feld-maréchal prince Blücher et S. Exc.
le duc de Wellington d'autre part, fut signée la Convention dite
.de *Saint-Cloud* dont voici les principaux articles :

« ART. I. — Il y aura suspension d'armes entre les armées
« alliées commandées par...etc... et l'armée française sous les
« murs de Paris.

« ART. II. — Demain l'armée française commencera à se mettre
« en marche pour se porter derrière la Loire. L'évacuation totale
« de Paris sera effectuée en trois jours ; son mouvement pour se
« poster derrière la Loire sera terminé en huit jours.

« ART. III. — L'armée française emmènera avec elle tout son
« matériel sans aucune exception.

. . . .

« ART. VIII. — Le 6, toutes les barrières de Paris seront
« remises.

« ART. IX. — Le service intérieur de Paris continuera à être
« fait par la garde nationale et par le corps de la gendarmerie
« municipale.   .

. . . .

« ART. XI. — Les personnes et les propriétés particulières
« seront respectées ; les habitants et, en général, tous les individus
« qui se trouvent dans la capitale, continueront à jouir de leurs
« droits et de leur liberté, sans pouvoir être inquiétés ni recherchés
« en rien, relativement aux fonctions qu'ils occupent ou auraient
« occupées, à leur conduite ou à leurs opinions politiques ».

. . . .

17

Mais, au mépris de cette convention, en attendant les représailles contre les individus, nos musées furent dévastés. Chaque Etat de l'Europe, chaque ville, reniant les signatures échangées, réclama les tableaux et les statues que nous avions acquis légitimement, ou par de l'argent, ou par des conditions de traités connus de tout le monde, en vertu desquels ces chefs-d'œuvre étaient donnés en commutation de cessions de territoire ou de contributions, la France vit, avec stupeur, saisir et enlever une foule d'objets d'art. L'indignation générale fut si profonde que Casimir Delavigne s'en fit l'interprète et écrivit sa *Deuxième Messénienne*.

Les châteaux ne furent pas davantage à l'abri du vandalisme des alliés, « de nos augustes, de nos magnanimes alliés », comme disaient les royalistes. « Il faut donner une leçon de morale au « peuple français », avait dit Wellington pour justifier sa conduite. Quant au prussien, il n'éprouvait pas le besoin d'expliquer ses agissements. En 1815, à Saint-Cloud, il ne pouvait faire plus qu'il n'avait fait en 1814. Il se répéta. Le parc eut bientôt l'aspect désolé d'un désert. La haine de Blücher semblait s'être accrue. Elle s'étendit à tout ce qui était français. Quand il n'eut plus à redouter le contrôle des autres chefs de l'armée alliée, il leva autour de lui d'énormes contributions de guerre et, arbitrairement, fit arracher à leurs familles des citoyens qu'il envoya peupler les forteresses prussiennes. Enfin, partout où ce farouche partisan exerça son autorité, tous ses actes attestèrent la bassesse de son caractère, la déloyauté de ses sentiments et l'inhumanité de son âme.

Au lendemain de Waterloo, le *Moniteur de Gand*, l'organe de la Restauration, disait : « L'audace de l'usurpateur, son plan « d'agression... la rage féroce de ses complices... le fanatisme de « ses soldats... tout a cédé au génie du duc de Wellington, à cet « ascendant d'une véritable gloire sur une détestable renommée. « L'armée de Bonaparte, cette armée qui n'est plus française que « de nom depuis qu'elle est la terreur et le fléau de la patrie, a été « vaincue et presque entièrement détruite... »

Cette manière d'apprécier les faits est au-dessous de toute espèce de commentaires. Louis XVIII revint donc à Paris. « Rappelé par « l'amour de notre peuple au trône de France... Après la divine

Vue du Château de Saint-Cloud vers 1830.

« Providence, c'est aux Anglais et au Prince régent que je dois
« la couronne », telles sont les expressions mêmes de ce roi qui
octroya à la France une charte où, d'un trait de plume, il crut
supprimer de l'Histoire nationale tous les faits survenus depuis la
mort de Louis XVI jusqu'à son retour. En datant cette charte de
« la dix-neuvième année » de son règne, Louis XVIII montra, en
effet, qu'il n'avait rien appris.

L'histoire de la Restauration n'est pas assez intimement liée à
celle de Saint-Cloud pour que nous la suivions, même dans ses
grandes lignes. Les préférences du roi étaient, au reste, pour le
château de Saint-Ouen, où habitait Mme du Cayla. Quant au
palais de Saint-Cloud, Louis XVIII le délaissa presque. On sait
cependant qu'il donna l'ordre d'y construire des écuries pour ses
gardes du corps. Mais, en somme, les séjours qu'il fit dans ce
palais où, avant la Révolution, il accompagnait Marie-Antoinette,
furent rares et courts, et n'ont laissé aucun souvenir qui mérite
d'être mentionné.

IX

CHARLES X

Le 15 juillet 1824, jour de la Saint Henri, il y avait réception au château de Saint-Cloud. Sur le théâtre du palais, les acteurs du Gymnase, le soir, donnèrent une représentation et, auparavant, un dîner de cent couverts avait été servi dans le château de *Montretout*, auquel, ce jour-là, on donna le nom de *Trocadéro*.

Mais, alors, Louis XVIII était déjà malade. Son frère, le Comte d'Artois le suppléait dans les soins du gouvernement et, en face du parti libéral, dressait le parti des ultra-royalistes. Les tribunaux ne chômaient point de procès politiques. L'opinion publique s'alarmait ; elle grondait, pas très fort, mais assez pour qu'un écho parvînt aux oreilles du roi qui, conscient de son état précaire, se contenta de dire : « On murmure contre moi ; on se plaint de mon « règne. Ce sera bien autre chose sous mon successeur. On ne « connaît pas mon frère... On verra !... »

L'état du roi s'était aggravé. Louis XVIII ne faisait plus sa promenade habituelle dans Paris. Bientôt le soupçon de sa mort courut dans toute la ville. Informé de ce bruit, il se rendit, le 28 août 1824, à Saint-Cloud. Il n'était plus alors que l'ombre de lui-même ; ses jambes le soutenaient à peine ; les paroles sortaient difficilement de sa bouche. Le lendemain, il voulut retourner à Saint-Cloud, mais au moment du départ les forces lui manquèrent. Il rentra, prit le lit et le 16 septembre Louis XVIII n'était plus !...

Le roi est mort, vive le roi !... Le Comte d'Artois, sous le nom de Charles X, succéda à son frère. Le 17 septembre, le nouveau souverain recevait, au palais de Saint-Cloud, le corps diplomatique, les hauts fonctionnaires et les membres des Chambres. Dix jours après Charles X, accompagné d'un brillant cortège quittait le palais et se dirigeait vers Paris où, à la barrière de l'Etoile, le préfet de la Seine et le Conseil Municipal lui présentèrent les clés de la ville.

Charles X était attaché de cœur à l'ancien régime. Catholique et dévot, il considéra toujours les hommes qui avaient défendu les principes de la Révolution comme de grands coupables ; il ne voulut jamais se rapprocher d'eux, suspectant même les gages qu'ils donnaient à la monarchie. Bienveillant de caractère, à la condition que l'on exécutât ses volontés ; aimant la popularité mais ne sachant pas la conserver, il protestait, sans cesse, de son respect pour la Charte. Toutefois, il ne pouvait admettre qu'elle permît à d'autres pouvoirs de s'ériger en rivaux des siens. Il disait volontiers : « En France, le roi conseille les Chambres, il prend « en grande considération leur avis et leurs remontrances, mais « quand le roi n'est pas persuadé, il faut bien que sa volonté soit « faite ! » (1)

C'est de cette idée, qu'il avait conçue du gouvernement représentatif, que sortirent toutes les agitations de son règne et la ruine de la monarchie. Ainsi, tandis que d'un côté, Charles X considérait toute concession comme un péril ou comme une humiliation pour la royauté et qu'il aspirait à reconstruire, sur leurs vieux fondements, l'autorité du trône, de l'aristocratie et du clergé, de l'autre côté l'opinion publique protestait violemment contre l'immixtion de l'Eglise dans les affaires de l'Etat et s'attachait passionnément aux principes de la Charte concernant l'égalité civile, la balance des pouvoirs et les libertés publiques.

Or, malgré l'heureuse impression produite par certaines mesures qui marquèrent les débuts du nouveau règne, rien ne fut changé ; au contraire le mal s'accentua.

L'incapacité de beaucoup de fonctionnaires choisis parmi les émigrés ; l'aveuglement, la partialité et l'esprit rétrograde des administrations supérieures ; les destitutions brutales, telles que

_____

(1) de Barante. *Vie de Royer Collard.*

celle du respectable duc de La Rochefoucaud Liancourt ; le
licenciement de la garde nationale ; le rétablissement de la censure
dans la fameuse loi *de justice et d'amour* ; l'ascendant pris par les
jésuites ; la loi du sacrilège ; l'indemnité d'un milliard aux émigrés ;
la tentative de rétablissement du droit d'aînesse dans un projet de
loi sur les successions ; l'asservissement de la magistrature qui fut
si vivement tenté et contre lequel le président Séguier protesta
avec indignation en disant : « La Cour rend des arrêts et non des
« services » ; la guerre injuste contre l'Espagne ; les fraudes
électorales ; la dissolution des Chambres ; la violation de la
Charte ; — tels étaient les faits qui, depuis la Restauration,
alimentèrent la presse malgré les entraves qu'elle supportait mal.

Les esprits s'échauffèrent, des sociétés s'organisèrent dans
l'armée, dans la société civile. Des mesures de rigueur furent
prises par le gouvernement qui ne voulut pas tenir compte de
l'opinion publique à laquelle se ralliait cependant ce qu'il y avait
de plus grave, de plus grand dans l'Etat : la pairie, la magistrature, l'Institut, l'Université.

Des amis du régime, jusqu'alors restés fidèles, le duc de Dou-
deauville, le duc de Fitz-James, Chateaubriand, Hyde de Neuville,
etc., furent tenus à l'écart : on cessa d'écouter leurs avis, on
suspecta même la sincérité de leur royalisme.

Charles X qui semblait s'attacher à heurter toutes les sympathies libérales et qui surtout, avons-nous dit, considérait les prérogatives de la couronne comme supérieures à la charte, fit appel à
des Peyronnet, des Corbières, des Polignac et des Delavau.

Depuis longtemps donc, les esprits clairvoyants se rendaient
compte, très exactement, du résultat inévitable de la politique
que suivait Charles X. Ils ne se souciaient guère de se compromettre et de se perdre en participant à la direction des affaires.
Lors de la constitution du ministère Martignac, en 1828, le Roi
fit venir M. de La Ferronays à Saint-Cloud et lui dit : « — Vous
« ne voulez donc pas être mon ministre ? — Non, sire, répliqua
« M. de La Ferronays qui fit alors connaître au Roi les motifs
« de son refus. — Jamais, dit-il, en terminant, la France n'eut
« plus besoin d'être gouvernée par des hommes qui aient fait

« leurs preuves et dont les antécédents soient assez bien établis
« pour aider Votre Majesté à conjurer les dangers qui nous
« menacent. »

« A ces mots la physionomie du Roi changea d'expression.
« — Eh ! bien, reprit-il, d'un ton de voix que tout contribuait à
« rendre irrésistible ; eh! bien, s'il y a des dangers refuseras-tu
« de les partager avec ton ami ?... » Cet appel, fait sur le ton de
l'ancienne intimité, eut raison de la résistance de l'ancien com-
pagnon du comte d'Artois ; il céda, et le lendemain, écrivant à
un de ses amis : « J'ai accepté cette horrible place. J'aurais ré-
« sisté peut-être aux ordres du roi, j'ai cédé à sa tristesse, à sa
« bonté et me voilà enchaîné. Vous lirez, ce matin, ma sentence
« au *Moniteur* » (1).

Les premiers jours de 1830 se passèrent en une sorte de recueillement. On semblait se préparer à de graves événements.
Seul, le roi persistant dans son aveuglement, continuait à se montrer dans les endroits publics. La session des Chambres ouvrit le
3 mars. A cette occasion, le roi prononça un discours rempli de
menaces à peine déguisées. La Chambre considéra les paroles de
Charles X comme une véritable provocation ; elle y répondit par
la fameuse adresse des 221. La guerre se trouva, alors, déclarée.
D'abord, le roi prorogea la Chambre ; quelques jours après il
la dissolvait.

Sur ces entrefaites, le gouvernement cherchant à opérer une
diversion, crut en avoir trouvé le moyen. Le 12 mai, le roi de
Naples, père de la duchesse de Berry et frère de la duchesse
d'Orléans, accompagné de sa seconde femme Marie-Isabelle, infante d'Espagne, arriva à Saint-Cloud dont le palais fut mis à sa
disposition. Des fêtes furent organisées, fêtes somptueuses au
milieu desquelles parut une ordonnance portant dissolution de la
Chambre. Le 31 mai eut lieu, au Palais Royal, cette réception du
roi et de la reine de Naples, où M. de Salvandy prononça cette
phrase demeurée célèbre : *Nous dansons sur un volcan !*

---

(1) Rio. *Epilogue à l'art. Chrétien.*

En effet, le roi, en se rendant au Palais Royal, a entendu, sur son passage, d'étranges rumeurs, et il en a été froissé.

Les élections eurent lieu et leur résultat fut, en dépit de la pression et de la fraude ministérielles, absolument désastreux. Le roi se trouva dans une situation critique dont il aurait sans doute pu sortir si, moins obstiné lui-même, il avait eu, à côté de lui, des ministres et des conseillers moins absolus dans leurs idées. Charles X et ses courtisans s'entendaient à merveille : ils étaient, tous, d'ailleurs, de caractère à tomber d'un excès dans un autre : ils songèrent à faire un coup d'Etat. Le projet était plein de dangers, qu'ils ne voulurent même pas envisager, tant ils étaient certains du succès. La victoire d'Alger leur présageait celle qu'ils comptaient remporter sur le libéralisme. Et puis, autre heureux augure : Charles X avait reçu une députation des charbonniers et des forts de la Halle. Dans le compliment qu'il adressa au roi, au palais de Saint-Cloud, le président de la députation avait rappelé au souverain que : *Charbonnier est maître chez lui...* Les courtisans s'étaient emparés du mot, l'avaient commenté. Pour eux il signifiait clairement que le peuple était royaliste et que le roi pouvait compter sur son concours pour mettre fin au système représentatif et rentrer dans la plénitude des droits exercés par la couronne avant la Révolution.

Ce projet de coup d'Etat avait été préparé — du moins on le croyait — dans le plus grand secret, à Saint-Cloud. Mais des indiscrétions furent commises. Quelques personnalités connurent les intentions arrêtées par le roi et son entourage. Initié lui-même par un de ses amis, M. de Vauxblanc songea un instant à détourner Charles X de ses funestes résolutions. Dans ce but, le dimanche, veille de la publication des ordonnances, il se rendit à Saint-Cloud :

« Je n'entrai point, dit-il, dans le cabinet du roi, où j'avais ma
« place comme ministre d'Etat ; je l'attendis dans la grande galerie,
« à l'extrémité de la file des fonctionnaires publics. Aussitôt qu'il
« m'aperçut, il vint à moi, me prit la main et me dit d'un ton
« affectueux : — Je suis bien aise de vous voir, surtout aujourd'hui...
« Je vis bien, sur son visage, qu'il était très occupé de quelque
« chose qui l'affectait et je pensai que M. Rubichon était bien

« informé. Je fus sur le point de lui demander la permission de
« lui parler en particulier, mais d'autres pensées m'assaillirent
« avec la rapidité de l'éclair. Tout ce que je pourrais lui dire serait
« inutile, à cause de la funeste habitude de ne croire qu'aux paroles
« de ses ministres. Deux paroles sentimentales de M. de Montbel
« avaient plus de poids auprès de lui que tout ce que pourrait lui
« dire ma vieille et forte expérience...

« Malgré les raisons que je me donnais à moi-même, qui me
« parurent et me paraissent encore très bonnes, j'ai toujours
« regretté de n'avoir pas suivi ma première idée ; car, dans toute
« ma vie politique, je me suis toujours confirmé dans la pensée
« de Bossuet qui, comparant Turenne au grand Condé, dit, en
« parlant de celui-ci : Par l'avantage d'une haute naissance et par
« une espèce d'instinct admirable dont les hommes ne connaissent
« pas le secret, il semble être né pour entraîner la fortune dans
« ses desseins ». (1)

Le 26 juillet le *Moniteur* publia, à la suite d'un rapport au roi,
six nouvelles ordonnances datées de Saint-Cloud. La première
suspendait la liberté de la presse ; la seconde annulait les dernières
élections ; la troisième créait un nouveau système électoral ; la
quatrième convoquait les collèges électoraux pour le 6 et le 18
septembre ; les deux dernières nommaient au Conseil d'Etat tout
ce que l'émigration, l'ultra royalisme et la congrégation pouvaient
avoir de plus violent, de plus hostile aux libertés publiques et de
plus odieux à la Nation.

Ainsi, par cette violation de la Charte, le roi laissait entendre
que désormais le régime de la loi faisait place à celui de la force
et que celle-ci, à l'avenir, prononcerait seule entre la nation et la
royauté. Les ennemis des institutions constitutionnelles s'abandonnèrent sans réserve à une joie insensée. Pour eux, c'était le
retour au temps d'autrefois ; à ce temps qu'ils avaient si vivement
regretté et auquel, jusqu'à ce jour, ils avaient si ardemment
aspiré. Cependant, le peuple avait été, tout d'abord, frappé d'une
sorte de stupeur. Mais cette impression fut de courte durée ; elle

_____

(1) Cte de Vauxblanc. *Mémoires.*

fit place à l'indignation, à la colère et à la ferme résolution de résister les armes à la main !...

Le 26, à Paris, la lutte fut peu importante ; il n'y eut guère qu'une collision entre la police et la population, au Palais Royal, devant les bureaux du " *Régénérateur* ", dirigé par le marquis de Chabannes. Mais le 27, le véritable combat commence.

Pendant que les journalistes, les députés, le peuple, tout le monde proteste contre les ordonnances, le roi, à Saint-Cloud, se livre au plaisir de la chasse. « Ce ne sera rien, disent les courtisans... » Et, rentré au palais, prenant au mot l'appréciation de ceux qui l'entourent, Charles X prescrit les mesures les plus rigoureuses et les plus propres à surexciter la violence populaire. Paris est déclaré en état de siège ; les garnisons des départements voisins reçoivent l'ordre de marcher immédiatement sur la capitale et toutes ces troupes sont placées sous le commandement en chef du maréchal Marmont dont le peuple n'a pas oublié la trahison !...

Mais laissons la Révolution suivre son cours à Paris et voyons ce qui se passait à Saint-Cloud.

Le 28 juillet, plusieurs personnes de la Cour firent une tentative auprès du roi pour l'amener à révoquer ses ordonnances. Entre autres, les ducs de Maillé et de Mouchy, le général de Coetlosquet, pensaient qu'il était encore temps et que cette concession mettrait fin aux événements de Paris. Pendant qu'ils s'entretenaient avec Charles X, la duchesse de Berry survint. Elle raconta que, du haut de la *Lanterne de Démosthènes*, elle avait aperçu le drapeau tricolore flottant sur quelques-uns des édifices de la capitale. Puis, en larmes, elle se jeta aux pieds de Charles X et, invoquant ce qu'il avait de plus cher, elle le supplia de mettre fin à la guerre civile. Le roi était très ému ; il allait céder, lorsque le prince de Polignac parut. Celui-ci donna l'assurance qu'on exagérait le péril, qu'il répondait de tout. Alors, le roi redevint inflexible, et même si grande était sa confiance en son ministre qu'il ordonna une grande chasse pour le lendemain.

Ce même jour, la duchesse de Berry songea à se présenter avec son fils au peuple de Paris. Ce projet n'avait pas été suggéré à la princesse, comme on l'a dit, par une haute personnalité de la Cour, mais bien par un homme de lettres.

« Ce projet d'une exécution difficile, mais non pas impossible, « avait germé dans la tête d'un écrivain peu connu maintenant, « mais qui avait eu son petit moment de vogue, de Bouilly, l'auteur « des *Conseils à ma fille* et des *Contes* offerts aux enfants de France. « Ce brave homme, tout imbu de son idée et ne connaissant que « son dévouement, franchit, au milieu de mille dangers, la distance « de Paris à Saint-Cloud, pénétra jusqu'à la princesse dont il « était connu et exposa, tout ému, le plan qu'il avait rêvé.— C'est « aussi ma pensée et j'en parlais tout à l'heure à Mme de Gontaut, « dit la princesse... On en référa à Charles X qui défendit une si « périlleuse démarche. Il est bon d'ajouter à cet égard que les « abdications n'étaient point encore décidées et signées. Je tiens « cette anecdote concernant Bouilly d'un auteur dramatique très « sûr de ses souvenirs et qui l'avait beaucoup connu. » (1)

Le 29 juillet, les Tuileries tenaient encore et paraissaient inexpugnables. Comme au 10 août 1792, les Suisses les défendaient. Ils tinrent durant sept heures, décimés peu à peu par les forces populaires, toutes réunies contre eux. Et chacun d'eux...

« Avant de se coucher tout sanglant dans la tombe
« Dit, jetant un dernier regard autour de soi :
« Lorsque je meurs pour lui, mais où donc est le roi ? » (2)

Le roi était toujours à Saint-Cloud. Cédant, enfin, à de continuelles instances, Charles X envoya à Paris le duc de Mortemart, qui avait accepté de constituer un nouveau ministère. Quelques heures après, il voulut lui faire parvenir un nouveau message et, comme il cherchait quelqu'un à qui confier cette mission, on lui désigna M. de la Bourdonnaye qui, après avoir été ministre de l'intérieur dans le ministère Polignac, remplissait à Saint-Cloud les fonctions de gentilhomme de la chambre.

---

(1) de Beaumont Vassy. *Pap. curieux d'un homme de Cour.*
(2) De Savoisy.

L'auteur du projet de loi de *Catégories*, le *jacobin blanc* comme l'appelaient ses adversaires, le *tigre à froid* comme l'avait qualifié M. Decazes, M. de la Bourdonnaye enfin partit de Saint-Cloud en tilbury et fut arrêté au pont de Grenelle Un homme du peuple s'avança et lui dit : Si vous êtes député dites votre nom, je les connais tous, je saurai si vous dites vrai. Craignant, avec raison d'ailleurs, l'effet que produirait son nom, M. de la Bourdonnaye répondit qu'il s'appelait le général Arthur. — En effet, répliqua son interlocuteur, il y a à la Chambre un général Arthur, mais c'est le général de la Bourdonnaye, un député de la droite... A ce nom des propos menaçants s'élevèrent dans la foule. — Etes-vous des soldats ou une multitude indisciplinée ? S'il y a quelque ordre parmi vous, prouvez-le et conduisez moi à celui qui vous commande... Un élève de l'Ecole Polytechnique le prit sous sa protection et, de barricade en barricade, le conduisit jusqu'à l'Hôtel de Ville où il put voir le général Gérard qui, après avoir pris connaissance des nouvelles dispositions du Roi, lui répondit comme l'avait fait M. de la Fayette : Il est trop tard !

Ces deux grandes mesures prises — le retrait des ordonnances et la constitution du ministère de Mortemart — Charles X crut avoir conjuré tous les dangers qui menaçaient son trône. Il s'en rapporta entièrement aux nouveaux ministres pour réparer les fautes de ceux qu'ils remplaçaient. « Il montra néanmoins « beaucoup de mauvaise humeur au jeu ; quoi qu'on en ait dit, « le whist du roi eut lieu le jeudi 29 juillet, à Saint-Cloud. On « voyait déjà Paris pacifié et rentré dans l'ordre. Le dîner à la « table d'honneur réunit tous les personnages importants qui se « trouvaient au château. Le prince de Polignac était à ce dîner « avec la princesse, enceinte de plusieurs mois ; il put à peine se « faire servir à table par les maîtres d'hôtel et par les valets de « pied, lui, naguère premier ministre et encore aide de camp du « roi. La pauvre princesse en pleurait. Toute la domesticité « n'attribuait qu'au prince les malheurs du jour : M. de Polignac « et sa femme quittèrent la table avant la fin du dîner. Dans cette « journée, Monseigneur le Dauphin reçut un grand nombre

« d'officiers généraux : tous se plaignaient du maréchal duc de
« Raguse » (1).

Le même jour, Marmont commençant sa retraite reçut par un
aide de camp du Dauphin la dépêche suivante :

« Mon Cousin ! le roi m'ayant donné le commandement en chef
« de ses troupes, je vous donne l'ordre de vous retirer avec toutes
« les troupes sur Saint-Cloud ; vous y servirez sous mes ordres.
« Je vous charge en même temps de prendre les mesures néces-
« saires pour faire transporter à Saint-Cloud les valeurs du trésor
« royal (2) suivant l'arrêté que vient de prendre le ministre des
« finances. Vous voudrez bien prévenir immédiatement les troupes
« qu'elles sont passées sous mon commandement.

« Louis Antoine.

« Saint-Cloud le 29 juillet 1830 ».

A la lecture de cette dépêche qui, avant son retour à Saint-
Cloud, le dépouillait du commandement en chef, Marmont ne put
maîtriser un mouvement de colère. Il se contint cependant, mais
la mesure qui l'atteignait le froissa profondément. Néanmoins il
crut devoir, malgré la dépêche du prince, conserver le commandement supérieur des régiments de la garde royale, et c'est de là
que naquit le grave incident du lendemain.

En apprenant que les troupes se repliaient sur Saint-Cloud, le
Dauphin était monté à cheval. Il se rendit au devant des régiments,
dans le bois de Boulogne, et leur fit immédiatement donner connaissance de l'ordre du jour suivant :

« Soldats,

« Vous avez noblement soutenu les dangers et les fatigues des
« journées qui viennent de se passer ; vous avez rempli avec le
« zèle et l'énergie qu'on attendait de vous, vos devoirs envers la
« patrie. C'est la cause de l'ordre que vous défendez : c'est la
« France que vous protégez contre des hommes égarés. Continuez

---

(1) Véron. *Mém. d'un bourgeois de Paris.*
(2) Cette mesure ne put recevoir d'exécution.

Charles X, roi de France.

« à soutenir avec la constance et la vigueur qui conviennent au
« soldat français la lutte que vous avez commencée. La France
« l'attend de vous et l'Europe entière a les yeux fixés sur vous.
« Le Roi m'a nommé Commandant en chef de ses troupes : Vous
« me verrez toujours à votre tête ! L'union et la discipline sont la
« force des armées : Officiers ! rappelez-le à vos soldats... et vous,
« soldats, suivez la trace de vos officiers : ils ne vous conduiront
« jamais que dans les routes de l'honneur et du devoir.

« Le Roi me charge de vous remercier de votre dévouement ».

« Au château de Saint-Cloud, le 30 Juillet 1830.

« Le Commandant en chef,

« Louis Antoine ».

A cet ordre du jour, les troupes firent un accueil, plutôt froid,
qui déconcerta le prince. En interrogeant les uns et les autres, il
apprit que, depuis trois jours, les troupes se battaient sans manger, que le pain manquait et que toute l'armée royale avait eu à
souffrir des conséquences d'une rare imprévoyance. « Je vais
« prendre des mesures et donner des ordres », dit le Dauphin...
Mais quelles mesures prendre ? A Saint-Cloud les vivres manquaient également. Et tel était le désarroi que des troupeaux de
bœufs, venant de Poissy et ne pouvant pénétrer dans Paris par le
pont de Neuilly, purent traverser le parc de Saint-Cloud sans que
personne songeât à s'en emparer en les payant. D'ailleurs, avec
quel argent eût-on désintéressé les propriétaires ? La caisse de la
Maison du roi ne contenait que quatre mille francs en espèces !...

« Les troupes continuèrent leur mouvement de retraite et
« arrivèrent à Saint-Cloud, écrasées de fatigue, brisées de chaleur,
« mourant de faim. On ne les attendait pas ; il n'y avait rien de
« préparé pour elles. Le duc de Bordeaux dînait. M. de Damas
« fit porter aux soldats des plats de la table du prince. L'enfant
« prenait les plats et les passait lui-même aux domestiques » (1).

_____

(1) A. Dumas. *Mémoires.*

Ainsi que nous l'avons dit, le maréchal Marmont, malgré la
dépêche du Dauphin lui disant : *vous servirez sous mes ordres*, avait
continué à s'adresser directement au roi pour certaines questions
de service. Il obtint ainsi de Charles X une gratification de deux
mois de solde en faveur de la garde royale. Dans l'ignorance où
il était, paraît-il, de la pénurie du trésor royal, à Saint-Cloud, le
maréchal prescrivit, dans un ordre du jour, aux officiers payeurs
des divers régiments de se présenter, le soir même, chez M. de la
Bouillerie, intendant général de la liste civile. Celui-ci ne fut pas
peu surpris ; il fut tout autant contrarié de ne pouvoir, pour les
raisons que l'on sait, faire face à cette dépense et surtout d'entendre éclater des murmures et des plaintes. Il se rendit immédiatement
chez le Dauphin et lui fit part de son extrême embarras. Déjà
quelque peu irrité contre le maréchal, à cause des doléances
formulées la veille par la plupart des officiers généraux, le Dauphin
exprima son mécontentement de n'avoir pas été consulté par le
maréchal. Il le fit mander aussitôt. Il était alors huit ou neuf
heures du soir.

« Le comte de Champagne Bouzey, lieutenant des gardes du
« corps de service près du Dauphin, attendait le prince dans la
« salle de billard, pour l'accompagner au jeu du roi. Le duc de
« Raguse entre dans le salon du prince. — Maréchal ! qu'est-ce
« que c'est qu'un ordre que vous avez donné ce matin pour faire
« toucher une indemnité à la garde, et cela sans me prévenir ?
« Vous oubliez que je commande ! — Non monseigneur, mais
« comme major général de la garde royale de service j'ai pris
« directement les ordres du roi. — Vous méconnaissez donc
« l'ordonnance qui m'a nommé généralissime, vous méconnaissez
« donc l'autorité du roi ? — Non, monseigneur, mais le pouvoir
« que j'exerce ici, je le tiens aussi de l'autorité du roi. — Ah ! vous
« me bravez ! Pour vous prouver que je commande, je vous envoie
« aux arrêts !... Surpris et irrité, le maréchal hausse les épaules.
« Le Dauphin ajouta alors : — Est-ce que vous voulez faire avec
« nous comme avec l'autre ? » (1)

---

(1) Véron. *Mém. d'un bourgeois de Paris.*

Jusqu'ici la version que nous venons de reproduire est celle de tous les historiens de la révolution de 1830; mais à partir du point où nous nous sommes arrêté, il existe des divergences. Ainsi l'auteur que nous avons cité nous apprend qu'à l'apostrophe du Dauphin, le duc de Raguse aurait répondu, avec dignité, que la calomnie ne pouvait l'atteindre. D'autres historiens prétendent que Marmont s'accusant lui-même aurait répliqué : « Prince, sans « les traîtres vous n'auriez jamais régné. »

Quoi qu'il en soit un fait est certain. Pour que le Dauphin eût soupçonné Marmont capable de trahir la royauté, pour qu'il eût osé le lui dire, il fallait qu'il n'eût aucun doute sur la conduite du duc de Raguse à l'égard de l'Empereur. D'ailleurs nous allons voir la même suspicion se renouveler et frapper encore le maréchal. Mais reprenons le récit de cet incident, au point où nous l'avons interrompu :

« ...Le Dauphin, hors de lui, se jette sur l'épée du maréchal, en « saisit la poignée et cherche à la sortir du fourreau. Le maréchal « se défend alors et appuie une main sur la garde de son épée « pour la faire rentrer. La lame effilée glisse dans la main du « Dauphin, qui eut trois doigts entamés. Le sang coule, le prince « appelle ; le comte de Champagne, qui attendait dans la salle « voisine, accourt : Qu'on arrête le maréchal, dit le Dauphin ; « faites venir des gardes du corps et qu'on le garde à vue chez lui ».

En effet, huit gardes du corps, sous les ordres d'un brigadier, conduisirent le maréchal dans ses appartements.

Quelques instants après, un officier supérieur des gardes se rendit dans les salons qui, comme tous les soirs, étaient éclairés et disposés pour le jeu du roi et donna l'ordre de tout éteindre. « En ce moment, Madame, duchesse de Berry, accompagnée de « Mesdames de Bouillé et de Castéja, entre dans le salon du roi « et, d'après les ordres donnés, demande si le roi ne viendra pas « au jeu. — Non, Madame, répondit l'officier supérieur, le duc de « Raguse vient d'être arrêté. — Est-ce qu'il trahit ? réplique « vivement Madame... »

Le soir même, sur les ordres de Charles X, une réconciliation eut lieu entre le Dauphin et le maréchal ; mais, à partir de ce moment, le duc de Raguse ne voulut plus donner aucun ordre. Ainsi, quand la situation politique de la royauté se compliquait et s'aggravait, la garde royale n'avait plus de chef. « M. de Champagny « déclara avoir vu 15 ou 18.000 hommes rangés en bataille à « Saint-Cloud et environ 15 pièces de canon ». (1)

Pour ces troupes, il n'y avait ni vivres, ni fourrages, ni argent, ni administration, ni commandement. Si, il y avait le Dauphin. « C'était un grand général, comme on sait, que M. le Dauphin ! « N'avait-il pas fait la conquête de l'Espagne dans laquelle avait « échoué cet heureux *casse-cou* qu'on appelait Napoléon. » (2) Il nous paraît superflu de faire ressortir l'ironie renfermée dans cette appréciation. Le Dauphin, cela est avéré, n'avait de talents militaires qu'à la condition d'avoir auprès de lui quelqu'un qui en eût.

Après la scène entre le Dauphin et le maréchal Marmont, la duchesse de Berry, alarmée pour ses enfants, pria le prince d'engager le roi à s'éloigner de Saint-Cloud. Les généraux furent consultés et, sur la déclaration qu'ils firent tous de ne pouvoir répondre de la famille royale, le prince alla réveiller Charles X. A une heure du matin, le roi et tous les siens quittèrent le palais de Saint-Cloud, se dirigeant sur Versailles.

Le Dauphin resta le dernier, « heureux, disait-il, de se trouver « enfin seul au milieu de ses soldats ». Mais, aux premières lueurs du jour, ayant été voir les troupes royales stationnées à Sèvres, il constata que deux mille parisiens gardaient le pont. Cela lui suffit. Il fit faire un demi-tour à sa monture, regagna Saint-Cloud d'où, quelques instants après, il prit, comme son père, le chemin de l'exil.

Si l'on en croit les déclarations faites quelques années plus tard par le prince de Polignac, c'est à Charles X qu'il faudrait imputer la responsabilité tout entière de la Révolution de 1830. « Jules de « Polignac m'a dit qu'il n'était pas aussi coupable qu'on le croyait,

---

(1) Vauxblanc. *Mémoires*.

(2) A. Dumas *Mémoires*.

« que les fatales ordonnances de Saint-Cloud étaient l'œuvre
« exclusive du roi et, qu'en somme, il n'avait péché que par une
« obéissance trop aveugle envers son souverain à qui il est entiè-
« rement dévoué. Lorsque les Chambres avaient voté l'adresse
« priant le roi de renvoyer ses ministres, Charles X avait répondu
« par la dissolution. Les mêmes membres avaient été réélus et
« Polignac ayant, en conséquence, offert au roi sa démission,
« celui-ci l'avait refusée et, comme Polignac avait dit : Vous
« voulez donc ma tête, Sire? Le roi avait répondu très brutalement:
« Et pourquoi pas ? » (1)

. . . .

Quant au duc de Raguse, sa carrière publique se termina avec
le gouvernement de la branche aînée. Il suivit Charles X en Angleterre, ne reparut pas en France et laissa des *Mémoires* qui, publiés
en 1856, furent appréciés par M. Cuvillier-Fleury dans les termes
suivants : « Les *Mémoires* du duc de Raguse ne sont pas seulement
« le monument de l'orgueil, c'en est le triomphe ; et je ne sais rien
« de plus déconcertant pour la sagesse humaine, de plus décou-
« rageant pour la modestie, de plus corrupteur qu'un pareil livre ».

_____

(1) **Malmesbury.** *Mém. d'un ancien ministre.*

X

LOUIS-PHILIPPE I D'ORLÉANS

Roi des Français.

Le premier objectif du gouvernement provisoire qui succéda au règne de Charles X fut de provoquer des améliorations à la Charte. Après de vives discussions, la Chambre des Députés adopta les modifications suivantes : les principes fondamentaux étaient conservés, mais la Charte n'était plus octroyée par le roi, elle était consentie par lui après avoir été votée par l'Assemblée ; la religion catholique cessait d'être la religion de l'Etat pour devenir celle professée par la majorité des français ; la censure était abolie en matière de presse ; l'article 14 dont Charles X s'était autorisé pour rendre ses ordonnances était supprimé ; les délits de presse et les délits politiques étaient soumis, désormais, à l'examen du jury ; la responsabilité ministérielle était inscrite et la réélection des députés nommés à des fonctions publiques adoptée. A ce qui précède venaient encore s'ajouter : le vote annuel du contingent de l'armée ; les institutions municipales et départementales basées sur l'élection ; l'organisation de l'instruction publique ; la liberté de l'enseignement ; l'abolition du double vote et enfin la fixation du cens de l'électorat et de l'éligibilité.

Si ces réformes partielles ne donnaient pas une satisfaction complète à l'opinion publique, la faute en était imputable à la Chambre qui n'avait pas cru devoir aller plus loin dans la voie des concessions. Mais telle qu'elle était modifiée la Charte devenait la constitution de l'Etat.

Sur ces entrefaites, les chefs de l'opposition libérale faisaient des démarches auprès du duc d'Orléans et lui offraient la couronne.

Les journalistes, eux-mêmes, à la tête desquels était M. Thiers,
qui avait enfin trouvé sa voie, avaient avec le duc de fréquentes
entrevues. Au cours de l'une d'elles, le prince exposa franchement,
avec sa sincérité habituelle, ses principes politiques tels qu'il
devait les pratiquer plus tard. « Tout en témoignant de ses
« sympathies pour la Révolution, le prince jugea cependant sévère-
« ment la politique et les actes de la Convention. — Monsieur,
« s'écria Cavaignac, vous oubliez donc que mon père en était ! ...
« Le mien aussi, répliqua le prince. » (1)

Et le duc d'Orléans, poursuivit l'exposé de ce système politique
devenu si célèbre depuis sous le nom de *juste milieu*, mais que,
longtemps avant lui, Montesquieu avait défini de la manière
suivante : « Le *juste milieu*, dit-il, est une méthode d'administra-
« tion de gouvernement qui consiste à se maintenir par la
« modération et les lois entre les prétentions des partis ». (2)

C'est dans ses réunions que Louis-Philippe, supérieur de
beaucoup à tous ceux qui l'entouraient, apprit à les connaître, put
apprécier leur valeur et comprit ce qu'il pouvait espérer d'eux.

Puis, moyennant l'acceptation des modifications apportées à la
Charte, le duc d'Orléans, cousin de Charles X, fut appelé au trône,
lui et ses descendants, à perpétuité, de mâle en mâle, par ordre de
primogéniture, à l'exclusion des femmes et de leur descendance.
Enfin, le 9 août, le duc d'Orléans se rendit au Palais Bourbon où
étaient réunis les pairs et les députés. Sur son invitation, Casimir
Périer lut la proposition Bérard précédemment adoptée par les
deux Chambres, puis le prince, à son tour, lut son acceptation.
Elle était ainsi conçue :

    « Messieurs les pairs,
    « Messieurs les députés,

« J'ai lu, avec une grande attention, la déclaration de la Cham-
« bre des députés et l'acte d'adhésion de la Chambre des pairs ;
« j'en ai pesé et médité toutes les expressions. J'accepte, sans

---

(1) **Le Bas**. *D^{re} Encyclopédique.*

(2) *Esprit des lois.*

« restriction, ni réserve, les clauses et engagements que renferme
« cette déclaration et le titre de roi des Français qu'elle me
« confère et je suis prêt à en jurer l'observation ».

Alors, ôtant son gant et se découvrant, il prononça la formule
du serment que lui remit M. Dupont de l'Eure : « En présence de
« Dieu, je jure d'observer fidèlement la Charte Constitutionnelle
« avec les modifications exprimées dans la déclaration ; de ne
« gouverner que par les lois et selon les lois ; de faire rendre
« bonne et exacte justice à chacun selon son droit et d'agir en
« toute chose dans la seule vue de l'intérêt, du bonheur et de la
« gloire du peuple français ».

Après ce serment, les maréchaux déployèrent les attributs de
la royauté et le nouveau roi, quittant le pliant sur lequel il était
assis, se plaça sur le trône, se couvrit et prononça l'allocution
suivante :

« Je viens de consacrer un grand acte. Je sens profondément
« toute l'étendue des devoirs qu'il m'impose. J'ai la conscience
« que je les remplirai. C'est avec pleine conviction que j'ai
« accepté le pacte d'alliance qui m'était proposé. J'aurais vive-
« ment désiré ne jamais occuper le trône auquel le vœu national
« vient de m'appeler, mais la France attaquée dans ses libertés,
« voyait l'ordre public en péril. La violation de la Charte avait
« tout ébranlé ; il fallait rétablir l'action des lois et c'est aux
« Chambres qu'il appartenait d'y pourvoir. Vous l'avez fait,
« Messieurs ; les sages modifications que nous venons de faire à
« la Charte garantissent la sécurité de l'avenir, et la France, je
« l'espère, sera heureuse au dedans, respectée au dehors, et la
« paix de l'Europe de plus en plus assurée ».

Des cris de : « Vive le roi Louis-Philippe ! » accueillirent ces
quelques paroles prononcées d'une voix ferme et, dès cet instant,
Louis-Philippe d'Orléans fut réellement le roi des Français.

Le nouveau souverain avait alors cinquante-sept ans. Ses principes étaient ceux d'un homme libéral. Sous la Restauration, il
s'était, de lui-même, tenu à l'écart de la Cour, dont il était loin
d'approuver la politique. Son esprit était éclairé ; il avait une
grande expérience des affaires, des goûts simples, modestes, et

enfin une très sincère fidélité à ses principes. Malgré ces incontestables qualités, Louis-Philippe, à peine sur le trône, devint l'objet d'attaques incessantes de la part des partis contraires. Les libéraux le trouvaient trop timide ; les républicains voyaient en lui un obstacle. Aussi, loin de lui faire le généreux crédit des premières années, la Révolution ne cessa-t-elle de gronder autour de son trône mal affermi.

D'ailleurs, tout ce qui concernait le roi ou le touchait de près déterminait des hostilités. En décembre 1831, lorsque, devant la Chambre, vint la discussion relative à la liste civile, cette hostilité se manifesta, comme toujours, avec plus de parti-pris que d'équité. Bien que la dotation demandée fût loin d'être en rapport avec les charges qu'on lui imposait, les économistes de la Chambre la trouvèrent trop exagérée. Ainsi, Corcelles soutenait qu'un revenu décent, avec la jouissance des deux plus beaux palais de la capitale et de trois ou quatre habitations royales à la campagne, suffisait pour assurer à la Couronne une situation honorable, au-dessus de toutes les fortunes privées, supérieure même à l'état de maison de la plupart des princes étrangers ; il ne pensait donc pas que la force et l'indépendance de la royauté résidassent dans l'immensité de ses ressources... Avec Dupont de l'Eure, ce fut une autre antienne : il considérait les châteaux de plaisance, tels que Saint-Cloud, Meudon, Fontainebleau, comme des non-sens sous une monarchie populaire, comme un reflet de la fausse grandeur des temps féodaux... A de tels arguments, plus puérils, plus spécieux, plus passionnés que solides, M. de Montalivet répliqua sans discuter les chiffres et se contenta d'envisager la question au point de vue de la dignité de la Couronne. Cet orateur, malheureusement, commit dans son discours un *lapsus linguæ* qui détermina, dans la Chambre, une véritable tempête. La discussion reprit de plus belle, l'hostilité s'affirma plus intense, plus ardente. Les débats, ravivés, aigris, par Mauguin, Salverte et Odilon Barrot, durèrent trois jours pour aboutir au vote de douze millions, au lieu de quinze.

Toujours systématique, souvent frivole, cette opposition ne cessa de se manifester pendant toute la durée du règne de Louis-Philippe,

Louis-Philippe Ier, roi des Français.

dont elle fut, en quelque sorte, la caractéristique. C'est à cette opposition que M. Thiers, qui en avait fait partie, qui, pour l'avoir pratiquée, en connaissait les détours, disait, un peu plus tard :
« Les oppositions, quelle que soit leur nature, demandent toujours
« l'impossible, parce que l'impossible est le meilleur argument à
« présenter à un gouvernement, vu qu'il ne peut jamais faire
« l'impossible ».

En 1830, nul n'était plus apte que Louis-Philippe à consolider l'autorité si gravement ébranlée Aussi, dès sa prise de possession du pouvoir, s'efforça-t-il d'en rétablir, et d'en affermir surtout les principes, sans lesquels tout gouvernement est voué à l'impuissance, à la stérilité, à l'incertitude des lendemains, à l'anarchie. Mais, malgré son énergie, malgré ses éminentes qualités d'homme d'Etat, malgré son incontestable probité politique, malgré son irréprochable fidélité à l'engagement pris de ne considérer en toute chose que le bonheur de la France, Louis-Philippe ne put échapper aux conséquences des imperfections du régime parlementaire.

Ce mode de système représentatif est peut-être plus qu'aucun autre propice à l'éclosion, puis à la mise en évidence des qualités et des mérites dont peuvent être doués ceux que le peuple appelle à l'honneur de le représenter, mais, tout de même, la raison s'explique difficilement que ce régime, dont le germe fut un legs de la Charte, ait pu être remis en pratique après une expérience aussi décevante que celle qui eut pour résultat la révolution de 1848.

Il est avéré, aujourd'hui, que les agitations qui troublèrent le règne de Louis-Philippe n'eurent pas de causes, ni plus sérieuses, ni plus graves, que les défectuosités d'un système de gouvernement dont l'application démontra cette vérité qu'en tout homme il existe une soif de domination qui veut, par tous les moyens, se satisfaire. Chacun, en effet, cherche, sans cesse, à étendre le cercle de sa puissance. Là où un homme ne peut régner par sa force physique, il aspire et tend à primer par sa force intellectuelle. Peu lui importe, au nom de laquelle il commandera, peu lui importe encore si les faiblesses ou les excès de son autorité déterminent un désastre.

C'est surtout dans les assemblées qu'il est possible de constater ce désir de domination. Alors que, parfois au mépris du mérite et par conséquent du bon sens, les uns, plus ardents ou plus audacieux, parviennent, presque toujours, à s'imposer, les autres subissent cet ascendant soit dans l'espérance que leur soumission sera récompensée, soit par faiblesse et quelquefois enfin par nullité. En politique ceux-ci constituent des groupes que ceux-là conduisent à l'assaut du pouvoir.

Sous la monarchie de Juillet les ambitions se donnèrent un libre cours et ne prirent pas même la peine de dissimuler leurs manœuvres. On put voir des hommes ne pas craindre de faire passer leur satisfaction personnelle avant le bien de l'Etat, et, pour atteindre au pouvoir, ne se montrer que trop bien disposés à oublier leurs engagements et à méconnaître les plus élémentaires scrupules de conscience. On en vit d'autres qui, afin de réaliser leurs désirs immodérés ou immodestes, firent litière de leur passé, de leurs principes, en contractant d'équivoques alliances politiques.

C'est ainsi que de mars 1831 à décembre 1834, c'est-à-dire dans une période de quatre ans à peine, on compta jusqu'à cinq ministères : « Thiers, Molé, Soult, puis Thiers encore, en furent « successivement les chefs. Les partis se livraient à une lutte « acharnée pour conquérir le pouvoir. Ils oublièrent, trop souvent, « dans l'intérêt de leur ambition, le bien de l'Etat et même « perdirent le souci de leur dignité. C'est ainsi que pour renverser « le ministère Molé, on vit les chefs des trois partis qui divisaient « la Chambre : Guizot, Thiers et Odilon-Barrot se coaliser entre « eux puis s'attaquer très vivement quand il fallut partager le « pouvoir. » (1)

Un jour, dans un salon, l'on demandait à un sourd-muet s'il comprenait bien toutes les formes du gouvernement. Sur un signe affirmatif, on le pria de faire, par gestes, la démonstration des différents régimes. Pour la monarchie absolue, l'affaire fut facile,

(1) J. Pinard. Hist de France.

mais à propos du régime parlementaire le sourd-muet manifesta quelque hésitation. Cependant, après quelques instants de réflexion, il avisa le maître de la maison, confortablement assis dans un fauteuil, se dirigea vers lui, le força de se lever, le conduisit à la porte du salon qu'il ouvrit, puis le poussant dehors en feignant de lui donner un coup de pied dans un certain endroit, il revint s'asseoir dans le fauteuil. Nulle autre définition du régime parlementaire ne saurait être plus exacte.

Toutes ces compétitions de personnes, toutes ces rivalités de partis paralysaient les travaux législatifs, envenimaient les discussions, stérilisaient les efforts les plus louables, annihilaient les tentatives les plus généreuses, fatiguaient les dévouements les plus sincères, entretenaient, enfin, la Chambre dans une constante agitation qui avait sa répercussion au dehors. Celle-ci était, au reste, habilement exploitée par ces intrigants dont le peuple ne manque jamais et qui, faute d'une place dans le régime parlementaire, dénaturent le bien, exagèrent le mal et incitent, sans trêve, la nation à la république pour arriver à l'anarchie. Comme les monarques, les peuples ont leurs flatteurs, à cela près que plus bas descend la flatterie, plus elle doit donner la réplique à des passions plus honteuses.

A propos de la discussion sur la liste civile, nous avons dit que le souverain avait la jouissance du château de Saint-Cloud. Le premier séjour du roi, dans cette résidence, date du 5 avril 1831. Ce jour-là, Louis-Philippe se rendit à Saint-Cloud, accompagné de la reine et de Madame Adélaïde. Les princes — les ducs d'Orléans, de Nemours, de Montpensier, d'Aumale et le prince de Joinville — et les princesses Louise, Marie, Clémentine, s'y trouvaient depuis le matin. Un arc de triomphe avait été dressé à l'extrémité du pont et là, afin de souhaiter la bienvenue au roi et à la reine, attendaient le préfet du département, le conseil municipal et toute la population. Et, tandis que le duc d'Orléans, fils aîné du roi, recevait le souverain à sa descente de voiture, dans la cour même du château, des jeunes filles vêtues de blanc offraient des gerbes de fleurs à la reine et à la princesse.

Le lendemain, l'aurore avait à peine remplacé l'aube qu'une

bande d'enfants s'élançait dans le grand parc et l'emplissait de cris joyeux. La vie n'avait alors pour eux que des sourires. Jeunes princes et jeunes princesses, enfants comme tous les enfants des autres hommes, parcouraient ces allées ombreuses que leur père, le roi Louis-Philippe, avait déjà parcourues en son enfance, lorsque, à lui aussi, la vie offrait un horizon radieux... Derrière ces enfants qui, pour ses yeux paternels, représentaient l'avenir, le souverain reprit le chemin de ce parc tout plein de son passé ! Chaque coin, chaque détour, chaque grotte évoquait un souvenir... Là, il se rappelait avoir construit un fort, fait de sable et de brindilles de bois, puis il y avait placé une imaginaire garnison. L'heure de l'attaque ayant sonné et les assiégés refusant de se rendre à ses sommations, il s'était mis à la tête de vaillantes troupes figurées par ses frères, Montpensier et Beaujolais. En avant !... pif !... paf !... boum !... deux coups de fusil et un coup de canon et la forteresse était conquise, en ruines !... Ici le souvenir était plus doux. Il cheminait lentement, un livre à la main, quand soudain, à ses pieds, il aperçut un nid occupé par des oiselets à peine vêtus... L'arbre qui soutenait le frêle asile n'ayant, sans doute, pu résister à la tempête gisait en travers de l'allée. Les pauvres petits criaient à fendre l'âme ; le père et la mère voletaient, affolés, dans le voisinage... Le jeune prince se baissa, prit le nid, et, délicatement, le replaça dans la fourche d'une branche, sous une autre bien touffue, à l'abri du grand soleil et de la pluie. Tous les matins, il venait voir ses protégés. Presque sous ses yeux, ils se développèrent, puis... un jour... plus rien !... ils étaient partis ! Son cœur d'enfant se serra... Et maintenant, en revenant, après une longue absence, dans ce parc, en revoyant l'arbre dans lequel il avait replacé le nid, il comprit avoir eu là une image de la vie où, le plus souvent, le bien que nous accomplissons ne trouve sa récompense que dans la satisfaction que nous éprouvons de l'avoir accompli !... De ce lointain passé surgissaient, en foule, de charmants incidents, d'exquis souvenirs qui amenaient sur ses lèvres des sourires, mais l'expression de tristesse qui les nuançait disait assez qu'à la pureté de cette douce évocation de son enfance se mêlait l'amertume des regrets... En effet, depuis, que de sombres

événements traversés, que de chagrins éprouvés, que de douleurs
ressenties !... puis, sur les routes de l'exil, que d'illusions perdues,
que d'espoirs évanouis, que de larmes versées, que d'affections
expirées !!... Son père, sa mère, ses frères ? Hélas, il ne les avait
plus. La Révolution lui avait pris le premier. Quant à lui, persécuté
même dans l'exil, alors qu'il errait dans le duché de Holstein,
il avait reçu de sa mère une lettre où elle le suppliait, en termes
touchants, de quitter l'Europe et de partir pour l'Amérique. Son
départ était le prix de la liberté de ses frères. « Que la perspective
« de soulager les maux de ta pauvre mère, lui disait-elle. de rendre
« la situation des tiens moins pénible, de contribuer à assurer le
« calme de ton pays, exalte ta générosité !... » Et, sur le champ, il
avait répondu : « Que ne ferais-je pas après la lettre que je viens
« de recevoir ? Je ne crois plus que le bonheur soit perdu pour
« moi sans ressource, puisque j'ai encore un moyen d'adoucir les
« maux d'une mère si chérie, dont la position et les souffrances
« m'ont déchiré le cœur depuis si longtemps... Je ne croirai pas
« ma destinée malheureuse si, après avoir embrassé mes frères,
« j'apprends que notre mère chérie est aussi bien qu'elle peut l'être
« et si j'ai pu, encore une fois, servir ma patrie en contribuant à
« sa tranquillité et, par conséquent, à son bonheur ; il n'y a
« pas de sacrifices qui m'aient coûté pour elle et, tant que je vivrai,
« il n'y en a point que je ne sois prêt à lui faire... » (1) Oui, la
prison lui avait, en effet, rendu ses frères, mais la mort les lui avait
pris (2)... Roi, il était roi !... Sans doute ; mais, en supposant qu'il
l'eût désiré un seul jour, ce trône, n'était-ce pas pour lui le cas de
dire, avec Bossuet : « Les choses les plus souhaitées n'arrivent
« point, ou si elles arrivent, ce n'est ni dans le temps, ni dans les
« circonstances où elles auraient fait un extrême plaisir ».

L'intérieur familial du roi-citoyen, comme on se plaisait à le
désigner, était, sans conteste, le modèle de l'union, des bonnes
mœurs et des vertus privées. Il avait été élevé à la rude école de

---

(1) Montjoye. *Explication de l'énigme du roman de la conjuration d'Orléans*.

(2) Le duc de Montpensier mourut à Twickenham le 18 mai 1807 et le comte de Beaujolais
à Malte le 30 mai 1807.

Madame de Genlis. « Un rude précepteur, je vous le jure, disait-il
« plus tard. (1) Elle nous avait élevés avec férocité, ma sœur et
« moi. Levés à six heures du matin, hiver comme été, nourris de
« lait, de viandes rôties et de pain ; jamais une friandise, jamais
« une sucrerie ; force travail, pas de plaisir. C'est elle qui m'a
« habitué à coucher sur les planches. Elle m'a fait apprendre une
« foule de choses manuelles ; je sais, grâce à elle, un peu faire tous
« les métiers, y compris le métier de frater. Je saigne mon homme
« comme Figaro. Je suis menuisier, palefrenier, maçon, forgeron.
« Elle était systématique et sévère. Tout petit j'en avais peur ;
« j'étais un garçon faible, paresseux et poltron ; j'avais peur des
« souris ' elle fit de moi un homme assez hardi et qui a du cœur.... »

Mme de Genlis avait toute la volonté et toute l'énergie d'un
homme : on l'appelait le gouverneur. Ce fut elle qui, avec son rude
système d'éducation, trempa le caractère de son élève et le prépara
à se montrer toujours supérieur aux événements. Muni du viatique
nécessaire, le stoïcisme, les jours d'isolement, d'exil et de misère
ne purent l'accabler. Enfin ce qui honore le plus Mme de Genlis
c'est l'élévation de sentiments et la noblesse morale qu'elle
développa chez le jeune prince. Elle en fit bien un homme de la
Révolution comme l'était son père, tout pénétré des idées modernes,
généreux, sensible à toutes les souffrances et désireux de les
soulager. Aussi l'homme privé demeura-t-il sans cesse égal à lui-
même dans toutes les situations, et quand, roi, il occupa ou les
Tuileries ou les châteaux de la couronne, il resta toujours humain,
simple, cordial et accessible à tous.

Cœur généreux, compatissant aux misères, aux faiblesses de
l'humanité, Louis-Philippe était toujours prêt à pardonner, surtout
quand il était personnellement en jeu. Modérateur suprême des
rigueurs de la loi, il examinait attentivement toutes les pièces, les
annotait de sa main et souvent, dans ce travail, il montra non
seulement un esprit de charité des plus vifs, mais encore en
appréciant les actes, leur intention et leur moralité, en indiquant

---

(1) Victor Hugo. Choses vues

les excuses et les circonstances atténuantes, il révéla une sagesse merveilleuse et une connaissance parfaite de l'humanité. La rigoureuse et sévère éducation de Mme de Genlis, le dur apprentissage qu'il dut faire de la vie, les horribles impressions qu'il dut conserver de la tourmente révolutionnaire, les douleurs, les épreuves, les deuils de l'exil, tout cela avait contribué à faire naître dans le cœur du prince une profonde indulgence et une immense pitié pour ces faiblesses des hommes que l'on nomme des fautes ou des crimes. Et quand il fut devenu roi, loin de méconnaitre les leçons d'un injuste sort, au lieu d'oublier sa pénible initiation aux infortunes, aux détresses, aux misères du plus grand nombre, il resta fidèle à la bonté, à la charité, à ces vertus sublimes, filles du malheur, et toujours se souvint du vers de Térence : *Homo sum....*

Mais de ce passé si troublé et malgré la générosité de son âme, il lui restait une amertume, une souffrance, le souvenir d'un supplice qu'il désirait surtout éviter à ses enfants. Dans sa jeunesse, en effet, jamais il n'avait senti se pencher sur lui la tendresse attentive de sa mère ; jamais les conseils affectueux de son père n'avaient frappé son esprit. Ce n'était pas indifférence de leur part, mais parce que la farouche éducatrice qu'était Mme de Genlis avait jugé cela hors de propos. « Il ne faut pas, disait-elle, « accoutumer les enfants à ces *douilletteries.* »... Et tout en rendant justice à son terrible *gouverneur*, il ne voulait pas que ses enfants fussent élevés d'après le même système. En cela il était soutenu par l'admirable femme qu'était la reine Amélie, « une vraie sainte, « disait, en parlant d'elle, le pape Grégoire XVI. » A. Dumas, qui a tenu entre ses mains un album où elle écrivait ses plus secrètes pensées et ses plus secrètes actions, a dit : « Au reste, sur cet « album qui renfermait les actions et les pensées de la duchesse « d'Orléans depuis dix ans ; sur cet album qui était destiné à ne « pas sortir de ses mains, à ne pas même passer dans celles du « duc d'Orléans, il n'y avait rien, rien, pas une phrase, pas un « mot que pût désavouer la chasteté d'un ange. » (1)

---

(1) *Mémoires.*

Le roi et la reine voulurent donc être les véritables éducateurs de leurs enfants. Sous les influences persistantes d'une tendresse toujours en éveil, d'une sollicitude de tous les instants, d'une discipline morale incessante, d'une sévérité ferme et juste, dans la douceur de l'atmosphère familiale, tandis que s'ouvrait l'intelligence des princes et des princesses, leur esprit recevait le germe des brillantes qualités dont ils devaient faire preuve plus tard, et les heureux dons de leur nature se développpant, leur âme se parait de vertus. Aussi est-ce avec justice qu'un homme d'Etat anglais (1) a pu dire, un jour, en portant un toast au roi : « Au « français privilégié dont tous les fils sont braves et dont toutes « les filles sont vertueuses !... »

Louis-Philippe était un protecteur des Beaux-Arts, un ami des Lettres. Il aimait à appeler, à retenir auprès de lui tous ceux qui montraient quelque talent. Tout le monde connaît l'histoire de la culotte d'Ary Scheffer ; nous ne la redirons pas. Mais le peintre était resté l'ami du duc d'Orléans chez qui, en sa qualité de professeur de la princesse Marie, il avait, pour ainsi dire, ses petites et ses grandes entrées. Un jour la princesse s'était montrée très indocile. Pour la punir, on la força de rester en pénitence sur un meuble où elle s'était avisée de monter. Et là, sur son perchoir, elle pleurait toutes les larmes de son corps. Tout à coup, on annonce Ary Scheffer. La princesse se mit à crier de plus belle ; et serrant ses jupes autour de ses jambes, elle s'écria : « Scheffer va voir mes jambes !.. ». Le maître qui entrait répondit : « Il n'y a pas de danger que je les regarde ; elles sont bien trop « vilaines !... »

Quand il fut monté sur le trône, le roi Louis-Philippe continua de vivre simplement. D'ailleurs ses goûts personnels étaient modestes et l'on sait que sa maison, celle de la reine, et celles des princes et des princesses se composaient toutes d'un personnel excessivement restreint. « Ils — le roi et la reine — se firent un « honneur de persévérer dans cette simplicité d'aspirations, de

---

(1) Robert Peel.

19

« manières, de goûts qui rendait leur intérieur agréable et char-
« mant et qu'ils communiquèrent à leurs enfants. Un esprit de
« famille régnait parmi eux, créait entre eux cette solidarité qui
« naît de la tendresse réciproque de ceux qui vivent au même
« foyer. Les leçons d'urbanité, de modestie, de noble fierté
« sortaient tout naturellement, grâce à la fermeté des parents, de
« cette existence où tout aboutissait à la conclusion que la valeur
« personnelle, développée par le travail, est nécessaire à tous » (1).

Cette solidarité et cette confiance entre tous les membres de la
famille d'Orléans se sont perpétuées comme une pieuse tradition ;
mais, sous la monarchie de Juillet, elles n'existaient pas seulement
à l'égard des affaires privées : elles s'étendaient à la politique. Sur
les événements ayant ce caractère, rien ne se faisait à huis-clos,
rien ne se disait mystérieusement et même rien ne se décidait sans
que toute la famille eût été consultée, sans que le roi, la reine,
Madame Adélaïde et les jeunes princes eussent donné leur adhésion.

« Une personne de confiance fut, un jour, envoyée à Saint-Cloud,
« par M. Guizot, pour une communication à faire au roi. Il
« s'agissait de le déterminer à se rendre près de la reine Christine,
« alors à Paris, pour obtenir d'elle qu'elle retournât promptement
« à Madrid. L'envoyé de M. Guizot exposa l'affaire, qui n'était pas
« sans importance. Le roi trouva justes toutes les observations qui
« lui furent présentées ; il promit de faire ce qui était utile.
« Cependant, au dernier moment, il se ravisa : — Pour une
« démarche aussi délicate, dit il, je tiens à consulter la reine. —
« Il sonna. La reine, prévenue, se rend auprès du roi. — Ecoute,
« ma chère, une communication de M. Guizot ; je serais bien aise
« d'avoir ton avis. (2) — L'envoyé du ministre recommence le récit
« des faits, la reine approuve. — Mais est-ce que nous ferons cette
« visite sans avoir consulté la princesse Adélaïde ? ajouta le roi.
« — Le roi sonne. La princesse se rend à ce petit conseil de
« famille. Tous les faits sont racontés une troisième fois. Madame

---

(1) Paroles du duc d'Aumale. Citées par E. Daudet. *Le duc d'Aumale.*

(2) Le roi tutoyait la reine.

Louis-Charles-Philippe-Raphaël d'Orléans, duc de Nemours.

« Adélaïde partage l'opinion du roi et de la reine — Mais, est-ce
« que vous irez, dit-elle, sans Montpensier chez la reine Christine,
« sa belle-mère? (1) — Le roi sonne. Le duc de Montpensier,
« devant qui on recommence une quatrième fois la communication,
« approuve tout; mais, le roi, après réflexion, ajoute encore :
« — Est-ce que nous n'emmènerons pas Fernande? — Non, non,
« répondit brusquement le jeune duc; nous ne savons pas tout ce
« qui pourra se dire dans cette conversation avec la reine
« Christine : j'aime mieux que Fernande ne soit pas là... Le négo-
« ciateur échappa ainsi à l'obligation de recommencer son récit
« pour la cinquième fois. » (2)

En arrivant au château de Saint-Cloud, le roi remarqua que la
salle à manger ne correspondait pas avec l'office. De cette constatation à la conception d'un corridor qui comblerait la lacune, il
n'y avait qu'un pas et l'imagination royale l'eut vite franchi. A ce
propos, une scène plaisante eut lieu.

« Le roi-citoyen adorait la truelle et détestait la contradiction.
« Fontaine, architecte, avait exactement la même affection et la
« même haine. Et s'il est vrai que les extrêmes se touchent, les
« semblables se heurtent, et c'est là ce que ne manquaient jamais
« de faire l'architecte et le roi. Ils étaient vieux tous deux, obstinés
« tous deux, et je vous demande s'ils laissaient échapper ces
« excellentes conditions pour se chamailler. On assure même qu'ils
« se laissaient entraîner quelquefois à un dialogue des plus honnê-
« tement violents. Devant les propositions du roi, le mot de
« Fontaine était celui-ci : — C'est impossible! — Bah! répliquait
« Louis-Philippe, rien n'est impossible. — En politique, je ne dis
« pas, ripostait l'artiste, mais en architecture c'est bien différent.
« Tenez, sire, vous êtes un grand roi, mais... — Mais, je suis un
« architecte déplorable, c'est ce que vous voulez dire, continuait
« le roi, achevant la pensée de son interlocuteur. Ne vous gênez
« pas, Fontaine, dites tout ce que vous pensez, mais exécutez mes

---

(1) Le duc de Montpensier avait épousé Marie-Louise-Fernande de Bourbon, sœur de la reine d'Espagne Isabelle II.

(2) Véron. *Mém. d'un bourgeois de Paris.*

« plans. — Non, sire, demandez-moi tout, excepté cela ; sinon, je
« serai obligé d'obtenir de vous la permission de vous désobéir...
« Et là-dessus, surgissait une querelle des plus amusantes que la
« reine interrompait le plus souvent et qui n'empêchait pas les
« deux antagonistes d'être les meilleurs amis du monde et de
« s'estimer tous deux, mais seulement dans leurs métiers respectifs.
« Le roi n'avait aucune confiance dans la politique de Fontaine,
« et Fontaine aucun respect pour l'architecture du roi.

« Donc ce corridor sous Louis XIV aurait joué le rôle de la
« fenêtre du Grand Trianon et mis l'Europe en feu, mais sous le
« roi-citoyen et par un système de paix à tout prix, une telle
« extrémité n'était pas à craindre, et tout ce qu'on pouvait redouter
« n'était qu'une altercation des plus vives entre l'architecte et le
« monarque. Fontaine devenait inabordable, comme un hérisson,
« toutes fois qu'on lui parlait de ce corridor. Et Louis-Philippe,
« qui avait des égards pour son architecte, le ménageait, afin de
« l'apprivoiser par degrés à cette idée si antipathique dès le début.
« Mais le temps et les précautions ne gagnaient rien sur l'esprit
« de l'architecte : il était aussi horripilé et aussi réfractaire que
« le premier jour. A l'en croire, ce corridor était une niaiserie,
« un non-sens, une superfétation, une absurdité, une verrue
« affreuse, un boyau abominable. Bref, toutes les épithètes les plus
« désobligeantes, il les trouvait encore trop élogieuses pour ce
« maudit corridor qu'il considérait comme ce qu'il y a de plus
« barbare dans le goût, de plus hybride dans l'art. Le roi s'aper-
« cevant que ses délais n'obtenaient aucune concession se résolut
« à donner l'assaut à la volonté revêche de l'architecte, sans faire
« plus longtemps le siège de la place. Attaqué de front, l'artiste
« se rebéqua avec la dernière énergie. — Sire, dit-il, vous me
« demandez là une monstruosité en architecture. Par votre ordre,
« Percier et moi avons commis un premier acte de vandalisme
« dans votre jardin des Tuileries. J'en ai encore des remords et
« je jure que je ne recommencerai pas. — Bah ! dit le roi, visi-
« blement impatienté ; vous boursouflez tout ! Vous prêtez aux
« choses une importance qu'elles sont loin d'avoir. Vous aurez la
« bonté de faire le corridor de Saint-Cloud, comme vous avez

« fait le charmant fossé des Tuileries... Fontaine leva les mains
« au ciel comme s'il eût entendu proférer un blasphème. —
« Jamais, Sire, s'écria-t-il ; je préfère vous donner ma démission.
« Ce corridor, daignez le comprendre, serait ma déconsidération
« et mon déshonneur. — Eh ! bien, objecta le monarque de l'air
« enchanté de quelqu'un qui a trouvé un argument irréfutable ;
« faites toujours et, pour mettre votre amour-propre à couvert,
« nous publierons partout que c'est moi. — Très bien, Sire,
« riposta l'artiste poussé à bout ; de votre côté, veuillez déclarer
« la guerre aux Anglais et, pour mettre votre gloire à couvert, nous
« publierons partout que c'est moi !... Cette sortie abasourdit
« Louis-Philippe, on nageait alors dans les pleines eaux de
« l'entente cordiale. Le roi sourit, mais ne fut pas désarmé.
« Obstiné, il l'était plus encore que Fontaine. Il voulait son
« corridor et... il l'eut !... (1).

Pendant ses séjours à Saint-Cloud, la promenade était le seul
plaisir que se donnait le roi. Alors, comme tous les étés, il mettait
le pavillon de Breteuil à la disposition de M. de Montalivet,
intendant général de la liste civile, et s'y rendait fréquemment à
pied par le parc réservé. Le roi et l'intendant général passaient
souvent de longues heures à converser de toutes choses. Un jour,
Louis-Philippe dit à M. de Montalivet : — Je vais peut-être avoir
« besoin de vous pour former un cabinet. — Sire, je suis toujours
« à vos ordres, mais je désire vivement rester dans la retraite. —
« Je vous comprends, vous aimez mieux être intendant de la liste
« civile que ministre, c'est-à-dire vous préférez être duc d'Orléans
« que roi : vous n'êtes pas dégoûté. » (2)

En 1840, le duc de Nemours, second fils de Louis-Philippe,
étant sur le point de contracter une union des plus avantageuses
à tous les égards, devint, bien innocemment, d'ailleurs, la cause
d'une crise ministérielle. On avait demandé, pour lui, une dotation
de cinq cent mille francs que la Chambre refusa, après des débats
plutôt pénibles. A la suite de cet échec, le ministère Soult se retira.

---

(1) F. Thomas. *Souvenirs.*

(2) Véron. *Mém. a'un bourgeois de Paris.*

Le duc de Nemours, il faut bien le reconnaître, n'était pas populaire sous la monarchie de Juillet ; mais qu'on ne se hâte pas de croire que ce fût avec raison. Au contraire, rien de moins justifié que cette impopularité. Le prince était doué des plus grandes qualités du cœur ; il possédait même un esprit supérieur, et ceux qui le connaissaient bien appréciaient son jugement droit et sûr. « J'aime Nemours encore plus qu'un frère ; j'ai plus de confiance « en son jugement qu'au mien. » Ainsi s'exprimait le duc d'Orléans au sujet du duc de Nemours et cette opinion on la retrouve dans le testament de ce prince si prématurément enlevé à sa famille et à la France. Dans cette pièce remarquable par la justesse des vues et par une sorte de divination de l'avenir, il a consigné le témoignage irrécusable de confiance que lui inspiraient la raison supérieure et le caractère chevaleresque de son frère.

Mais à côté de ces qualités du cœur et de l'esprit, il y avait en lui un défaut capital pour un prince : le duc de Nemours était modeste à l'extrême, modeste à ce point que la modestie, sans cesser d'être une vertu, devient une faiblesse. Le monde, déjà porté à contester les qualités qu'on lui montre, se refuse encore bien plus à pénétrer celles que l'on cache sous une trop grande réserve. Bien mieux, pour en revenir au duc de Nemours, si le prince, par timidité, tardait à prononcer un mot, à faire un geste à ceux qui l'entouraient, son silence, pour eux, devenait aussitôt de la hauteur, son immobilité de la morgue. L'opinion publique, toujours prompte, qui ne voit que les apparences et se refuse le plus souvent à analyser les faits, à scruter les caractères, possède ainsi, à son actif, une foule de jugements téméraires.

En réalité le duc de Nemours était extrêmement bienveillant, simple, accueillant, mais il était presque toujours nécessaire de l'aider à vaincre son excessive timidité. En revanche, sur le champ de bataille, cet homme doux, concentré, recueilli, religieux, se révélait d'une bravoure à toute épreuve.

En effet, en face de l'ennemi, le duc de Nemours était lui-même. En présence du danger, sa réserve devenait un sang-froid imperturbable, et son être tout entier s'animait d'un grand et beau courage. Élancé, élégant, le prince, dont son père disait qu'il

« aurait dû naître archiduc », avait une physionomie qui évoquait celle de Henri IV. Son honnêteté, égale à sa modestie, la délicatesse de ses scrupules, nuisaient parfois à la promptitude de ses décisions, mais en cela encore se révélait la grande sagesse de son caractère car, en effet, il était de ceux qui pensent, non sans raison, qu'il est parfois plus difficile de connaître son devoir que de le remplir.

A notre vif regret, nous ne pouvons longuement retracer le rôle militaire du duc de Nemours pendant le règne de son père. Du siège d'Anvers, 1832, où il fit ses premières armes, au siège de Constantine en 1837, en passant par les opérations de 1836, ce ne fut qu'une longue suite d'actions d'éclat. Les généraux, les officiers supérieurs tombent mortellement frappés autour de lui ; il semble invulnérable. Sa destinée n'est pas accomplie. La vie lui réserve sa part de douleurs, voilà pourquoi la mort passe et le laisse debout... « Si Henri IV eût reconnu dans son vivant portrait un
« héritier de sa bravoure, Saint-Louis dut aussi bénir ce prince
« de sa race qui, dans cette Afrique, où il veillait sur les pestiférés,
« couvrait de sa sollicitude les cholériques. Le duc de Nemours
« ne se bornait pas à faire relever les malades qui tombaient sur
« la route, lui-même aidait à les mettre sur les cacolets en bravant
« les miasmes de la redoutable épidémie. Ce rôle n'était pas
« nouveau pour lui, les fiévreux de la première expédition de
« Constantine n'avaient rien à envier aux cholériques de la
« seconde » (1).

. . . .

Le refus opposé par la Chambre à la demande d'une dotation, ne pouvait être un obstacle au mariage du prince. C'est à propos de cette union que le duc d'Orléans écrivit à son frère une lettre, pleine de sages conseils, dont une partie seulement a été retrouvée lors du sac des Tuileries par les énergumènes de 1848... « Laisse-
« moi te dire encore une fois, disait-il, que j'ai la ferme

---

(1) Cl. Bader. Le duc de Nemours.

« conviction que c'est le bonheur auquel tu ouvres ta porte. Il ne
« te coûtera que la volonté de faire ce qui dépendra de toi pour
« témoigner, d'abord, soins et confiance, et, plus tard, affection à
« une personne que cette seule volonté rendra heureuse, et dont
« le bonheur et le dévouement réagiront sur toi... Crois-moi, tu
« trouveras bonheur, considération et vie douce et facile, et
« contentement intérieur dans ton mariage, et chaque jour te
« rendra ta tâche plus légère. Il ne faut que quelques efforts pour
« être bien dans le commencement, pour t'assurer, pour la vie,
« ce que plus tard tu ne retrouveras plus : un intérieur bon,
« tranquille, heureux et ce qui te mettra bien au-dessus des
« atteintes du sort !... Prends bien ta femme, dès le commence-
« ment. A défaut d'affection, montre-lui de la confiance, de l'aban-
« don. C'est un placement à bien gros intérêts que tu feras là !...
« Avec l'incertitude des choses de ce monde, peut-être ne te
« reverrai-je pas ; c'est ce qui m'autorise à te dire ce que je crois
« que tu dois faire pour être heureux et honorable, et tu ne peux
« être l'un sans l'autre. Aies les yeux fixés fermement sur l'avenir ;
« que le passé soit mort pour toi... Si de tristes pensées te
« viennent, au lieu de les cacher à ta femme, va droit les lui
« dire. Son affection, ses soins détendront la corde qui te fait
« souffrir. Elle s'attachera à toi par les soins qu'elle te donnera,
« autant que par l'affection que tu lui montreras... Un dernier
« mot et j'aurai fini mon sermon. Le mariage est tout ou rien. Il
« n'y a pas de partage possible d'affections et de rapports intimes.
« Quand une brèche y est bien faite, si petite qu'elle soit, c'est
« comme le coussin à air percé avec une épingle. Tout fuit par ce
« point invisible ; le fardeau seul reste, et l'on a tiré, à jamais, ce
« qui le rend léger et doux » (1).

Le mariage du duc de Nemours avec la duchesse Victoire de
Saxe-Cobourg-Gotha eut lieu le 27 avril 1840, à neuf heures du
soir, au palais de Saint-Cloud, dans la galerie d'Apollon.

Les ministres secrétaires d'État, les maréchaux de France, les

---

(1) *Papiers des Tuileries*.

vice-présidents et secrétaires de la Chambre des députés, les officiers de la maison du roi et des princes et toutes les personnes invitées se réunirent, avant neuf heures du soir, dans les salons du roi. Les vice-présidents de la Chambre des pairs, le président et les vice-présidents de la Chambre des députés avaient été choisis comme témoins pour le roi ; les maréchaux duc de Dalmatie et comte Gérard, comme témoins pour Monseigneur le duc de Nemours ; le comte Lehon, ministre plénipotentiaire de S. M. le roi des Belges et le baron de Bussières, ministre plénipotentiaire du roi près S. M. le roi de Saxe, devaient être témoins de Madame la duchesse Victoire.

A neuf heures, le roi parut et, aussitôt, l'on se rendit dans la galerie d'Apollon qui avait été disposée pour le mariage civil. Le roi donnait le bras à Madame la duchesse Victoire et la reine à Monseigneur le duc de Nemours. Venaient ensuite S. M. le roi des Belges et Madame la duchesse d'Orléans, le duc Ferdinand de Saxe-Cobourg et Madame la princesse Adélaïde, les princes et princesses de la famille royale, LL. AA. RR. les infants d'Espagne, le duc Alexandre de Wurtemberg et le prince Auguste de Saxe-Cobourg-Gotha. Monseigneur le duc d'Orléans et Monseigneur le duc d'Aumale étaient absents pour le service du roi. Dans la galerie, la famille royale et les témoins se rangèrent autour d'une table sur laquelle étaient disposés les registres de l'Etat-civil. Au milieu, les augustes fiancés ; à la droite de Monseigneur le duc de Nemours, le roi et le roi des Belges ; à gauche de la duchesse Victoire, son père le duc Ferdinand, la reine, la duchesse d'Orléans ; des deux côtés, en cercle, les princes et les princesses, et ensuite les témoins. En face des futurs époux se tint le chancelier, ayant à sa droite le président du Conseil des ministre et le Garde des sceaux, entourés des autres magistrats ; et, à sa gauche, le grand Référendaire et le garde des archives de la Chambre des pairs.

Le chancelier Pasquier, ayant pris les ordres du roi, donna lecture, à haute voix, du projet de l'acte civil. Les questions d'usage furent faites conformément à l'art. 75 du Code civil. M. le duc de Nemours se tourna alors du côté du roi et, avec force, répondit :

« Oui ». Plus faible fut la réponse de Madame la duchesse Victoire. Ensuite, on procéda à la signature de l'acte. Les augustes époux ; LL. MM. ; LL. AA. RR. et les témoins signèrent successivement ; et, enfin, l'acte fut clos par le président du Conseil des ministres, par le garde des sceaux, par le chancelier et le grand référendaire de la Chambre des pairs.

La famille royale descendit ensuite dans la chapelle du palais où Monseigneur l'évêque de Versailles célébra le mariage religieux. Les témoins et les invités s'étaient formés en haie sur le passage de Leurs Majestés et de leurs Altesses Royales. Cette fois, le duc de Nemours donna le bras à la princesse. Après une courte allocution, l'évêque de Versailles procéda à l'union religieuse des deux époux. Le poële était tenu par Monseigneur le duc de Montpensier et Monseigneur le prince Auguste de Saxe-Cobourg Gotha... A dix heures et demie, toutes les cérémonies étaient terminées.

La jeune duchesse de Nemours, qui était la grâce et la douceur mêmes, ne tarda pas à éprouver une réelle affection pour son mari dont l'attitude auprès d'elle s'inspirait des conseils du duc d'Orléans. Il en résulta pour le duc ce bonheur dont lui parlait son frère, et la duchesse fut sa consolation quand vint l'exil. La princesse, au lendemain même de son mariage « prit la place d'une « fille chérie (1) dans le cercle de la famille royale. Maternellement « aimée de la reine Marie-Amélie, elle se lia d'une étroite amitié « avec la duchesse d'Orléans. » (2)

Avec ce bonheur qui, en dehors des questions de politique intérieure, caractérisa le règne de Louis-Philippe, trois ans après une nouvelle union avait lieu dans le château de Saint-Cloud. C'était celle de la princesse Clémentine avec le prince de Saxe-Cobourg Gotha.

Marie-Clémentine-Léopoldine-Clotilde d'Orléans, titrée Mademoiselle de Beaujolais, naquit à Neuilly, le 3 juin 1817. Dans les *Vieux souvenirs* du prince de Joinville nous avons relevé une

---

(1) La princesse Marie, de poétique mémoire, était morte en 1839.

(2) Cl. Bader. *Le duc de Nemours.*

anecdote concernant cette princesse. C'était à un bal des Tuileries.
La princesse Clémentine et son frère, le prince de Joinville, vêtus
de costumes rappelant l'ancienne cour, dansaient le menuet,
entourés de tous les invités. La princesse était particulièrement
gracieuse. Survint Charles X qui se dirigea vers elle et lui adressa
des compliments. Puis s'adressant au duc d'Orléans, il ajouta :
« — Si j'avais quarante ans de moins, monsieur, votre fille serait
« reine de France ! »

D'une beauté ravissante, douée de beaucoup d'esprit, aussi pure
que belle, unissant en elle la grâce et la majesté, semant partout
sur son passage l'amour et le respect, douce et compatissante aux
opprimés et aux malheureux, aimant la grandeur sans exagération,
ne mettant que la vertu au-dessus de la considération, fervente et
même austère, laissant derrière elle une odeur de sainteté, telle
était cette jeune princesse dont le mariage avec le prince Auguste
de Saxe Cobourg Gotha eut lieu, dans le palais de Saint-Cloud,
le 23 avril 1843, avec le même cérémonial que celui de son frère.
le duc de Nemours.

Si sa sœur Louise, devenue reine des Belges, se montrait tendre
et pieuse comme sa mère la reine Marie-Amélie, si son autre sœur
la princesse Marie, la douceur même, personnifiait la poésie et la
rêverie, la princesse Clémentine, dernière fille du roi Louis-
Philippe, se rapprochait davantage, au point de vue du caractère,
de Madame Adélaïde dont Mme de Genlis a dit : « Sa piété
« véritablement angélique lui donne la philosophie chrétienne
« qui consiste dans la patience, le courage, la résignation. Sa
« douceur est inaltérable, mais son âme, toute sensible, a
« cependant beaucoup d'énergie. »

Un autre événement relatif à la famille de Louis-Philippe eut
également lieu à Saint-Cloud. Ce fut la naissance, le 4 novembre
1845, du duc de Penthièvre, fils du prince de Joinville et de la
princesse, née Françoise du Brésil, fille de l'empereur don Pédro
I et de l'archiduchesse Marie-Léopoldine.

Ainsi que tous les membres de sa famille, Pierre-Philippe-Jean-
Marie d'Orléans, titré duc de Penthièvre, fut, à peine entré dans
la vie, condamné, par la révolution de 1848, à prendre le chemin

de l'exil. C'est donc à l'étranger que se fit son éducation et que se développa l'irrésistible vocation qui le poussa à se consacrer, comme son père, à la marine. Nous ne le suivrons pas dans tous les voyages qu'il entreprit, mais nous tenons, cependant, à parler de celui qu'il fit en 1866. Or, en cette année, il se trouvait dans l'île de Van Diémen, à Hobart-Town, capitale de la Tasmanie, en Australasie, sur l'estuaire du Derwent. En ces lointains parages, le jeune prince apprit que des marins français, frappés à leur bord par une épidémie, étaient ensevelis, depuis 1840, sur une colline, aux portes de la ville.

Pour un cœur sincèrement animé de patriotisme, pour une âme vraiment française, la tombe même d'un compatriote, mort loin du sol natal, est encore un peu de la patrie. Le prince voulut, le jour même, aller visiter ces tombes et rendre à ceux qui l'avaient devancé et à la France dont il était exilé, un commun hommage. Il se dirigea donc, avec quelques-uns de ceux qui l'accompagnaient, vers ce lieu de pèlerinage et, tout d'abord, ne vit qu'un amas de plantes parasites d'où émergeaient quelques fleurs, produits d'un pollen apporté là par les tempêtes ! Les croix, pourries, brisées, gisaient à terre et, avec elles, les pierres étaient couvertes de mousse, de sorte que, sous les lianes et sous les ronces, nos morts étaient deux fois ensevelis. Le prince fut attristé de cet aspect lamentable, désolé. Pieusement, il rechercha les limites de chacune des tombes, parvint à déchiffrer les noms, presque effacés, puis commanda l'exécution de pierres funéraires qui furent comme autant de monuments élevés par un marin à d'autres marins, ses frères, tous fils de la France ! Enfin, sur une plaque de marbre, il fit graver cette inscription :

EXPÉDITION AUTOUR DU MONDE

DES CORVETTES

L'Astrolabe et La Zélée

A la mémoire de

. . . .

. . . .

et des autres matelots décédés
à Hobart-Town en 1840

HOMMAGE D'UN PRINCE FRANÇAIS, MARIN COMME EUX

QUI A VOULU SAUVER DE L'OUBLI

LES NOMS DE SES COMPATRIOTES

MORTS DANS L'ACCOMPLISSEMENT

D'UNE MISSION GLORIEUSE POUR LA FRANCE.

9 septembre 1865.

Touchant hommage rendu par celui qu'exilait la volonté des hommes à ceux que le destin exilait à jamais !

La déclaration de guerre, en 1870, le trouva en Islande. Il revint, offrit ses services, mais éprouva la même douloureuse déception que ses oncles et ses cousins. Le décret de l'Assemblée nationale lui permit de rentrer en France. Il fut, alors, nommé lieutenant de vaisseau à bord de l'*Océan*, sous les ordres de l'amiral Renault. La loi du 23 juin 1886, expulsant les prétendants et leurs fils ainés et excluant les autres membres de leur famille de toutes les

Victoire-Antoinette Auguste, princesse de Saxe, Cobourg et Gotha,
duchesse de Nemours.

D'après une photographie du portrait de Winterhalter, au Musée de Versailles, communiquée
par MM. Neurdieu frères.

fonctions publiques, atteignit le duc de Penthièvre. Depuis cette époque, il vit dans une retraite absolue.

Quelques jours après la naissance du duc de Penthièvre, la famille royale s'augmentait d'un autre enfant. Le 16 novembre 1845, naissait, au château de Saint-Cloud, Louis-Philippe-Marie-Léopold d'Orléans, titré prince de Condé, fils de Henri-Eugène-Philippe-Louis d'Orléans, duc d'Aumale et de Marie-Caroline-Auguste de Bourbon des Deux Siciles, princesse de Salerne.

Fils d'un prince à l'esprit sage et éclairé, qui, plus tard, devait donner à la France, non seulement des preuves de son patriotisme, mais d'éclatants témoignages de sa générosité de cœur et de sa grandeur d'âme, le jeune Condé promettait d'être, lui aussi, un homme vraiment supérieur. Après de brillantes études qui révélèrent en lui une remarquable intelligence, il sembla n'avoir d'autre but que de se montrer digne de son père pour qui, d'ailleurs, il professait une profonde admiration et qu'en toute chose il prenait pour exemple.

En 1861, le duc d'Aumale refusa la couronne de Grèce qui lui était offerte afin de rester français ; mais après cette décision, il se crut obligé d'expliquer au prince les motifs de son refus. Il lui écrivit à ce sujet. Quelques jours après, pendant une absence du duc d'Aumale, la réponse du jeune prince arriva. Elle était une approbation absolue de ce qu'avait fait son père, mais les termes dans lesquels elle était conçue témoignaient de si précieuses qualités de cœur, attestaient une âme si noble et si fière que la duchesse, en la lisant, sentit ses yeux s'emplir de larmes. De son orgueil maternel exalté, lui vint un bonheur si profond et si intense que, comme toutes les mères, désireuse de faire partager sa joie à une amie dévouée qui était auprès d'elle, elle s'écria : « Tenez, écoutez cette lettre et dites-moi si Dieu ne nous a pas « fait la part la plus belle en nous donnant un tel enfant et si nous « n'avons pas le droit, son père et moi, d'être fiers de lui !... (1).

Après un séjour de deux années, en Suisse, chez un Colonel

---

1) Récit d'un témoin cité par E. Daudet. *Le duc d'Aumale.*

fédéral qui avait bien voulu se charger de lui faire continuer ses études militaires, le jeune prince de Condé fit à son père l'aveu d'une espérance comme en conçoivent d'ordinaire les jeunes gens dont le cœur s'ouvre à la vie. Le prince de Condé n'avait pu voir, sans être profondément troublé, sa cousine Marguerite d'Orléans, fille du duc de Nemours. Une fois sous le charme de tant de grâce et de beauté, dans le secret de son âme, il caressait le rêve de faire princesse de Condé celle qu'en sa pensée il associait à tous ses projets d'avenir, à toutes ses aspirations. Mais le ciel, souvent cruel en ses desseins, en avait déjà décidé autrement. Le prince de Condé, si bien doué, sur qui reposaient tant de brillants espoirs, était une de ces créatures qui viennent ici-bas, n'y font qu'un court séjour, et, rappelées par Dieu, s'en retournent, laissant dans le souvenir de ceux qui restent, ainsi qu'une trace de leur passage, un lumineux rayon, source de douloureux et éternels regrets !...

Sans s'opposer au projet du prince de Condé, le duc d'Aumale jugea cependant à propos de mettre à l'épreuve le sentiment dont son fils venait de lui faire l'aveu. Il exprima au prince le désir de lui voir faire un voyage de circumnavigation qui durerait une année. Le prince se soumit, de bonne grâce, à ce que lui demandait son père : Au delà du délai il entrevoyait tant de bonheur !...

Les préparatifs du départ commencèrent aussitôt. Le 21 janvier 1866, le prince écrivait au docteur Paul Gingeot qui devait l'accompagner : « Je vous écris, Monsieur, afin d'avoir fait un peu « connaissance, d'une façon quelconque, avant de nous mettre à « faire ensemble un voyage d'un an et aussi pour vous annoncer « que notre départ a été définitivement fixé hier au 4 février, de « Southampton. Je partirai donc de chez mon père le 3 et j'espère « que vous nous arriverez le 1er ou le 2, afin de pouvoir faire « connaissance avec ma famille avant de nous en aller.... J'emporte « des boîtes à insectes, car l'entomologie a été, de tout temps, une « grande passion chez moi, et aussi tout ce qu'il faut pour « empailler des animaux et collectionner des œufs, comptant « profiter de ce voyage pour avancer mes connaissances dans « l'histoire naturelle, tant passée que présente, et qui nous offre,

20

« je crois, de bien grands trésors en Australie et dans les îles de
« la Sonde. Je compte aller jusqu'à Ceylan avec mon cousin
« Alençon qui va aux Philippines faire du service militaire. Le
« temps qu'il passera au service, je voudrais le passer en Australie,
« où j'irai de Ceylan, d'Australie à Java, de Java aux Philippines
« avec le retour par l'Inde et l'Egypte ; voilà en gros traits le plan de
« mon voyage, dont nous nous entretiendrons plus en détail à votre
« arrivée ici et pendant les longues traversées qui nous séparent
« de notre but.... Je me suis fait préparer une assez grande
« quantité de livres pour lire à bord, traitant des pays que nous
« devons visiter, de sorte que je crois que vous aurez suffisamment
« de lectures avec ; et nous pourrons les étudier ensemble, ce qui
« sera très utile si.... les fantasques mouvements du navire ne me
« forcent pas à interrompre le cours de mes occupations. La mer
« vous dompte-t-elle aussi ?.... » (1)

Le jour du départ arriva. L'angoisse étreignait tous les cœurs,
un sombre pressentiment agitait les âmes. La tristesse du prince
de Condé était atténuée par la perspective du grand bonheur
auquel il aspirait et dont ce voyage était le prix !. . Mais son père ;
mais sa mère ?... avec quelle douleur ils le voyaient partir, cet
enfant qu'ils idolâtraient, partir pour des pays lointains, pour des
climats dangereux, où, sous les fleurs mêmes se cache souvent un
péril. Oui, sans doute, pour la sécurité de cet enfant toute la
prévoyance humaine avait été mise à contribution. Le duc d'Aumale
avait, lui-même, veillé à tous les soins matériels ; quant à la
duchesse, elle avait cédé à toutes les inspirations de son amour
maternel. Mais qu'est-ce que la science de la vie en face de l'Inconnu,
de l'impénétrable Demain... Enfin !... Un dernier adieu, des
mouchoirs agités aussi longtemps que le regard pût les voir et le
navire, ayant gagné le large, emporta le prince de Condé vers
l'Eternité !...

Les premières nouvelles que reçut le duc d'Aumale furent des
plus satisfaisantes ; elles dissipaient ses appréhensions et calmaient,

(1) E. Daudet. Le duc d'Aumale.

un peu, l'inquiétude de la duchesse. Tout heureux, le duc écrivit au comte d'Haussonville : « Merci, de ce que vous me dites pour « mon fils. Il est parti en *high spirits* et j'ai eu la satisfaction de « le savoir hors de l'Atlantique et des effroyables tempêtes qui « l'agitent cet hiver. J'espère que la Méditerranée, le Pacifique « et surtout le climat des Tropiques lui seront cléments. »

Maintenant, laissons parler l'auteur du *Duc d'Aumale* (1) : « Partout où passait le prince, il était reçu avec les égards dus à « un petit-fils de roi. Partout, il séduisait et charmait ceux qui ne « le connaissaient pas. Mais à Ceylan, l'excès des fatigues de son « voyage et des fêtes que l'on donnait en son honneur eut une « première manifestation que des soins enrayèrent. En Australie, « à Sidney, où il arriva vers le mois d'avril, sa santé ne causait « aucune inquiétude à son entourage. Une partie de pêche où le « prince voulut imiter ses compagnons, nés dans le pays, et rester, « comme eux, dans l'eau jusqu'à mi-corps pendant plusieurs « heures, fit renaître de nouvelles inquiétudes. Sa jeunesse reprit « cependant le dessus et tout permettait d'espérer un prompt « rétablissement lorsque, tout-à-coup, il apprit, par un journal, la « mort de sa grand'mère, survenue le 24 mars 1866. Il adorait la « reine Marie-Amélie et fut profondément affecté de n'avoir pas « assisté à ses derniers moments. Il reprit le lit, une fièvre typhoïde « se déclara, il ne se releva plus. Le prince de Condé mourut le « 24 mai. »

Après les magnifiques funérailles que la ville de Sidney fit au prince, le corps fut embarqué et ramené à Londres, où il arriva le 11 septembre. Le duc d'Aumale, son second fils le duc de Guise (2), le comte de Paris et le duc de Nemours vinrent le recevoir. Au docteur Paul Gingeot, le père infortuné dit : « Je sais que vous « avez fait tout ce qu'on pouvait faire et comme dévouement et « comme savoir. »

---

(1) E Daudet.

(2) Mort en 1872.

Le corps du prince de Condé, d'abord enterré en Angleterre, a été ramené à Dreux, en 1872, avec ceux du roi, de la reine et de la duchesse d'Orléans.

. . . .
. . . .

Malgré la puissance dont elle dispose, malgré les pompes qui l'entourent, les splendeurs qui lui font cortège, la Royauté a aussi ses misères et ses tristesses. On dit : Heureux comme un roi. Ce proverbe pouvait être vrai au temps du *Roi d'Yvetot.* Mais pour Louis-Philippe l'exercice du pouvoir ne fut pas, à proprement parler, une situation particulièrement enviable. Au début de son règne, il entendit constamment gronder l'agitation révolutionnaire ; pendant les dix-huit années que dura la monarchie de juillet, les menées ambitieuses des parlementaires renversèrent ou exigèrent la modification de vingt ministères. Un malaise général existait à l'état latent et l'opinion publique l'en rendait responsable. Avec cette doctrine : « le roi règne et ne gouverne pas, on m'avait, dit-il, « plus tard, rendu impossible ; je n'étais plus aux yeux de la « France qu'un vieil avare plaçant des millions à l'étranger et « faisant des coupes sombres dans les forêts de l'Etat. »

En 1844, à Saint-Cloud, Louis-Philippe, dans une conversation avec Victor Hugo, lui disait :

« Monsieur Hugo, on me juge mal. On dit que je suis fier, on « dit que je suis habile. Cela veut dire que je suis traître. Cela me « blesse. Je suis un homme, tout bonnement ; je vais droit devant « moi. Ceux qui me connaissent savent que j'ai de l'ouverture de « cœur. Thiers, en travaillant avec moi, me dit, un jour que nous « n'étions pas d'accord : — Sire, vous êtes fier, mais je suis plus « fier que vous. — La preuve que non, lui répondis-je, c'est que « vous me le dites. — M. de Talleyrand me disait un jour : Vous « ne ferez jamais rien de Thiers, qui serait pourtant un excellent « instrument. Mais c'est un de ces hommes dont on ne peut se « servir qu'à la condition de les satisfaire. Or, il ne sera jamais « satisfait. Le malheur, pour lui comme pour vous, c'est qu'il ne « puisse plus être cardinal... Thiers, du reste, a de l'esprit, mais « il a trop l'orgueil d'être un parvenu. Guizot vaut mieux. C'est

« un homme solide, un point d'appui : espèce rare et que j'estime.
« Il est supérieur même à Casimir Perrier qui avait l'esprit étroit.
« C'était une âme de banquier, scellée à la terre comme un coffre-
« fort. Oh ! que c'est rare, un vrai ministre ! Ils sont tous comme
« des écoliers. Les heures du Conseil les gênent, les plus grandes
« affaires se traitent en courant. Ils ont hâte d'être à leurs
« ministères, à leurs commissions, à leurs bureaux, à leurs
« bavardages. Dans les temps qui ont suivi 1830, ils avaient l'air
« humiliés et inquiets quand je les présidais. Et puis, aucun
« sentiment vrai du pouvoir, peu de grandeur au fond, pas de
« suite dans les projets, pas de persistance dans les volontés. On
« quitte le Conseil comme un enfant sort de classe. Le jour de sa
« sortie du ministère le duc de Broglie dansait de joie dans la
« salle du Conseil. Le maréchal Soult arrive : — Qu'avez-vous
« mon cher duc ? — Maréchal, nous quittons le ministère ! — Vous
« y êtes entré comme un sage, dit le maréchal qui avait de l'esprit,
« et vous en sortez comme un fou ! — Le comte Molé, lui, avait
« une manière de me céder et de me résister tout à la fois. — Je
« suis de l'avis du roi, quant au fond, disait-il, je n'en suis pas
« quant à l'opportunité. — Monsieur Hugo, si vous saviez comme
« les choses se passent quelquefois au Conseil !... Le traité du
« droit de visite, ce fameux droit de visite, croiriez-vous cela ? n'a
« pas même été lu au Conseil. Le maréchal Sébastiani, alors
« ministre, disait : — Mais, messieurs, lisez donc le traité... Je
« disais : — Mes chers ministres, mais lisez donc le traité... —
« Bah ! nous n'avons pas le temps, nous savons ce que c'est : que
« le roi signe ! disaient-ils. — Et j'ai signé. » (1)

Nous voici arrivés à l'approche des jours sombres, des jours
d'orage, où ce roi de soixante-quinze ans va supporter à lui seul
toutes les conséquences des fautes de ses ministres. Et cependant
« plus l'on regarde Louis-Philippe de près, plus l'on s'assure que
« ce monarque, qui avait la sagesse de ne pas cacher une épée
« dans le fourreau de son parapluie, fut, après tout, un homme

---

(1) Choses vues.

« judicieux, sensé, constamment occupé du bonheur des siens
« — qui l'en blâmerait ? — mais aussi des véritables intérêts et
« de la grandeur de la France... » (1). Ce jugement que l'on porte
maintenant sur le roi-citoyen, Louis-Philippe n'avait pas été sans
le prévoir. Un jour, répétant le mot de Henri IV, il dit : « On me
« rendra justice après ma mort ».

L'année 1847 se termina par un deuil cruel pour le roi. La
princesse Adélaïde mourut le 31 décembre. Elle avait été, pour
son frère, un *ami* véritable et sincère. Douée d'une vive intelligence, d'un jugement droit et sûr et d'une grande pénétration,
elle donna plus d'un bon conseil à son frère qui n'hésitait d'ailleurs
jamais à la consulter. « Presque tous les matins le roi avait une
« longue causerie, la plupart du temps politique, avec Madame
« Adélaïde. Il la consultait sur tout et ne faisait rien de très
« grave contre son avis. Il regarde la reine comme son ange
« gardien ; on pourrait dire que Madame Adélaïde était son
« esprit gardien ». Quel vide pour un vieillard ! Vide dans le
« cœur, dans la maison, dans les habitudes. Je souffrais de le
« voir pleurer. On sentait que c'était là de vrais sanglots venant
« du fond même de l'homme. Sa sœur ne l'avait jamais quitté.
« Elle avait partagé son exil, elle partageait un peu son trône ;
« elle vivait dévouée à son frère, absorbée en lui, ayant pour
« égoïsme, le *moi* de Louis-Philippe » (2).

Avec 1848 qui commence si tristement pour le roi, l'agitation
politique reparut. On jugeait le souverain avec une criante injustice, et beaucoup de ceux qui l'attaquaient, non sans une certaine
violence parfois, montraient, à son égard, une rare ingratitude.
L'opposition s'était constituée, organisée. Elle avait pris pour
plateforme la réforme électorale. Battue dans le parlement, elle
porta l'agitation dans le pays, au moyen de banquets où ses
orateurs, non contents de s'en tenir à ce qui justifiait leurs efforts,
attaquèrent également les institutions. La campagne, menée avec

---

(1) Ch. Simon. *Paris de 1800 à 1900.*
(2) V. Hugo. *Choses vues.*

activité, ne fut pas sans causer quelque émoi dans le ministère qui cependant ne tenta rien pour l'arrêter. Au contraire, trop persuadé de sa force, ou trop confiant en lui-même, il refusa l'autorisation aux organisateurs d'un banquet à Paris. Ce fut là toute l'origine de cette révolution de 1848, que personne ne prévoyait et qui surprit tout le monde.

Une certaine effervescence se produisit; des manifestations bruyantes eurent lieu. L'émeute commençait à envahir la rue. Et comme M. de Polignac, dix-huit ans auparavant, le ministre de l'intérieur de la monarchie de juillet, le comte Duchâtel, disait à ceux qui avaient constaté l'agitation dans la rue : « Vous êtes mal « informés. On cherche l'émeute partout et on ne la trouve nulle « part ». Cependant, le roi, à qui on avait soigneusement caché la vérité, finit par la connaître. Le 23 février, il exigea la démission du ministère... Mais il était trop tard !... Le soir même, une colonne de manifestants se heurta contre un bataillon : les soldats et les civils fraternisèrent, quand, soudain, un incident se produisit... Du côté des civils, un coup de feu retentit ! La troupe se crut lâchement attaquée. Elle riposta par une décharge dont l'effet fut terrible... A partir de ce moment, la révolution éclata dans toute son horreur.

On ne joue pas avec les révolutions et on ne les arrête pas quand on veut. Lorsque ceux qui avaient mis le peuple en mouvement furent appelés à faire partie du nouveau ministère, ils tentèrent d'arrêter l'effervescence et constatèrent leur impuissance. Les hommes politiques qui avaient déchaîné la tempête sentirent, à cette heure dangereuse, leur cœur se serrer. Ils tremblèrent devant le peuple, devant ce géant furieux dont ils avaient excité la colère. Ils prirent la fuite, et le repentir ne leur inspira point la pensée honnête et sage de se faire oublier...

Que des peuples se ruent sur d'autres peuples, pour quelque raison que ce soit, on ne peut que s'en affliger. Mais qu'une population née sur le même sol, nourrie du même air, réchauffée par le même soleil, se divise, descende les armes à la main dans l'arène, pour de simples opinions simplement contradictoires, quelquefois également fausses et d'une importance exagérée, à en juger par le mépris où elles tombent plus tard, voilà ce qui est particulièrement triste et profondément désespérant. On ne saurait donc assez s'élever contre les fauteurs de ces désordres, contre ces politiciens ambitieux, se disputant entre eux le pouvoir, et à qui Dieu semble alors livrer le monde, contre les auteurs de ce forfait, car c'en est un de provoquer chez un peuple de ces crises orageuses où il ne respecte ni les cheveux blancs du vieillard, ni le berceau de l'enfant, où la tombe elle-même n'est pas à l'abri de sa fureur !...

La constitution d'un nouveau ministère n'empêcha pas plus la révolution de continuer que ne l'empêcha de s'étendre l'abdication du roi. Elle se développa, gagnant peu à peu, comme une plaie hideuse, tous les quartiers de la capitale... Le visage d'un enfant que lui présente sa mère, la duchesse d'Orléans, n'apaise ni une heure, ni une minute, l'élan furieux de la révolution. Le branle est donné à la folie ; le torrent a rompu ses digues ; les éléments populaires sont déchaînés et les traces qu'ils laissent de leur passage prouvent qu'ils égalent en ruines, en désastres et en horreurs les plus épouvantables cataclysmes de la nature... La révolution ne veut ni loi, ni roi, ni régence. Chez les révolutionnaires *quot capita, tot sensus*. Ce qu'ils veulent, c'est plus que la liberté, c'est le dérèglement, c'est la licence. C'est l'ivresse, le vol, le pillage, l'incendie, le meurtre. *Trahit sua quemque voluptas :* chacun suit son penchant...

.   .   .   .

.   .   .   .

Dès qu'il avait été question, pour le roi, de se résigner à une abdication, des ordres avaient été donnés pour le départ. Les équipages avaient été commandés, mais la révolution veillait... Au moment où ils sortaient pour aller prendre le roi et sa famille, le piqueur avait été tué sur la place du Carrousel. Les voitures durent rentrer. Autour des Tuileries la foule devenait de plus en plus dense et l'effervescence des uns gagnait les autres. Le duc de Nemours, à la tête des troupes renfermées dans la Cour du palais, contenait encore la révolution, par une attitude pleine de fermeté, mais il la sentait, peu à peu, avoir prise sur lui... Le prince confia la duchesse de Montpensier au dévouement d'un ami qui s'offrait,

Auguste Louis-Victor, prince de Saxe, Cobourg et Gotha.
D'après une photographie du portrait de Winterhalter, au Musée de Versailles,
communiquée par MM. Neurdein frères

puis songea à organiser et à assurer le départ de la famille royale.

Ce jour-là, Louis-Philippe était entouré d'un grand nombre de ses enfants, de ses gendres et de ses petits-enfants. Le prince Alexandre de Wurtemberg et son jeune fils le prince Philippe purent, sans encombre, gagner la route de l'Allemagne. Mais les autres ?... Les nombreuses familles sont, dit-on, bénies de Dieu... Le roi, la reine, et tous leurs enfants, quittèrent le palais, non par un souterrain comme on l'a dit, mais par la porte donnant accès à l'Avenue Centrale qui, à travers le jardin, réunit les Tuileries à la place de la Concorde. Un détachement de la Garde Nationale se trouvait sur le parcours de la famille royale ; il acclama le roi.

Pendant ce temps, le duc de Nemours, avec une rare abnégation et un sang-froid qui ne le quitta pas un instant dans cette confusion générale, — le duc songea qu'il y avait quelque part, dans un coin, deux petites voitures et un cabriolet, qui, à eux trois, pouvaient bien contenir six personnes en tout. Il les fit atteler rapidement et les dirigea, au galop, vers la place de la Concorde, par les quais encore libres. Quand ces voitures parvinrent à leur destination, le roi s'y trouvait déjà environné par une foule menaçante, et réellement en péril...

Survint le duc de Nemours qui organisa le départ. Dans la première voiture prirent place : le roi, la reine, les deux jeunes fils de la princesse Clémentine : les princes Philippe et Auguste de Saxe Cobourg et le jeune duc d'Alençon. Dans la seconde se trouvèrent la duchesse de Nemours, son fils aîné le comte d'Eu, sa fille la princesse Clémentine, la princesse Clotilde de Saxe Cobourg Gotha. Enfin la troisième voiture reçut le duc de Montpensier, le général Dumas et une des femmes du service de la reine. D'autres personnes purent se placer dans ces voitures ou à côté des cochers. La princesse Clémentine, heureuse d'avoir vu ses enfants arrachés au danger, prit le bras de son mari et tous deux, se mêlant à la foule, rejoignirent le roi à Trianon par le chemin de fer de Versailles.

Tant que dura l'organisation de ce départ, le roi et la reine conservèrent tout leur calme. Même, ils trouvèrent au fond de leurs cœurs attristés des paroles de reconnaissance et de tendresse pour tous ceux dont ils allaient se séparer ; et cependant, non loin, la populace hurlait d'impuissance à rompre le formidable cordon de cavalerie que la sollicitude et l'amour d'un fils avaient placé là... et cependant des coups de feu étaient tirés sur ce vieillard, sur ces femmes, sur ces enfants que leur destinée avait fait naître sur les marches du trône, et deux hommes de l'escorte furent tués !

Enfin, sous la garde du 2e régiment de cuirassiers, commandé par le colonel Reibell, et d'un détachement de gardes nationaux à cheval, le triste cortège prit la route de Saint-Cloud !...

. . . .

. . . .

Rassuré sur le sort du roi, de la reine et des personnes qui les accompagnaient, le duc de Nemours revint aux Tuileries continuer la tâche de dévouement qu'il s'était tracée. Au moment où il se décidait à prendre le commandement des troupes qui, constamment demeurées fidèles, étaient restées dans la cour, la duchesse d'Orléans se rendait à la Chambre des députés, afin de présenter ses deux jeunes fils. Le duc n'était point favorable à cette démarche. A son avis, les suites pouvaient être et faillirent, en effet, devenir dangereuses, car le Palais-Bourbon, on le sait, fut envahi par la foule. Alors, le danger devenant imminent, la duchesse d'Orléans se décida à quitter la salle des séances... Dans le corridor de dégagement qu'elle prit, ceux qui voulaient la protéger se heurtèrent à des gens qui menaçaient.. Un remous furieux la sépara de ses enfants... Elle parvint enfin dans une chambre qui, momentanément, lui servit d'abri... Bref, tout le monde se cherche, se compte, se retrouve, mais la malheureuse mère n'a auprès d'elle que son fils aîné, le comte de Paris... Elle ignore que le plus jeune, le duc de Chartres, a été renversé, piétiné, puis heureusement relevé et entraîné dans une autre direction par M. Lipman, qui confie l'enfant à Mme de Mornay, laquelle, à son tour, le remet à la famille Sauvageot... Surmontant ses angoisses maternelles, confiante dans la miséricorde de Dieu, la duchesse d'Orléans gagne les Invalides où elle retrouve le duc de Nemours qui, afin de protéger

plus efficacement sa belle-sœur et ses neveux, a revêtu le costume
d'un simple garde national. Le prince a tout préparé. Utilisant les
dévouements que ses qualités de cœur lui ont suscités et ceux qui,
spontanément, se sont offerts, la duchesse et le comte de Paris
partent pour Bligny, près d'Orsay. C'est là que le duc de Chartres
est ramené à sa mère. Enfin, lorsque ses deux enfants sont auprès
d'elle, la duchesse d'Orléans, par des chemins détournés, gagne
Deutz, sur l'autre rive du Rhin, et là, en pressant ses deux fils
contre son cœur, elle s'écrie : « C'est maintenant que je me sens
« véritablement exilée ! »

Quant au duc de Nemours, il n'avait pas jusqu'alors pensé à
lui-même. Tout à son devoir, le souci de sa propre sécurité ne lui
était pas encore venu. Et quand il put y songer la situation était
devenue extrêmement grave. Un M. Biesta, ami d'Odilon Barrot,
inconnu du duc, lui offrit cependant un asile. Pour toute réponse
le prince lui tendit la main. M. Biesta l'emmena dans son domicile
et le présenta à sa famille, comme un ami de passage à Paris.
C'est dans cet asile, où il resta pendant quelques jours, que son
aide de camp, M. de Lasteyrie, lui apporta de Saint-Cloud une
lettre écrite à la hâte par la reine Marie-Amélie et « dans laquelle
« la reine rassurait son fils sur le sort du roi, de la duchesse de
« Nemours, de ses enfants, tout en lui annonçant leur départ pour
« le château d'Eu. » (1)

C'est cette lettre que le prince, au moment de quitter sa retraite,
donna à M. Biesta comme un témoignage de reconnaissance.

En effet, le roi et sa famille étaient arrivés sans encombre au
château de Saint-Cloud. Il n'y resta que quelques heures. Mais
« avant de quitter ce palais, le roi tint à prendre congé des soldats
« et des officiers qui les commandaient. De son cœur à ses lèvres
« montèrent des paroles vraiment touchantes lorsqu'il les remercia
« du dévouement qu'ils venaient de lui témoigner. Officiers et

---

(1) Beaumont Vassy. *Papiers curieux d'un homme de cour.*

« soldats répondirent au roi par des cris d'enthousiasme et de
« fidélité. » (1)

Ainsi se termina ce règne qu'un de ses adversaires, Eugène
Pelletan, après une légère critique, a apprécié en ces termes :

« Quoi qu'il en soit, sous le régime de Juillet, on pensait, on
« travaillait, on produisait : c'était encore le temps de la tribune,
« de la presse, de la pensée, de l'art surtout : de Hugo, de Musset,
« de Michelet, de Quinet, de George Sand, de Lamennais, de
« Carel, de Delacroix, de Decamps, de David, de Pradier, de
« quiconque, en un mot, avait une étincelle de feu sacré. Et
« l'Europe alors écoutait la France, et l'Europe l'admirait, et
« l'Europe l'imitait et cherchait à la rejoindre sur le chemin de la
« liberté ; aussi, partout autour d'elle, rien que par son exemple,
« sans tirer un coup de canon, la France voyait à chaque instant
« surgir à son côté un gouvernement constitutionnel, modelé à
« son image, et une heure avant la révolution de février, le premier
« ministre de Russie, le comte de Nesselrode, laissait mélancoli-
« quement échapper cette réflexion : « Grâce aux institutions
« libérales, la France aura plus gagné en quinze ans de paix que
« par vingt ans de conquêtes. » (2)

Nesselrode ?... Ce nom qui passe sous notre plume, nous fait
songer à un autre adversaire de la monarchie de Juillet. Toute
dévouée à la branche aînée des Bourbons, Madame Swetchine
n'était pas toujours tendre, dans ses lettres, pour le roi Louis-
Philippe. La révolution de 1848 ne pouvait trouver Mme Swetchine
indifférente, et voici ce qu'elle écrivait justement à Madame de
Nesselrode :... Mais en reconnaissant cela comme justice d'en haut,
« je vous avoue que je n'en suis pas moins indignée de l'ingratitude
« de Paris, de sa haine effrénée pour un prince qui n'a jamais été
« tyrannique, ni violent, sous lequel, la paix, la prospérité, le
« bien-être du pays s'étaient accrus, à qui il n'y a pas un crime

---

(1) Véron. *Mém. d'un bourgeois de Paris.*
(2) *La vie à Paris.*

« constitutionnel à reprocher, et qui n'a ni fait couler, ni absorbé
« les sueurs de son peuple ! » (1)

Cette dernère citation, comme celle qui la précède, est un éloge
sur lequel il nous plaît de clore ce chapitre.

---

(1) Lettres de Mme Swetchine, publiées par M. de Falloux.

XI.

NAPOLÉON III

La Révolution de 1830, c'est entendu, eut pour cause la violation de la Charte. Alors, les libertés publiques étaient menacées et le peuple, les armes à la main, en revendiqua le libre exercice. Mais la Révolution de 1848 ?

Il y a, il y aura toujours dans les Parlements des hommes qui voudront être ministres et des ministres qui désireront conserver leur portefeuille. Tant que l'on persistera à prendre ces derniers parmi les hommes politiques, il en sera toujours ainsi. Les uns ne reculeront devant aucune considération pour s'emparer du pouvoir des autres. Par leurs luttes constantes et acharnées, moins pleines de sollicitude pour les intérêts de la nation que d'ardeur pour leurs intérêts personnels, tous exposent le pays à de continuelles perturbations. Mais où le péril prend un caractère tout particulier de gravité, c'est lorsque les uns, pour renverser les autres, font appel aux pires passions populaires.

Alors, l'émeute parcourt les rues. La suspicion, la délation deviennent des systèmes. La guerre civile éclate ; les vengeances s'exercent, les haines s'assouvissent à la faveur des troubles, et quand l'anarchie règne en haut comme en bas de l'échelle sociale, la Justice, s'exilant elle-même, abandonne le champ à la démagogie révolutionnaire.

Nous n'avons pas à faire le récit de cette révolution qui jeta la France en de graves périls. Nous ne dirons rien de ces tristes journées pendant lesquelles un homme politique, qui l'a avoué depuis, alla se poster dans un endroit d'où son regard pouvait suivre toutes les phases de la lutte entre l'autorité et l'insurrection : « J'étais allé là, a-t-il dit, pour jouir de la sublime horreur de la canonnade !... *Suave, Mari Magno.*

La révolution de 1848 fut faite par les classes ouvrières. Déjà, depuis quelque temps, se propageaient les théories d'un socialisme qui sapait les bases de la société sous le prétexte de la régénérer. Embrassant les systèmes qui renversent les rapports entre les patrons et les ouvriers, il s'efforçait de supprimer, avec le salariat et le capital, toutes les lois constitutives de la famille, de l'héritage et de la propriété, pour aboutir, malgré les dénégations de ses propagateurs, à un grossier communisme.

Le Gouvernement de Juillet avait dû, plus d'une fois, intervenir contre cette utopie dangereuse qui souriait autant à l'activité honnête, laborieuse, mais ignorante, qu'à l'incapacité et à la paresse.

Or, sous la pression des novateurs de cette doctrine trompeuse, le gouvernement provisoire créa les ateliers nationaux, et cela dans un moment où le travail faisait défaut, où le commerce suspendait ses payements, où les impôts rentraient si peu que le ministre des finances Goudchaux, voyant venir la banqueroute, se hâta de démissionner. Son successeur, Garnier Pagès, aux prises avec mille difficultés, eut une idée dont on ne saurait lui faire un crime en raison de la situation, mais qui fut loin d'être favorable au gouvernement. Afin de remplacer le timbre supprimé pour être agréable à la presse, et l'impôt sur le sel également aboli pour complaire au peuple, Garnier Pagès frappa les quatre contributions d'une imposition extraordinaire de 45 pour cent. Du coup, les populations rurales se mirent à crier *au voleur !*

Pendant ce temps, dans les conseils de ce gouvernement dont chaque membre rêvait, pour ainsi dire, de la dictature à son profit, la discorde s'installait à ce point que Ledru Rollin, afin de faire prévaloir ses idées, menaçait à tout instant d'ameuter la populace. Si bien qu'un jour « Garnier Pagès, indigné de cette manœuvre « sans cesse renouvelée, tira un pistolet de sa poche et menaça à son tour Ledru Rollin de lui brûler la cervelle s'il faisait un pas. » (1)

_____

(1) Lord Malmesbury. *Mém. d'un ancien ministre.*

Mais ceux qui ne participaient pas aux événements, en subissaient cependant la désastreuse influence. Ils voyaient l'émeute, toujours maîtresse de la rue, dictant au pouvoir ses volontés tantôt absurdes, tantôt menaçantes. Ils ne se dissimulaient pas que le pays, placé sur la pente qui mène à toutes les catastrophes, courait à sa perte. Entre la situation présente et celle qui, dans le passé, avait pris fin en 1799, ils retrouvaient plus d'une analogie. Et l'évocation de cette époque, dont l'impression subsistait encore et presque entière, pesait lourdement sur les esprits et les conduisait, par la logique, à concevoir l'espérance que l'on avait vue se réaliser alors. Au 18 brumaire, Bonaparte, par son intervention énergique avait mis tous les partis d'accord, ou si on le préfère, en leur imposant sa loi qui était celle de la grande majorité des français, il avait mis fin à leurs dangereuses rivalités.

Quel homme allait surgir en 1848 ? Qui était celui sur qui allaient se concentrer tous les vœux, toutes les espérances, toute la confiance d'une nation assoiffée d'ordre et de tranquillité ? Si l'enchaînement des idées générales qui circulaient et s'implantaient peu à peu dans les esprits, idées qu'avaient fait naître les troubles continuels créés et entretenus par quelques-uns des membres du gouvernement, persistait dans la voie rationnelle, cet homme était tout indiqué : c'était le prince Louis-Napoléon Bonaparte, neveu de l'Empereur, que quatre départements venaient d'élire pour les représenter à la Chambre. Mais les partis adverses ne se méprirent pas sur le sens de cette multiple élection. Ils tentèrent d'en enrayer les conséquences qui mettaient leur cause en péril et soulevèrent des débats tellement orageux que le prince, ne voulant pas être le sujet d'une agitation nouvelle, donna sa démission. D'autre part, le pays ne fut point la dupe des arguments invoqués contre le prince Louis-Napoléon. A la mesure d'ostracisme qui frappait ce dernier, cinq départements, aux élections complémentaires, répondirent en le choisissant pour leur député. Devant cette manifestation de l'opinion publique, les adversaires du prince se trouvèrent dans l'alternative ou de nier les principes de liberté et d'égalité dont ils s'étaient faits les propagateurs et de refuser au peuple ce droit de souveraineté pour lequel la monarchie de Juillet avait été

21

renversée ou de s'incliner. Ils se résignèrent et le prince, après avoir opté pour Paris, fut admis sans contestation avouée. Enfin, lors de l'élection à la Présidence de la République, le 10 décembre 1848, le prince Louis-Napoléon obtint plus de cinq millions de suffrages, alors que le premier de ses compétiteurs, le général Cavaignac, n'en recueillait pas quinze cent mille.

En sa qualité de chef de l'Etat, le prince Louis-Napoléon eut la jouissance du château de Saint-Cloud, où il donna de fréquentes réceptions. En 1850, lord Malmesbury y fut invité à déjeuner par le prince. « Il a été extrêmement cordial, dit cet homme d'Etat (1) « et m'a rappelé que, dans ses plus mauvais jours, il m'avait « toujours dit qu'il gouvernerait la France plus tard. — Je vous « l'ai dit quand vous êtes venu me voir dans ma prison de Ham et « vous m'avez cru fou, comme tout le monde. Maintenant, je suis « ici, c'est vrai, mais j'y suis absolument isolé. Mes partisans ne « me connaissent pas et ils me sont inconnus. Quoique je sois « français, il n'est pas cinquante français qui m'aient vu depuis « que je suis arrivé d'Angleterre. J'ai essayé de concilier les partis, « mais je n'en puis venir à bout. Il y a, en ce moment, un complot « à la tête duquel sont Thiers et Changarnier, pour m'enlever et « me mettre à Vincennes. On ne peut rien faire de la Chambre. Je « suis absolument seul, mais j'ai pour moi l'armée et le peuple et « je ne désespère pas. — Après déjeuner, il m'a conduit voir les « haras. Parmi les chevaux se trouvait un magnifique alezan que « le palefrenier, un anglais, fit sortir pour me le montrer. Après « l'avoir beaucoup admiré, le président ordonna à cet homme de « l'amener à Paris, dans ses écuries. — Je ne peux pas, répondit-il, « ce cheval est la propriété de l'Etat. — Lorsque nous fûmes « remontés dans le phaëton, Louis Napoléon me dit : Vous voyez « ma position. Il est temps d'en finir. — En route, il ne m'a pas « fait mystère de son intention de devancer ses adversaires et il « est facile de deviner les moyens qu'il compte employer ».

En effet, de secrets dissentiments étaient nés entre l'Assemblée et le Prince-Président. La première, dès que les difficultés

---

(1) *Mém. d'un ancien ministre.*

Marie-Clémentine-Caroline-Léopoldine-Clotilde d'Orléans
Princesse de Saxe, Cobourg et Gotha.

éclatèrent, prépara ouvertement une restauration monarchiste. Thiers, qui venait de voir s'évanouir ses espérances de constituer un grand ministère dont il eût été le président, cessa de fréquenter à l'Elysée. Lui qui en avait été l'un des plus assidus, passa à l'opposition et de parlementaire devint tribun. « Il — Thiers — a « déjà fait deux révolutions, le prince ne le laissera pas en faire « une troisième. » (1)

« Divisée par des passions plutôt que par des opinions, l'Assem- « blée avait fini par dégénérer en une véritable arène de guerre « civile. Ses discussions n'étaient plus que des orages et des « scandales. Elles préludaient à l'insurrection générale qui pou- « vait bientôt incendier la France. Le président de la République, « qui n'avait voulu être l'instrument de personne, devenait un « obstacle pour tous. C'est lui d'abord qu'il fallait renverser. La « lutte longtemps contenue allait éclater. La majorité parlemen- « taire que la crainte du socialisme avait rapprochée de l'élu du « 10 décembre, rompait avec lui, se redressait contre lui, le « menaçait ouvertement, et créait ainsi une situation révolution- « naire. Placé entre la minorité socialiste et la majorité monar- « chique, Louis Napoléon n'avait qu'un refuge. Ce refuge, c'était « la France. La loi du 31 mai l'en séparait. Abroger cette loi par « un vote ou la briser par un coup d'Etat, telle était l'alternative « qui s'offrait à lui. Il choisit la première. M. Faucher, ministre « capable, homme de courage et de dévouement, mais que ses « habitudes et son excès de personnalité retenaient au régime « parlementaire, ne pouvait comprendre ni accepter les nécessités « de cette solution. Il avait été le rapporteur de la loi du 31 mai. « Cette loi tombait, il tombait avec elle. Au moment même où le « rapporteur de la loi du suffrage restreint sortait du palais de « Saint-Cloud, le rapporteur de la loi du suffrage universel, « M. Bilhaut, y entrait à son tour » (2).

Le Prince Louis Napoléon qui se plaisait à dire et à répéter aux journalistes, soutiens de sa politique : « Continuez, vous êtes

---

(1) Véron. *Mém. d'un bourgeois de Paris.*
(2) De la Guéronnière. *Portraits politiques. Napoléon III.*

« dans la bonne voie ; le suffrage universel est le plus puissant
« appui des bons gouvernements », demanda à l'Assemblée
l'abrogation de la loi de mai. Non seulement la majorité refusa,
mais encore elle témoigna de son hostilité en renvoyant à l'examen
des bureaux une proposition d'un caractère exceptionnellement
grave. Cette proposition, qui avait pour auteur M. Pradié, était
relative à la responsabilité des dépositaires de l'autorité publique,
à la responsabilité des ministres et enfin à celle du Président de la
République. Elle n'était rien moins qu'un acte offensif tendant à
la mise en état de siège du pouvoir exécutif par le pouvoir législatif, et elle vint prouver à tout le monde que la Chambre se pro-
posait d'en arriver à l'arrestation du prince président, des ministres
et même d'une grande partie des députés modérés. Le prince
pensa que le temps des hésitations était passé pour lui et puisque
l'Assemblée lui refusait le rétablissement du suffrage universel, il
se résolut à le rétablir lui-même.

Le deux décembre eut lieu. Ensuite, au moyen d'un plébiscite
qui érigeait le suffrage universel en un tribunal d'arbitrage, le
prince Louis-Napoléon demanda au peuple français de se
prononcer. Les termes de ce plébiscite étaient les suivants : « Le
« peuple veut le maintien de l'autorité de Louis-Napoléon et lui
« délègue les pouvoirs nécessaires pour faire une constitution sur
« les bases proposées par sa proclamation du 2 décembre ». Les
résultats de cette consultation donnèrent 7.439.216 suffrages
affirmatifs contre 640.737 suffrages négatifs.

Moins d'un an après, à la suite des manifestations qui se
produisirent durant un voyage que le prince-président fit dans le
midi de la France, le Sénat fut convoqué à l'effet de délibérer s'il
n'y avait pas lieu d'opérer un changement dans la forme du
gouvernement. La première séance eut lieu le 4 novembre 1852.
Elle s'ouvrit par la lecture d'un message du prince Louis-Napoléon,
daté de Saint-Cloud, dans lequel il disait : « La nation vient de
« manifester hautement sa volonté de rétablir l'Empire. Confiant
« dans votre patriotisme et vos lumières, je vous ai convoqués
« pour délibérer légalement sur cette grave question et vous
« remettre le soin de régler le nouvel ordre des choses... » Le

Sénat chargea M. Troplong de faire un rapport. Et, le 7 novembre, adoptant les conclusions du rapporteur, il votait un sénatus-consulte qui rétablissait la dignité impériale en faveur de Louis-Napoléon et de sa descendance; mais à l'art. 8, il était spécifié que ce sénatus-consulte n'aurait d'effet qu'après ratification du suffrage universel.

Immédiatement après la séance, tous les sénateurs, en grand costume, et les cardinaux, en robe rouge, précédés d'une escorte de cavalerie, se rendirent en corps au palais de Saint-Cloud et se réunirent dans la grande galerie. Peu d'instants après, le prince Louis-Napoléon, entouré de sa maison militaire, faisait son entrée. On le salua du cri de *Vive l'Empereur !*

M. Mesnard, premier vice-président du Sénat, en remettant au prince le sénatus-consulte qui avait été adopté dans la journée, prononça le discours suivant :

« Monseigneur. Lorsqu'un grand pays comme la France fait « entendre sa voix, le premier devoir du corps politique auquel « elle s'adresse est de l'écouter et de lui répondre. Telle a été la « pensée de Votre Altesse en appelant les méditations du Sénat « sur ce vaste mouvement de l'opinion publique, qui se manifeste « avec tant d'ensemble et d'énergie. Le Sénat a compris que cette « éclatante manifestation se justifie tout à la fois par les immenses « services que vous avez rendus, par le nom que vous portez, par « les garanties que donnent à l'avenir la grandeur de votre carac- « tère, la sagesse et la fermeté de votre esprit. Il a compris qu'après « tant de révolutions, la France éprouve le besoin de mettre ses « destinées sous l'abri d'un Gouvernement puissant et national, « qui, ne tenant au passé que par les souvenirs de sa gloire et la « légitimité de son origine, retrouve aujourd'hui, dans la sanction « populaire, les éléments de sa force et de sa durée. Le Sénat se « glorifie, Monseigneur, d'être le fidèle interprète des vœux et des « sentiments du pays, en déposant entre vos mains le sénatus- « consulte qui vous appelle à l'Empire »

A cette allocution, terminée par le cri de : *Vive l'Empereur*, le prince Louis-Napoléon répondit :

« Messieurs les sénateurs. Je remercie le Sénat de l'empressement

« avec lequel il a répondu au vœu du pays, en délibérant sur le
« rétablissement de l'Empire et en rédigeant le sénatus-consulte
« qui doit être soumis à l'acceptation du peuple. Lorsqu'il y a
« quarante-huit ans, dans ce même palais, dans cette même salle
« et dans des circonstances analogues, le Sénat vint offrir la
« couronne au chef de ma famille, l'Empereur répondit par ces
« paroles mémorables : *Mon esprit ne serait plus avec ma postérité*
« *du jour où elle cesserait de mériter l'amour et la confiance de la*
« *grande nation.* Eh bien ! aujourd'hui ce qui touche le plus mon
« cœur, c'est de penser que l'esprit de l'Empereur est avec moi,
« que sa pensée me guide, que son ombre me protège, puisque, par
« une démarche solennelle, vous venez, au nom du Peuple français,
« me prouver que j'ai mérité la confiance du pays. Je n'ai pas
« besoin de vous dire que ma préoccupation constante sera de
« travailler avec vous à la grandeur et à la prospérité de la
« France. »

La consultation nationale eut lieu les 21 et 22 novembre 1852,
et le 1er décembre suivant, à sept heures du soir, tous les membres du Corps législatif ayant à leur tête M. Billaut, président et
les membres du bureau, escortés d'un escadron de cavalerie,
précédés de porte-torches à cheval, se rendirent à Saint-Cloud
où se trouvaient déjà les sénateurs avec leur vice-président, M.
Mesnard, les membres du bureau et le Conseil d'Etat. Les
députés se réunirent dans le salon de *Mars* ; les sénateurs dans
celui de *Vénus* et enfin les Conseillers d'Etat dans celui de *Diane.*

Peu de temps après le comte Bacciochi, Grand Maître des
Cérémonies, assisté de M. Feuillet de Conches, introduisit les
Sénateurs dans la galerie d'*Apollon.* Les vice-présidents Mesnard, Troplong et le général Comte Baraguay d'Hilliers ; le
grand référendaire général Comte d'Hautpoul et le secrétaire
baron de Lacrosse, marchaient en tête. Derrière, et avec le Sénat,
venaient les Cardinaux, les Maréchaux, les Amiraux, et enfin
l'Archevêque de Paris. Tous prirent place sur le côté droit d'un
trône qui avait été élevé pour cette solennité. Le côté gauche fut
occupé par le Corps législatif. Ainsi, se faisaient face les deux
corps de l'Etat.

Le Conseil d'Etat, conduit par ses présidents de section, MM. Rouher, de Parieu, Bonjean, le général Allard, le vice-amiral Leblanc et Boudet, fut introduit également et alla occuper des places derrière les bancs réservés aux ministres. MM. Delangle, premier président de la Cour d'appel, de Royer, Procureur Général près la même cour ; le baron Brenier ; Heurtier, Directeur de l'agriculture et du commerce ; le général Daumas, Directeur des Affaires de l'Algérie, étaient dans les rangs du Conseil d'Etat.

Après avoir été informé, par les maîtres des Cérémonies, que les grands corps de l'Etat étaient arrivés, le prince Louis Napoléon, qui était dans ses appartements avec les ministres, se dirigea à son tour vers la galerie d'Apollon. Le cortège qui accompagnait le prince était composé de la manière suivante :

Le comte Bacciochi et M. Feuillet de Conches ; les officiers d'ordonnance, le capitaine de frégate Excelmans, les commandants Lepic, de Toulongeon, Favé ; les capitaines Merle, de Berckeim, Petit, Cambriels, Tascher de la Pagerie ; le lieutenant de la Tour d'Auvergne ; MM. Mocquard, secrétaire des Commandements, de Dalmas ; le docteur Conneau ; Le Fèvre Deunier, et Bure, intendant général de la maison du prince.

Venaient ensuite : les colonels Fleury, Edgar Ney, de Béville ; les généraux Vaudrey, Espinasse, de Lourmel, de Montebello, de Goyon, de Cotte, Canrobert, Roguet, précédant Sa Majesté Napoléon III, en uniforme de général de division, ayant à sa droite le roi Jérôme Napoléon Bonaparte, en grande tenue de maréchal de France, et à sa gauche le prince Jérôme Napoléon fils en habit noir. Derrière Sa Majesté se trouvaient les ministres d'Etat : MM. Saint-Arnaud, ministre de la guerre ; Abatucci, ministre de la justice ; Drouyn de l'Huys, ministre des affaires étrangères ; de Persigny, ministre de l'intérieur, de l'agriculture et du commerce ; Fortoul, ministre de l'instruction publique et des cultes ; Bineau, ministre des finances ; Ducos, ministre de la marine et des colonies ; Magne, ministre des travaux publics ; Baroche, vice-président du Conseil d'Etat et Berger, préfet de la Seine.

A son entrée dans le vestibule, le prince Louis-Napoléon fut

S. A. R. Pierre-Philippe-Jean-Marie d'Orléans
Duc de Penthièvre.

salué par les acclamations de tous les dignitaires de l'Etat. En passant pour se rendre au trône, il salua les sénateurs et les députés, puis resta debout devant le trône, ayant toujours à sa droite le roi Jérôme, à sa gauche le prince Jérôme et enfin, derrière lui, les ministres, les aides-de-camp, les officiers d'ordonnance et les membres de la maison civile.

M. Billaut, président du Corps législatif, prononça un discours que des applaudissements interrompirent fréquemment ; puis, M. Mesnard, vice-président du Sénat, avec une simplicité grave et digne, complimenta le nouveau monarque.

Napoléon III témoigna, dans sa réponse, de cette émotion communicative qu'inspire l'extrême bonheur comme l'extrême adversité. Avec une modestie qui toucha ses auditeurs, il fit appel aux hommes indépendants et sollicita leurs conseils pour ramener son autorité dans de justes limites si elle venait à s'en écarter. Son discours se termina par ces nobles paroles : « Aidez-moi, « Messieurs, à asseoir un gouvernement stable qui ait pour bases « la religion, la probité, la justice et l'amour des classes « souffrantes. »

De nouvelles acclamations retentirent et les grands corps de l'Etat se retirèrent.

L'empire était fait! Depuis longtemps déjà, M. Thiers avait prononcé cette phrase, mais il l'avait dite pour que l'empire ne se fît pas. Et le suffrage universel n'avait pas donné raison à cet homme d'Etat.

Le lendemain, Napoléon III, avant de faire son entrée à Paris, signait à Saint-Cloud le décret suivant :

« Napoléon

« Par la grâce de Dieu et la volonté nationale empereur des « français,

« A tous, présents et à venir, salut.

« Vu le sénatus-consulte en date du 7 novembre 1852, qui « soumet au peuple le plébiscite dont la teneur suit :

« Le peuple veut le rétablissement de la dignité impériale dans « la personne de Louis-Napoléon Bonaparte, avec hérédité dans « sa descendance directe, légitime ou adoptive et lui donne le droit

« de régler l'ordre de succession au trône dans la famille
« Bonaparte, ainsi qu'il est prévu dans le sénatus-consulte du 7
« novembre 1852 ;

« Vu la déclaration du Corps législatif que les opérations du vote
« ont été partout librement et régulièrement accomplies ;

« Que le recensement général des suffrages émis sur le projet
« de plébiscite a donné sept millions huit cent vingt-quatre mille
« cent quatre-vingt-neuf bulletins portant le mot *oui*, 253.145
« bulletins portant le mot *non*, 63.326 bulletins nuls.

« Avons décrété et décrétons ce qui suit :

« Art. I — Le sénatus-consulte du 7 novembre 1852, ratifié par
« le plébiscite des 21 et 22 novembre est promulgué et devient loi
« de l'Etat.

« Art. II — Louis - Napoléon Bonaparte est Empereur des
« Français sous le nom de Napoléon III.

« Mandons et ordonnons.... etc. .

« Fait au Palais de Saint-Cloud le 2 décembre 1852.

                                           « Napoléon.

      Fould. Abatucci. »

Tout le monde sait pourquoi le prince Louis-Napoléon ajouta
le chiffre III à son nom lorsqu'il fut proclamé empereur. Néanmoins,
à titre de curiosité, nous citerons l'anecdote suivante : « Sur l'origine
« de ce chiffre III que Napoléon a tenu à ajouter à son nom, lord
« Cowley donne une explication curieuse. Le préfet de la ville de
« Bourges où le président avait couché le premier jour de son
« voyage (1) avait donné des instructions pour que l'on criât vive
« Napoléon ! mais il avait écrit vive Napoléon !!! — On a pris les
« trois points d'exclamation pour un chiffre — En entendant crier
« vive Napoléon III, le président a fait demander des explications
« par le duc de Mortemart et a dit : Je ne savais pas que j'eusse
« un préfet si machiavélique. » (2)

---

(1) Voyage dans le midi de la France en 1852.

(2) Lord Malmesbury *Mém. d'un ancien ministre*.

Vers l'époque où le Sénat se réunissait et délibérait sur le rétablissement de l'Empire, le prince Louis-Napoléon recevait au palais de Saint-Cloud l'émir Abd-el-Kader. De tous les adversaires que la France a rencontrés en Algérie, ce chef arabe fut de beaucoup le plus intelligent et le plus redoutable. Après une lutte qui dura treize années, Abd-el-Kader fit sa soumission au général Lamoricière qui lui promit de le laisser se retirer soit à Alexandrie, soit à Saint-Jean-d'Acre. Mais le gouvernement de Juillet ne ratifia point cette promesse et l'émir fut interné d'abord à Toulon, puis à Pau et enfin à Amboise. C'est là que le prince président alla le voir et lui annoncer que la liberté lui était rendue.

Dans les premiers jours de novembre 1852, le prince Louis-Napoléon reçut, au palais de Saint-Cloud, la visite de l'émir. Abd-el-Kader était accompagné du chef d'escadron d'artillerie Boissonnet, commandant du château d'Amboise, de M. Bellemare attaché au ministère de la guerre, de Sy-Allah et de Kara Mohammed anciens aghas de la cavalerie régulière de l'émir. Le général de Saint-Arnaud, ministre de la guerre et le général Daumas, qui avait été consul auprès d'Ab-el-Kader, assistaient à l'entrevue.

A l'arrivée de Louis-Napoléon, entouré de ses membres du cabinet et de plusieurs aides de camp, l'émir voulut lui baiser la main, mais le prince s'empressa de le relever et de le serrer dans ses bras. Profondément touché de la bienveillance qui lui était témoignée, Abd-el-Kader voulut spontanément renouveler le serment qu'il avait fait à Amboise et remettre au prince une lettre, en arabe, dans laquelle était encore transcrit ce serment. « *Par le* « *pacte de Dieu, par ses prophètes et ses envoyés,* disait-il, je vous « ai juré que je ne ferai rien de contraire à la confiance que vous « avez mise en moi, que je ne manquerai jamais à mes promesses, « que je n'oublierai jamais vos bienfaits, que jamais je ne remettrai « les pieds en Algérie. »

Après un échange de quelques paroles, le Prince conduisit son hôte et lui fit visiter le palais et ses dépendances. Abd-el-Kader, avant son départ pour Brousse, revint deux ou trois fois à Saint-Cloud où des réceptions eurent lieu en son honneur.

. . . .

. . . .

« 1851 — 21 janvier. A la soirée de lady Palmerston, j'ai vu
« Narvaez et la belle espagnole Mlle de Montijo. Narvaez est un
« affreux petit homme gras, de physionomie abjecte. (C'est lui
« qui après avoir fomenté plusieurs *pronunciamentos*, répondit à
« son lit de mort, lorsqu'on lui demandait s'il pardonnait à ses
« ennemis : Je n'en ai point, m'étant toujours débarrassé de ceux
« que j'avais). Mlle de Montijo est fort belle, avec des cheveux
« châtain clair, une jolie taille et un teint éblouissant. Cette
« dernière beauté doit lui venir de sa grand'mère qui était une
« miss Kirkpatrick, anglaise ou irlandaise » (1).

« 1853 — 22 janvier. Le mariage de l'Empereur avec Mlle Mon-
« tijo est décidé, il aura lieu à Notre-Dame » (2).

« Le soir de la cérémonie à Notre-Dame, les Souverains se
« rendirent dans le petit château de Villeneuve l'Etang, situé à
« l'extrémité du parc de Saint-Cloud pour y passer presque seuls
« les premiers jours de leur union » (3).

Entre les deux premières dates que nous venons de citer,
Mademoiselle de Montijo avait été présentée au prince Louis-
Napoléon qui s'était épris d'elle et l'avait demandée en mariage.
Cette question du mariage de l'empereur, agitée dans son entou-
rage, l'avait divisé en deux camps. L'un, composé du roi Jérôme,
de toute la famille du prince, de MM. Troplong, président du
Sénat, Drouyn de l'Huys, ministre des affaires étrangères, Aba-
tucci, garde des sceaux et Persigny, ministre de l'intérieur, con-
seillait une alliance dynastique. Le second, dénommé le *clan des
amoureux*, formé du parti militaire, avec MM. de Morny, Fould,
Edgard Ney, de Toulongeon, etc., penchait pour le mariage avec
Mlle de Montijo.

L'empereur, il faut le reconnaître, était peu habitué aux résis-
tances féminines. Aussi celle qu'il rencontra chez Mlle de Montijo
eut-elle pour conséquence de surexciter sa passion. Sous cette
influence, lui, dont le caractère était généralement hésitant, prit,

---

(1 et 2) Lord Malmesbury. *Mém. d'un ancien ministre.*
(3) G. Bapst. *Le Maréchal Canrobert. Souvenirs d'un siècle.*

tout à coup, une décision irrévocable. Il résista, avec une fermeté
dont il ne donna plus d'exemple par la suite, à toutes les pressions,
à toutes les scènes de famille. « La princesse Mathilde se jeta en
« vain à ses pieds, le suppliant de renoncer à une union qui ne
« pouvait que l'amoindrir. » (1)

L'empereur annonça lui-même son mariage aux grands corps de
l'Etat. Dans son discours, il fit ressortir que, pour fixer son choix,
il s'était plutôt inspiré du penchant de son cœur que de la raison
d'Etat. « Les exemples du passé, dit-il encore, ont laissé dans
« l'esprit du peuple des croyances superstitieuses ; il n'a pas oublié
« que, depuis soixante-dix ans, les princesses étrangères n'ont
« monté les degrés du trône que pour voir leur race dispersée et
« proscrite par la guerre ou par la révolution. Une seule femme a
« semblé porter bonheur et vivre plus que les autres dans le
« souvenir du peuple, et cette femme, épouse modeste et bonne du
« général Bonaparte, n'était pas issue d'un sang royal... »

Cette union avec Mlle de Montijo eut-elle pour Napoléon III les
mêmes heureuses conséquences que celle contractée par Bonaparte
avec Mme de Beauharnais ? Lui procura-t-elle les satisfactions de
cœur et d'esprit qu'il en attendait ? Ne fut-il jamais contraint de
constater que, dans ce mariage, il avait beaucoup plus donné que
reçu ? Enfin, son âme n'eut-elle point à subir l'amertume des
regrets stériles ? Nul ne le sait exactement, et il ne nous appartient
pas, en tout cas, de poursuivre sur ce terrain.

Sous le second empire, les *villégiatures impériales* étaient :
Saint-Cloud, Fontainebleau, Compiègne et Biarritz ; mais l'existence
de la Cour, dans la première de ces résidences, était, à peu de
chose près, la même qu'aux Tuileries. A Saint-Cloud où, chaque
jour, pour ainsi dire, paraissait le monde officiel, la Cour était
strictement subordonnée à l'étiquette, et l'Empereur, de même
qu'à Paris, conservait toute sa correction, toute sa réserve et
remplissait scrupuleusement ses devoirs de chef de l'Etat.
« A Saint-Cloud, les plaisirs étaient fort restreints et se bornaient

(1) **Hérisson**. *Le prince impérial.*

S. A. R. Louis-Philippe-Marie-Léopold d'Orléans, fils du duc d'Aumale
1845-1866.

« le plus souvent à des promenades dans les environs ou dans le
« parc. »

La Cour s'installait à Saint-Cloud dès le mois d'avril. La famille
de l'empereur, qui était fort nombreuse, y venait peu de temps
après. La princesse Mathilde prenait possession du pavillon de
Breteuil qui lui avait été spécialement affecté. Puis, il y avait,
indépendamment du prince Jérôme et de son fils Napoléon, la
princesse Bacciochi, les princes Lucien, Achille et Joachim Murat,
la duchesse de Mouchy née Anna Murat, le comte Bacciochi, le
prince Pierre Bonaparte, le prince Antoine Bonaparte, le prince
Louis-Lucien Bonaparte, le prince Lucien Bonaparte, le prince
Napoléon-Charles Bonaparte, la princesse Marianne Bonaparte,
Madame Valentini, la comtesse Rasponi, le marquis Pepoli, la
marquise Roccagiovine, la comtesse Primoli, la comtesse Campella,
la princesse Gabrielli, la baronne de Chassiron, M. Wyse, Mme
Ratazzi née Wyse, Madame Turr née Wyse, la marquise Christine
Stéphanoni, la comtesse Lavinie Aventi, la marquise Amélie
Parisani, Madame A. Bocker, Madame Clélia Honorati-Romagnoli,
M. Jérôme Bonaparte fils, la marquise Bartholini, la comtesse
Mosti née Pepoli, la comtesse Ruspoli née Pepoli, la comtesse
Tattini née Pepoli et M. Wyse Lucien Napoléon.

Dans le cours des années 1853 et 1854, rien de bien remarquable et digne de trouver place en ces pages, ne marque le
séjour de la Cour impériale au palais de Saint-Cloud. La guerre
de Crimée suffit d'ailleurs à expliquer la réserve mise par les
Souverains à leurs réceptions qui étaient réduites à la plus stricte
intimité. Cependant, parmi les décisions prises à Saint-Cloud,
dans la dernière année, il en est une que nous ne saurions passer
sous silence. Celle dont nous parlons fut prise le 3 octobre. Elle
est toute à l'honneur de Napoléon III, mais elle donne encore, et
surtout en raison des idées actuelles, au document que nous allons
citer, une haute valeur historique.

Voici donc, d'abord, la décision de l'empereur :

« Saint-Cloud, le 3 octobre 1854.

« Monsieur le Ministre,

« On me communique l'extrait suivant d'une lettre de Barbès. Un prisonnier qui conserve, malgré de longues souffrances, de si patriotiques sentiments, ne peut pas, sous mon règne, rester en prison. Faites-le donc mettre en liberté sur-le-champ et sans conditions.

« Sur ce, je prie Dieu qu'il vous ait en sa sainte garde.

« NAPOLÉON ».

Et maintenant voici l'extrait de la lettre de Barbès. Nous ne le ferons suivre d'aucun commentaire, mais nos lecteurs pourront faire la comparaison entre le passé et le présent et en tirer telle conclusion qu'il leur plaira :

« Prison de Belle-Isle, le 18 septembre 1854.

. . . .

..... « Je suis bien heureux aussi de te voir dans les sentiments
« que tu m'exprimes. Si tu es affecté de chauvinisme, parce que
« tu ne fais pas de vœux pour les Russes, je suis encore plus
« chauvin que toi, car j'ambitionne des victoires pour nos Français.
« Oui ! oui ! qu'ils battent bien là bas les Cosaques, et ce sera
« autant de gagné pour la cause de la civilisation et du monde !
« Comme toi, j'aurais désiré que nous n'eussions pas la guerre ;
« mais, puisque l'épée est tirée, il est nécessaire qu'elle ne rentre
« pas dans le fourreau sans gloire. Cette gloire profitera à la
« nation, qui en a besoin, plus qu'à personne. Depuis Waterloo,
« nous sommes les vaincus de l'Europe, et, pour faire quelque
« chose de bon, même chez nous, je crois qu'il est utile de
« montrer aux étrangers que nous savons manger de la poudre.
« Je plains notre parti, s'il en est qui pensent autrement. Hélas !
« il ne nous manquait plus que perdre le sens moral, après avoir
« perdu tant d'autres choses ».

22

La première réception un peu importante eut lieu à Saint-Cloud en 1855. Le 18 août, la reine d'Angleterre, son époux le prince Albert et deux de leurs enfants, le prince de Galles (1) et la princesse Victoria (2) débarquèrent à Boulogne-sur-Mer, où Napoléon III les attendait. Accompagnée de l'empereur, la souveraine arriva le 19 au palais de Saint-Cloud. Elle y fut accueillie, en haut du grand escalier, par l'impératrice, ayant à son côté la princesse Mathilde et autour d'elles les dignitaires de la Cour et les officiers des deux Maisons.

En général, lorsque le palais était destiné à être occupé par un prince ou un souverain étranger, il était considéré comme demeure privée. Aucun apparat extraordinaire ne le signalait de loin. Son seul éclat extérieur consistait à être gardé par des troupes d'élite en grande tenue. Mais à l'intérieur, au contraire, tout était mis en œuvre pour donner à la réception impériale toute la splendeur voulue.

En cette circonstance, rien n'avait été négligé, et en entrant dans la partie du palais qui lui avait été réservée, la reine d'Angleterre allait éprouver l'agréable surprise « de se retrouver pour ainsi « dire, grâce à la copie exacte de mille détails d'ameublement, « dans l'appartement qu'elle occupait à Windsor. L'ancien boudoir « de la reine Marie-Antoinette qui lui avait été particulièrement « réservé, venait d'être remis à neuf et les peintures décoratives « qui l'ornaient avaient été refaites par deux artistes de talent. » (3)

Le programme officiel de tout ce qui devait avoir lieu pendant le séjour de la reine d'Angleterre à Saint-Cloud avait été réglé à l'avance et soumis à l'empereur. Ce programme comportait une série de fêtes qui eurent lieu à Paris, à Versailles et à Saint-Cloud. Il y eut notamment dans cette dernière localité un grand dîner suivi d'une représentation théâtrale à laquelle assistaient quinze cents personnes. Ce soir là, le 22 août, les artistes du Gymnase jouèrent le *Fils de Famille*.

---

(1) Actuellement roi d'Angleterre.

(2) Mariée au prince royal de Prusse qui régna sous le nom de Frédéric III.

(3) Beaumont Vassy. *Hist. intime du second empire.*

Napoléon III, Empereur des Français.

La souveraine de l'Angleterre quitta la France le 27 août et le 10 septembre suivant Napoléon III recevait, à Saint-Cloud, une dépêche du général Pelissier annonçant au ministre de la guerre la prise de Malakoff. Deux jours après l'empereur signait le décret nommant le général Pelissier maréchal de France.

Le 12 octobre, le palais reçut de nouveaux hôtes. Le duc de Brabant (1) et la duchesse furent reçus par l'empereur et l'impératrice. A l'occasion de leur séjour, il y eut une représentation donnée par les artistes du Palais-Royal. Dans la loge impériale, entre le duc et la duchesse, tout le monde remarquait un jeune homme blond, de haute taille, au regard intelligent et vif, à la physionomie extrêmement sympathique. Les *lazzi* des acteurs le faisaient sourire et rien, ce soir-là, dans son visage rayonnant de bonheur, ne faisait pressentir sa funeste destinée. Ce jeune homme, c'était Ferdinand-Maximilien d'Autriche, le futur beau-frère du duc de Brabant, le futur empereur du Mexique, celui enfin qui devait payer de sa vie, dans les fossés de Queretaro, son éphémère grandeur !...

Le 20 juin 1856, une cérémonie religieuse, d'un caractère tout à fait spécial, eut lieu dans la chapelle du palais de Saint-Cloud. Après la messe, célébrée par le cardinal Patrizzi, légat *à latere* du Pape, le cardinal remit la *Rose d'or* à l'impératrice. Après avoir pris place sur un fauteuil, devant l'autel, en face des souverains, l'un des prélats de la suite du légat, Monseigneur Monaco Lavalette, lut à haute voix le bref pontifical qui conférait au cardinal Patrizzi les pouvoirs de remettre ce présent à l'impératrice des Français.

Le présent pontifical consiste en un rosier d'or couvert de roses en fleurs, au-dessus desquelles la fleur consacrée domine. Le rosier sort d'un vase également d'or massif, et le vase pose sur un socle de lapis-lazuli où sont incrustées en mosaïque les armes du Pape et celles du souverain royaume à la souveraine duquel la Rose d'or est remise. Sur le vase d'or sont deux bas-reliefs représentant : l'un, la naissance de la Vierge ; l'autre, sa présentation au temple.

---

(1) Actuellement roi des Belges.

Le Pape bénit la Rose d'or avant la messe du quatrième dimanche du Carême, appelé en liturgie dimanche *Lætare* à cause de l'introït, mais qu'on appelle aussi *dimanche de la Rose*. Pour y procéder, le pape en robe et en étole met lui-même l'encens dans l'encensoir que lui présente le premier cardinal-prêtre. Après avoir récité une prière spéciale, il dépose du baume du Pérou et du musc dans la rose qui forme le centre du bouquet, puis il l'asperge d'eau bénite et l'encense. D'après la prière de la bénédiction, la Rose d'or et les éléments qui y sont adjoints représentent Jésus-Christ. L'or, l'encens et le baume figurent sa divinité, son âme et son corps. Pie II la donna à la ville de Sienne, Léon X à l'électeur Frédéric le Sage pour l'engager à sévir contre Luther ; Grégoire XVI à la cathédrale de Saint-Marc. Depuis, elle n'est plus guère accordée qu'aux souveraines régnantes.

Mais, pour en finir avec la remise de ce présent à l'impératrice, le cardinal légat, après la cérémonie, offrit à l'empereur, au nom du pape, un tableau en mosaïque, d'un très beau travail, représentant *Saint Jean Baptiste au désert*, d'après Guido Reni, puis, au prince impérial, un magnifique reliquaire orné d'émaux et de pierres précieuses gravées, contenant une relique de la sainte crèche.

Pendant les trois premières années du règne de Napoléon III, le palais de Saint-Cloud parut avoir retrouvé tout son éclat d'autrefois. Les visites des souverains alternèrent avec celles des princes, des ambassadeurs, etc... Si tous n'y résidèrent pas, tous, au moins, passèrent quelques heures sous ces lambris témoins des splendeurs du règne de Louis XIV et du premier empire. Outre les visites que nous avons mentionnées, il convient d'ajouter, par ordre de date, celles du duc de Cambridge, du roi don Pedro de Portugal et de son frère le duc d'Oporto ; du roi de Sardaigne, Victor-Emmanuel ; du roi des Belges ; du prince régent de Bade ; du prince royal de Prusse ; du prince Oscar de Suède ; du roi de Wurtemberg ; du prince de Nassau ; du grand-duc Constantin de Russie ; du roi Maximilien II de Bavière ; du prince Danilo Wladika du Montenegro.

En 1857, Napoléon III signa à Saint-Cloud le décret qui, en

créant la médaille dite de Sainte-Hélène, remplit de joie tous les survivants de la grande épopée impériale.

« Voulant honorer, disait ce décret, par une distinction spéciale
« les militaires qui ont combattu sous les drapeaux de la France
« dans les grandes guerres de 1792 à 1815 :

« Avons décrété et décrétons ce qui suit :

« Art. I. — Une médaille commémorative est donnée à tous les
« militaires français et étrangers des armées de terre et de mer
« qui ont combattu sous nos drapeaux de 1792 à 1815. Cette
« médaille sera en bronze et portera d'un côté l'effigie de
« l'Empereur, de l'autre, pour légende : Campagnes de 1792 à
« 1815. A ses compagnons de gloire, sa dernière pensée. 5 mai
« 1821.

« Elle sera portée à la boutonnière, suspendue par un ruban
« vert et rouge. »

. . . .

Négligeant les déplacements de la cour impériale, ses fêtes de famille, ses réceptions intimes à Saint-Cloud, nous arrivons à l'année 1859. Le 1er janvier, Napoléon III, en recevant le corps diplomatique, avait exprimé à l'ambassadeur d'Autriche que les relations franco-autrichiennes « fussent moins bonnes ». Ces graves paroles indiquaient une guerre probable. En effet, quelques mois après, le 29 avril, l'Autriche prenait les devants et envahissait le Piémont qui refusait de désarmer.

« Qui pourra dire jamais si Napoléon III fut un enthousiaste
« sincère de la guerre d'Italie ? Dans sa philosophie, faite de rêve
« et d'utopie un peu, pensa-t-il vraiment faire œuvre humaine et
« sociale en permettant à l'Italie d'assurer son indépendance ? »

Cette indication du caractère de Napoléon III, que nous trouvons sous la plume d'un des historiens du second empire (1), nous conduit à esquisser ici son portrait. La génération qui a pu le voir, qui a vécu sous son règne, s'émiette de jour en jour pour faire place à des générations qui ne savent et ne sauront de lui que ce qu'en

_____

(1) P. de Lano. _L'Impératrice Eugénie._

disent certains ouvrages. Or, les ouvrages qui existent actuellement
ont été écrits sous l'impression d'événements terribles, sous
l'influence des conséquences d'un cataclysme qui a soulevé trop
de passions pour que les esprits aient pu apprécier et juger
l'empereur avec calme et avec impartialité.

Napoléon, pensons-nous, fut une des grandes victimes du
mensonge. L'adulation qui est de toutes les époques, que l'on
trouve autour de tous les trônes, cette adulation que, pour leur
grand malheur, les puissants ne repoussent pas comme une indignité
humaine, ne lui fit pas défaut. Bien au contraire, elle l'entoura de
ses hypocrisies, le circonvint, l'aveugla et prépara sa chute. Puis,
comme aux heures de crise, les peuples frappés cherchent partout
des coupables afin de rejeter sur eux la responsabilité de leurs
malheurs, Napoléon devint le bouc émissaire chargé de toutes les
iniquités. Les haines politiques dont il avait été le point de mire,
pendant la durée de son règne, portèrent leurs fruits, et dans
l'infortune où il sombra, il fut accablé de tous les mensonges de
la calomnie.

Napoléon III était un rêveur. Sa jeunesse avait été quelque peu
errante et aventureuse. Il avait été élevé à la rude école du malheur
où, malgré le nombre d'infortunés, l'homme ne contracte pas
d'amitié avec ses condisciples De cette période de sa vie,
Napoléon III avait gardé une certaine mélancolie et aussi, dit-on,
un amour ardent pour les humbles.

Arrivé au pouvoir, il s'acquitta de ses devoirs avec un zèle et
une exactitude remarquables ; s'il se montra parfois indécis sur les
moyens à employer pour atteindre un but, ce but n'en était pas
moins très précis dans sa pensée. A l'intérieur, il voulait le
fonctionnement d'une démocratie césarienne ; à l'extérieur, la mise
en vigueur du principe des nationalités. Sa politique était essentiellement réformatrice. « Par dessus tout il aima le peuple, non pas
« spécialement le sien, car il était surtout humanitaire, mais tous
« les peuples, c'est-à-dire les pauvres, les faibles, les deshérités. »(1)

---

(1) de la Gorce. *Hist. du 2ᵉ empire. Préface.*

Cette appréciation d'un historien qui s'est montré quelquefois dur, souvent sévère, toujours impartial pour Napoléon III, nous la retrouvons dans un autre ouvrage. Il avait la prétention « d'être « surtout un homme de progrès, d'inaugurer un droit nouveau, « d'être l'ami des humbles, des opprimés, des prolétaires, « d'emprunter au socialisme tout ce que le socialisme peut avoir « d'utile et de pratique, d'améliorer le sort moral et matériel du « plus grand nombre, de faire avancer dans la voie de la civilisation « non seulement la France, mais le genre humain tout entier. » (1)

Pour répandre, pour réaliser ses projets humanitaires, Napoléon III inspirait quelques journalistes et bon nombre de journaux à tendances républicaines reflétèrent sa pensée au moyen d'articles qu'il dictait ou dont il corrigeait les épreuves ou qu'il écrivait lui-même.

Sa démarche était lente, comme celle d'un homme las. Son sang-froid était imperturbable. En face de fléaux publics, au milieu des conspirations, on le vit déployer un courage simple et calme qui conquit même ses adversaires. Il était d'une grande affabilité, d'une courtoisie et d'une douceur extrêmes. « Généreux jusqu'à « la prodigalité, indulgent jusqu'à l'exagération, bon jusqu'à la « faiblesse, il est le maître le plus facile à servir, le plus « bienveillant, le meilleur pour ses serviteurs grands et petits. » (2)

C'est, en effet, un fait indéniable que la constante bonté de Napoléon III lui valut quelques affections durables qui l'honorèrent et s'honorèrent elles-mêmes par une fidélité plus forte que la disgrâce et l'adversité. Et cependant, comme disait le P. Félix, en paraphrasant, dans un de ses sermons, la plainte d'Ovide exilé : « Au premier coup de hache que le bûcheron porte à un « arbre dont le feuillage épais a longtemps servi d'asile à des « milliers d'oiseaux, tout s'enfuit, l'arbre reste seul : *Solus eris* !...

Mais revenons à la guerre d'Italie. Napoléon III quitta les Tuileries le 10 mai 1859, laissant la régence à l'impératrice qui, peu de temps après, s'installa avec le prince impérial au château

---

(1 et 2) I de St-Amand. *L'apogée de Napoléon III.*

de Saint-Cloud. Presque tous les jours, la régente était tenue au courant des opérations de l'armée. Mais au mois de juin, à la suite d'une dépêche de l'empereur annonçant à l'impératrice que la bataille décisive était retardée, le silence se fit tout à coup et la régente demeura, dès lors, dans l'ignorance de ce qui se passait.

La journée du 22 juin, à Saint-Cloud, s'écoula dans une attente fébrile. L'impératrice, très énervée, ne recevait pas de dépêche. Elle ressentait une agitation de tous les instants Pas de dépêche, dans la nuit du 22 au 23. Rien dans la journée du 23 ; rien encore le 24 « Ce jour-là, on se sépara à minuit. L'impératrice avait les « yeux brillants de fièvre ; elle ne pouvait rester en place, et « répétait à chaque instant : — Soyez sûrs qu'il se passe de gros « événements là-bas... Quels sont-ils ?... Que faut-il en augurer ?... « A 3 heures du matin, le 25 juin, l'impératrice reçut enfin la « dépêche de l'empereur datée de Cavriana qui lui annonçait le « succès de Solférino. Sa joie, l'éclat de ses transports remplirent « le palais de clameurs d'ivresse. Il faut se rappeler cette phrase « qu'elle répéta : — Quelle joie pour le pays ! pour l'empereur ! « Vous savez que j'aimerais mieux le savoir mort qu'amoin- « dri !... » (1).

A la suite de la bataille de Solférino, l'empereur établit son quartier général à Valeggio où, quelques jours après, il reçut un envoyé autrichien. Le soir même, le général Fleury partait pour Vérone, était reçu à son tour par François-Joseph, revenait trouver l'empereur et l'assurait qu'il n'y avait plus qu'à consacrer la paix par une entrevue. A ce moment, Napoléon III considéra qu'il avait rempli ses engagements envers l'Italie, qu'il avait payé ses dettes de jeunesse, et il prit la résolution d'arrêter son armée victorieuse.

L'empereur monta en wagon à Turin le 18 juillet, arriva à Saint-Cloud le 19. Il entra par le parc, en face de la *Porte Jaune*. L'impératrice, qui l'attendait, le reçut avec de grandes démons-trations de joie et de tendresse. Comme le Sénat et le Corps

---

(1) D'Hérisson. *Journal de la Campagne d'Italie.*

législatif devaient le haranguer, on prit ses ordres immédiatement. Il se passa alors un petit incident assez amusant : « L'empereur « se rendait avec l'impératrice dans le salon de Saint-Cloud où le « Sénat était rassemblé. Tout en marchant, il boutonnait son gant « et dit, en souriant, à l'impératrice : — Ce diable de Troplong « m'embarrasse. J'ai connaissance de son discours; il me compare « à Scipion... L'éclat de rire de l'impératrice fut interrompu par « un malin officier d'ordonnance qui la regarda et lui dit : — C'est, « Madame, le plus grand éloge que l'on puisse faire d'un *souverain* « *époux*. Scipion était l'homme le plus tempérant de son temps... « On n'a pas dit si cette singulière interprétation avait reçu « l'agrément des deux intéressés. » (1)

Les discours du Sénat et du Corps législatif furent ce qu'ils devaient être. L'empereur, en leur répondant, affirma que la guerre de 1859 avait pu avoir pour but l'amoindrissement territorial de l'Autriche, mais non l'affaiblissement de sa puissance militaire, encore moins sa destruction temporaire. Enfin, une phrase de son discours prouve bien que, si l'armée d'Italie ne poursuivit pas le cours de ses succès, c'est qu'il jugea, comme nous le disions plus haut, avoir assez fait pour cette nation : « Croyez-vous, dit « l'empereur, qu'il ne m'en a pas coûté d'arrêter des soldats « enivrés par la victoire?... » Hélas, Napoléon III voulant l'unité de l'Italie avait, lui-même et sans le vouloir, commencé celle de l'Allemagne...

L'année 1860 vit, à Saint-Cloud, la réception officielle des ambassadeurs du Maroc; et 1861, celle du roi Charles XV de Suède, accompagné du prince Oscar (2). Napoléon III, entouré de sa maison militaire, les reçut avec la plus grande cordialité. Descendants de Bernadotte dont le premier fils, prénommé Oscar par Napoléon Ier, son parrain, en souvenir des héros d'Ossian, avait épousé en 1823 Joséphine de Beauharnais, fille d'Eugène de Beauharnais, ces princes avaient donc un lien de parenté avec Napoléon III. Leur mère, la reine Joséphine de Suède, décédée en

_____

(1) D'Hérisson. Déjà cité.

(2) Actuellement roi de Suède.

1876, avait été la marraine du prince impérial et, lors du baptême, elle s'était fait représenter par la grande-duchesse de Bade.

En 1864, on ne trouve à mentionner qu'une seule réception au château de Saint-Cloud : celle de don François d'Assise, époux de la reine d'Espagne, Isabélle II.

L'approche des événements graves qui ont marqué la fin de l'empire nous force à sortir, encore une fois, du cadre purement anecdotique, pour faire une légère incursion sur le terrain de la politique. Mais, *Scribiditur ad narrandum non ad probandum* : on écrit pour raconter, non pour prouver. Il est incontestable que, à partir de 1861, il y eut, dans le gouvernement de Napoléon III, deux partis rivaux : celui de l'empereur et celui de l'impératrice. Parfois même, pour certaines questions, il y en avait un troisième, composé des ministres seuls. Or, en ce qui concerne l'impératrice, il faut se rappeler que, pendant la guerre d'Italie, elle exerça la régence, que c'est là le point de départ de son immixtion dans les affaires de l'Etat. A son retour d'Italie, Napoléon III reprit les rênes du gouvernement. L'impératrice pensa pouvoir continuer à assister aux conseils ; mais Napoléon III, tout d'abord, ne voulut point l'admettre à prendre une part quelconque aux délibérations qui avaient lieu entre lui et ses ministres. Alors, ses conseillers intimes, peut-être gagnés à une cause dont il ne se souciait guère d'entendre parler, lui représentèrent que l'imagination de la souveraine avait besoin d'un dérivatif sérieux ; que certains de ses actes, expliqués, à leurs yeux, par une trop grande oisiveté, la rendaient l'objet d'attaques malveillantes et préjudiciables à la dynastie. Selon ces conseillers, le seul moyen de faire cesser ces attaques, c'était de fournir à l'impératrice une occupation dans « laquelle l'esprit d'assimilation dont elle avait fait ·« preuve, durant sa régence, continuerait à se développer, et où « sa haute intelligence trouverait à s'exercer et à se manifester. » A ces arguments, qui étaient loin d'être péremptoires, surtout à propos d'une chose aussi grave que pouvait le devenir l'intervention constante d'une femme dans des questions de haute politique, Napoléon III aurait pu, croyons-nous, répondre victorieusement. Il n'en fit rien. Que ce fût pour prouver que sa compagne

« était digne du rang qu'elle possédait et détruire ainsi les
« accusations de légèreté qui étaient dirigées contre elle » (1) ou
que ce fût « affaissement du côté de l'empereur » (2), Napoléon III
céda. « La jeune souveraine fut ravie de l'importance qui lui était
« ainsi officiellement reconnue. Dans sa jalousie instinctive envers
« tout ce qui approchait l'empereur, elle vit, dans cette consé-
« cration de son individualité, comme un moyen efficace d'atténuer
« des influences et, aussi, sa fierté naturelle fut flattée, étant la
« seule femme de souverain, en Europe, qui fût initiée aux événe-
« ments, en dehors de toute circonstance qui la forçât à les
« étudier. » (3)

C'est à partir de 1863 que se fit sentir, dans les sphères
gouvernementales, cette « influence déplorable » (4) déjà sous la
régence de 1859, de l'impératrice. Néanmoins depuis 1862, dans
le petit salon privé de la souveraine, on élaborait tout un plan de
campagne contre le Mexique. Les agissements de Miramon et de
Jecker avaient déterminé l'intervention armée de l'Angleterre, de
la France, de l'Espagne. C'était également l'époque où les relations
de la France avec notre adversaire de 1859 étaient des plus
amicales, où Mme de Metternich, qui secondait habilement son
mari, ambassadeur en France, faisait, aux Tuileries, la pluie et
le beau temps et où, sous son inspiration, l'impératrice cherchait à
offrir, à l'Autriche, une compensation à la perte de ses provinces.
Ce dédommagement on le trouva sous la forme d'un empire
lointain. Mais qui le gérerait ? A quel prince Autrichien offrirait-
on cette impériale couronne ?... Il y avait alors un jeune prince
de grande distinction, doux et bon, et une jeune princesse gracieuse et charmante. Lui, avait vingt-sept ans et elle dix-neuf.
Ils comptaient deux années de mariage. La tendresse qui les liait
l'un à l'autre avait, à ce point, uni leurs cœurs et leurs âmes
qu'ils n'avaient plus, à eux deux, qu'un seul cœur, qu'une seule
âme. On les appelait les amoureux, et il est bien possible qu'il y

---

(1) De Lano. Déjà cité.
(2) Dernier des Napoléon.
(3) De Lano. Déjà cité.
(4) Darimon. Notes pour servir à l'Hist. de la Guerre de 1870.

eût quelque ironie dans cette façon de les désigner. Le prince,
nous l'avons vu passer à Saint-Cloud, c'était le frère de l'empereur d'Autriche actuel, l'archiduc Ferdinand. La princesse,
c'était l'infortunée Marie-Charlotte de Belgique dont le frère,
Léopold II règne encore. Ce furent ces deux êtres, à qui la vie
offrait tous les bonheurs, toutes les splendeurs que l'esprit enthousiaste et capricieux de deux femmes arrachèrent à leur idylle pour
les jeter dans le plus sanglant des drames.

Lors de leur passage à Paris le futur empereur et la future
impératrice furent l'objet d'une réception des plus fastueuses,
tant à l'ambassade d'Autriche qu'aux Tuileries. L'un n'y devait
plus revenir jamais, et l'autre...

Les premiers résultats de la guerre eurent pour effet immédiat
la chute du gouvernement républicain ; puis quand l'armée française entra à Mexico, Ferdinand d'Autriche fut couronné empereur sous le nom de Maximilien I. Mais un peu plus tard, la
fin de la guerre d'Amérique plaça le nouvel empire dans une
situation des plus critiques. Affranchi des préoccupations de la
guerre civile, le gouvernement des Etats-Unis, qui n'avait pas
cessé de reconnaître l'ex-président Juarez pour chef de la république mexicaine, prétendit qu'il était contraire à ses principes de
permettre l'établissement d'une grande monarchie à côté de la
république, sur le sol américain. Sur les instances de Juarez,
l'Amérique fit entendre qu'elle soutiendrait par les armes les
prétentions de l'ex président si la France persistait à prêter son
appui à Maximilien. Napoléon III comprit, alors, que les nouveaux sacrifices qu'il faudrait imposer à la France pour soutenir
le trône impérial au Mexique seraient hors de toute proportion
avec les avantages qui pouvaient résulter de son affermissement.
L'empereur décida donc de rappeler son armée...

Sur ces entrefaites, Maximilien s'était rendu compte des dangers
de sa position. Il envoya sa femme en Europe, afin de demander
du secours... peut-être aussi voulut-il, en l'éloignant, la soustraire
au malheur qui le menaçait ?... Quoi qu'il en fût, durant tout ce
long voyage, les soucis, les inquiétudes, les angoisses ne quittèrent
pas un instant l'infortunée souveraine. En son esprit, l'éloigne-

ment n'amoindrit pas la vision effroyable des périls que courait
ce mari adoré qu'elle eût voulu sauver au prix de sa vie. Au
contraire, plus elle s'éloignait, plus l'effroi poignait son cœur, plus
l'horreur pesait lourdement sur son âme, en même temps qu'en
sa pensée quelque chose de tragique, qui était comme le noir
pressentiment de l'avenir, demeurait sans cesse, toujours !...
Comme elles étaient loin d'elle, maintenant, les joies pures de ses
fiançailles ; comme il s'enfuyait rapide son rêve adorable d'accomplir une longue suite de jours heureux, appuyée sur le bras du
bien aimé ; comme il lui paraissait sans grandeur et sans générosité, ce monde où elle allait sans lui ; enfin combien lamentable
était sa route, aux stations décevantes de son espoir, où elle ne
trouvait, pour son âme pleine de cruelles alarmes, que la déses-
pérante, que l'implacable raison d'Etat !... C'est au cours de ce
triste voyage qu'eut lieu cette scène tragique, sinistre avant-cou-
reur de la démence !... « Charlotte se trouvait dans le salon du
« château — à Saint-Cloud — entourée de l'Empereur, de l'Im-
« pératrice, de la Cour et « faisait peine à voir », selon l'expres-
« sion d'un témoin, dans son attitude de veuve prématurée, lorsque,
« tout à coup, elle se dressa et, dans un geste égaré, demanda à
« boire. L'Empereur, tristement, profondément désespéré de ne
« pouvoir venir en aide à la malheureuse, se leva et, avec empres-
« sement, lui apporta un verre d'eau mélangée de sirop d'orgeat.
« Alors, Charlotte, saisissant le verre, le regarda, tourna ses yeux
« vers celui qui le lui avait offert et, le rejetant avec effroi, eut par
« tout le corps, comme un long frémissement. Puis, reculant, elle
« se prit à repousser comme des spectres imaginaires et mur-
« mura, cherchant à fuir, dans un accent de terreur : —Ils veulent
« m'empoisonner... ils veulent m'empoisonner !... C'était lamen-
« table, c'était tragique... » (1).

Il y eut également une autre scène, plus atroce encore. Eut-elle
lieu à Saint-Cloud ? Nous le croyons, car la date — 11 août 1866 —
favorise cette hypothèse.

---

(1) De Lano. Déjà cité.

Vue à vol d'oiseau du Château de Saint-Cloud.

Le 8 août, l'impératrice Charlotte débarquait à Saint-Nazaire. Le soir même, elle partait pour Paris où elle arrivait le lendemain 9. Descendue au Grand Hôtel, elle fit demander une entrevue à l'empereur qui « était à Saint-Cloud, malade » (1). L'impératrice Eugénie lui fit une visite qu'elle rendit immédiatement. C'est alors que, sur son instance, l'empereur consentit à la recevoir dans son cabinet.

Dès qu'elle fut en présence du souverain, l'infortunée Charlotte alla droit au but. Ses yeux qui, si tôt, avaient appris à pleurer, étaient pleins de larmes. Elle représenta à l'Empereur la douloureuse situation de son mari, les périls effroyables qui l'entouraient, la sombre perspective de l'avenir, puis, elle sollicita du secours. Elle fit sa demande avec cette éloquence qui vient de l'âme, qui ne raisonne pas avec les réalités de la vie, qui ne tient pas compte des impossibilités ; avec cette éloquence qui prend sa source dans l'inexprimable et généreuse tendresse qu'inspire à une mère, son enfant, à une épouse, son mari, car l'amour d'une femme est fait de toutes les affections ! L'empereur, profondément touché, répondit que ses engagements avaient pris fin, que, voulût-il les prolonger il ne le pourrait pas ; qu'il n'était pas le maître, qu'il avait à consulter un gouvernement d'ailleurs opposé déjà à ce que les intérêts et la gloire de la France restassent plus longtemps engagés dans une guerre sans limites et sans résultats appréciables possibles... Pendant que l'Empereur parlait ainsi, la jeune femme allait et venait, d'un pas saccadé, passait nerveusement ses mains sur son front comme pour en chasser quelque sombre vision et murmurait : C'est affreux !... Enfin, revenant s'asseoir devant l'Empereur elle reprit, suppliante : « — Sire, on dit que vous êtes « bon, que votre cœur est ouvert aux malheureux. L'infortune « frappe mon mari et me frappe. Ayez pitié de lui, ayez pitié de « moi. Je vous implore. Une fois encore, venez à notre secours, « et nous vous aimerons, et nous vous bénirons... Et, saisissant « l'une des mains de l'Empereur, elle tenta de la porter à ses

---

(1) Mogen. *Hist. du second empire.*

« lèvres dans le geste de s'agenouiller Napoléon III, vivement,
« retint ce mouvement.

L'Empereur s'efforça alors de la calmer. Il lui donna des conseils,
s'inspira des raisons qui le liaient, l'empêchaient d'écouter sa
sympathie, son cœur. Mais la jeune femme était retombée sous
l'empire d'une idée fixe. « L'œil vague, comme perdu dans l'espace,
« comme fixé sur un péril invisible vu d'elle seule, semblait ne
« plus entendre son interlocuteur. Et sa bouche s'agitait, et elle
« semblait psalmodier : – Il mourra, il mourra et je mourrai avec
« lui. Et l'on nous mettra, tous deux, dans la même tombe, et
« nous nous aimerons, malgré la méchanceté des hommes. Et
« nous serons glorifiés, et l'on chantera notre gloire. »...

La pauvre impératrice se tut, brisée par la démence qui
s'emparait de son cerveau ébranlé par de trop intenses chagrins,
par d'incessantes inquiétudes. Aux pieds de l'empereur, elle
s'affaisa. Remué jusqu'au plus profond de son être, le souverain,
doucement, lui prodigua des consolations, mais, hélas, que
pouvaient des mots sur cette âme qui était venue implorer de lui
des actes et ne pouvait être sauvée de la nuit obscure où s'enlisait
sa raison que par un effort efficace ? Et cela, l'empereur ne devait
point le promettre. A ce point de vue, malgré lui, il lui fallait
pousser la cruauté jusqu'à empêcher qu'une illusion seulement ne
se fît jour dans ce désespoir écroulé devant lui.

Soudain, l'impératrice Charlotte se redressa. Menaçante presque,
la bouche contractée, folle, elle cria à Napoléon III : « — Sire, on
« dit que vous êtes bon : c'est un mensonge ! Sire, on dit que vous
« êtes un souverain magnanime : c'est un mensonge ! Sire, on dit
« que vous êtes glorieux : c'est un mensonge ! — Vous êtes, sire,
« un homme méchant. Vous êtes, sire, un maître sans autorité.
« Vous êtes sire, un chef sans idéal. Vous êtes la Fatalité et nous
« sommes vos victimes. Vous créez le mal, vous laissez le mal
« s'accomplir. Mais le mal retourne vers sa source ; il vous
« frappera à votre tour, et vous n'irez pas loin, sire. Vous vous
« effondrerez, vous et votre trône, sous le coup d'un destin que
« vous méconnaissez !... Puis, dans une exaltation croissante, dans
« un égarement qui s'emparait d'elle à mesure qu'elle parlait, elle

« étendit son bras, en un geste automatique, et elle commanda par
« trois fois : — Arrière, arrière, arrière ! Et elle ajouta : — Sire,
« c'est à moi de vous dire : je n'attends plus rien de vous ! —
« L'empereur, devant cette fulgurante apostrophe, s'était tout
« d'abord levé, surpris. La violence de la jeune femme l'avait
« ensuite rempli de colère — d'une de ces colères rares et sans
« limites qui le prenaient parfois. Mais, considérant le désespoir
« de l'impératrice Charlotte et l'excusant même dans son expression
« outrée, il s'était calmé, il avait ressaisi son sang-froid et il avait
« écouté, sans une parole, sans un mouvement, les imprécations,
« les malédictions qui l'atteignaient. » (1)

Une fois seul, quelles furent les pensées de l'empereur ? Qui
pourra nous retracer l'agitation de son cœur, l'émotion qui
bouleversa son âme ? Il était doux, il était bon, et d'amers regrets
durent lui venir d'avoir cédé aux influences qui s'exerçaient auprès
de lui et lui avaient représenté cette fatale guerre du Mexique
comme une promenade militaire... Longtemps elle dut obséder sa
pensée, l'image de cette jeune et déjà si infortunée impératrice,
portant son deuil prématuré, agenouillée et l'implorant ; longtemps
aussi, il dut les entendre retentir à ses oreilles, les sinistres
prédictions de cette épouse éplorée, affolée par son incommen-
surable douleur. Dans son fatalisme, il dut se demander, atterré,
si l'immanente justice n'avait pas déjà prononcé son châtiment ?...
Peut-être, Napoléon III, dont l'esprit philosophique était toujours
en éveil, considéra-t-il, à cette heure qui laisserait dans son règne
une trace si profondément triste, la vanité de sa grandeur, le néant
de sa toute-puissance, puisqu'il ne pouvait rien pour empêcher
deux êtres de souffrir !... Et lorsque, un peu plus tard, il apprit
que la trahison avait livré Maximilien à ses ennemis, qu'il était
tombé, frappé de douze balles, dans les fossés de Querataro, que,
par ses plaies béantes, son âme, l'âme unique de ce couple si
tendrement uni par un commun amour, s'était envolée ; que, seule
désormais, la malheureuse Charlotte, lamentable victime d'une

---

(1) De Lano, *L'empereur.*

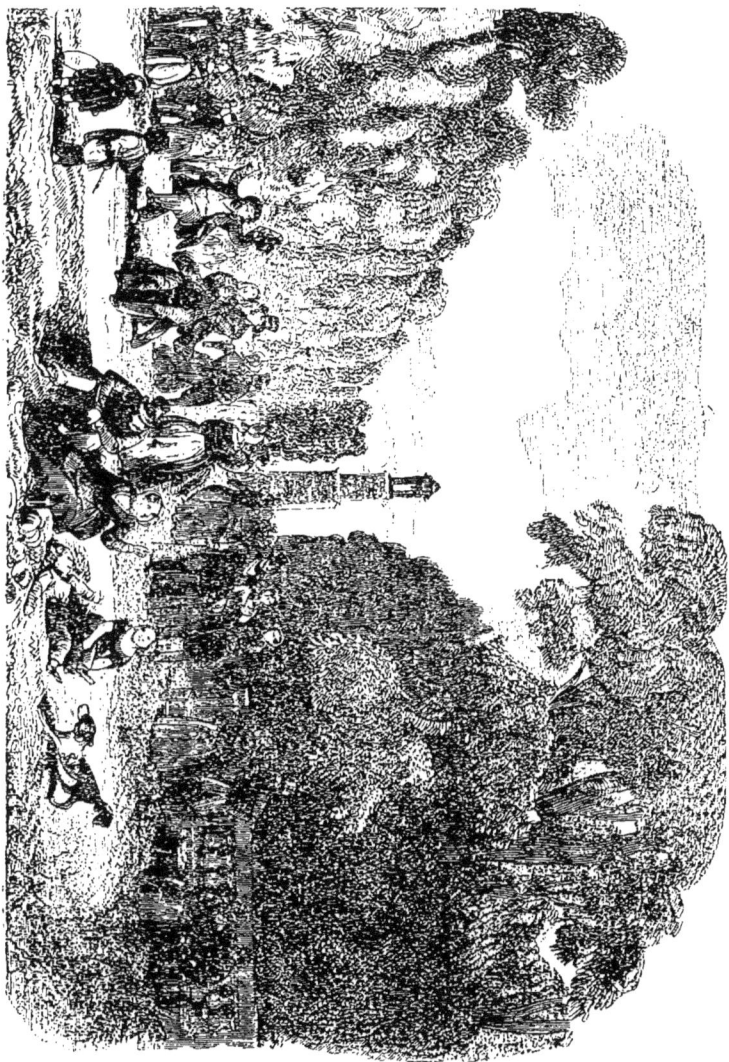

La Lanterne de Demosthènes pendant la fête de Saint-Cloud.

intrigue de cour et de cupides ambitions, errerait, sans esprit et sans raison, de palais en palais — ce jour-là, sur l'immense pitié qui fondit son cœur, passa, sans aucun doute, l'image des êtres charmants et rieurs dont l'inconscience avait condamné son règne d'abord, sa mémoire ensuite, à porter le lourd fardeau de cette aventure sanglante et tragique !...

En effet, la guerre du Mexique fut une arme terrible pour les adversaires du régime impérial. « L'opposition libérale en France, « dans la presse et au Corps législatif, a voulu donner à l'inter- « vention de Napoléon III au Mexique des causes honteuses... une « question d'écus et de spéculation de mines ou de territoires. « C'est une calomnie. Que des personnages tarés de l'entourage « aient cherché à spéculer sur les fonds ou sur les affaires du « Mexique, c'est possible ; mais l'empereur ne peut en rien être « associé à ces manœuvres. » (1)

L'année 1866 faillit être fatale au prince impérial. A Saint-Cloud, il fut victime d'un accident dont nous empruntons le récit au comte Fleury :

« Par une chaude journée de juillet 1866, peu après le déjeuner, « le prince était à son trapèze et son précepteur, M. Monnier, « assis à une certaine distance, s'absorbait dans une lecture, « laissant son élève complètement livré à lui-même. Ceci était déjà « imprudent, car le prince, dès le plus jeune âge, montrait une « témérité effrayante : il suffisait qu'il y eût un danger quelconque « pour qu'il désirât l'affronter... Cette fois, ce ne fut pas une « imprudence qui causa son accident. Il était au trapèze et se « balançait doucement. Tout à coup, il aperçut l'impératrice qui « passait, non loin de là, en conduisant elle-même son poney- « chaise. — Maman, maman ! lui cria-t-il ; voyez comme je fais « bien du trapèze ! — Et, en disant ces mots, il laissa ses mains « glisser le long des cordes et, se retenant par les pieds aux deux « coins, il se balança, la tête en bas. A ce moment, ses pieds ayant « lâché prise, il tomba de côté sur la terre et resta sans

---

(1) *Dernier des Napoléon.*

« mouvement. Qu'était-il arrivé ? Une congestion produite par une
« digestion non terminée ? Rien de grave, en apparence, car,
« lorsque le docteur Corvisart, que l'impératrice avait été chercher
« elle-même, arriva, le prince avait repris connaissance. A
« l'extérieur, il ne se manifesta rien de sérieux ; mais la contusion
« interne n'était pas négligeable. Il se forma un phlegmon à la
« hanche et, pendant plusieurs mois, le prince fut entre la vie et
« la mort. Au printemps de 1867, il fut opéré, et ce ne fut que
« dans l'été que commença la convalescence. Elle exigeait des
« soins et des ménagements, et des soins minutieux ; le prince était
« soumis à une hygiène spéciale, il ne montait pas encore à cheval,
« et, dans le jardin privé de Saint-Cloud ou des Tuileries, on le
« voyait pâle encore et boitant. D'où les bruits de langueur et de
« constitution affaiblie qui coururent dans le public et qu'exagé-
« rèrent ceux qui avaient intérêt à les propager. » (1)

Ce fut un grand souci dans la vie de Napoléon III que cette
maladie de son fils ; mais quand il fut sauvé, son bonheur fut plus
grand encore. L'empereur adorait son fils, sentiment assez naturel
chez un père, mais cette adoration se traduisait par mille préoccupations, mille soins presque féminins. S'il est incontestable que,
de son côté, l'impératrice eut pour son fils toute la tendresse
attentive d'une mère, il est non moins vrai que l'empereur l'aima
d'une manière plus spéciale, plus absolue. Il n'avait que des
sourires pour les caprices de cet enfant « qu'il adorait comme le
« fanatique adore son dieu, pour lequel il vécut après sa chute,
« pour lequel il mourut deux fois lorsque son effort pour retenir
« en lui la vie le trahit. » (2)

Pendant une grande partie de l'année 1867, la résidence de
Saint-Cloud fut affectée au prince impérial. C'est là que vinrent
le visiter tous les souverains, tous les princes étrangers qui furent,
à l'occasion de l'Exposition, les hôtes de la France. Déjà, le
palais avait eu, en 1858, la visite de la reine des Pays-Bas, accompagnée de son fils le prince Alexandre, et du grand duc Cons-

---

(1) *Palais de St-Cloud.*

(2) P. de Lano. Déjà cité.

tantin frère de l'empereur de Russie ; en 1859, celles de la grande
duchesse Marie de Russie ; duchesse de Leuchtenberg, avec ses
fils les princes Nicolas et Georges Romanowsky, ducs de Leuchtenberg et ses filles les princesses Marie Eugénie Romanowsky,
duchesses de Leuchtenberg ; du prince d'Orange, voyageant inco-
gnito sous le nom de Comte de Buren. En 1861, le palais de Saint-
Cloud vit les ambassadeurs Siamois ; en 1862, Saïd Pacha, vice-
roi d'Egypte et le prince de Savoie Carignan ; en 1863, le roi
Ferdinand de Portugal ; en 1866, le prince royal de Danemark et
la reine douairière d'Hawaï. Mais en l'année 1867, soixante-deux
souverains, princes et princesses, passèrent à Saint-Cloud. Quelque longue que soit l'énumération de ces personnalités nous
n'hésitons pas à la reproduire d'après le *Bulletin des Communes* :

Le roi et la reine des Belges ; l'empereur de Russie ; l'empereur
d'Autriche et ses deux frères les archiducs Charles Louis et Louis
Victor ; le roi et la reine de Prusse ; le roi Louis de Bavière ; le roi
Louis II de Bavière ; le roi de Wurtemberg ; le roi et la reine de
Portugal ; le sultan ; le roi de Grèce ; le roi de Suède ; le comte et
la comtesse de Flandres ; le grand-duc héritier de Russie ; le
grand-duc Wladimir ; la grande-duchesse Marie de Russie ; la
princesse Eugénie de Leuchtenberg ; le duc de Leuchtenberg ; le
duc de Saxe-Weimar ; le duc de Mecklenbourg-Strélitz ; le grand-
duc de Saxe-Weimar ; le prince et la princesse royale de Prusse ;
le prince et la princesse royale de Saxe ; le duc de Saxe-Cobourg-
Gotha ; le duc et la duchesse de Saxe ; le prince Albert de Prusse ;
le prince et la princesse Charles de Prusse ; le prince Humbert ; le
duc et la duchesse d'Aoste ; les trois princes d'Oldenbourg ; le
grand-duc et la grande-duchesse de Bade ; le duc de Coïmbre ; le
prince héritier de Turquie, son frère et le fils du sultan ; le prince
de Hohenzollern et son fils, le prince Léopold ; le prince de
Galles ; le prince Alfred, duc d'Édimbourg ; le prince Arthur et le
prince Oscar de Suède ; le vice-roi d'Égypte ; le grand-duc de
Mecklenbourg-Schwérin ; le prince et la princesse Adalbert de
Bavière ; le prince d'Orange ; le duc Guillaume de Wurtemberg ; le
comte de Wurtemberg ; le grand-duc Constantin ; le prince de
Reuss ; le duc de Nassau ; le frère du taïcoun du Japon.

Aucun incident particulièrement intéressant n'est à relever à propos de la plupart de ces visites à la résidence de Saint-Cloud, sauf celle du Czar.

Après la grande revue, l'empereur de Russie, ayant exprimé le désir de se rendre à Saint-Cloud, monta dans une voiture ayant à côté de lui Napoléon III et devant eux le grand duc héritier. Chemin faisant, de la foule qui formait la haie sur le passage des souverains, partit un coup de feu. Mais l'écuyer de service, M. Raimbeaux avait vu le geste de celui qui venait de tirer, et brusquement faisant avancer son cheval, celui-ci fut atteint à la bouche. C'était le polonais Berezowski qui venait d'attenter à la vie du Czar... Le meurtrier, fortement houspillé par la foule, fut livré aux agents et le cortège continua sa route... Dans une autre voiture, l'impératrice avait, avec elle, le roi de Prusse qui, peu de jours avant, à la réception de l'Hôtel-de-ville, avait dit au Préfet, avec son tact et sa générosité de teuton : « — Je n'étais pas venu « à Paris depuis 1814, je le trouve bien changé !... ». Il allait à Saint-Cloud, lui aussi, afin de voir l'héritier de cet empereur dont il recevait l'hospitalité, et lorsqu'il fut en présence du Prince, il le fixa comme s'il eût voulu pénétrer le secret de cette jeune destinée !... déjà vouée aux infortunes que l'on connaît.

. . . .

Il y a dans la vie des peuples des heures solennelles, décisives, où Dieu leur donne l'occasion de montrer ce qu'ils sont, ce qu'ils peuvent... L'année 1870 fut, pour la France, une épreuve terrible pendant laquelle les événements se précipitèrent avec rapidité.

Nous n'avons pas la prétention de refaire l'historique des causes de la guerre. Tout le monde les connaît aujourd'hui et nous croyons qu'il n'est pas permis à un français de les ignorer. Au reste, de plus autorisés que nous se sont attachés à mettre en relief, non seulement la perfidie, mais encore l'ignominie du rôle rempli par le comte de Bismarck en des circonstances dont le résultat nous fut si néfaste. Il ne faut pas oublier, d'ailleurs, que le chancelier prussien a, lui-même, osé faire l'aveu de sa déloyauté et de son crime, et cet aveu, il l'a fait avec un cynisme qui n'a fait qu'aggraver sa forfaiture. Mais, de même que la tempête bouleverse parfois la mer jusqu'en ses profondeurs, la tourmente où devait sombrer le régime impérial, agita les passions et en aviva l'ardeur à ce point que l'opinion publique perdit toute mesure, toute conscience. D'abord, les partisans de l'empire déterminèrent, en faveur de la guerre, un irrésistible courant d'opinion auquel l'empereur fut contraint de céder ; ensuite, les adversaires, par leur attitude aggressive, s'efforcèrent d'ajouter aux difficultés de chaque jour et se firent une arme des inévitables désastres qui accablaient la nation. Alors que, dès les premiers revers, les uns tâchaient de dissimuler leurs convictions de la veille, s'acheminaient vers la défection et préparaient leur reniement, les autres, profitant des fautes commises, se traçaient une route vers le pouvoir et n'avaient pas assez d'invectives pour le régime dont ils convoitaient la succession. Sans doute, dans les luttes politiques, il y a des rivalités, il y a des rancunes, il y a des antipathies, il y a des inimitiés. Il ne faut ni s'en étonner, ni s'en plaindre ; c'est le jeu régulier des gouvernements libres. Mais il y a des heures graves, des heures solennelles, où tout oublier est le suprême devoir des citoyens !

Quoi qu'il en soit, une connaissance exacte des hommes et des faits démontre qu'en ces tragiques événements de 1870, comme en tous ceux qui bouleversent un peuple, il y a moins de crimes à réprouver que ne se plaisent à en voir des esprits dont le jugement est au service d'un parti-pris systématique, et les mêmes notions révèlent que dans les erreurs commises, tous les éléments constitutionnels du pays ont leur part de responsabilité.

Napoléon III ne voulait pas la guerre. Il ne pouvait pas la vouloir lui, qui connaissait à fond les rapports du colonel Stoffel, qui n'ignorait aucune des communications du ministre Rothan, qui ne traitait pas, comme l'avait fait M. Thiers, de fantasmagorie les 1.200.000 hommes que la Prusse pouvait mettre sous les armes. Il n'avait pas oublié qu'à la demande du maréchal Niel, alors ministre de la guerre, de constituer les réserves militaires de la France, l'opposition avait répondu : « Vous voulez donc faire de « la France une vaste caserne ?... A quoi le maréchal avait « répliqué : Prenez garde d'en faire un vaste cimetière !.... » Il

connaissait la formidable organisation militaire de l'Allemagne ;
il savait encore que le maréchal Niel était mort du découragement
d'avoir vu ses efforts méconnus et repoussés !

A côté de la volonté de l'empereur, miné, affaibli par la souffrance, s'exerçait celle d'un parti composé d'hommes très dévoués
à l'empire, mais qui, réfractaires à toutes mesures libérales,
s'efforçaient d'amener l'empereur à reprendre « celles de ses pré-
« rogatives qu'il avait si généreusement abandonnées » (1). Mais,
aux premières ouvertures qui lui avaient été faites, l'empereur
avait énergiquement protesté. Pour ce parti, dit *des autoritaires*,
qui recevait ses inspirations de l'impératrice, qui avait quelques-
uns des siens dans le conseil des ministres, une guerre était le
seul moyen de revenir aux beaux jours de l'empire absolu. Dans
l'ignorance où ils étaient des agissements du comte de Bismarck,
les autoritaires et l'impératrice s'emparèrent de la question
Hohenzollern et s'efforcèrent d'arriver, quoique dans un but et
par des moyens différents, au même résultat que le chancelier
allemand. Et lorsque la guerre fut devenue inévitable, que le
mouvement d'opinion se fut nettement prononcé, les autoritaires
agirent sur Napoléon III.

Dans le but de prendre une décision définitive il y eut, à Saint-
Cloud, le 14 juillet, un conseil de gouvernement qui ne se termina
que le 15 à deux heures du matin. « Là, m'a raconté Gramont,
« après quelques instants de discussion, l'impératrice, très sur-
« excitée, prit la parole et déclara avec véhémence que la guerre
« était inévitable si on avait le souci de l'honneur de la France.
« Elle fut appuyée aussitôt par le maréchal Lebeuf qui jeta avec
« violence son portefeuille par terre en jurant que si on ne faisait
« pas la guerre, il ne le ramasserait pas et renoncerait à son
« bâton de maréchal. L'empereur céda... » (2).

C'est là une version de ce qui se serait passé à Saint-Cloud. En
voici une autre qui fait également ressortir la part prise par l'impératrice dans cette résolution. On a prêté à la souveraine une

---

(1) Darlmon. *Les Cent-Seize.*

(2) Malmesbury. *Mém. d'un ancien Ministre.*

phrase terrible qui lui a valu les malédictions des mères. Mais ce propos : *c'est ma guerre à moi*, est absolument apocryphe. Jamais l'impératrice n'a dit cela.

« L'empereur donc ne voulait pas la guerre. Et quand, au
« Conseil des ministres, la crise étant arrivée à son état le plus
« aigu, on lui soumit le décret relatif aux hostilités à signer, pour
« faire suite au vote prévu des Chambres, il refusa d'apposer son
« nom au bas du terrible papier. Comme on insistait, il se fâcha
« — lui, le doux entêté, selon l'expression même de sa mère — il
« devint violent et, s'emparant du projet de décret, il le déchira et
« en jeta les morceaux au travers du salon. Puis, malade, épuisé,
« autant par l'obsession qui le poursuivait que par les souffrances
« physiques qu'il endurait depuis longtemps, il se retira et se
« coucha. L'impératrice, en apprenant la scène qui venait d'avoir
« lieu, ainsi que la résolution de l'empereur, fut vivement
« contrariée. Une émotion très intense la saisit. A son tour, elle
« prit de la colère et, ayant forcé les ministres à rétablir le libellé
« du décret, elle s'empara du nouveau feuillet et elle se rendit
« auprès de l'empereur qui, peut-être, ainsi que dans un rêve,
« signa... Telle est l'anecdote. Elle est extrêmement grave. Et, je
« le répète, si elle ne m'avait été contée par une bouche autorisée,
« je la considérerais comme une pure invention. » (1)

Enfin, c'est dans ce dernier Conseil des ministres que furent arrêtés les termes de la note diplomatique constituant la déclaration de guerre, envoyée le 18 juillet de Paris. Elle fut transmise le 19, à une heure de l'après-midi, au gouvernement prussien, par M. Le Sourd, premier secrétaire et ambassadeur par intérim en l'absence de M. Benedetti.

Voici le texte transmis par M. Le Sourd :

« Le soussigné, chargé d'affaires de France, en exécution des
« ordres qu'il a reçus de son gouvernement, a l'honneur de porter
« à la connaissance de Son Excellence Monsieur le ministre des
« affaires étrangères de Sa Majesté le roi de Prusse la communi-
« cation suivante :

---

(1) P. de Lano. *L'Impératrice Eugénie.*

« Le gouvernement de Sa Majesté l'empereur des Français, ne
« pouvant considérer le projet d'élever un prince prussien au trône
« d'Espagne que comme une entreprise dirigée contre la sécurité
« territoriale de la France, s'est vu forcé de demander à Sa Majesté
« le roi de Prusse l'annonce qu'une pareille combinaison ne se
« reproduirait plus à l'avenir avec son assentiment.

« Sa Majesté le roi de Prusse ayant refusé cette assurance et
« ayant, au contraire, déclaré à l'envoyé de Sa Majesté l'empereur
« des Français qu'il voulait se réserver, pour cette éventualité
« comme pour toute autre, de consulter les circonstances, le
« gouvernement impérial a cru voir dans cette déclaration du roi
« une arrière-pensée menaçante pour la France et pour l'équilibre
« européen. Cette déclaration a reçu un caractère encore plus
« sérieux par la communication faite aux cabinets étrangers du
« refus de recevoir l'envoyé de l'empereur et d'entrer avec lui dans
« de nouvelles explications.

« En conséquence, le gouvernement français a cru de son devoir
« de songer sans délai à la défense de sa dignité blessée, de ses
« intérêts menacés, et résolu, dans ce but, à prendre toutes les
« mesures qui lui sont ordonnées par la situation qui lui est faite,
« il se considère, dès à présent, comme en état de guerre avec la
« Prusse. » (1)

Il est acquis, aujourd'hui, que la guerre de 1870 était inévitable.
M. de Bismarck la voulait et l'on sait qu'il ne recula pas devant
un faux. Mais comment Napoléon III prit-il le commandement
de l'armée ? Lui était-il permis d'assumer une telle responsabilité
étant donné l'état précaire de sa santé, ou est-ce simplement la
pensée du devoir à accomplir qui prévalut en lui ?

Déjà, pendant l'année 1869, alors que l'impératrice était allée
assister à l'inauguration du Canal de Suez, l'empereur s'était vu
contraint de demeurer aux Tuileries et à Saint-Cloud et le seul
déplacement qu'il put se permettre ce fut de se rendre à Vichy.
Or, en 1870, il avait été également convenu que, comme l'année

---

(1) Cf Rousset. *Hist. Gle de la guerre 1870-1871.*

précédente, « l'on demeurerait à Saint-Cloud, que l'on abandon-
« nerait tout autre déplacement, même celui de Fontainebleau,
« dans la crainte de fatiguer le souverain ou d'augmenter ses
« souffrances. » (1)

Enfin, vers la fin de juin, l'état général de l'empereur inspirait
de si vives inquiétudes à son entourage, que toutes les sommités
médicales furent appelées en une sorte de consultation. Elles se
réunirent le 1er juillet et rédigèrent un procès-verbal. Mais, au
moment où la situation politique devint extrêmement grave, les
conclusions de ce document furent-elles communiquées à l'empereur ?

A ce propos, les avis sont très partagés. Les uns pensent que
Napoléon III fut mis au courant de l'avis des docteurs, mais qu'il
ne crut pas à cette époque pouvoir exciper de sa maladie pour se
soustraire au devoir que les événements lui imposaient. Et pour
que l'empereur ait commis cette faute de vouloir diriger les opérations de la campagne alors que sa santé ne le lui permettait pas,
il faut admettre qu'il fut, lui aussi, gagné par le vertige qui, à cette
époque, s'emparait des esprits les plus calmes. Malgré les conséquences terribles de cette faute, il faut espérer que l'Histoire lui
sera indulgente en raison des efforts qu'il a dû faire et des souffrances qu'il a dû subir.

Les autres accusent l'impératrice d'avoir dissimulé à Napoléon
III l'existence de cette consultation écrite qui pouvait l'éclairer
sur son état et lui démontrer l'impossibilité d'assumer une
responsabilité quelconque. Cette accusation, d'une haute gravité,
repose sur une déclaration faite par le docteur Conneau au prince
Napoléon. Selon le médecin de l'empereur, l'impératrice, à la
communication de cette consultation, aurait répondu : « Le vin
« est tiré, il faut le boire » (2).

Quoi qu'il en soit, voici, à propos de la maladie de l'empereur,
l'opinion d'une personnalité qui fut mêlée aux événements de 1870 :

---

(1) P. de Lano. Déjà cité.

(2) Darimon. *La maladie de l'Empereur.*

« 1º L'empereur avait, en 1870, la pierre, à ce point que l'activité
« physique, intellectuelle et même morale était complètement
« paralysée : c'est ce qui explique les revers du début de la
« campagne.

« 2º Le prince Napoléon a prétendu que l'impératrice avait
« connu la consultation : elle le nie. Je n'ai pas d'opinion
« personnelle.

« 3º La connaissance de la consultation n'aurait probablement
« pas empêché la guerre, qui était la réponse obligée à un outrage
« prémédité, mais elle aurait certainement changé les conditions
« dans lesquelles elle a été faite et la distribution des comman-
« dements.

« 4º L'impératrice n'a jamais dit : Cette guerre est ma guerre.

« Emile Ollivier. » (1)

C'est le 15 juillet, avons-nous dit, que fut prononcé l'*alea jacta
est !*... Si, comme nous le supposions un peu plus haut, Napoléon III
fut gagné par l'effervescence populaire, cette impression dura peu.
Soit souvenir des malheurs passés, soit pressentiment des malheurs
futurs, on remarqua que l'expression, naturellement mélancolique
et attristée, de la physionomie de Napoléon III, s'accentua encore.
Et, dans la proclamation qu'il adressa aux Français, il est facile
de découvrir la trace des agitations de son âme, de ses regrets et
de ses angoisses :

« Il y a, disait-il, dans la vie des peuples des moments solennels
« où l'honneur national, violemment excité, s'impose comme une
« force irrésistible, domine tous les intérêts et prend seul en mains
« la direction des destinées de la patrie. Une de ces heures
« décisives vient de sonner pour la France... »

(1) *Revue hebd.* 11 janvier 1902. Lettre citée par le Dr Cabanès : *La santé de Napoléon III
au début de la guerre de 1870.*

Ce furent les dernières paroles de Napoléon III à la France. Le 27 juillet, le prince impérial communia dans la chapelle du château de Saint-Cloud. Le lendemain, il monta en voiture avec l'empereur et l'impératrice pour aller prendre le train impérial que l'administration du chemin de fer de l'Ouest faisait pénétrer jusque dans l'intérieur du parc. De nombreux courtisans assistaient au départ du souverain. L'empereur s'approcha de M. Emile Ollivier et, lui prenant les mains, lui dit : « Je compte sur vous ».

Enfin, le train s'ébranla, éloignant l'empereur et le prince impérial de ce palais de Saint-Cloud qu'ils ne devaient plus revoir, les emportant tous les deux vers l'inconnu, vers les inquiétudes, les soucis, les douleurs, les dangers, sombre région où l'œil et l'esprit ne discernent rien, où l'obscurité se fait plus profonde et plus épaisse entre l'homme et l'avenir !

« L'avenir !... l'avenir ! Mystère !

. . . .

. . . .

« Non, si puissant qu'on soit; non, qu'on rie ou qu'on pleure,
« Nul ne te fait parler, nul ne peut avant l'heure
         « Ouvrir ta froide main,
« O fantôme muet, ô notre ombre, ô notre hôte,
« Spectre toujours masqué, qui nous suit côte à côte
         « Et qu'on nomme demain ! » (1)

---

(1) V. **Hugo.** *Napoléon II*

Le grand escalier du Château de Saint-Cloud.

XII

1870-1871

1.

Le Siège de Paris.

Improvisé à la suite de l'effondrement qui compléta la catastrophe de Sedan, de l'effarement qui s'empara du monde officiel, de la défaillance ou de la fuite de ceux qui avaient accepté d'être les plus fermes appuis de l'ordre social, le gouvernement de la Défense Nationale n'eut jamais, au point de vue politique, une situation bien assise. Résultat d'un coup de force de la population parisienne qui aurait voulu supprimer toute la période du règne de Napoléon III et pouvoir revenir aux journées de 1848, il manqua de cette autorité que donnent un principe franchement proclamé, une ligne de conduite nettement dessinée, des droits reconnus et respectés du haut en bas de l'échelle sociale, des devoirs acceptés avec foi.

Ce gouvernement était cependant assuré du concours de tous les français, sans exception, car la France ne voulait alors ni trêve, ni paix et se refusait à mettre bas les armes sans une autre épreuve. Paris se prépara aux actes d'héroïsme, aux souffrances, soutenu par l'espérance, sinon par la certitude, de retrouver un maréchal Moncey dans le général Trochu. Mais celui-ci, « quand « il fut nommé président du gouvernement de la Défense Natio- « nale, put croire un instant que ce choix s'adressait à sa personne

« et non pas à son épée. L'illusion fut de courte durée. Sans foi
« dans le succès, désillusionné avant l'heure, il accomplissait
« religieusement un devoir entouré de périls. » (1) Un autre historien de ces jours cruels dit : « Trochu, et ce fut là sa grande
« faiblesse, ne croyait pas à la possibilité de la défense. Il était
« trop clairvoyant pour en douter. Il ne croyait pas que c'était
« arrivé, mais il était sûr de ce qui arriverait. » (2)

Tous, ou presque tous, dans ce gouvernement, manquaient de
foi en eux-mêmes. Leur volonté n'était pas absolue et ne sut point
se faire sentir. Ils ne croyaient pas à la solidité des éléments dont
ils disposaient ; ils doutaient surtout de pouvoir mener à bien la
gigantesque entreprise dont ils prenaient la direction. En résumé,
ils ne surent pas reconnaître l'admirable et sombre patriotisme
qui les entourait, ni l'utiliser pour y puiser la force qu'il contenait
et qui aurait pu, en d'aussi tragiques circonstances, enfanter des
prodiges. Ce n'est guère que pendant quelques semaines, que ce
gouvernement eut la confiance absolue de la population parisienne.
On ne mit en doute ni l'honnêteté, ni la sincérité de ceux qui le
composaient, et avaient accepté la charge de tant de graves
responsabilités, mais l'on s'aperçut bientôt qu'ils ne disposaient,
pour relever les courages, que des affiches murales. En effet,
chaque matin les murs de Paris assiégé se couvraient de proclamations où l'on retrouvait toujours les mêmes phrases, redondantes
et stériles, de décrets portant la signature des membres de ce
gouvernement autour duquel s'agitaient des autorités secondaires
qui confondaient les attributions, empiétaient sur les pouvoirs,
établissaient la confusion, semaient le désordre. Alors, les partis
extrêmes, ceux qu'avaient gagné la folie « obsidionale » comme
on disait, se souvinrent de l'origine insurrectionnelle du gouvernement, discutèrent sa légalité, nièrent son autorité, et tandis que
les uns taxaient d'impéritie les membres du gouvernement, les
autres, plus véhéments, les appelaient traîtres.

---

(1) Ambert. *Le siège de Paris.*
(2) Hérisson. *Journal d'un officier d'ordonnance.*

24

Tel était l'état des esprits à Paris et telle était la situation du gouvernement quand l'investissement de la capitale par les armées allemandes, fut achevé.

Ici nous ouvrirons une parenthèse pour dire un mot du *Journal* de M. Barba auquel, dans cet exposé des faits de la guerre, nous aurons souvent recours. Habitant Saint-Cloud depuis de longues années et déjà d'un certain âge, M. Barba, supposant que l'ennemi aurait des égards pour ses cheveux blancs, ne voulut point quitter sa demeure. Lui-même, nous dira ce qui lui advint. Avec une grande simplicité, avec une orthographe des plus fantaisistes, M. Barba tint un journal de tout ce qu'il vit, de tout ce qu'il entendit. La rédaction en est peut-être fastidieuse, malgré l'intérêt qui en résulte, aussi ne le citerons-nous que pour corroborer un événement ou faire l'énumération des maisons incendiées par les Allemands.

La première page de ce journal porte ces mots :

SAINT-CLOUD

1870-1871

AU PRUSSIEN

« Je vous est vue à l'heuvre
« et peux, vous dire, à tout
« Souvenez vous, du peterolle
« Répendue, à St-Cloud.

« Leur manier d'incendier.... *(ici un mot illisible)* les meuble de « peux de valeur dans chaque pièce, les arrosée de péterolle, metre « le feux en commencant par le haut pour bouquet, làcage des « caliers, en deux heures une maison est passée. »

La Bibliothèque du Château de Saint-Cloud.

« Pour leur défence, ils prétendait que cestait le mon Vallerien
« qui avait brûlée St-Cloud, je nais pas vue une obus maitre lefeux...
« Xéanple, l'églisse a recue cinq obus et pas une na mit le feux.

« Barba.

« Nous nà von pas quitté la place de léglisse 5, moi et mon
« épouse tout ladurée du siège. »

Fermant la parenthèse, nous reviendrons à l'investissement de
Paris qui était la conséquence d'un ordre du roi de Prusse à ses
troupes, ordre daté de Château-Thierry le 15 septembre. En pré-
vision de cette marche sur la capitale, et afin de renforcer la ligne
de défense entre le mont Valérien et Issy, le Comité de fortification, présidé par le général de Chabaud-Latour, décida de créer,
entre autres redoutes, celle de Montretout, sur le *chemin de la
Guette*. A ce propos, M. Barba écrivait à la date du 22 septembre
1870 : « Les travaux de la redoutte font affluée à Saint-Cloud une
« quantité de terrassiers nomade. Le générale Trochu fait sésé
« — cesser — les travaux, rentrer la Garde Nationalle dant Paris.
« L'on fait sautée les pont de Sèvres, Saint-Cloud, d'après
« lotoritée. Les ouvrié pille les denrée restée et a bandonné à
« Lare doutte pour la troupe et mobille. Ces denrées vitte épuissé
« tous ces ouvrillés se trans formes en pillards, ils commence par
« les champs, puis le jardin et d'aucun les maison, et in sollente
« les jen... Lenemie arrive, ils fraternisse a vec lui... en grande
« partie sont belge et parle prussien. Montretout se trouve
« pillée et brullée... Devant ces nomade lon en maine une belge
« aux forts, elle désuiste relachée. Cest une dérision. Du haut du
« clochée je vois un belge raportée deux pendulle en besace sur
« sont épolle. Là pré midie, il montre au prussien où sont nos
« lignes de tirailleur et il mange encor notre pain le prussien à
« St-Cloud ».

On remarquera, sans doute, que cette première citation n'est
pas heureuse, car elle renferme au moins une erreur de date, mais
nous la rétablirons. Auparavant nous voulons faire ressortir que,
dès le début de la guerre jusqu'à la fin, M. Barba a, certainement,
pris des notes. Puis, plus tard, il voulut, sans doute, les mettre au

net, sur un cahier, celui qui nous a été confié par le très aimable
secrétaire général de la Mairie de Saint-Cloud, M. Carette, à qui
il a été donné par Mme Veuve Barba. Au moment de se copier,
l'auteur, en relisant ses notes, s'aperçut probablement de la
répétition presque quotidienne des faits et au lieu de les transcrire
telles qu'il les avait prises, il a réuni plusieurs journées sous une
même date. Ainsi se trouve expliquée, à la date du 22 septembre,
la mention de la destruction du pont de Saint-Cloud qui eut lieu
le 20. (1) En tout cas, ce qui prouve bien la copie des notes
c'est la régularité, presque constante, de l'écriture, la nuance de
l'encre et enfin les réflexions contenues dans la première page.
Quoi qu'il en soit, nous devons prier nos lecteurs de ne pas
oublier que M. Barba a écrit ce journal pour sa seule satisfaction
et en dehors de toute autre espèce de prétention.

Deux jours avant l'affaire de Châtillon, le général Trochu,
accompagné de son état-major, vint visiter la redoute de Montretout.
Il profita de cette circonstance pour adresser un discours à la
petite garnison formée en carré. C'était le 17 septembre. Le 19,
l'échec subi à Châtillon fit tomber la redoute de Montretout entre
les mains de l'ennemi qui l'abandonna par crainte des canons du
mont Valérien. Le 21, les prussiens se présentèrent au château.

Le gouverneur du palais, choisi par le gouvernement du
4 septembre, se nommait Commissaire. Il était entré en fonctions
le 5. Prévenu de l'arrivée de l'ennemi, il crut devoir faire entendre
une protestation qu'il reproduit dans ses *Mémoires et souvenirs*.
L'ennemi passa outre et s'installa dans le parc. Puis, à partir de
ce jour, de Versailles venaient à Saint-Cloud des princes, des ducs,
des généraux qui voulaient visiter l'intérieur du château. « Il fallait
« surveiller les mains de ces messieurs, beaucoup d'entre eux ne
« se gênaient pas pour fourrer dans leurs poches des objets en
« porcelaine de Sèvres qui étaient restés sur les tables » (2)

Entre autres visites, il faut signaler celle du prince royal de
Prusse. Accompagné d'un brillant état major, il arriva un matin

_____

(1) Lorédan Larchey. *Mémorial du premier siège.*

(2) Commissaire. *Mémoires et souvenirs.*

et se fit conduire à la bibliothèque dans laquelle il fit un choix de
cartes et de plans. Voici, d'après le même auteur, les cartes et
documents emportés par les officiers du prince : 1º *Plan géométral
de Paris et de ses agrandissements* — 2º *France*, cartes départementales, 4 vol. boîtes ; — 3º *France*, cartes départementales,
4 vol. boîtes marquées L. N. B. — 4º *France*, carte topographique
du dépôt de la guerre en 13 vol. boîtes renfermant 258 nᵒˢ — 5º
Environs de Paris, par de la Grève, 1 vol. boîte. — 6º Cassini,
Midi et Occident de la France, 6 vol. boîtes. — 7º Une carte des
environs de Paris, dans son étui. — 8º Un *plan de Versailles* dans
son étui. — 9º Une carte des *environs de Versailles* dans son étui.
— 10º Une carte des *routes impériales*...

Le général de Moltke y vint également. On a même raconté qu'il
s'arrêta devant le lit de Napoléon III, en disant : « Je crois qu'il
« ne couchera plus ici. »

Le 1ᵉʳ octobre, tout le personnel du château est fait prisonnier.
Le gouverneur, les régisseurs, sous-régisseurs, portiers, tous sont
emmenés à Versailles. A partir de ce jour, les Allemands furent
les maîtres du palais, dont les clefs avaient été enlevées, depuis
quelque temps déjà, au citoyen Commissaire. Ce jour-là, M. Barba
écrit : « Ils bariquade les grille du châtaux et du commun et tirre
« dedans l'avenue sur Boulongne. La baterie de Boulongne et les
« forts tirre sur le châtaux. »

En effet, du mont Valérien et des autres positions occupées par
l'artillerie française, partent des projectiles à destination du parc
et de la redoute de Montretout où sont les Prussiens. Quelques-uns
s'égarent et vont tomber au *Pas de Saint-Cloud*, dans le voisinage
de la demeure du maire, M. Tahère. L'heure paraît venue, pour ce
magistrat, de mettre en sûreté les malades de l'hospice. Avec eux,
il se dirige sur Paris. « Suive, ceux quille veule, dit Barba, il ne
« force personne. La panique est grande, ceux qui posède ou qui
« on des connaissance à Paris suive le convoi, mais celui qui na
« rien nosse bougée. Paris a dit qui ne fallait pas de bouche
« hinutille. »

Ici, nous devons dire que tous les citoyens valides avaient déjà,
depuis longtemps, quitté Saint-Cloud. Ils s'étaient réunis à ceux

de la commune de Garches, pour former la 4ᵉ compagnie du bataillon d'honneur de Seine-et-Oise, qui s'était constitué à Versailles. Cette compagnie avait pour capitaine M. Bazin, pour sous-lieutenant M. Delcombre, pour sergent-major M. Altmayer, tous les trois habitants de Saint-Cloud. Le docteur Desfossez était le médecin-major de ce bataillon, qui rentra dans Paris avant l'investissement. (1)

Dans la nuit du 12 au 13 octobre, les Allemands perpétrèrent leur premier forfait, et la « Lanterne de Démosthènes » en fut la victime. C'est un de leurs généraux qui va nous mettre au courant des moyens employés pour abattre ce *monument colossal,* selon sa propre expression.

« Afin de faire disparaître la cause du feu violent dans ces « environs, le commandant du corps d'armée donna l'ordre « d'abattre la lanterne, ce qui fut exécuté dans la nuit. Quatre « quintaux de poudre soigneusement damés furent déposés dans la « pièce du rez-de-chaussée; ils furent allumés et désagrégèrent les « murs de ce monument colossal. La tour tomba sur elle-même. « Le fort vent qui régna toute la nuit empêcha la détonation d'être « entendue au loin ; les grand-gardes placées au mur nord du parc « de Saint-Cloud n'entendirent rien ; l'ennemi ne remarqua rien « non plus. » (2)

Après la Lanterne, vint le tour du château. Dans l'après-midi du 13 octobre, le palais fut livré aux flammes... Pour ne pas interrompre le récit des événements de la guerre, nous abandonnerons momentanément la question de savoir à qui incombe la responsabilité de cet incendie; mais, plus loin, nous y reviendrons.

Depuis trois semaines, à peu près, les Allemands occupaient Saint Cloud. La nécessité de se fortifier n'avait pas été leur seule préoccupation. Outre la Lanterne de Démosthènes et le palais de Saint-Cloud, ils avaient, aussi, débarrassé les châteaux de *Béarn* et de *Montretout* des objets de valeur qu'ils renfermaient, puis les avaient incendiés selon la manière indiquée par M. Barba dont

---

(1) Brunox. *Le bataillon d'honneur de Versailles-St Cloud.*

(2) De Kirbach. *Opérations du 5ᵉ corps.*

l'affirmation est d'ailleurs corroborée par le journal allemand *La Gartenlaube* et par le correspondant de la *Nouvelle presse libre* de Vienne. « Pour faire flamber les maisons qui brûlaient difficile-« ment, dit le premier, les soldats prussiens entassaient dans le « milieu des appartements, des meubles, des pianos qu'ils avaient « enduits de pétrole... » Le second raconte une visite dans une maison prête à être incendiée : « Un des hommes chargés de ces « incendies nous dit que sa maison était celle qui brûlerait le « mieux. L'officier, devenu curieux, y entra afin de voir quels « étaient ses préparatifs. Il trouva sur un billard un piano, et sur « celui-ci un sofa avec des tables et des chaises, le tout imbibé de « pétrole. Une couronne de résine jetée là dedans alluma le tout ».

Quant à la ville de Saint-Cloud, proprement dite, les Allemands ne se portèrent à aucune rigueur envers elle, pendant les trois premières semaines de leur occupation. Mais ils n'attendaient qu'un prétexte pour se ruer sur elle, envahir les maisons, en chasser les hôtes, les dévaliser, puis les livrer aux flammes. Un prétexe ! Etait-ce d'ailleurs bien indispensable à ces hordes de brigands qui ressuscitaient la guerre de l'antiquité avec cette différence que l'esclavage était remplacé par des otages. Ecoutez d'ailleurs ce qu'a dit un de leurs historiens : « Vers la fin de 1870, « je visitai les environs de Paris. C'était partout la destruction, « la désolation. Les meubles les plus précieux servaient à entre-« tenir les feux de bivouac ; nos soldats fendaient à coup de « hache les plus beaux pianos pour faire cuire leur soupe ; on « déchirait les tentures de damas pour en faire des torchons. « Pendant trois jours, je n'aperçus que destruction. Le pillage « allait aussi bon train. Une nuée de pillards, s'intitulant vivan-« diers, fournisseurs, infirmiers se précipitaient de l'Allemagne « sur la France, mais ce n'étaient que des gens de sac et de corde. « Ils affluèrent surtout autour de Paris, volèrent, rançonnèrent, « escroquèrent les Français à cœur joie et poussèrent nos soldats « à piller, leur offrant quelque menue monnaie pour le produit « de leurs vols. Dans les gares, dans les magasins, les dépréda-« tions se faisaient sur une plus grande échelle et les coupables, « qui étaient presque toujours des Allemands, enlevaient même ce

« que nos sociétés de secours envoyaient à nos soldats. Nos
« autorités civiles et militaires, divers personnages haut placés
« accordaient, avec une légéreté qui mérite d'être flétrie, des laisser
« passer et autres papiers à une foule de gens sur lesquels ils
« n'avaient pas le moindre renseignement, et aussi des vagabonds,
« des escrocs, et autres canailles se faufilaient dans notre armée.
« Il se passa alors bien des faits qui ne sont pas à l'honneur du
« nom allemand et qui ont, à bon droit, révolté les Français. Il n'y
« a rien à répondre quand ils nous accusent de barbarie et de
« brutalité ! » (1). Nous n'affaiblirons pas par des commentaires,
la sévérité de ce jugement et nous reviendrons à Saint-Cloud qui,
pour les Allemands, était l'objet des plus noirs projets. Ce n'était
pas à son pillage seulement qu'ils aspiraient, mais encore à sa
destruction complète.

La sortie du 21 octobre vint leur fournir le prétexte qu'ils
désiraient et dont ils se seraient passés, on peut en être sûr, s'il
eût dû se faire attendre trop longtemps. Ce jour là, le général
Ducrot soutint un combat acharné à la Jonchère. L'attitude de
nos troupes, en cette circonstance, fut telle que les Allemands
conçurent des doutes sur la sécurité de leur quartier général à
Versailles. L'alarme causée par cette attaque fut si forte qu'elle
détermina « le départ précipité des bagages de l'armée du roi
« Guillaume. » (2)

Tandis qu'on se battait à la Jonchère, le journal de Barba ne
mentionne rien de particulier à Saint-Cloud : « C'est toujours le
« maime vacarme, la bonbarde tirre sur Saint-Cloud, mais ne fait
« de victimme que les maison. Nous somme plussieur place de
« léglisse a écouté ce bruit. M. le curée mà de fendue de remontée
« aux clochée... La concierge de la caserne et tuée dans lavenue...

Ce n'est pas impunément que l'on pouvait jeter la terreur dans
l'âme des Allemands. De l'effroi même qu'ils ressentaient, résultaient
toujours de nouvelles mesures de rigueur. Au lendemain du combat

---

(1) De Wikède. *Hist. de la guerre.*
(2) Général Vinoy. *Siège de Paris.*

du 21 octobre, ils prétendirent que les maisons de Saint-Cloud
servaient nos projets et la destruction de la ville fut résolue. Mais
il faut croire que pour une aussi lâche besogne, l'état-major
allemand n'avait pas une égale confiance dans toutes les troupes
placées sous ses ordres. Le 23 octobre « la garnison est changée...
« Les nouveaux ne veulent plus souffrir personne dans les rues. »
Et quatre jours après le premier incendie éclate !..

Auparavant, « la commission (municipale) est en menée à
« Versailles in ci que la bée Malard. A minuit in cendie Rondelle,
« rue de Laguette — rue de la Station. — Jorganisse une chaîne
« et nous parvenon à letindre. De ché le duc Po de So – Pozzo —
« ils tirre sur nous. »

C'est là un avertissement. Certaines personnes ne s'y trompent
pas. Si le roi de Prusse, si le général Trochu n'ont pas donné aux
habitants de Saint-Cloud le conseil d'abandonner leur domicile, le
curé, M. Romand, se rend de maison en maison et engage vivement
ses paroissiens à quitter la ville. Il leur donne rendez-vous pour
le 30 octobre, à deux heures, devant la grille d'Orléans. Sur ces
entrefaites, le bruit court que, pour faire sortir Paris, il faut
incendier Saint-Cloud. Il n'est pas nécessaire d'établir, par des
raisonnements, quel est celui des belligérants qui a fait courir ce
bruit. Evidemment, les Prussiens veulent être seuls, autant que
possible. Pour le forfait qu'ils méditent, ils redoutent les témoins,
car l'hypocrisie est le fond de leur caractère. Henri Heine, leur
compatriote, a dit en parlant d'eux : « Non, je ne pouvais me fixer
« à cette Prusse, à ce bigot et long héros en guêtres, glouton,
« vantard, avec son bâton de caporal qu'il trempe dans l'eau bénite
« avant de frapper. Elle me déplaisait, cette nature à la fois
« philosophe, chrétienne et soldatesque ; cette mixture de bière
« blanche, de mensonge et de sable de Brandebourg. Elle me
« répugnait, mais au plus haut degré, cette Prusse hypocrite, avec
« ses semblants de sainteté »... Aussi, de cette guerre, pendant
laquelle, dans ses proclamations, le roi de Prusse invoquait sans
cesse l'aide de Dieu, les Prussiens ont-ils eux-mêmes écrit, avec
du sang, plus d'une page dont l'histoire de l'humanité leur fera un
reproche éternel ! *Abyssus, abyssum !* Aux crimes qui les couvrent

d'opprobre, qui les placent au ban des humains, les Allemands veulent en ajouter de nouveaux. Soit ! Mais, pour transmettre aux futures générations françaises le récit de leurs lâchetés, de leurs infamies, de leurs crimes, toutes les villes qu'ils ont pillées, tous les villages où ils ont commis des assassinats, tous les hameaux dont ils ont brûlé les chaumières, ont eu, comme Saint-Cloud, leur Barba !... Ah ! Dieu veuille qu'un jour, si elle doit se trouver en face de ces vandales ineffaçablement marqués au front du signe du mépris, la France, au souvenir de leurs massacres et dans sa sainte et patriotique colère, ne ternisse pas l'éclat de ses armes par de vengeresses représailles !...

....Une certaine quantité d'habitants avaient donc suivi le curé, se dirigeant vers Paris. Et le martyr de ceux qui étaient restés commença. Ils ne pouvaient se montrer, sans qu'ils entendissent aussitôt, autour d'eux, siffler des balles prussiennes. Dans ces conditions la vie devenait intenable. Au chant funèbre de l'hiver se joignaient les lamentations de l'espace déchiré par le passage rapide des obus, par les coups de tonnerre des détonations, et aussi par la chute de pans de murs heurtés par les projectiles... De temps à autre, des escarmouches avaient lieu entre prussiens et francs-tireurs... La plus importante, qui eut lieu dans le haut de Saint-Cloud, est celle que dirigea le 12 novembre le capitaine de Néverlée. Cet officier d'ordonnance du général Ducrot, à la tête de volontaires, se rendit à Saint-Cloud, s'embusqua sur la *place de l'Hospice* où l'ennemi ne tarda pas à paraître. Il fut accueilli par une décharge qui lui tua cinq hommes et en blessa un sixième. Les prussiens, comme toujours, d'ailleurs, ne se jugeant pas assez nombreux, battirent en retraite, précipitamment, allèrent chercher du renfort, revinrent dix contre un ; mais les nôtres avaient disparu..

Le même jour commença la longue et triste série des incendies.

Attaqués le matin sur la *place de l'Hospice*, c'est par là qu'ils commencèrent. Dans le haut de la *rue Royale*, les maisons : *Gofaud, Stindard, Grifaut, Legué, Bontemps, Deline, Bouvier* et *Crosnier*, sont livrées aux flammes... Huit ! pour le premier jour, c'est un beau début, un début qui promet !. .

Maintenant c'est fini. Saint-Cloud est absolument livré à la soldatesque allemande. Les prussiens pénètrent dans les maisons. S'ils trouvent quelqu'un, ils disent invariablement : *Chassepot, non ?.. cognac ou capoute...* Puis, cherchant eux-mêmes, fouillant les coins et recoins, ouvrant les meubles, ils profanent de leurs attouchements ignobles les choses les plus précieuses, ces riens, ces menus objets laissés dans chaque famille par ceux qui ne sont plus !... Et si parmi ces reliques il en est qui plaisent à la cupidité de ces mécréants, ils s'en emparent !... Est-il besoin d'affirmer que tout ce qui a une valeur intrinsèque est mis dans leurs poches ; que tout ce qui est victuaille ou liquide trouve une place dans leur ventre... Après avoir fait main basse sur ce qui convient à leur rapacité, ils chassent les habitants hors de leur logis. C'est alors que commencent les sinistres préparatifs de l'incendie.

Les rues *Haute, d'Orléans, Royale,* sont celles par lesquelles ils débutent... En l'espace de quelques jours, les maisons : *Bailly, Longuet, Quitille, Flérie, Parvie, Sellier* — le *formassien* comme dit le journal Barba — sont livrées aux flammes qui, sous l'action du vent, s'étendent et gagnent la maison *Hébert.* Puis c'est le tour des immeubles *Gonord, Briet, Trisbourg, Marciaux.* . Pour accomplir cette besogne, des escouades de prussiens, sans armes, sont placées sous les ordres d'un officier. Celui-ci, dès que c'est « a lumée... fait courir ces homme autour de léglisse et « se sauve dans leur tanierre. » Barba les voit passer, revenant du pillage, « chargée de tout sorte dus ten cille, pendue a près « leur sinturon ou en besasse sur leur épaulle. » Ils emportent ainsi « des casterolles, boite à lait, souflet, pelle, pincette, tout « leur est très bon » et il se demande « ou pouvais til vendre « tout cela ?... »

Après les rues que nous avons citées, vint le tour de la rue *Jeanne,* où les immeubles *Dorange, Longuet* et *Bellier* furent incendiés... Les maisons *Leroux* et *Aguétant* subirent le même sort... puis les incendiaires revenant à la rue *Royale,* attaquèrent les maisons *Leguay, Métayer* et *Prieur...* A ce moment, Barba nous donne, avec sa simplicité d'expression, l'état d'esprit des habitants restés à Saint-Cloud : « Que cest orrible une xistence pareille, « nous soiton la mort en commençant, en entendant éclatée les

« obus, nous nous couchont par terre, maintenant nous somme
« ébétée !... »

Et l'œuvre criminelle ne s'arrête pas !... Les maisons *Perinelle*,
Bayeux, *Bellier*, *Michelle*, *Lafage*, *Peret*, *Richard*, l'*école des
Frères*, la *gare des Fêtes* sont détruites !... « Dieux quelle désastre
« et quelle guerre... Quelle tableaux ! Rue de léglisse et dorléant
« ce n'est que ruine, des gravois à hauteur du premier, plus de
« pasage... » En effet, l'aspect est sinistre. Il semble qu'une trombe
de feu soit passée sur la ville. Tout y est par terre. C'est un
amoncellement de toitures effondrées, de murailles tombées au ras
du sol. Dans les rues, deux rangées de façades noires, inégalement
entamées par le feu, profilent sur le ciel leurs sinistres silhouettes.
Au milieu, la chaussée est encombrée de décombres et de grosses
poutres en ignition, comme d'énormes brandons incandescents.
Des débris de meubles calcinés, des volets, des portes pendant sur leurs gonds, des lambeaux d'habillements que le vent
roule en des tourbillons de cendres et de braises enflammées, des
jardins en ruines avec leurs arbres noircis par la fumée, tel est le
tableau sur lequel le regard s'arrête épouvanté... Ce que Barba ne
peut nous dire, c'est ce qui se passe en son âme, ce sont les
sentiments qui l'agitent lui et ses malheureux concitoyens, c'est
l'intensité de leur désir secret, c'est l'ardeur de leur espérance
cachée ! Tous, comme ils aspirent à voir, soudainement, surgir
quelque invincible épée qui vienne chasser ces hordes de bandits
et les reconduire, la peur au ventre, dans leur repaire !... Hélas, la
Providence ne suscite personne. Le ciel n'accorde son aide qu'à
ceux qui s'aident... Et, à Paris, on cause, on discute, on politique...

Le 21 décembre, cependant, le général Noel dirige une forte
attaque contre Montretout, Buzenval et Longboyau, mais c'est,
après tant d'autres, un effort stérile qui exaspère les Prussiens...
« Ils passe avec un barille de péterolle portée par deux homme...
« ils vont à pas de saint Cloud... Le soirre le feux maison *Simonet*...
« Tout le coin *Préheux* est en feux jusqu'à *Faroux* et le *Chevalle-*
« *blanc*... »

Le 31 décembre arrive. Quelle fin d'année pour ces malheureux !
D'autant plus atroce que les Allemands tiennent à bien terminer

1870. Ils se promènent par bandes et l'on remarque que tous ont, à la main, quelque outil de malfaiteur. Ils pénètrent dans les rares maisons encore debout et brisent tout ce qui frappe leurs regards. Les ruines elles-mêmes ne sont pas à l'abri de leur brutalité. On dirait qu'ils cherchent à les anéantir afin que rien ne subsiste de leur forfait .. Puis, quand vient la nuit, ils éclairent le spectacle de leurs soûleries ignobles avec la maison d'un tailleur nommé *Laas* et avec celle qui leur servit de poste dans la rue *Haute*... Ce jour-là, « à 7 heurre dusoirre un éclat dobus brisse la persienne, « le jandaux — pour chanteau — de croisée, traverse le cabinet et « vien mourrire a pret du lit. Nous ne savon ou nous fourrée. « Quelle peurre sur tout le corp... »

Pendant les incidents que nous venons de raconter, le général Trochu perdait peu à peu, à Paris, la confiance des premiers jours. A l'issue malheureuse des combats du Bourget — 21 décembre — il refusa sa démission de chef militaire à deux membres du gouvernement qui la lui demandaient. Vers la même époque la garde nationale se fédérait. Comme, au 31 octobre, elle avait déjà pris part à une manifestation, et qu'aucune répression n'avait été exercée contre les meneurs, elle continua. Peu à peu, une sorte de turbulence s'empara de certains bataillons. Pendant ce temps, l'opinion publique se laissa gagner par des inquiétudes de causes diverses dont la politique n'était pas la moindre. Pour calmer l'effervescence des uns, pour apaiser les alarmes des autres, on songea à faire une sortie, à livrer une grande bataille, que, somme toute, tout le monde demandait à cor et à cris.

Le 30 décembre un conseil de guerre se réunit. En présence des généraux, le ministre des affaires étrangères fit entendre ces paroles : « Les généraux doivent se rappeler qu'ils ne sont pas « seulement les défenseurs d'une citadelle. ils sont aussi et sur- « tout les champions d'une grande cité, renfermant une popula- « tion considérable, dont les passions, les mouvements politiques « et sociaux imposent leurs exigences. La ville de Paris veut être « défendue à outrance. Il est impossible de ne pas tenir compte « de ces impressions qu'il faut seulement chercher à concilier « avec la raison et avec l'opportunité. »

Vue du Château de Saint-Cloud après son incendie pendant la guerre. — Extérieur.

Les généraux Vinoy et Ducrot n'hésitèrent pas à combattre toute idée de sortie. Non seulement ils critiquèrent les opérations antérieures, mais s'efforcèrent de faire comprendre que toute tentative pour réparer les fautes commises serait beaucoup trop tardive. Selon eux, tenter une sortie, c'était courir à un échec certain. Le général Frébault, de l'artillerie, ne pensait pas autrement : « Nous marcherons à l'ennemi, dit-il, sans aucun espoir « de succès, pour accomplir un devoir et avec la froide énergie « qu'inspire l'esprit de sacrifice. »

Malgré ces avis le conseil décida qu'une sortie suprême serait effectuée. Et dans la proclamation où Trochu annonçait cette décision au public, il disait, en terminant : Le gouverneur de Paris ne capitulera pas !

« Le général n'espérait pas une victoire, mais faisait un grand « sacrifice à l'opinion publique. Cependant, toujours indécis, le « gouverneur retarda jusqu'au 19 janvier l'exécution du projet « arrêté le 30 décembre (1).

En attendant la bataille de Montretout, voyons ce qui se passe à Saint-Cloud. Le 1er janvier, la maison *Lamarre* ; le 2 les immeubles *Mangard* et *Thomas*, sont incendiés ; le 3, écroulement d'une maison ; le 4, pillage chez M. *Garmont* ; le 5, la cave de M. *Cromier* est dévalisée... On voit qu'à chaque jour suffit sa peine. Il y a bien une autre cave qui excite les convoitises des Allemands, c'est celle de M. *Gréfaut* qui, dit-on, contient d'excellents vins, mais la maison a été brûlée avant d'être pillée — ce qui certainement fut une exception — et maintenant pour pénétrer dans cette cave, il faut pratiquer une ouverture sous les murs chancelants. Ils tentent de creuser, afin de se créer un passage « mais nose « pas continuée, ils ont peurre de léboulement. » Leur impuissance, leur lâcheté plutôt, les a exaspérés. La maison *Bontemps* devient alors l'objet de leurs efforts... courageux, et Barba apprend que l'un des bandits a volé « une montre, une chaîne, des « livres, une longue vue et diverre instrument... » Un autre s'est amusé « a vec la carriquatur de Bontemps ».

---

(1) Ambert. *Le siège de Paris.*

Jusqu'à présent les Allemands ont laissé Barba tranquille ; mais ils ont résolu de ne pas laisser une maison intacte. Tôt ou tard, Barba devait s'attendre à les voir faire irruption chez lui. Dans cette petite maison dont « j'ai matelassée les croisée du rède « chaussée et fermée les persiennes » les prussiens ne soupçonnaient peut-être pas l'existence d'un « vieillard avec barbe et « long cheveux blanc » et d'une femme, se nourrissant de biscuit et de pommes de terre. Les voleurs entrèrent donc chez lui... « Hivre, ils sont méchant et me décoiffe... » Là se bornent leurs actes ; mais dans l'après-midi, ils reviennent et le malheureux vieillard assiste au pillage de sa cave. Pendant qu'ils opèrent, une alerte se produit... ils se sauvent, mais le pauvre homme les voit bientôt se dirigeant de nouveau vers son logis. . Pendant que son vieux cœur se serre d'angoisse, ils passent, indifférents, et se rendent chez un peintre nommé *Gosail*, rue *Haute*... Barba rend grâces au Ciel... il se croit sauvé...la nuit vient, s'écoule et le jour paraît... A ses premières lueurs, on heurte la porte, violemment... Il se lève... ils sont là .. ils entrent... et le sac de sa maison commence. « Ils ce batte entreux et un oficier et venu les maitre « daccord...» Et quand ils quittent la place, laissant ce vieillard et sa femme pleurer sur les débris de leurs modestes meubles, ils vont « chez *Cronier*, rue *Haute*, chez la maison *Dailly*, rue *de Laguette* » où, paraît-il, ils trouvèrent un riche butin.

A partir du 16 janvier, la canonnade redoubla d'intensité. Les batteries prussiennes tonnaient sans relâche. Paris et les forts répondaient ainsi qu'un formidable écho. Les obus passaient sur Saint-Cloud. Ceux d'entre eux qui n'atteignaient pas les lignes ennemies, tombaient dans la ville. Les Allemands, délaissant leur tâche dévastatrice, marchaient par compagnies, sous les ordres de leurs officiers. Le 17, une compagnie du 5e chasseurs, sans armes, traversant la ville, descendit vers la *place d'Orléans* ; bientôt on la vit, remontant, faire le même trajet, mais les hommes étaient tous chargés de matelas portant la marque du palais. Le soir même, les communs étaient consumés par les flammes.

Aux obus, que les prussiens, le lendemain, 18, lançaient sur la capitale, nul ne ripostait. Cette journée fut donc relativement

25

calme et silencieuse ; elle ne s'écoula cependant pas sans être marquée d'un incendie. Dans l'après-midi le feu prenait aux écuries Malaquais.

Le 19 janvier, Paris se réveilla au bruit du canon... C'est la journée de Montretout, la dernière, la suprême sortie !.. « Souffrir « et mourir, s'il le faut, mais vaincre ! » a dit le gouvernement de la Défense nationale dans sa proclamation. C'est avec cette sorte de devise que près de 90.000 hommes vont se ruer sur les Allemands.

Aux premières heures du jour, après une nuit pluvieuse, par une obscurité encore profonde, cette armée sort de Paris, traverse la Seine par les ponts de Neuilly et d'Asnières. La droite est placée sous les ordres du général Ducrot ; le général de Bellemare commande le centre et le général Vinoy a la direction de l'aile gauche. Le gouverneur de Paris, Trochu lui-même commande en chef, et se tient au mont Valérien.

La gauche, forte de 22.250 hommes, se compose de 4 régiments et un bataillon de ligne, 9 bataillons de mobiles et 5 régiments de la garde nationale. Pendant que le centre, se dirigeant sur Buzenval, doit s'emparer des maisons Craon et du Curé, la gauche, divisée en deux colonnes, a pour mission d'enlever la redoute de Montretout, les villas Pozzo et Zimmermann et les maisons de Béarn et Armengaud.

Lors de la conception du plan de bataille, le signal de l'attaque devait être donné à six heures du matin par trois coups de canon tirés du Mont Valérien, mais les difficultés éprouvées par la marche des troupes sur un sol détrempé causèrent un retard. Le signal ne fut donné qu'à sept heures.

Au premier coup de canon, la fusillade éclata sur toute la ligne de bataille qui n'avait pas moins de six kilomètres d'étendue. Tout d'abord, à la redoute de Montretout, les Allemands opposèrent une résistance des plus vigoureuses. « Il fallut même, pour « les obliger à nous abandonner l'ouvrage, canonner ses défen-« seurs en les prenant de revers et d'écharpe » (1). Tandis que

---

(1) Vinoy. *Opérations de la 3ᵉ armée Siège de Paris*

la première colonne s'emparait de la redoute, faisant prisonniers 70 hommes du 58ᵉ régiment prussien, et devenait maîtresse des villas Pozzo di Borgo et Zimmermann, la seconde colonne enlevait les villas de Béarn et Armengaud, s'avançait jusqu'à l'église de Saint-Cloud et se barricadait dans les maisons.

Le centre n'avait pas moins bien réussi ses mouvements. Il avait emporté, de haute lutte, les points qui lui avaient été assignés comme objectifs. Même, des zouaves auxquels se joignirent quelques gardes nationaux, poussant au delà, pénétrèrent dans le village de Garches, s'avancèrent sur la Bergerie où le combat devint alors acharné, où les efforts les plus vifs se heurtèrent à une résistance opiniâtre. Mais pour conserver les avantages acquis, il aurait fallu pouvoir armer de canons la redoute de Montretout et certains des points enlevés à l'ennemi. Malheureusement la route qui aurait pu permettre à l'artillerie de l'aile gauche d'accéder à la redoute était encombrée par l'artillerie du centre, et quand cette route devint libre « l'occasion favorable était perdue pour nous, « car, vers midi, l'ennemi ouvrit sur Montretout un feu des plus « violents qui nous interdit d'utiliser, efficacement, faute de pièces « installées pour répondre, l'ouvrage si important que nous avions « pu reprendre » (1).

D'autre part, l'aile droite, commandée par le général Ducrot arriva trop tard sur sa ligne de bataille pour participer à l'attaque générale. Pendant que les deux autres parties de l'armée avançaient, elle restait en arrière. Aussi le commandant de l'aile gauche entendait-il, derrière ses troupes, la canonnade dirigée contre l'aile droite. Du haut de son observatoire, le général Trochu comprit la gravité de la situation. En toute hâte, il télégraphia au général Vinoy : « Appuyez énergiquement le général « de Bellemare avec votre canon et une part de vos effectifs. Le « général Ducrot qui est à la droite, avec peu de monde, souffre « beaucoup. Si vous aidez Bellemare, Bellemare pourra aider « Ducrot ».

_____

(1) Vinoy. Déjà cité.

Il était une heure. Le combat était engagé partout. L'ennemi, un instant surpris, s'était ressaisi. Il avait garni sa dernière ligne de défense d'une artillerie formidable ; il avait même des batteries qui tiraient à découvert (1). A ce moment de la journée, le général Vinoy donna l'ordre d'installer, coûte que coûte, à la redoute de Montretout, quatre pièces de 12. Deux heures après avoir reçu cet ordre, le général Guillemaut fit savoir que le feu incessant de l'ennemi et, surtout, le mauvais état des chemins, rendaient ses efforts absolument infructueux. C'est alors que l'artillerie de l'aile gauche s'établit en avant de la Briqueterie ; mais son action ne pouvait avoir d'efficacité que si les Allemands attaquaient la hauteur et tentaient de s'y maintenir. Quant à l'appui dont la ligne de bataille avait besoin, seuls le mont Valérien et le 6e secteur pouvaient le lui donner en prenant pour buts de leur tir : 1º le parc de Saint-Cloud où, au pavillon de Breteuil, les Prussiens avaient une batterie de « huit canons gigantesques » (2) ; 2º le parc de la Brosse et 3º l'hospice Brezin où, certain d'être protégé par le drapeau de la Croix-Rouge, l'ennemi avait placé une vingtaine de pièces. En effet, à la demande du général Vinoy, le gouverneur refusa, par humanité sans doute, de faire canonner ce dernier point.

C'est vers ce moment de la journée que commença le désarroi dans les rangs de la garde nationale. A la fin de ce récit, nous ferons connaître l'opinion des généraux sur l'attitude des gardes nationaux devant l'ennemi. Cette débandade se produisit justement à l'heure où les troupes avaient besoin de la plus grande fermeté. Il était trois heures et demie. C'était pour ainsi dire le moment solennel de la bataille. Rassuré sur sa gauche où notre aile droite n'avait pu dépasser Longboyau, l'ennemi dirigea tous ses efforts sur la colonne du centre et sur celle de gauche, qu'il ne voulait point laisser maîtresses d'une crête dominant ses positions de Saint-Cloud. Alors, les Prussiens dirigèrent une attaque générale sur la redoute

---

(1) Le général Vinoy a évalué à 53 le nombre des pièces de canon dont le tir se concentrait sur un espace de un kilomètre, rendant difficile à maintenir toute position de notre ligne de bataille.

(2) Ambert. *Siège de Paris.*

de Montretout, sur Garches et sur la maison du Curé, par la
Bergerie. Le combat prit une intensité émouvante. La fusillade
crépitait, les balles sifflaient, les canons grondaient, les obus
éclataient avec fracas ; de part et d'autre, les combattants étaient
enveloppés dans d'épais nuages de fumée ; au cri de : *hurrah* des
ennemis répondait, plus vibrant encore, celui de : *vive la France !*
et, dans ce vacarme infernal, dans cet incessant roulement de
tonnerre, dans la stridence des vibrations, l'on n'entendait ni les
cris de douleur qu'arrachent les blessures par où la vie s'enfuit, ni
les appels de l'enfant qui renaît en tout homme qui va dormir son
dernier sommeil, ni les implorations éperdues à Celui qui peut
apaiser toute souffrance, ni les râles, ni les suprêmes soupirs des
corps déchiquetés, éventrés, expirant et exhalant leur âme vers les
régions où règne l'inaltérable paix !...

Trois fois, l'ennemi s'empara des hauteurs, trois fois nos troupes
les lui reprirent. Quelle allait être l'issue de cette lutte dont
l'horreur grandissait à mesure que diminuait la clarté du jour ?
L'anxiété de nos généraux et des officiers sous leurs ordres était
grande... ils sentaient leurs troupes céder à la fatigue, et plus
encore au découragement de n'être pas secourues par cette garde
nationale qui continuait à donner l'exemple de la couardise, de la
lâcheté même. La brume et l'obscurité commençaient à envahir
peu à peu l'horizon où, encore et toujours, apparaissaient de noirs
bataillons !.. Le général Trochu, descendu du Mont-Valérien vint
tenter de donner, par sa présence, une ardeur nouvelle au combat.
Hélas, les Français ne demandaient pas mieux de « souffrir et
« mourir pour vaincre » mais vraiment ils étaient trop, les
Allemands !.... Le gouverneur avait pu se rendre compte de
l'indiscipline des gardes nationaux ; il voyait maintenant, et par
lui-même, non seulement la gravité de la situation, mais encore
l'imminence du péril, étant données des troupes harassées, hors
d'état de passer une nuit sur le lieu même du combat, tenues sans
cesse en éveil, dans un harcèlement continu de la part de l'ennemi.
...Alors, bien que les hauteurs si chèrement conquises, si
héroïquement disputées et reprises aux prussiens, nous appar-
tinssent encore, le général Trochu donna l'ordre de la retraite...

Celle-ci s'effectua, tant bien que mal... Puis, peu à peu, le silence se fit et l'obscurité s'étendit sur le champ de bataille. Alors, de ses voiles, comme en de légers linceuls, la brume enveloppa nos morts et, tandis que de rares étoiles les regardaient avec une pitié infinie, ils passèrent là les premières heures de l'Eternité !...

Soudain, vers minuit, une clarté blafarde se fit sur toute cette désolation : dans la transparence d'un ciel clair, la lune apparut. Alors, la terre se durcit ; des ombres, indécises et vagues, semblèrent flotter sur le sol ; sous le blémissement de l'astre la lividité des visages s'accentua ; sous la réfrigération de l'air les corps devinrent rigides, et c'est ainsi que ces héros obscurs que l'Histoire ne nomme pas, mais dont le souvenir a persisté dans la mémoire de ceux qui les chérissaient, passèrent une nuit qui, pour eux, ne devait jamais finir !...

D'autre part, les ordres prescrivant la retraite, n'étaient point parvenus à tout le monde, à cause de l'obscurité. C'est ainsi que la colonne Mosneron-Dupin composée de 3.000 hommes qui, toute la journée, s'était vaillamment maintenue dans les villas de Béarn et Armengaud, fut oubliée, à son poste, et faillit se trouver très compromise. Prévenu, le général Vinoy, lui envoya l'ordre de se replier, ce qu'elle fit aussitôt, très habilement. Moins heureux fut le bataillon des mobiles de la Loire-Inférieure, commandé par le baron de Lareinty, qui était resté dans la propriété Zimmermann...

Le lendemain 20 janvier, Paris fut plongé en une stupeur profonde. Dans une dépêche, le gouverneur prescrivait « de parle- « menter d'urgence à Sèvres pour un armistice de deux jours » et déclarait qu'il fallait « du temps, des efforts et beaucoup de bran- « cardiers ». Or, pourquoi cette exagération de langage quand pour une armée de 90.000 hommes et après des phases de combat aussi chaudes, aussi intenses que celles qui caractérisèrent la bataille de Montretout-Buzenval, on comptait à peine 3.000 hommes tués et blessés ?... Nous verrons, plus loin, quel fut le résultat de cette dépêche.

Quand le jour se leva, les Allemands s'empressèrent de réoccuper les hauteurs et d'entreprendre, en même temps, de nouveaux travaux de fortification. Mais pour eux la journée de la veille avait été également pénible et ils ne paraissaient guère disposés à reprendre l'offensive. Enfin, vers le milieu de la journée, l'armistice fut négocié et les ambulances purent remplir leur tâche. C'est alors que le général Vinoy fut informé de la situation du commandant de Lareinty. Le bataillon des mobiles de la Loire-Inférieure, sans vivres et sans munitions, était absolument cerné par l'ennemi. Une colonne, organisée immédiatement, reçut l'ordre d'aller dégager ce bataillon. Mais il était trop tard. Un brancardier apporta au général une lettre dans laquelle le commandant lui faisait part de l'obligation où il s'était trouvé de se rendre.

Si le 4 Septembre fut la conséquence de Sedan ; si l'affaire du Bourget détermina l'échauffourée du 31 octobre, la bataille de Montretout-Buzenval devait avoir, elle aussi, un résultat quelconque. Or, comme nous l'avons dit plus haut, la dépêche du général Trochu plongea l'opinion publique dans une stupeur profonde. D'une part, certains bataillons de la garde nationale, afin de dissimuler leur véritable attitude devant l'ennemi, ne craignaient pas d'exagérer l'importance de leur concours dans cette dernière sortie. A les entendre, si les prussiens n'étaient pas entrés dans Paris, c'est à leur seul courage qu'on le devait. C'étaient les bataillons de la guerre à outrance, bataillons de sectaires armés de carabines perfectionnées, systèmes Snyders ou Remington, armes qu'ils tenaient de sources mystérieuses puisque le gouvernement de la Défense Nationale, n'en possédant pas, n'avait pu leur en distribuer. D'autre part, personne n'ignorait les efforts surhumains tentés, pendant la dernière bataille, par l'armée régulière... Tandis que le vulgaire s'irritait des termes mêmes de la dépêche, la partie intelligente et décidée de la population pensa qu'on se moquait d'elle. Dès lors, elle se renferma dans une neutralité dont elle ne voulut jamais sortir, même aux premiers troubles de la Commune, lorsque les fameux bataillons sectaires, ressuscitant la la tradition révolutionnaire, déclarèrent que si les généraux n'avaient pas su vaincre, c'est qu'ils étaient des traîtres ! Or, à cette bataille du 19 janvier, la garde nationale qui « pour la « première fois était admise à prendre part d'une façon sérieuse

« à une action militaire qu'elle avait réclamée sur tous les tons et
« appelée de tous ses vœux, commençait à trouver la journée un
« peu longue et surtout périlleuse et meurtrière... Des gardes
« nationaux n'ont pas honte de quitter le lieu du combat pour
« enlever d'assaut les omnibus destinés au transport des blessés
« et de se faire ramener par eux à Paris ! Des officiers de cette
« même arme abandonnent leurs troupes, et sous le prétexte de
« blessures imaginaires quittent aussi le champ de bataille pour
« retourner chez eux ! Ces coupables exemples de lâcheté sont
« donnés surtout par des hommes appartenant aux bataillons de
« Belleville et autres quartiers excentriques et populeux et qui
« s'étaient déjà signalés aux avant-postes par les mêmes marques
« d'indiscipline et de faiblesse. Les bataillons des autres quartiers
« de Paris ont, au contraire, montré, ce jour-là, devant l'ennemi
« une attitude réellement solide, faisant ainsi honneur par leur
« conduite, à leur position sociale et prouvant surtout que le vrai
« courage se développe beaucoup plus dans les milieux où
« règnent l'ordre et la régularité que dans ceux où domine
« l'habitude du désordre et des excès » (1).

Cette opinion sur l'attitude d'une certaine portion de la garde
nationale n'est pas particulière au général Vinoy. Voici maintenant
celle du général Ducrot, émise devant la commission d'enquête :
« Je dois dire ce qu'étaient les régiments de marche de la garde
« nationale; lorsqu'ils arrivaient dans nos lignes, on était prévenu
« de leur arrivée par le bruit de la musique jouant invariablement
« la *Marseillaise*. La tête de colonne apparaissait, entourée d'une
« foule de gamins et de femmes, et puis alors les gardes nationaux,
« en désordre, plus ou moins ivres, faisant porter leurs fusils par
« leurs femmes, et, derrière tout cela, les omnibus portant les
« matelas, les lits, les batteries de cuisine, des cheminées à la
« prussienne pour ces messieurs. Je les ai vus s'installer dans les
« tranchées en y établissant leurs cheminées. Eh bien ! cela nous

---

(1) Vinoy. Déjà cité.

Vue du Château de Saint-Cloud après son incendie pendant la guerre de 1870. — Intérieur.

« arrivait par bandes de 5, de 6 et de 8.000 hommes... » Un peu
plus loin, le général ajouta : « Il y a dans la garde nationale
« quelques personnalités d'élite qui se font tuer, mais c'est le petit
« nombre. Tous indisciplinés, nous les avons vus, à Buzenval, se
« débander, courir à un quart de lieue les uns des autres, tirer
« dans toutes les directions... »

Un officier d'état-major du général Trochu a raconté le fait
suivant : « .. À l'extrémité du parc de Buzenval, il y a un mur qui
« semble arrêter l'action de ce côté. Il faut aller demander pourquoi
« on n'emploie pas le canon J'arrive, et voici ce que je découvre :
« Un régiment de garde nationale est là, depuis le matin, en bataille
« devant le mur et un peu plus bas. Dans ce mur il y a une brèche,
« et les Prussiens, de l'autre côté, couvrent cette brèche de balles,
« pour empêcher qu'on ne débouche derrière cette muraille qui les
« abrite. Les tambours battent la charge, le colonel commande :
« *En avant !* le régiment crie : *Vive la République !* et... personne
« ne bouge. Il y a trois heures que cela dure. Ducrot en personne
« est venu crier : *En avant !* on lui a répondu par des cris et...
« personne n'a remué. On n'a pas de canon sous la main pour
« abattre le mur. Alors, arrive une compagnie de ligne commandée
« par un lieutenant maigre, à l'air dur. C'est, je crois, le lieutenant
« Napoléon Ney. Il place ses hommes devant la garde nationale et
« commande à un sergent de franchir la brèche à la tête de sa
« section. Le sergent part, entend siffler les balles et fait signe que
« c'est impossible. Le lieutenant fait le geste de lui arracher ses
« galons. Le soldat le repousse et marche droit à la brèche. Il
« tombe criblé de balles. Mais, derrière lui, la compagnie entière
« est arrivée ; elle hésite devant le trou et je vois le lieutenant
« saisir ses soldats à bras-le-corps et les bourrer littéralement
« dans la brèche. Ils la franchissent, se déploient en tirailleurs,
« délogent les Prussiens. Le mur est dépassé. » (1)

« Ces mêmes bataillons de la garde nationale qui avaient fui
« lâchement devant l'ennemi, avant la fin du combat, oubliant que,

---

(1) Hérisson. *Journal d'un officier d'ordonnance.*

« moins que personne, ils avaient le droit de pousser à la conti-
« nuation d'une lutte d'où ils avaient toujours soin de se retirer à
« l'heure du péril, criaient, plus fort encore que les autres, qu'il
« fallait résister à outrance. La résistance à outrance ! c'était
« comme le mot d'ordre des meneurs que répétait partout la foule,
« sans se demander une seule fois, par exemple, si résister était
« encore possible ! » (1)

Nous ne voulons pas revenir au journal de Barba et aux faits
particuliers à la ville de Saint-Cloud sans parler des héros connus,
tombés dans cette journée de Montretout-Buzenval. S'il est au-
dessus de notre tâche de décrire les actes d'héroïsme accomplis
le jour de cette bataille, en revanche il nous est facile de dire les
noms de ces jeunes gens devant lesquels s'ouvrait la vie facile,
dont quelques-uns déjà glorieux ont cependant recherché de toutes
les gloires humaines la plus belle, la plus grande et la plus pure :
Mourir au champ d'honneur ! C'est Riottot, attaché au ministère
des affaires étrangères ; de Rochebrune qui avait déjà fait parler
de son courage dans la dernière insurrection polonaise ; Gustave
Lambert, à la veille de partir pour une expédition au pôle nord ;
le lieutenant Beau et le sergent Hébert, du 3e régiment de génie,
morts tous deux en accomplissant une action d'éclat ; Henri
Regnault, célèbre déjà, qui, après une journée passée devant
l'ennemi et jugeant n'avoir pas encore fait assez pour son pays,
voulut mourir ; Bayard de la Vingtrie, 17 ans, qui aurait pu dire
comme le *Cid* :

« Je suis jeune, il est vrai, mais aux aux âmes bien nées...

. . . .

C'est encore le garde national Félix, du 106e bataillon, qui, ayant
reçu la médaille militaire le 29 octobre, ne la portait pas et pensa,
au moment d'expirer, qu'il pouvait enfin la mettre sur sa poitrine
trouée de balles ; Mitchell, un autre enfant de 17 ans, venu de
l'étranger pour apporter à la France l'appui de son jeune courage
et lui faire le sacrifice de sa vie. C'est le lieutenant de zouaves

_____

(1) Vinoy. Déjà cité.

Bouissonous, dont l'abnégation causa peut-être la mort. Il exigea que
l'on secourût avant lui un pauvre mobile tombé à son côté. On
céda à son désir et lorsque l'on revint, quelques instants après, il
rendit l'âme.. C'est enfin le marquis de Coriolis d'Espinousse, un
vieillard aux cheveux blancs. Brutus disait : « Je ne suis né, je ne
« dois vivre que pour défendre mon pays et le délivrer. » De même
que le romain, le marquis, malgré ses soixante-huit ans, voulut
concourir à la délivrance de sa patrie. En lui immolant le reste de
ses jours, le marquis mit à sa couronne le plus beau fleuron qu'elle
eût jamais !...

. . . .

« Saint-Cloud était très gai le soir où il fut appris que, jusqu'à
« nouvel ordre, plus un coup de fusil ne serait tiré et que le canon
« allait enfin se taire. L'air goguenard dont les Prussiens regardaient
« cette joie eût dû faire penser ceux qui n'avaient pas perdu toute
« raison. Il paraît que, seuls, les régiments allemands qui
« occupaient la petite ville, n'avaient pas été instruits des
« conventions passées entre leur gouvernement et le nôtre. Car
« c'est un point acquis aujourd'hui à l'Histoire que l'incendie de
« Saint-Cloud eut lieu après ces solennelles promesses de paix ;
« incendie médité depuis longtemps, d'ailleurs, puisque les
« meilleurs procédés de la chimie avaient été conviés à cette
« philanthropique besogne. Oh ! cela ne fut pas long. De toutes les
« maisons condamnées, les flammes montèrent en un sinistre
« bouquet, avec des noires fumées de pétrole qui les empanachaient
« d'ombre et faisaient monter des serpentements sombres jusqu'au
« ciel, avec un grand crépitement d'étincelles, feuilles mortes
« brûlantes, secouées par le vent de l'arbre de tous les bonheurs
« passés et tourbillonnant sous la nue, avec du bruit clair de
« voitures s'effondrant, avec un bruit sourd du murailles s'écroulant,
« dans le craquement des charpentes et dans les chutes des pierres,
« dans la coulée des vitres fondues et dans la lave des plombs
« coulant en larmes grises sur les gravats amoncelés. Qui n'a revu
« Saint-Cloud après ce désastre ignore jusqu'où peut aller la
« sauvagerie chez les races civilisées. Car il y a loin de ce raffi-
« nement scientifique dans la destruction à la rage simplement

« bestiale du nomade qui brûle les forêts sur son chemin pour
« regarder flamber ces superbes bûchers sous les étoiles. Et cela
« se fit, méthodiquement, sans colère. Les maisons épargnées le
« premier jour furent livrées au feu le lendemain. Il en est une
« qu'un nom justement vénéré dans le pays, celui du docteur
« Desfossez, le médecin des pauvres, avait défendue. C'était toute
« la fortune d'un homme de bien qui y avait laborieusement réuni
« une intéressante bibliothèque. Tous les gens du pays la
« connaissaient et auraient voulu la sauver. Mais le médecin avait
« fait son devoir à Paris, ayant tout quitté pour prendre part à la
« défense. Sa maison brûla la dernière, quand la paix était déjà
« chose assurée, et une ruine s'ajouta à tant de ruines dont
« l'horreur demeure encore vivante dans ce château abandonné,
« aux murs encore ouverts sur de grandes blessures noires, aux
« chapiteaux édentés qu'enveloppe, à la nuit tombante, en hiver,
« un vol croassant de corneilles, un éparpillement d'oiseaux noirs
« aux ailes pesantes qui semble de l'encre éclaboussée sur la page
« grise du ciel... » (1)

Tel était l'aspect de Saint-Cloud au lendemain même de cette
malheureuse invasion. Mais ce tableau, bien que brossé de main
de maître, comporte des détails qui ont été forcément laissés dans
l'ombre et qui nous font revenir à notre guide, au *journal de Barba*
dont nous abandonnerons cependant l'orthographe trop difficile à
reproduire. A la date où nous le reprenons, 22 janvier, nous
trouvons mentionnés les incendies, *rue de la Paix*, des immeubles
Piédeleu, du *Génie, Colbaux, Pigache* (2) et celui de la maison dite
maison de Brique, siège de l'ancienne mairie, appartenant à
M. *Chartier.* Ce même jour, Barba fit la remarque que ni les forts,
ni Paris, ne répondaient au feu des batteries prussiennes qui
persistaient à couvrir d'obus la capitale. Il constata également que
les Allemands « couraient comme des fous avec des brandons et du
« pétrole. » Inquiet, il avisa un officier qui lui répondit : « C'est

---

(1) A. Sylvestre. *Rose de mai.*

(2) Le docteur Pigache fut tué, le 26 septembre, par une balle prussienne, en traversant
la *rue d'Orléans.*

« l'ordre, il ne doit rien rester de votre ville. »... En effet, dans la soirée le feu prit à plusieurs endroits de la *rue* et de la *place de l'Eglise*. Les maisons *Sevin, veuve Moulin, Fleury, Garnier, Besson, Gibert, Clerget, Desfossez* — dont parle A. Sylvestre — *Mocoul, de Bort, Fromont* et enfin le *Presbytère*, furent livrées aux flammes.

...La soldatesque allemande assista ce soir-là même au désastre qu'elle avait préparé ; elle fit tout son possible pour que la maison Berton subît le sort des autres. Elle n'y parvint pas, car le lendemain, elle fut obligée de tirer des brandons enflammés de la maison Gibert pour ranimer l'incendie de la maison Berton.

Barba nous dit encore qu'il parla de l'armistice aux soldats prussiens et que ceux-ci lui répondirent : « Nisk, capoute ! »

Cependant cet armistice que les Français observaient scrupuleusement, créait des loisirs à l'armée ennemie. Officiers et soldats allemands en profitaient pour venir narguer ou pour achever la ruine des habitants de Saint-Cloud.

Les premiers, en compagnie d'hétaïres de bas étage, venaient, par bandes, de Versailles ou des environs, traînaient leurs sabres sonores sur le pavé des rues ; ces couples infâmes, digne association d'assassins et de prostituées, s'arrêtaient, riant à gorge déployée, devant les décombres d'où s'élevaient encore de noirs nuages de fumée. Puis, ces mâles et ces femelles, cédant aux exigences de leur nature immonde, « s'en allaient, comme dit Barba, à la Tête « Noire et se soulaient avec des vins fins. »

Les seconds, conduits par des officiers, se rendaient à Saint-Cloud, par bataillons, en promenade. On les conduisait dans la cour d'honneur du château où, tandis qu'ils regardaient Paris, on leur expliquait quels étaient ceux des édifices de la capitale dont ils pouvaient apercevoir le faîte. Ensuite, armés de barres de fer, se répandant dans les ruines du palais, ils brisaient les objets encore intacts ou légèrement endommagés. Ils ne devaient rien épargner, ni les statues, ni les colonnes, ni les sculptures. Enfin, comme toute peine mérite salaire, on leur permettait, pour de si beaux exploits, d'emporter un souvenir de Saint-Cloud.

Le 25 janvier, des soldats prussiens pénétrèrent, de grand matin, dans le domicile de Barba qui, on le sait, avait été dévalisé déjà. On lui donna l'ordre de sortir. Mais Barba comprenant que, cette fois, on en voulait à sa maison, refusa d'obéir. Un capitaine, ou plutôt le chef de bande, furieux, survint. A la vue de ce vieillard aux longs cheveux blancs, il s'arrêta, un instant, déconcerté. Mais ce fut une impression fugitive. Il dit quelques mots à ses hommes, et ceux-ci se précipitèrent sur Mme Barba et l'emmenèrent... Les lâches ! écrivit Barba. Le soir, sa femme était remise en liberté.

Le 26, toute la *rue du Calvaire* fut en feu. Tous les cierges de l'église furent emportés pour être jetés dans la maison Berton qui, décidément, ne voulait pas brûler.

Le 27, l'officier chargé de la propagation de l'incendie, après avoir fait préparer des foyers dans la *maison Dailly*, contiguë à celle de Barba, vint prévenir ce dernier qu'il avait deux heures pour déguerpir. Le pauvre homme fit semblant de ne pas comprendre et resta chez lui. Le lieutenant lui dit alors : « Coucher « encore ce soir, mais demain... » puis il donna l'ordre d'allumer les foyers dans la maison Dailly... Après une nuit blanche, passée à surveiller l'immeuble voisin, Barba, « vieillard trop « in prudent » se résigna à quitter son logis. Pendant qu'il faisait ses préparatifs, un officier entra, demanda pour lui des armes de prix et fit donner du vin à ses hommes.. Sur ces entrefaites, on arrosait de pétrole les portes de l'église, et on y mettait le feu.

Enfin, Barba et sa femme vont quitter leur demeure. Ils sont tristes, tristes à mourir. De grosses larmes obscurcissent leur vue... Que de choses chères à leur cœur, que de souvenirs de jours plus calmes, plus heureux, ils laissent et qu'ils ne reverront plus, qui ne parleront plus à leur esprit, qui ne remueront plus leur âme d'une douce émotion, qui vont, dans quelques instants, disparaître à tout jamais, ne laissant après eux qu'un tout petit peu de cendre !... Pour ces vieillards, comme pour tous, la vie a, cependant, eu des cruautés, mais jamais ils n'ont éprouvé un pareil déchirement. Il leur semble perdre, une fois encore, ceux qu'ils ont déjà perdus, ces affections qu'ils ont déjà laissées suspendues aux ronces de leur chemin !... C'est comme une partie de leur être qui les abandonne, qui se sépare d'eux, violemment... C'est comme si, de leur poitrine encore vivante, on leur arrachait le cœur, tout palpitant !... Enfin, un juron, en allemand ; une poussée, une brutalité et les voilà dehors, sur la place, où, soudain, paraît, à cheval, un officier... Il s'arrête, descend, et, la cravache à la main, mais tête nue, il pénètre dans l'église dont les grandes portes, déployées, flambent !... Il reparaît, poussant devant lui, à coups de fouet, toute la horde de bandits, qu'il a surpris entassant les chaises et les bancs pour arriver à la destruction du temple consacré à Celui qui, pieds nus, par les routes de la Judée, s'en allait, prêchant, disant aux hommes : « Aimez-vous les uns les autres !... » Il parle et tous, officiers et soldats, l'écoutent, en une attitude servile. A ce moment, la femme de Barba s'élance vers lui, se jette à genoux, puis, joignant ses deux pauvres, ses deux vieilles mains en un geste suppliant, elle l'implore... Lui, silencieux, l'écoute... Et toujours sans un mot, sans un geste, il s'éloigne d'un pas rapide, se dirige vers la demeure de Barba... Alors, sur le volet fermé, sur le volet peint en blanc gris, il écrit, en allemand : *Cette maison sera préservée jusqu'à nouvel ordre* ; il signe : JACOBI... ; enfin, il date : *28 janvier 1871*... Et le grand danger auquel Barba vient d'échapper lui inspire les deux pièces de vers qui suivent :

« Saint Cloud nés perre plus de cartier
« Il ne lui reste pour amme que léglisse et mon nochée
« Tu passeras par les armes vieillard trop in prudent
« Où sauvetoi des flammes si tu en a le temps.
« Voisie leurre supreme les poutres sont en feux
« Lon casse dans l'églisse maime pour a tisser le feux.
« Cest le feux d'artifice pour que les parisiens
« Puisse dirre à leur fils cest lœuvre des prussiens
« Mais Dieux me le pardonne, n'espérant plus en lui
« Quand je vois paraître un homme c'est Lui, c'est Jacobie.

« 28 Janvier 1871

« 4 heures du soir. »

Voici la seconde pièce :

« De mes pauvres effet j'ai en plie une hotte
« Ja tant les incendierre de Bout devant la porte
« et je ne veux quittée cette asille, mon abri
« Quant le voyant tombée a vec lincendie.
« O mercie mondieu, voisie un généralle
« Il desent nous tirée de ce goufre infernalle
« Il nous sauve la vie, la maison et léglisse,
« Son nont cest Jacobie. Que listoire limmortalisse
« Pour mon conte je prirai jus qua mon dernier jour
« Notre grand architecte de conservée cet jour. »

Evidemment nous ne saurions proposer les vers de Barba comme un modèle de prosodie, mais on s'expliquera aisément le lyrisme de ce malheureux homme et ses sentiments à l'égard de celui qui, au moment propice, apparut pour le sauver. Sa joie eut cependant une ombre. Le péril qu'il avait couru l'avait trop fortement impressionné, pour qu'un peu de l'angoisse éprouvée ne fût pas restée au fond de lui-même et ne le conduisît pas à redouter l'avenir. Cette phrase écrite par le général prussien était-elle suffisante pour le protéger toujours ? La veille il avait bien vu les Allemands s'éloigner de sa demeure, allant ailleurs porter la dévastation. Mais demain ? Et puis qui sait, si, pendant la nuit, un de ces misérables ne viendrait pas effacer l'ordre du général Jacobi ?... Il eut une idée. Au lieu de laisser ses volets toujours fermés, il résolut de les ouvrir constamment, de manière à ce que l'inscription demeurât invisible entre le volet et le mur, puis, non sans anxiété, il attendit les événements.

Le 30 janvier, les Allemands, continuant leurs criminels exploits, incendièrent l'*Hospice* et les maisons *Guimard* et *Dautan*. Enfin le 1er février Barba vit, avec effroi, les soldats prussiens revenir chez lui. Mais cette épreuve fut de courte durée. Lorsqu'ils lui eurent intimé l'ordre de sortir de son logis, Barba les conduisit à son contrevent, le déploya, et leur montra l'ordre du général Jacobi. Les incendiaires s'inclinèrent et partirent. Une heure après la maison *Chervier* prenait feu.

Profitant d'une belle journée, le protégé de Jacobi fit une promenade à travers Saint-Cloud. Partout au château, dans le parc, au Trocadéro, dans l'allée de Reitz, à la grille d'Orléans, à l'orangerie, au tunnel, il ne vit que des ruines. Dans la ville, le même aspect désolé, sinistre. Il constata les lacunes de son journal. A l'énumération des maisons incendiées qu'il avait faite, il aurait fallu ajouter celle des autres quartiers de la ville. Un instant, il eut la pensée de compter le nombre des maisons restées debout, chose plus facile que de compter celles qui avaient été livrées aux flammes. Mais ce projet qu'il ne mit pas à exécution, d'autres personnes le réalisèrent ; après le départ de l'ennemi on n'en trouva que vingt-trois ! encore n'étaient elles pas toutes absolument intactes... Puis, dans le cours de sa promenade, Barba put voir les Allemands s'opposer violemment à ce que les rares habitants de la ville tentassent d'arrêter le fléau. L'ordre était, paraît-il, implacable. Et à la pensée de Barba revenait cette réponse que lui avait faite un officier : Il ne doit rien rester de votre ville... En effet, sourdement, le feu se propageait sans cesse. Il s'affaissait, semblait s'éteindre de lui-même, puis éclatait de nouveau, plus violent, plus ardent. Les flammes serpentaient sous le souffle du vent, léchaient les immeubles voisins, s'attachaient aux poutres faisant saillie sous la toiture, aux persiennes, aux croisées. Des bruits sourds d'écroulements se succédaient, sans interruption, de tous côtés. Tantôt c'était une façade qui, d'un seul bloc, s'abattait dans la rue. Tantôt un pan de mur s'affaissait sur lui-même. Et chaque fois, à chaque abattis, s'élevait une noire fumée, piquée de gerbes d'étincelles rouges qui sortaient, en crépitant, des bois carbonisés !.. A cette époque, ceux des habitants de Saint-Cloud qui avaient été se réfugier à Paris, commençaient à revenir. Mais devant la désolation et le désastre qui les attendaient, devant les décombres de leur asile, on les sentait frémir de colère... Cependant que faire ?.. Hélas, il n'y avait même rien à tenter... Alors, quelques-uns, n'ayant plus rien, s'en allèrent, dévorant leur impuissance, et disparurent...

Le Palais d'Euxinograde.

Le 7 février — dernière date du Journal de Barba — le feu reprit à l'*Hospice*. Et ce jour-là, comme un suprême outrage, Saint-Cloud reçut la visite de l'exécuteur des hautes œuvres de S. M. l'empereur d'Allemagne, le maréchal de Moltke !

. . . .

Maintenant, qui a mis le feu à Saint-Cloud ? Non à la ville, mais au palais ? Pour la première, il n'y a pas de doute possible, la démonstration est faite. Le volet de la maison Barba, sur lequel le général Jacobi écrivit l'ordre de ne pas toucher à cet immeuble, constitue une preuve certaine, irréfutable. Elle prouve que la destruction de la ville s'est opérée d'une manière systématique, sous les yeux des généraux, en vertu d'ordres donnés et exécutés d'une façon précise. Aussi, ce témoignage est-il soigneusement conservé à la mairie de Saint-Cloud. Le volet, enduit d'une couche de vernis qui a fixé l'inscription, a été ensuite placé sous verre afin que l'édacité du temps ne puisse altérer l'écriture du général prussien.

Pour le palais, la question a été très discutée. Les Allemands imputent ce désastre au Mont-Valérien. Avec eux, quelque tristesse que nous éprouvions à le constater, se trouvent des Français. A ceux-ci, l'on pourrait faire remarquer combien il est peu flatteur pour eux d'être en communion de pensées avec les vandales dont nous avons exposé longuement les atrocités. Encore n'avons-nous parlé que de Saint-Cloud.

Que les Allemands se défendent d'avoir incendié le palais, le fait est trop naturel pour qu'il y ait lieu de s'en étonner. Ce qui est plus étonnant, c'est que, depuis le temps, il ne s'est pas encore trouvé un allemand assez cynique pour avouer. Sachons patienter. Cela viendra. Bismarck a bien fini par reconnaître qu'il avait falsifié la dépêche d'Ems !...

Donc, pour démontrer que seul le Mont Valérien a mis le feu au palais, les Prussiens ont écrit ou fait écrire un certain nombre d'ouvrages, dont le plus important (1) a pour auteur le général de

---

(1) *Opérations du 5e corps*.

Kirchbach. Or, cet officier supérieur, qui commandait à Saint-Cloud, doit être, à notre avis, mis en dehors du débat pour cause de suspicion légitime. Son livre n'est, en effet, que le plaidoyer *pro domo sua* d'un Monsieur qui, de même que son roi, ses princes et ses pairs, est accusé de vols, de pillage, car il est à remarquer que, dans cette malheureuse guerre, comme en 1814 et en 1815, l'état-major général prussien a toujours, le premier, donné l'exemple de la rapacité et de l'improbité.

Pour ces héros modernes comme pour leurs aïeux, les reitres du XVIe siècle, la guerre doit être une franche lippée. Il est si doux de vivre en liesse et en festins parmi les larmes et la misère des vaincus ! Blücher, entrant à Saint-Germain le 8 août 1815, requit d'abord de la municipalité un dîner de 800 couverts. En 1870, le majordome préparant, à Versailles, les logis de la Cour allemande, voulut, par ordre de son roi, contraindre le maire à violer le domicile d'un absent dont la cave renfermait des vins dignes de la table du maître !

Pour en revenir à notre sujet, il est dit, dans l'ouvrage du général de Kirchbach, que : « parmi le grand nombre d'obus lancés sur le « château, un tomba dans la chambre de l'Empereur et que c'est « celui-là qui a déterminé l'incendie » ; que l'on « dut renoncer à « éteindre le feu faute de matériel » ; que, cependant, « l'on réussit « à sauver quelques meubles, quelques objets d'art, une partie de « la bibliothèque, qui furent remis au musée de Versailles ». Puis, le bon apôtre parle « de la tristesse et du mécontentement qu'excita « cet incendie parmi les troupes qui avaient gardé le château avec « tant de soins !! »

Par ce bref résumé, on voit que les Allemands n'auraient pas mis le feu eux-mêmes, qu'ils auraient tout tenté pour sauver les richesses renfermées dans le château et, même, poussé la délicatesse jusqu'à ne rien garder pour eux. Pour un peu, le général reconnaîtrait avoir eu le pressentiment de l'accusation qui pèse sur lui et sur ses compatriotes, de là la tristesse et le mécontentement qu'il a constatés. Mais, à ses arguments, on peut opposer non des raisonnements, mais des faits Ce sont, d'abord, les témoignages du prince de Hohenzollern et du prince de Saxe qui, tous les deux, ont déclaré avoir vu tout le matériel d'incendie du château, soit quatre pompes prêtes à fonctionner. Ensuite, si le feu a pris naissance dans la chambre à coucher de l'Empereur, comment se fait-il qu'un matelas du lit ait été retrouvé à Ville-d'Avray le 30 janvier 1871 ; que le buste de l'Impératrice par de Nieuwerkerke et d'autres objets d'art qui étaient placés dans cette chambre aient été emportés dans les bagages d'un grand personnage allemand ? « D'ailleurs, des officiers prussiens ne se sont pas gênés « pour déclarer que le roi avait accordé, à chaque officier ayant « servi aux avant-postes à Saint-Cloud, l'autorisation de prendre « un objet quelconque comme souvenir, à la condition de le « signaler sur un registre *ad hoc*. Cette façon de faire n'est-elle pas « la démonstration que, pendant la guerre de 1870-71, le pillage « fut réglementé... » (1)

Touchant l'allégation du général prussien relative à la bibliothèque, voici la réponse d'un général français : « Quant à la bibliothèque, « il est faux qu'elle ait été remise au musée de Versailles. Celui qui « l'a eue, afin d'y faire un choix, sans doute, c'est le conseiller « Schneider, lecteur du roi de Prusse et rédacteur des bulletins « officiels... » (2)

Si l'incendie n'a pas eu pour but de céler le pillage du château, pillage effectué du 1er octobre — jour où tout le personnel du château a été fait prisonnier et emmené à Versailles — au 13 — jour de l'incendie — pourquoi des prolonges d'artillerie venaient-elles vides de Versailles et s'en retournaient-elles bondées ?... Comment se fait-il que la compagnie des chemins de fer de l'Est ait trouvé, à la fin de 1871, dans ses magasins, à la suite d'un abandon encore inexpliqué, trois wagons d'objets mobiliers provenant du palais de Saint-Cloud ?... Pourquoi le 13 octobre, « lorsque M. Schneider (3) apprit que le château était en feu et « offrit au prince Royal de se rendre à Saint-Cloud pour organiser

---

(1) M. Vachon. *Incendie du château de Saint-Cloud.*

(2) Ambert. *Siège de Paris.*

(3) Ne pas confondre avec le conseiller Schneider, lecteur du roi de Prusse, dont nous venons de parler. Le Schneider dont il est question ici, était, depuis de longues années, régisseur du palais.

« les secours, lui a-t-on répondu par l'intermédiaire de M. de
« Seckendorff que sa présence était inutile, et ne lui a-t-on permis
« de revenir à Saint-Cloud que longtemps après, alors que toute
« constatation était impossible à faire ? (1)

Par contre, pourquoi trois jours plus tard, c'est-à-dire le 16, un
officier prussien fut-il chargé par l'Etat-Major général de conduire
à Saint-Cloud le citoyen Commissaire, gouverneur du palais, de
lui montrer les ruines du château et de lui expliquer, en même
temps, comment le feu avait été mis par les obus du Mont-Valérien
et non par les mains des Allemands ?

Pourquoi une si grande condescendance et tant d'explications
pour celui-ci et un refus pour celui-là ? C'est bien simple.
M. Schneider était depuis fort longtemps régisseur du palais ; il
connaissait tous les objets renfermés dans le château ; il savait la
place qu'ils occupaient et, de suite, d'un coup d'œil, il se serait
rendu compte de ce qui avait été volé. M. Commissaire, au contraire,
n'était gouverneur que depuis le 5 septembre et, jusqu'au 1er octobre,
il n'avait pas eu le temps d'acquérir une connaissance aussi précise
des lieux. C'était, en outre, un brave homme, d'une intelligence
ordinaire, d'une instruction tout à fait rudimentaire, et qui, même
dans la politique à laquelle il devait sa notoriété, n'avait jamais
fait preuve de hautes capacités. Les chefs allemands avaient dû
l'apprécier à sa juste valeur. Aussi la mission que remplit auprès
de lui l'officier prussien réussit-elle complètement. Le bonhomme
écouta, d'un air recueilli, les démonstrations élaborées pendant
deux jours par l'Etat-Major général ; il constata, *de visu*, les preuves
que lui montra son cicerone, puis s'en revint à Versailles
absolument convaincu de la parfaite innocence des Allemands.(2)

Avec M. Schneider, ce procédé aurait eu, sans aucun doute, un
résultat diamétralement opposé. Très instruit, d'une intelligence
supérieure, M. Schneider se serait demandé, tout d'abord, la raison
de cet excès de précautions. L'intérêt témoigné, en cette circonstance, par un ennemi connu pour son peu de délicatesse, lui aurait

(1) M. Vachon. Déjà cité.
(2) Commissaire. *Mémoires et souvenirs.*

paru tout à fait anormal et n'aurait pas manqué d'éveiller en lui, s'il ne l'eût eue déjà, une bien légitime prévention. Enfin, il est probable qu'en sa qualité d'ancien officier, connaissant les effets que peut produire le feu de l'artillerie, il eût discuté et, peut-être, victorieusement repoussé les arguments du porte-paroles de l'Etat-Major prussien.

Un des arguments du général de Kirchbach consiste à établir que les Allemands n'avaient aucun intérêt à brûler le château dont les caves leur offraient un abri. Au général prussien, on peut opposer la simple opinion du général Vinoy : « Cette journée du « 13 octobre fut tristement marquée par l'incendie du palais de « Saint-Cloud, que l'ennemi ne manqua pas d'attribuer au feu de « notre artillerie, bien que nous n'eussions aucun motif pour « pointer nos pièces dans cette direction... » (1) Mais il y a mieux. Si l'on veut se donner la peine de réfléchir, on est frappé de la pauvreté de l'argument invoqué par le général de Kirchbach. En effet, si nous avions eu, en opposition avec l'ennemi, un intérêt quelconque à détruire le palais de Saint-Cloud, c'eût été une tâche facile pour les canons du mont Valérien. Criblé d'obus, il ne serait pas resté une pierre debout. Les engins auraient fouillé le sol, pénétré peu à peu jusqu'aux fondations, jusqu'à ces souterrains où les troupes prussiennes n'auraient certainement pu tenir. Or, après la guerre, l'on constata que les sous-sols étaient presque intacts. Le palais seul avait été détruit...

Enfin, le même général allemand se défend également, dans son ouvrage, d'avoir prémédité et exécuté l'effroyable dévastation dont la ville de Saint-Cloud fut la victime. Bien que nous ayons suffisamment prouvé que cette accusation n'a rien de téméraire ni d'exagéré, nous y revenons cependant pour transcrire ici ce qui fut dit, à Versailles, par un officier prussien, au citoyen Commissaire : « En parlant de leur manière de faire la guerre, il dit : La « nuit dernière, nos chefs ont fait brûler une dizaine de maisons « dans la petite ville de Saint-Cloud. — Comme je protestais contre « cette mesure barbare dont ils n'avaient nul besoin, il dit : Vous

_____

(1) *Siège de Paris*.

« avez raison, nous allons à Saint-Cloud la nuit quand nous le
« voulons ; vos soldats n'y sont pas, les maisons ne nous gênent
« pas, loin de là, elles nous servent d'abri contre le feu des troupes
« qui sont de l'autre côté de la Seine ; cependant, nous voulons en
« brûler quelques-unes de temps en temps afin d'épouvanter les
« Parisiens. Le feu produit sur les hommes et encore bien plus sur
« les femmes un effet moral considérable ; voilà pourquoi nous
« brûlons et brûlerons la ville de Saint-Cloud morceau par
« morceau. » (1)

Pour nous la preuve est faite depuis longtemps. Nous n'insis-
terons donc pas davantage. Mais, au point de vue de l'indéli-
catesse, encore une anecdote pour terminer. Les Allemands, on le
sait, jouissent d'une réputation légendaire et ce n'est pas à Saint-
Cloud qu'ils l'ont démentie. Au contraire : « 230 pendules ont été
« prises par eux Mais on s'explique difficilement le caprice dont
« ils ont fait preuve en cette circonstance, la question d'intérêt ne
« paraissant nullement être leur mobile. Ils se contentaient
« d'enlever ou de briser le mécanisme et laissaient intacte la
« garniture. A ce propos on nous a cité un fait bien singulier :
« Un général avait enlevé une pendule extrêmement curieuse, la
« seule qui existe peut-être. Cette pendule se compose d'une
« colonne autour de laquelle est enroulé un serpent. Une coupe,
« dont la panse sert de cadran et dans laquelle le serpent plonge
« la tête, surmonte la colonne. La perfection de l'exécution égale
« l'originalité de la forme. Un jour le régisseur du Palais de
« Saint-Cloud fut prévenu par un médecin de Versailles qu'un
« général prussien lui avait donné cette pendule comme témoi-
« gnage de reconnaissance pour les bons soins qu'il lui avait
« accordés pendant une maladie. La pendule était veuve de son
« mouvement ! ! Elle a été rendue au mobilier du Palais de
« Saint-Cloud. Une pendule astronomique de Robin, commandée
« par Louis XVI et qui n'avait pas coûté moins de trente mille
« francs, a disparu » (2).

. . . .

(1) *Mémoires et souvenirs.*
(2) M. Vachon. Déjà cité

2.

La Commune.

La ville de Saint-Cloud était à peine revenue de ses cruelles émotions du siège de Paris que de nouvelles angoisses la ressaisirent. La Commune venait d'éclater. Cette fois la redoute de Montretout fut armée de canons français !.. A ce sujet, nous reproduisons ci-après un tableau dont nous devons la communication au regretté comte Pozzo di Borgo, si prématurément enlevé à l'affection des siens.

ARTILLERIE de la MARINE et des COLONIES

1re BATTERIE MONTÉE

BATTERIE N° 2
commandée par M. BOUILLON, capitaine en 2e.

Attaque de Montretout.

Située dans le parc Pozzo di Borgo.

Points à battre	Distances	Hausses	Durées	Degrés	OBSERVATIONS
Bastions Nos 64	3.100	25m/m	25m/m	11°30'	Difficile à atteindre.
— 65	3.150	256 »	26 »	11°30'	Bon tir.
— (6	3.200	263 »	26 »	12°	Derrière la grosse maison où s'abritent les canonniers.
— 67	3.700	331 »	23 »	14°30'	
— 68	4.200	408 »	41 »	18°30'	Tir incertain à contrebattre les batteries qui inquiètent Issy.

La batterie doit être approvisionnée de soixante coups par pièce à six heures du matin.

Ce tableau constitue la feuille de tir de la batterie de Montretout, avec l'indication des points qu'elle devait battre et les
résultats de son tir pendant une journée dont la date nous est
restée inconnue.

Pendant toute la durée de la Commune, Saint-Cloud ne vit pas,
heureusement, de combat se produire sur son territoire. Par contre, ses habitants eurent sous les yeux quelques-unes des douloureuses conséquences de cette lutte criminelle dont la responsabilité et l'horreur retombent sur ces hommes qui, à Montretout
justement, fuyaient lâchement devant l'ennemi !.. Pendant cette
triste période, il y eut des ambulances parfaitement organisées,
dans le parc de Saint-Cloud, non loin du bassin dit : *la grande
gerbe*. Dans le cours de nos recherches, nous avons trouvé le
récit d'une visite faite à cette ambulance.

« On n'avait rien épargné pour que les blessés y fussent mieux
« que dans n'importe quel hôpital. L'air pur et sain des grands
« bois devait être un auxiliaire puissant pour les soins intelligents
« de la médecine qui s'attache à réparer les désastres des armes
« meurtrières. On évitait, de cette façon, les inconvénients que
« présente la concentration d'un trop grand nombre de malades ;
« on chassait les miasmes qui s'échappent des plaies en suppura-
« tion et qui, trop souvent, sont délétères pour le voisinage. Ce
« n'était pas sans émotion qu'on entrait dans cet asile de la dou-
« leur où l'on était attiré par quelque parent, par quelque ami à
« voir et à consoler. Ce n'est pas, d'ordinaire, la curiosité qui
« conduit en de pareils lieux. Elle s'en écarte, au contraire. On
« y rencontre trop de tristesses respectables à chaque pas.

« Un devoir pieux nous y a fait aller un dimanche. Les blessés
« avaient réclamé un service religieux. L'autel était dressé ; le
« prêtre allait y monter. Notre visite n'était pas isolée. Beaucoup
« d'officiers et de soldats avaient profité de ce jour-là pour visiter
« des camarades tombés sur le champ de bataille. Nous pouvons
« même dire qu'il y avait foule autour de l'ambulance. On y
« distinguait des officiers supérieurs et même des officiers généraux.
« Rien ne ressemblait moins à ce qui se passe dans la plupart de
« nos églises que le spectacle dont nous fûmes témoin. Partout le

« recueillement intime et sérieux, partout l'affirmation d'une
« croyance religieuse sincère et profonde. Rien qui sentît l'apprêt
« et le convenu. On suivait le prêtre avec la foi de l'enfance,
« corroborée par les réflexions de l'âge mûr et les épreuves de la
« vie. Le cœur était touché en voyant toutes ces têtes de soldats
« qui s'inclinaient respectueusement devant les mystères de Celui
« qui règle les destinées du monde. Il y avait là des hommes
« énergiques, qui, échappés à Frœschwiller, étaient tombés à Sedan
« et avaient subi toutes les souffrances de la captivité en Allemagne
« avec des camarades venus de Metz et de Paris. Les plus braves
« n'étaient pas les moins respectueux. Au contraire. Et l'on se
« tromperait encore étrangement si l'on allait croire que la piété
« était en raison directe des blessures. Rien qui rappelât l'hypo-
« crisie commune dans nos villes et la moindre forfanterie. Chacun
« agissait librement à sa guise. C'est pourquoi le philosophe lui-
« même était ému et ne cachait pas son émotion. Plus d'un a
« même avoué qu'il regrettait les doutes dont il ne parvenait pas
« à débarrasser son esprit Mais la foi est un don de la grâce, et,
« pour être croyant, il ne suffit pas de la volonté. » (1)

3.

Les Ruines.

. . . .

. . . .

Il nous reste à parler des ruines, car les ruines elles-mêmes ont
péri : *Etiam periere ruinæ !* Il y a des spectacles qui échappent à
toute description. Il faut les avoir vus. Encore la plume la plus
savante laissera échapper des détails que l'œil saisit avec avidité.
Et même, pour l'ensemble, rien ne vaut le premier regard qu'on
jette sur une scène, sur un paysage, sur une ruine. Les sens sont
impuissants à se suppléer complétement l'un l'autre et l'imagi-

(1) *Paris incendié.*

nation n'est un auxiliaire efficace que dans une certaine mesure et dans un certain domaine. Qu'on ne s'étonne pas de ces réflexions. Rien ne saurait, en effet, rendre le sentiment dont on était saisi quand, la lutte finie, il fut possible de voir, pour la première fois, l'œuvre des ravageurs. La tristesse qui envahissait le cœur avait quelque chose de particulier. Rien de commun entre elle et la morosité vulgaire ou le deuil que nous éprouvons en nous-mêmes quand la nature nous frappe dans nos affections intimes. Les grandes catastrophes, les malheurs exceptionnels sont seuls capables d'engendrer cette tristesse où l'on ne parvient pas facilement à démêler ce qui domine du regret, de la pitié ou de l'indignation. Il faut à l'esprit le plus ferme le temps de la réflexion pour se remettre et s'équilibrer, pour rentrer en possession de ses facultés. C'est alors, seulement, devant le désastre accompli, que l'on songe à en mesurer, à en calculer l'étendue. Quiconque a vu de près les ruines de Saint Cloud n'a pas de peine à s'imaginer ce que les historiens racontent sur les invasions des barbares.

Quand on cherchait à pénétrer dans l'intérieur de l'édifice, de quelque côté que l'on s'y prît, on restait encore plus frappé de la sauvagerie qui avait présidé à l'œuvre de destruction. Partout des décombres, partout des ruines, partout des cendres amoncelées ; l'effondrement avait été à peu près complet. Entre les gros murs, dans les abîmes ouverts, des débris de toutes sortes. Pour s'y reconnaître il fallait posséder une connaissance approfondie des lieux, sans cela aucun fil d'Ariane ne conduisait les pas.

Vues de l'extérieur, les ruines ne donnaient qu'une très faible idée de ce qu'on apercevait dès qu'on était parvenu à franchir les portes détruites. Il fallait marcher constamment sur des pierres écroulées n'offrant parfois au pied qu'un fragile appui. Jamais on n'était certain de ne pas voir subitement s'ouvrir quelque gouffre : on n'avançait qu'avec des précautions infinies et l'on s'orientait comme on pouvait. Par les jours de grand soleil, quand la lumière, à flots, éclairait ce désastre, pénétrait dans les coins, en chassait l'ombre, le contraste avec l'extérieur était poignant et emplissait de tristesse le cœur du français, du patriote !

Avant la disparition de ces ruines, on fit des recherches parmi les décombres. On espérait y retrouver quelques-uns, au moins, des objets d'art dont on connaissait l'existence avant l'incendie. Mais les recherches furent vaines ou à peu près ; et de tout ce que l'on put extraire, la seule chose intéressante était une petite statuette en plâtre stéariné représentant Béranger et dont voici l'histoire :

« Dans les dernières années de sa vie, Béranger était pauvre.
« Il vivait très retiré à Passy. On l'informa que l'Empereur lui
« accordait une pension. Il refusa énergiquement, lui qui était
« républicain. Toutefois, il ne se crut pas dégagé d'un devoir de
« politesse et de courtoisie envers l'Impératrice dont il connais-
« sait les instances au sujet de la pension qui lui était offerte. Un
« jour, certain de la trouver à Saint-Cloud, il s'y rendit. L'Impé-
« ratrice reçut le chansonnier avec la plus grande déférence et
« s'entretint en particulier avec lui assez longuement. La question
« de la pension fit les frais de l'entretien. Au moment de se retirer,
« Béranger qui avait apporté un petit paquet soigneusement
« enveloppé, ce qui n'intriguait pas peu l'impératrice, l'ouvrit et
« en tira une petite statuette de Carrier, le représentant assit dans
« son fauteuil. Il s'avança vers l'impératrice et, lui offrant la sta-
« tuette, il lui dit : Madame, veuillez me faire l'honneur d'accepter
« cela comme témoignage de reconnaissance d'un pauvre poète. Je
« ne suis pas riche et c'est tout ce que je possède de plus précieux.
« — Le soir même, la statuette de Béranger était placée bien en
« évidence dans le grand salon de réception de l'Impératrice et
« c'est de la bouche même de Sa Majesté que l'on apprit cet inci-
« dent touchant et aussi honorable pour Béranger que pour l'Im-
« pératrice » (1).

Aujourd'hui, il ne reste plus rien du palais de Saint-Cloud. La désolante image des ruines a disparu. Les matériaux, les morceaux d'architecture ont été dispersés au hasard des ventes et des reventes. C'est ainsi que le fronton est actuellement à Euxino-grade, sur les bords de la mer Noire, où il orne la terrasse du

(1) M. Vachon. Déjà cité.

Guerre de 1870. — La Redoute de Montretout.

château de S. A. R. le prince Ferdinand de Bulgarie à qui il fut donné par sa mère la princesse Clémentine d'Orléans, princesse de Saxe-Cobourg et Gotha, fille de Louis-Philippe.

Et maintenant, chaque année, à partir du printemps, des fleurs s'épanouiront, en des plates-bandes figurant l'emplacement même qu'occupait le château. Symbole des grandeurs terrestres qui, par rapport à l'Eternité, ne durent qu'un jour, ces fleurs, écloses au matin, verront peut-être, le soir même, venir l'orage meurtrier. Arrachées alors de leurs tiges, frémissantes sur le sol, la tempête, en ses tourbillons, les ramassera déjà flétries, les emportera, presque mortes, à travers l'espace, comme, à travers le monde, dans l'exil, furent emportés les Souverains !... Et le voyageur qu'un pieux pélerinage conduira, désormais, à l'endroit où s'élevait le palais des rois et des empereurs, pourra redire, lui aussi, les mélancoliques paroles du poète : Hélas, les ruines mêmes ont péri !... *Etiam periere ruinæ !*

XIII.

L'ÉGLISE

———

Lorsque Clodoald vint habiter le village de *Nogent-sur-Seine*, que nous avons vu se transformer et changer de nom, il n'y avait pas encore de cure, mais une simple chapelle. Celle-ci, à cette époque reculée, avait pour patrons, suivant les recherches de l'abbé Lebeuf (1), saint Marcel, évêque de Paris, mort le 1er novembre, au commencement du Ve siècle, et saint Probas. D'après la tradition qui nous a été transmise par le chanoine Chastelain (2), saint Probas vivait au IVe siècle. Son corps reposait dans une chapelle de son nom, située sur la même colline, un peu plus haut que celle de saint Cloud. Quand survint une invasion des Normands, les restes de saint Probas furent cachés dans une vigne, exhumés plus tard, puis rapportés dans la chapelle de *Nogent*.

Pour trouver une trace certaine de la cure de Saint-Cloud, il faut arriver au pouillé du XVe siècle. Elle devait être alors très étendue, car, par la suite, Garches et Marnes en furent des démembrements. Mais, de ce que le pouillé du XIIIe siècle ne fait pas mention d'une cure, il ne faut pas conclure qu'il n'y en avait point. Il existait, au moins, une église qui avait ce titre, puisqu'un monument ancien nous apprend que son architecture était antérieure au gothique et que, par conséquent, elle devait remonter au delà du XIIe siècle. (3)

Mais, de quel temple s'agit-il? Ce n'est certainement pas de la chapelle *Saint-Laurent*, située au bout du pont, du côté des murs

(1) *Histoire du diocèse et de la ville de Paris.*
(2) *Martyrologe universel.*
(3) *Tab. Ep. Par in S. Clod.*

de Saint-Cloud ou Boulogne, qui nous paraît avoir été surtout affectée au service de la *Léproserie* (1)... Ce n'est pas davantage de la chapelle consacrée à *saint Médard*, qui subsistait encore en 1789, dans la rue *du Houdé*, où le chapitre allait en procession célébrer une messe le 8 juin de chaque année, et dont la construction remontait au XIVᵉ siècle. Tout nous porte à croire que cette description un peu succincte concerne la chapelle placée sous l'invocation de *saint Jean-Baptiste*, qui était édifiée dans l'enclos du château de l'évêque. D'ailleurs, il n'y avait pas dans la collégiale — église du monastère de Saint-Cloud — de chapitre affecté au service de la paroisse ni de fonts baptismaux. Les baptêmes et les assemblées avaient lieu « dans une petite église de saint Jean-« Baptiste, voisine de la collégiale, qui était située dans l'enclos « de l'évêque de Paris : *Infra ambitum domorum Episcopi.* » (2) Ruinée vers le commencement du XVIᵉ siècle, les fonts baptismaux de cette chapelle furent transférés dans l'église collégiale que nous avons simplement esquissée au premier chapitre de cet ouvrage.

Ainsi que nous l'avons dit, le chapitre de la collégiale se composait d'un doyen électif, un chantre, neuf chanoines — ce nombre fut diminué en 1590 —, un chefcier, un maître et six enfants de chœur. L'archevêque de Paris disposait de la nomination aux prébendes qui, selon le pouillé du XVᵉ siècle, s'élevaient à treize.

Le bénédictin Claude Lancelot qui a vu le cartulaire de cette église n'y a rien trouvé d'antérieur au XIIᵉ siècle. Le deux premiers actes, dont la date est certaine, remontent à 1105 et à 1124. Par le premier, le roi Philippe I donne la forêt de Cruye ? aux chanoines ; le second fait mention des hôtes de Saint-Cloud dans les villages de Villemeut et de Chatouville : Hospites S. Clodoaldi, et se trouve expliqué par un fragment du nécrologe de ce chapitre « An XVII « Cal. Décembris. Obiit Odo Palati Comes... qui in prœlio morte « affectus est. Dedit S. Clodoaldo in pago Dunensi quidquid habe-« bat in villa Mauri cum ecclesiæ et in Chatonis villa cum servis... « Ce fragment nous désigne suffisamment Eudes, comte de Blois, de

---

« *Chatres, tué à la guerre en 1037. Par conséquent, dès le temps*
« *du roi Robert, l'église de Saint-Cloud possédait des domaines.* »

Tout ce passage que nous avons souligné intentionnellement est
un résumé d'indications de l'abbé Lebeuf qui n'ont qu'un tort :
c'est de ne pas concerner l'église dont nous nous occupons mais
celle de Saint-Cloud, commune d'Eure-et-Loir, qui, parmi les
écarts situés sur son territoire. compte le hameau de Chatouville.

Avant de poursuivre le résultat de nos recherches sur l'église
de Saint-Cloud, nous parlerons des reliques qu'elle possédait, en
dehors de celles dont il a été question dans notre premier chapitre.

Au XIIe siècle, Galon, étant évêque de Paris, désigna l'église
de Saint-Cloud pour recevoir. en dépôt, pendant trois jours, le
bois de la vraie croix qu'un préchantre du Saint-Sépulcre de
Jérusalem, nommé Anselme, envoyait à l'église de Paris. De cette
relique, transportée solennellement à Paris, le 1er Août 1109,
l'église de Saint Cloud reçut deux petits morceaux, placés dans
une grande croix de cuivre doré toute couverte de pierreries
donnée par un doyen du chapitre nommé Gilles (1. Il existait
aussi une dent de saint Jean-Baptiste. enchâssée entre quatre
perles et quatre rubis. dans un cristal de roche de forme ovale,
soutenu par une figure du même saint. D'après Pierre Perier (2)
cette relique, dont on ignore la provenance. aurait été donnée par
Madame Jeanne La Giffarde, veuve de Jacques de Ruilly. chevalier, Président au Parlement de Paris. Mais l'abbé Lebeuf prétend
que cette dame ne donna que le reliquaire En tout cas, le même
auteur met en doute l'authenticité de cette relique.

Il est certain que beaucoup de reliques ont une origine plus
ou moins douteuse. Il suffit de lire saint Optat de Milève (3,
la vie de saint Martin par Sulpice Sévère, le *Salluste* chrétien,
pour voir que. dès les premiers temps du christianisme. l'on
supposa des reliques. L'on en vint à placer. sur les autels. des
corps qui, dans l'origine, étaient enterrés dessous. On les porta

1 *Ex. Mss Eccles Paris.*

(2) Auteur de la *Vie de saint Cloud.*

3. *Schisme des Donatistes* Ed Dupin, 1700.

en procession ; on les divisa et, dit l'abbé Fleury (1) « ce fut là
« l'occasion des impostures ». Leur multiplicité, les miracles,
parfois ridicules qu'on leur attribuait, avaient surtout pour but,
selon le même auteur « d'attirer des offrandes qui enrichissaient
« les villes ». Les croisades mirent le comble à ce débordement
de reliques. Les musulmans, et même les chrétiens de l'Orient
firent assaut de fourberie et de duplicité pour tromper les Latins
et leur vendre, au poids de l'or, les premiers ossements qui leur
tombaient sous la main, des fragments de vieux meubles et des
lambeaux de vieilles étoffes. A cet excès s'en ajouta un autre. Ce
fut lorsqu'on admit avec les Pères de l'Eglise et les Actes des
martyrs que les os des bienheureux avaient la vertu de guérir une
foule de maladies ; d'attirer les grâces et les bénédictions du ciel
sur ceux qui les révéraient ; qu'ils étaient, pour l'humanité, plus
précieux que l'or et les perles ; qu'ils constituaient, à eux seuls, la
meilleure défense des villes qui avaient le bonheur de les posséder.
De cette dévotion mal entendue, tombant dans la superstition,
devaient résulter, infailliblement, d'abord les schismes qui se sont
produits, ensuite l'impiété.

Ceci dit, et pour en finir avec les reliques de saint Cloud, nous
ajouterons que la fureur des iconoclastes, les invasions, les ravages
du protestantisme et enfin la Terreur, les soumirent aux mêmes
vicissitudes que celles dont nous avons parlé à propos des restes
de saint Cloud. Pour la plupart, elles furent profanées, enlevées,
dispersées.

C'est dans l'église de Saint-Cloud que furent inhumés, en 1589,
les intestins d'Henri III. D'après Lestoile (2) « ils furent enterrés
« au costé du maître autel », puis, il laisse pressentir que le cœur
de ce roi était enfermé dans une partie du monument élevé à sa
mémoire. Mais le chanoine Chastelain (3), qui « connoissoit tout
« ce qu'il y avoit de curieux dans les lieux où il passoit » (4) dit
« qu'estant en cette église on lui donna l'assurance que le cœur de

(1) 4° Discours sur l'Hist. ecclésiastique.
(2) Reg. journal d'Henri III.
(3) Voyages manuscrits.
(4) Chaudron et Delandine. Nouv dict. historique.

« ce prince n'étoit point sur cette colonne, mais qu'il étoit enterré
« dans le chœur en un petit enclos où l'on ne marche point. »
Enfin, Piganiol de la Force, qu'il est quelquefois bon de consulter
malgré ses inexactitudes, affirme que le cœur d'Henri III reposait
dans cette chapelle, mais sans spécifier l'endroit.

Quoi qu'il en soit, c'est dans la chapelle consacrée à saint Michel
que se trouvait ce monument, composé de deux parties. La
première, édifiée en 1594 par Charles Benoise, secrétaire du cabinet
du roi; la seconde, en 1685, par le duc d'Epernon. Sur le marbre
noir de ce tombeau — car il y avait aussi une colonne torse de
marbre rouge — on lisait, en lettres d'or :

D. O. M.

Eternæ memoriæ Henrici II, Galliæ et Poloniæ

Regis

Adsta, viator, et dole regum vicem !
Cor Regis isto conditum est sub marmore
Qui jura Gallis, Sarmatis jura dedit :
Tectus cucullo hunc sustilit sicarius.
Abi, viator, et dole regum vicem !
Quod ei optaveris, tibi eveniat.

C. Benoise scriba regius, et magister rationum domino suo
beneficentissimo, meritissimo P. A. 1594.

Cette dernière mention précédait les vers français suivants :

Si tu n'as point le cœur de marbre composé,
Tu rendras cettui-cy de tes pleurs arrosé,
Passant dévotieux, et maudiras la rage
Dont l'enfer anima le barbare courage
Du meurtrier insensé, qui plongea sans effroy
Son parricide bras dans le flanc de son Roy,

Quand ces vers t'apprendront que dans du plomb enclose
La cendre de son cœur sous ce tombeau repose :
Car comment pourrais-tu ramentevoir sans pleurs
Ce lamentable coup, source de nos malheurs,
Qui fit que le ciel même, ensanglantant ces larmes,
Maudit l'impiété de nos civiles armes.
Hélas ! il est bien tigre ou tient bien du rocher,
Qui d'un coup si cruel ne se sent point toucher !
Mais ne rentamons point cette inhumaine playe,
Puisque la France même en soupirant essaye
D'en cacher la douleur et d'en feindre l'oubli ;
Ains, d'un cœur gémissant et de larmes rempli,
Contentons-nous de dire, au milieu de nos plaintes,
Que cent rares vertus icy gissent éteintes :
Et que si tous les morts se trouvoient inhumés
Dans les lieux qu'en vivant ils ont le plus aimés,
Le cœur, que cette tombe en son giron enserre,
Reposeroit au ciel et non pas en la terre.

Sans vouloir entrer dans la description d'un monument qui, aujourd'hui, est tout différent de ce qu'il était, nous ferons remarquer que certains auteurs ont attribué la première partie à Germain Pilon. Or, cette assertion est absolument inexacte. C. Benoise fit élever cette partie en 1594, alors que Germain Pilon était mort depuis 1590.

En 1670, l'église de Saint-Cloud fut encore appelée à recevoir une partie du corps de Madame la duchesse d'Orléans. Tandis que son cœur était porté au Val de Grâce, son corps à Saint-Denis, ses entrailles furent inhumées partie aux Célestins, partie à Saint-Cloud. Sur le marbre qui les renfermait était cette inscription :

ICI REPOSE

une partie du corps de très haute, très puissante et très excellente
princesse Henriette-Anne d'Angleterre, fille de Charles I, roi de
la Grande-Bretagne et de Marie-Henriette de France, épouse de
Philippe, duc d'Orléans, frère unique du roi Louis XIV, décédée
au château de Saint-Cloud, le 30 juin 1670, âgée de 26 ans.

> Pour honorer la mémoire de cette
> grande princesse et pour le repos
> de son âme, très haute, très puissante
> et très excellente princesse Anne
> d'Orléans, Duchesse Royale de
> Savoie, sa fille, a fait ériger
> ce monument et fondé dans
> l'Eglise de Saint-Cloud un
> service à perpétuité qui sera
> dit le jour de son décès 30 juin.

Sur le marbre posé au bas de cette tombe, sur le sol était
écrit :

> *Bonum mihi, Domine, quia humiliasti me.*

> Ps. CXVIII — V. LXXI.

La Révolution, qui supprima, si violemment, la Royauté, voulut
aussi effacer tout ce qui pouvait évoquer son souvenir. Les
mausolées, les tombes, tout ce que la pieuse reconnaissance des
peuples et la religieuse affection des familles avaient élevé à la
mémoire des morts n'échappa point à la haine et à la fureur des
terroristes. Les monuments funéraires de Saint-Cloud furent
brisés, saccagés. L'on put, cependant, au moins pour le premier,
réunir quelques morceaux avec lesquels on reconstitua un tout
qui est actuellement à la cathédrale de Saint-Denis.

Nous reviendrons en arrière pour mentionner un différend qui s'éleva en 1614 entre l'évêque de Paris, le chapitre et les habitants de Saint-Cloud, au sujet des réparations à faire à l'église. Cette difficulté ne fut résolue qu'en 1615 par un arrêt du Parlement qui condamna le cardinal de Gondi, les doyens et chanoines du chapitre, les manans et habitants à participer chacun pour un tiers aux dépenses rendues nécessaires par le délabrement de ce monument. (1)

La paroisse de Saint-Cloud eut une foule de bienfaiteurs, dont l'énumération nous entraînerait trop loin. Nous devons donc renoncer à en faire mention. Un, cependant, a retenu notre attention. C'est le marquis de Villette qui fut, croyons-nous, le père de ce marquis de Villette chez qui, à Paris, Voltaire mourut le 30 mai 1778. Le marquis de Villette, le père, décéda en 1765, à Saint-Cloud où il possédait le château de Montretout. Sa prédilection pour ce séjour lui en avait inspiré une autre pour la paroisse. Aussi par son testament daté du 26 avril 1763 demanda-t-il d'être enterré, sans cérémonie, dans le cimetière de la paroisse de Saint-Cloud, soit qu'au jour de son décès il demeurât dans son château de Montretout ou ailleurs. Dans une autre disposition de ce même testament, il s'expliquait ainsi :

« Je demande un service annuel à Saint-Cloud le jour de mon
« décès et le lieu de ma sépulture. Pour cet effet, et pour le rendre
« perpétuel, il sera acheté un fonds de cinq mille livres produisant
« au moins deux cents livres de rente que je donne pour les frais
« dudit service qui doit être convenable et proportionné à la
« rente. » (2)

A l'époque où Marie-Antoinette acheta le château, le clocher de l'église tombait en ruines. La démolition de l'édifice fut décidée. A ce sujet, un acte qui est aux archives départementales fut rédigé le 1er août 1787 et envoyé à la reine. Aux termes de cet acte les « syndic, marguilliers et habitants de la paroisse étant instruits

---

(1 et 2) Mém. du Curé Cité par Poncet de la Grave.

Saint-Cloud pendant la guerre de 1870.

« que l'intention de la reine est de pourvoir à la reconstruction
« de l'église paroissiale de ce lieu, reconnue être dans l'impossibi-
• lité de subsister, suivant les procès-verbaux qui en ont été
« cy-devant dressés tant à la réquisition du chapitre qu'en vertu
« d'arrêts du parlement », déclarent que « voulant donner à Sa Majesté
« une preuve de leur respect et de leur dévouement à contribuer,
« autant qu'il dépend d'eux » à remplir ses vües bienfaisantes, ils
« consentent à l'exécution de tous plans et projets qui pourroient
« être agréés par Sa Majesté pour la reconstruction dudit édifice,
« à la condition, sous le bon plaisir de Sa ditte Majesté, qu'ils ne
« seront tenus ny chargés d'aucunes dépenses ny frais relatifs à
« laditte construction, soit qu'il s'agisse de transférer ledit édifice
« dans un local plus commode ou d'acquérir d'autres terreins ou
« bastiments qui seront jugés nécessaires... faisant toutes cessions
« et abandons à ce sujet entre les mains de Sa Majesté pour être
« sous ses ordres disposé du local actuel ainsi que des matériaux
« dudit édifice et l'employ d'iceux au prix desdits terreins être
« faits de la manière qu'elle jugera la plus avantageuse.... » (1)

L'année suivante, c'est-à-dire en 1783, les travaux furent
commencés d'après des plans qui ne purent être suivis. La reine
Marie-Antoinette posa la première pierre, puis... la révolution
éclata. Napoléon Ier allait faire reprendre ces travaux lorsque
survint 1814. Sous la Restauration, le maire de Saint-Cloud,
M. de Silly, obtint de Louis XVIII, des princes, des habitants et
du produit de la vente des matériaux de l'ancienne église du
couvent des Ursulines, une somme de 56.387 francs avec laquelle
il entreprit de poursuivre l'érection du nouveau temple. Le gros
œuvre achevé, l'église fut inaugurée le 25 août 1820. Elle était
cependant loin d'être complètement terminée.

C'est vers 1860 que de nouveaux efforts furent tentés pour son
achèvement. On trouve à la Bibliothèque nationale (2) une liste de
souscription, publiée le 15 août 1860, portant le nom de M. E.
Preschez, maire de Saint-Cloud, mentionnant un premier don de

(1) G. 428. Liasse.
(2) Lk 7-86.9.

50.000 francs de l'Empereur et indiquant, en outre, 384 noms de souscripteurs pour un total de 23.402 francs 50 centimes.

Enfin, complètement achevé en 1863, cet édifice contient le médaillon de Marie-Antoinette et celui de Napoléon III. Au dessous du premier, on voit le millésime de 1787 ; au dessous du second, celui de 1863. Une autre particularité évoque le souvenir de Marie-Antoinette. C'est une colonne de marbre noir surmontée d'un chapiteau de marbre blanc. Sur le fût, on lit cette inscription :

Anno MDCCCXX

A la mémoire de Marie-Antoinette, Reine de France
Fondatrice de l'église de Saint-Cloud

Obiit XVI octobris, anno salutis MDCCXCII.

L'origine de cette colonne, dont le socle porte la date de 1628, en vieux caractères, est absolument inconnue. Retrouvée sans doute dans les ruines de l'ancienne église, elle a reçu l'appropriation que l'on connaît.

Le maître-autel, en marbre des Pyrénées, est un don de l'Empereur, de même que le *Christ sur la montagne,* une composition magistrale due au pinceau de Michel Dumas. Cette église possède encore une statue de *saint Louis* remontant au XIVe siècle et un tableau représentant *saint Cloud se faisant religieux.* Cette œuvre, de la plus haute fantaisie, dans laquelle l'archéologie a été absolument négligée, est signée *Darupt* ou *Durupt.*

XIV.

LE CHATEAU DE MONTRETOUT

Dans les anciens titres, dans les ouvrages où il est parlé de cet endroit, on le désignait sous le nom de *Mons restauratus*. On a dit que la corruption du langage avait fait de ces deux mots : Montretout. Nous ne demandons pas mieux que cette explication soit exacte, mais nous la donnons pour ce qu'elle vaut, ajoutant que nous préférons de beaucoup cette autre définition : Appelé Montretout parce que la hauteur ainsi nommée montre tous les environs.

De l'origine du château, il en est comme de son nom. On ne sait rien, les documents font défaut pour éclairer le passé. Le seul point de repère que l'on ait est une vue de Saint-Cloud au XVIIe siècle, par Mariette. Cette estampe indique, à droite et à gauche du pont, deux maisons importantes. Selon la légende explicative, celle de droite serait la maison de M. de Moranges, celle de gauche la maison du président Le Coigneux.

Nous avons dit, dans notre *Précis*, que Gaston d'Orléans, à la mort de sa femme, Marie de Bourbon, en 1626, se retira dans la maison que possédait à Saint-Cloud le président Le Coigneux, son chancelier. Nous ajouterons qu'il y passa le reste de l'année, n'ayant pas voulu reprendre son logement au Louvre parce que sa femme y était morte.

Ce président à mortier, chancelier du duc d'Orléans, était le père de Le Coigneux de Bachaumont qui, après avoir été conseiller-clerc au parlement de Paris, avoir figuré dans le parti de la Fronde et exercé sa verve contre la cour, vendit sa charge pour se livrer aux douceurs de la vie épicurienne et à la poésie. Nous ne dirons rien des œuvres qu'il publia dans les recueils de son époque ; nous ne les connaissons pas. Mais lui aussi, comme son père, a été sauvé de l'oubli par sa collaboration avec Chapelle, à un ouvrage qui a pour titre : *Le voyage de Chapelle et de Bachaumont.*

Si le château de Montretout a une histoire qui lui est particulière, nous croyons qu'il sera bien difficile d'en retrouver les matériaux. La guerre avec les désastres qui la suivent et les crimes qu'elle engendre, est passée, nous le savons, sur Montretout, sur Saint-Cloud et sur Paris. C'est, hélas ! tout ce qu'il faut pour rendre les recherches impossibles et infructueuses désormais.

Mais ce qui nous a paru intéressant de faire connaître c'est la succession des propriétaires de Montretout. Aussitôt après le président Le Coigneux qui le possédait en 1626, s'ouvre une lacune que nos efforts n'ont pu combler. Ensuite nous savons qu'en 1664, il appartenait, par suite d'une adjudication au Châtelet, à Messire François de Soulènes, dont hérita Louise de Soulènes, sa sœur, qui le légua à son fils Charles Letanneur. Vendu par ce dernier à Boussire d'Estorillon, il devint, en 1682, la propriété de Messire Levasseur qui ajouta à son nom celui de Montretout. Mort en 1697, ses héritiers, les Levasseur de Belmont, le cédèrent en 1711, seulement, à Jean Pingaut, lequel, en 1720, le vendit à M. Dupin. Celui-ci, trouvant que son nom sentait trop la roture, se transforma en Messire Ormeau des Arennes, et c'est sous ce nom qu'il revendit le domaine de Montretout au marquis de Villette dont il a été question dans le chapitre de *L'Eglise.* Nous savons que le marquis décéda en 1765. Cependant ce n'est qu'en 1773 que son fils — car le vendeur fut un marquis de Villette — passa la propriété à Guillaudin Duplessis dont les héritiers, en 1782, par l'intermédiaire du Châtelet, firent adjuger le château à Claude Richard. Celui-ci mourut en 1790 laissant également des héritiers. En 1801, à la requête de Daubigny, la vente de Montretout fut poursuivie devant le tribunal civil et l'adjudication en fut faite aux frères Richard Daubigny et Richard-Deberherrn, chacun pour la moitié. Cette situation régularisée, les nouveaux propriétaires cédèrent Montretout à un ancien capitaine de navire: Patrick Corrau. En 1807, M. Sabatier s'en rendit acquéreur, mais deux ans plus ₜard il mourut et le château passa aux mains de M. René Dessalles qui le céda, presque aussitôt, à M. Antoine Versepuy, ancien négociant à Paris. Celui-ci le conserva jusqu'en 1818, époque à laquelle il le vendit au comte Vincent Potocki, général de cavalerie, grand chambellan, etc. En 1820, le comte Potocki le revendit au vicomte de Bruges, lieutenant général des armées du Roi, dont les héritiers, Mme la comtesse de la Roche Lambert et le vicomte François de Bruges le cédèrent, en 1837, à la compagnie des chemins de fer de Paris à Saint-Cloud et à Versailles, rive droite. Quatre ans après, en 1841, cette compagnie passait la propriété du domaine de Montretout à M. le comte Charles-Gérome Pozzo di Borgo, colonel démissionnaire au service de France, neveu de l'ambassadeur de Russie en France en 1814.

Depuis, la famille Pozzo di Borgo est restée propriétaire de ce domaine dont les constructions ont été détruites par les opérations du siège de Paris. Alors, le domaine a été morcelé. Sur son étendue des rues nouvelles ont été tracées. De très jolies villas se sont élevées, et ce quartier neuf n'est pas un des moins intéressants de Saint-Cloud.

XV.

LE CHATEAU DE BÉARN

Ce que nous disons, au début de notre chapitre concernant le château de Montretout, pourrait s'appliquer au château de Béarn. En effet, au point de vue du passé, les mêmes causes ont produit les mêmes résultats. Aussi, tout ce qui suit ne repose-t-il, nous en convenons, que sur des hypothèses.

Avant toutes choses, il importe de faire bien remarquer que la propriété dite *de Béarn* a été constituée par la réunion de deux immeubles : la maison *de Carignan* et le château de *la Gatinne*.

Ceci dit, prenant comme point de départ de nos efforts, la gravure de Mariette, cette vue de Saint-Cloud qui nous révèle l'existence, à droite du pont, sur la hauteur, d'une maison appartenant à M. de Moranges (?), nous avons cherché si quelque célébrité de ce nom pouvait nous servir de *fil d'Ariane*. Nous n'avons rien trouvé, cette famille n'ayant donné aucune illustration à la France.

Mais si nous remontons antérieurement à Mariette, nous voyons qu'en 1649, « pour montrer aux parisiens que le bruit de la paix avec « l'Espagne n'étoit pas mal fondé, le cardinal (1) désira que le duc « d'Orléans, le prince de Condé et lui allassent à Saint-Cloud où « ils firent venir un espagnol secretaire de Pigneranda (2) qui « paroissoit être envoyé de la part de son maître pour faire les « premières propositions et là se fit un grand repas accompagné « de gaîté afin de montrer à cet espagnol que le siège de Paris « n'étoit qu'une bagatelle. » (3)

---

(1) Mazarin.

(2) Ministre du roi d'Espagne.

(3) Mme de Motteville. *Mém.*

Cette réunion eut-elle lieu dans une propriété appartenant au cardinal, ou dans la maison d'Hervard ou dans une autre ? L'histoire ne le dit pas... En tout cas, c'est une question qui ne sera jamais résolue.

Mazarin avait des nièces. L'une d'elles, Olympe Mancini, dont Benserade a dit :

> « Cette petite muse en charmes, en attraits,
>   « N'està pas une inférieure, ·
>   « Aussi pas une jamais
>   « N'eut l'esprit et le sein formés de si bonne heure. »

et qui se trouva compromise dans le fameux procès de la Voisin, fut recherchée en mariage par Eugène-Maurice de Savoie, prince de Carignan. Le cardinal, dont l'orgueil était celui d'un parvenu, estima que la Maison de Savoie était d'une noblesse trop mince pour s'allier avec l'une de ses nièces. Il ne refusa cependant pas, mais il conseilla au prince de Carignan de prendre le titre de comte de Soissons auquel il avait droit par sa mère Marie de Bourbon, comtesse de Soissons. Le mariage eut lieu en 1657. Mazarin donna au mari de sa nièce (1) une grosse dot, de grands biens et un beau commandement. Parmi les biens se trouva-t-il une maison à Saint-Cloud, ou bien, en raison de l'acquisition de la propriété d'Hervard par le Roi, en 1658, le comte de Soissons, en bon courtisan, jugea-t-il à propos d'en acheter une, lui aussi, dans cette localité, ou bien encore cet achat, s'il y en a eu un, n'a-t-il été effectué qu'en 1661, lorsque, peu de temps après son mariage, Madame (2) « se lia d'une manière étroite avec la comtesse de

---

(1) Eugène-Maurice de Savoie, comte de Soissons, fils de Thomas de Savoie, naquit en 1635. Après s'être destiné à la prêtrise, il embrassa la carrière des armes. L'année même de son mariage avec Clympe Mancini, il devint colonel-général des Suisses et Grisons. En 1658, il se signala à la bataille des Dunes. Gouverneur de Champagne et de Brie, les intrigues de sa femme le firent exiler en son gouvernement. Désigné pour servir dans l'armée de Turenne en 1673, il mourut en se rendant à son poste. Il laissa cinq garçons dont le plus illustre fut le fameux prince Eugène.

(2) Henriette d'Angleterre.

« Soissons? » (1) De toutes ces suppositions, quelle est la bonne ? On ne le saura jamais. Cependant, un fait est certain, acquis. C'est qu'il y eut à Saint-Cloud une maison dite de Carignan.

Quant au deuxième immeuble c'est Saint-Simon (2) qui nous donne une première indication. « Le 26 septembre 1713, dit-il, « l'Electeur de Bavière, après avoir vu le roi dans son cabinet « prit congé de lui et partit pour aller passer un jour dans une « maison qu'il venait d'acheter à Saint-Cloud ».

Cette maison acquise, Maximilien II (3) n'en conserva pas longtemps la propriété. Il dut la vendre avant de rentrer dans ses Etats en 1714. En tout cas, le peu de temps qu'il y passa fut suffisant pour qu'elle en reçût une dénomination particulière. Or, ce résultat du séjour de l'Electeur nous conduit à supposer qu'il acheta cette maison à M. de Moranges, autrement Mariette, au lieu de nous indiquer ce dernier nom sur son estampe, aurait mis *Maison de l'Electeur*, désignation qui lui a été conservée pendant quelques années. C'est d'ailleurs ce que nous allons constater.

En 1721, le Régent, duc d'Orléans, donna une fête à Saint-Cloud pour Madame d'Avernes. Le même jour, il lui remettait les titres de propriété « de l'ancienne maison de l'Electeur de « Bavière, à Saint-Cloud, maison qui était située sur la côte à « droite du pont » (4). Barbier est très explicite et son *Journal*, au point de vue des informations, est marqué au coin de la sincérité.

Alors que le premier immeuble restait toujours la maison de Carignan, le second, la maison de l'Electeur, devenait le château de la Gatinne, dénomination qui a dû lui être donnée par Madame d'Avernes. Ici nous nous demandons si ce « château de la

---

(1) Mme de Lafayette : *Henriette d'Angleterre.*

(2) *Mémoires.* T. X, p. 75.

(3) Maximilien II, Marie-Emmanuel, Electeur de Bavière en 1679. Tout d'abord allié de l'Autriche, il soutint cette puissance contre les Turcs. En 1692, il devint Gouverneur des Pays-Bas espagnols. Mais à la mort de son fils, Joseph Ferdinand qui avait été reconnu comme héritier de Charles II, roi d'Espagne, il s'unit à la France afin de revendiquer pour lui-même une partie de la succession d'Espagne. L'armée franco-bavaroise fut battue à Hochstœdt en 1704. Mis au ban de l'empire il vint en France et se fit battre à Ramilles à la tête d'une armée française. Les traités de Radstadt et de Bade en 1714 lui rendirent la Bavière.

(4) Barbier : *Journal hist. et anecd.*

« Gatinne, ou Gastine, n'aurait pas appartenu à Gastineau Nicolas,
« curé d'Anet, ancien aumônier du roi qui, né à Saint-Cloud en
« 1621, vint y mourir en 1696 ? ? ».

Quoi qu'il en soit, ces contructions étaient sans doute très
proches l'une de l'autre car un des princes de Carignan, héritier
direct du Comte de Soissons, entreprit de les réunir. Du moins,
c'est ce qui ressort de l'examen des titres du propriétaire actuel,
M. le docteur Javal.

En effet, à une date qui n'est pas mentionnée, S. A. Louis de
Savoie, prince de Carignan, comme héritier de son père décédé
en..., vendit les deux immeubles qui précèdent à M. Geoffroy
Chalut de Vézins dont la qualité, lecteur honoraire du Roi, nous
a été révélée par un bail qui est aux *Archives du département* (1).
A l'époque où Marie-Antoinette acheta le château de Saint-Cloud,
en 1785, M. Chalut de Vézins loua la maison dite *de Carignan* et
le château de la *Gatinne* au Comte et à la Comtesse d'Artois. Or,
pour que le frère de Louis XVI, pour que le futur Louis XVIII
se fût installé dans ces deux maisons, il fallait que la propriété
dans laquelle elles étaient encloses fût d'un seul tenant, et l'on
sait maintenant que cette réunion n'a pas été l'œuvre de M. de
Vezins.

Sur ces entrefaites, dans le but d'agrandir son domaine, M. de
Vezins louait, en 1779, aux chanoines du chapitre de Saint-Cloud
deux pièces de terre que nous trouverons mentionnées plus loin.

A sa mort en 1787, M. de Vezins laissa les maisons dont il
avait la disposition à son légataire universel M. Déville dont les
héritiers trouvèrent un acquéreur en la personne de Louis-
Antoine Fauvelet de Bourrienne, conseiller d'Etat (2) que ses

---

(1) A. 1468. *Liasse.*

(2) Bourrienne, né à Sens en 1769, mort à Caen en 1834, fut condisciple de
Bonaparte à Brienne, le suivit plus tard en Italie, devint son secrétaire intime — 1797 — et
fut nommé Conseiller d'Etat après le 18 brumaire. Son extrême avidité amena sa disgrâce ;
compromis dans une faillite et envoyé à Hambourg comme chargé d'affaires — 1804 — il dut
quitter ce poste à la suite de ses exactions, et, pour se venger de Napoléon, offrit ses services à Louis XVIII qui l'emmena à Gand et lui donna le titre de Ministre d'Etat. — Pendant la
Restauration, il se signala par son zèle ultra-royaliste. L'impression que lui causa la Révolution de Juillet le frappa de folie et il mourut à Caen dans une maison d'aliénés.

Pendant la Commune,
Célébration de la messe à l'ambulance dite de la " Grande Gerbe "
dans le parc de St-Cloud.

fonctions auprès de Napoléon Ier obligeaient d'avoir un domicile à Saint-Cloud.

Bourrienne constitua le domaine dont il est question — car, en réalité, il en fut le créateur — au moyen de trois acquisitions parfaitement distinctes. La première comprenait : 1° Les *maisons de Carignan* et de *Gâtinne*, le jardin en dépendant et les murs ; 2° les regards, réservoirs, canaux et conduites d'eaux ; 3° l'avenue des marronniers. La seconde se composait de six pièces de terre. La troisième d'une autre pièce de terre, d'une contenance de plus d'un hectare, plantée de vignes, disent les titres. — Dans ces acquisitions ne figurent pas les terrains loués aux chanoines par M. Chalut de Vézins ; bien qu'ils concourussent à l'importance du domaine, Bourrienne n'en avait que la jouissance emphytéotique.

En 1816, Bourrienne chercha un acquéreur et en trouva un en M. Bernard Lupin. Un an plus tard le vendeur obtint de la Restauration, qui l'avait créé Ministre d'Etat et n'avait rien à lui refuser, que les terrains du chapitre lui fussent enfin concédés. Aussitôt cette régularisation faite il en passa immédiatement la propriété à M. Lupin.

Au décès de ce dernier, survenu en 1840, ses héritiers vendirent le domaine à M. de Béarn. Depuis lors, on le désigna sous le nom de *château de Béarn*. Comme Montretout, cette propriété a eu beaucoup à souffrir pendant le siège de Paris. Des deux pavillons composant l'habitation, il en est un que l'artillerie et l'incendie n'ont point ménagé. Lequel est-ce du château de *la Gatinne*, ancienne maison de l'Electeur, ou de la *maison de Carignan ?* Pour quant à nous, qui avons vu les ruines encore debout, au style que l'on perçoit encore, nous croyons que c'est la maison dite de *Carignan*. Mais, ce n'est là qu'une supposition, peut-être erronée.

Maintenant, le château de Béarn — où, d'après un bruit d'ailleurs apocryphe, le comte de Chambord aurait séjourné, en 1873, en attendant d'être appelé au trône par l'Assemblée Nationale — appartient à M. le docteur Javal, membre de l'Académie de Médecine.

NOTES COMPLÉMENTAIRES

1.

Porcelaine. — Au commencement du XVIIIᵉ siècle, avant la création de la manufacture de Sèvres, Saint-Cloud était renommée pour ses porcelaines. Dans un mémoire adressé à l'Académie des Sciences M. de Réaumur disait :

« Cette porcelaine n'est pas du premier rang ; elle ne doit pas « être mise en parallèle avec l'ancienne porcelaine ; mais il en « vient tous les jours de la Chine qui ne la vaut pas, et celle de « Saint-Cloud est certainement plus blanche. » (1)

2.

Hôtel de Ville. — A l'origine de la constitution des communes, en 1791, la mairie de Saint-Cloud était dans un immeuble qui a été démoli pour permettre la construction de l'église. Puis, la ville, en attendant un édifice digne d'elle, acquit une maison où provisoirement elle installa ses services municipaux. L'ouragan de 1870-71 a passé sur l'immeuble et sur les archives, anéantissant tout.

L'Hôtel de Ville actuel est de construction tout à fait moderne. Le gros œuvre date de 1870.

Depuis 1791, ont été successivement maires de Saint-Cloud :

MM. Renard, novembre 1792 ; Belson, novembre 1794 ; Denis, avril 1795 ; Bauquier, janvier 1796 ; Bellier, avril 1796 ; Bauquier, décembre 1796 ; Edeline, mai 1799 ; Bauquier, mars 1800 ; Barret, septembre 1802 ; Silly, avril 1817 ; Vallienne, janvier 1825 ; Fournel, mai 1829 ; Barret, octobre 1831 ; Michaux, janvier 1834 ; Berthon, juin 1837 ; Moulin, janvier 1850 ; Rodet, septembre 1852 ;

_____

(1) *Mém. de l'Académie des Sciences.* Année 1729 1730.

Duval le Camus, mai 1853 ; Preschez, décembre 1854 ; Germain,
juin 1860 ; Tahère, juin 1868 ; Senard, mai 1871 ; Tordo, mai 1874 ;
Chartier, mai 1878 ; Belmontet, mai 1888. .

3.

Biographies. — De tout temps, croyons-nous, la ville de
Saint-Cloud a été habitée par des personnalités ; il en est même
quelques-unes qui y sont nées. Et dans les pages qui suivent, qui
font partie des *Notes complémentaires* de cet ouvrage, nous nous
sommes proposé de donner la biographie des personnalités dont
nous avons rencontré les noms dans le cours de nos recherches,
et de celles qui nous ont été signalées. S'il en existe d'autres,
méritant de figurer ici et dont nous ne parlerons pas, nous invo-
querons pour excuse notre ignorance et nous expliquerons celle-
ci par la raison que nos investigations à travers le passé avaient
surtout pour but la recherche des faits historiques.

PIERRE DE S. CLOUD. — Etait un moine de Saint-Denis que son
nom seul semble rattacher à notre localité. On ignore le lieu et la
date de sa naissance. Il en est de même pour sa mort. On sait
cependant, sans en connaître la raison, qu'il fut condamné par le
Concile tenu en 1210 ou 1211, à Paris, par l'évêque Pierre de
Corbeil. Fauchet (1) cite Pierre de Saint-Cloud parmi les poètes
qui ont vécu avant 1300. Il composa, paraît-il, le Testament en
vers et Fauchet en donne comme preuve les deux vers suivants :

> « Pierres de S. Cloot si trouve en l'escriteure
> « que mauvais est li arbres dont li fruits ne meure. »

GUILLAUME DE S. CLOUD, ou mieux *Guillelmus de Sancto Clodoaldo*,
astronome. — Comme pour le précédent, on ne connaît ni la date
de sa naissance, ni celle de sa mort. Quoique Simon de Phares le
fasse plus ancien que le XIII⁰ siècle, il paraît bien que Guillaume
de Saint-Cloud vécut vers le XIV⁰. Dans un de ses ouvrages

---

(1) *Origine de la poésie française*, p. 81.

intitulé *Calendarium Reginæ*, il dit que la reine qui le lui demanda
s'appelait Marie de Brabant. Or, tout le monde sait que cette reine
épousa Philippe III le Hardi en 1274 et qu'elle mourut en 1321.
Enfin, un autre de ses ouvrages connus, *Almanachus*, est de
l'écriture du XIVᵉ siècle et commence en 1292.

THIBAUT, abbé, maître des enfants de chœur de la collégiale de
Saint-Cloud, vivait au XIVᵉ siècle. Il recueillit plusieurs vies des
Saints, entre autres celles de saint Cloud et de sainte Anne qui
furent imprimées dans le IIIᵉ volume de l'Histoire des Saints. (1)

GASTINEAU (Nicolas), né à Saint-Cloud en 1621. Vint mourir au
même endroit en 1696. Il fut curé d'Anet, aumônier du Roi et
grand ami des théologiens de Port Royal. Il commença par faire
de très brillantes conférences théologiques, puis une conversation
qu'il eut avec un protestant lui fournit l'occasion d'écrire, contre
le ministre Claude, trois volumes de *Lettres* aussi savantes que
solides.

MAISONNEUVE (Louis-Jean-Baptiste-Simonnet de), poète dramatique né à Saint-Cloud en 1750. A vingt-cinq ans, il fit recevoir au
Théâtre Français une tragédie, *Roxelane et Mustapha*, qui cependant
attendit dix ans avant d'être jouée. Le succès qu'elle obtint en 1785
ne se retrouva pas à la reprise en 1791. Sur ces entrefaites, en
1788, une seconde tragédie de Maisonneuve, *Odmar et Zulma*, fut
très médiocrement goûtée. Il s'essaya également dans une comédie,
le Faux insouciant, que le Théâtre Français mit à la scène en 1792
mais dont la première représentation ne put jamais être achevée.
Maisonneuve mourut en 1819, sans avoir permis l'impression de
ses pièces de théâtre et laissant entre autres ouvrages la nouvelle
Bibliothèque de Campagne, 24 vol. 1777.

CICÉRI (Pierre-Luc-Charles), peintre-décorateur, né à Saint-
Cloud en 1782. Fut élève de l'architecte Bellangé, puis étudia,
dans les ateliers de l'Opéra, la peinture de décoration et se fit
remarquer, dès ses débuts, par son entente du clair obscur. Ses

_____

(1) *Bibl. Hist.* du P. Lelong.

plus importants travaux furent les décors de *La Vestale*, d'*Armide*, de *La Lampe merveilleuse*, de *La Muette de Portici*, de *Guillaume Tell*, de *Robert-le-Diable*, etc. Cicéri fut chargé, en 1810, par le roi de Westphalie, de la décoration du Grand Théâtre de Cassel et c'est encore à lui fut que confiée la direction des fêtes du Sacre de Charles X. Toutes les compositions de Cicéri excitèrent au plus haut degré la curiosité publique et l'attention des amateurs de peinture, car tout ce qui constitue le génie du peintre se retrouvait dans ses décorations. Cicéri est mort à Saint-Chéron en 1868.

DEBRET (François), architecte. Elève de Percier, il fut chargé de la construction de la salle Louvois, démolie après l'attentat de Louvel, de l'ancien Opéra de la rue Le Pelletier et du théâtre des Nouveautés qui était alors place de la Bourse. Ce fut lui qui commença les fondations de l'Ecole des Beaux-Arts continuée par Duban. Membre de l'Institut, Debret, né à Paris en 1777, mourut à Saint-Cloud en 1850.

DUVAL-LECAMUS (Pierre), peintre, né à Lisieux en 1790, mort à Saint-Cloud en 1854. Elève de David, il se consacra à la peinture de genre. Cet artiste, dont le nom figure dans la nomenclature des maires de Saint-Cloud, fut attaché à la maison de la duchesse de Berry. De lui, on peut citer : la *Partie de piquet des Invalides*, 1819 ; le *Départ pour la chasse* et le *Pain bénit*, 1827 ; le *Retour de l'Ecole* et l'*Affût aux Canards*, 1831 ; le *Retour de la ville*, 1835, musée d'Orléans ; les *Amours vendéennes*, 1837 ; la *Bénédiction des Orphelins*, 1842 ; les *Prémices de la Moisson*, 1844 ; *Bains de Trouville*, 1848. On doit encore, au pinceau de Duval-Lecamus, de nombreux portraits.

ARMENDI (Pierre-Damien), général, né en Italie, mort à Saint-Cloud en 1855. Il servit la France, pendant les guerres de la République et de l'Empire. Il devint, après la chute de l'Empereur, précepteur des fils aînés de Louis et de Jérôme Bonaparte et prit une part très active aux luttes de son pays natal. Afin d'échapper aux poursuites dont il était menacé, il quitta l'Italie, se réfugia en France où le président Louis Bonaparte le nomma bibliothécaire du château de Saint-Cloud. Armendi est l'auteur d'une *Histoire militaire des Eléphants* publiée en 1843.

MORTONVAL (Alexandre Furcy Guesdon, connu sous le nom de), romancier et historien, né à Paris vers 1780, mort à Saint-Cloud en 1856. Payeur aux armées, il démissionna lors du retour des Bourbons, fit dans les colonies des entreprises qui ne réussirent pas, suivit le duc d'Albe dans divers voyages et se fixa enfin à Paris en 1823. Il a publié, entre autres ouvrages historiques, sous le pseudonyme de *Mortonval : Histoire des campagnes de France en 1814 et en 1815 ; Histoire des campagnes d'Allemagne de 1807 à 1809 ; Histoire des guerres de la Vendée de 1792 à 1796 ; Histoire de la guerre de Russie*, etc. On connaît de lui quelques romans : *Mon ami Norbert ; Une sombre Histoire*, etc.

MARBEAU (Jean-Baptiste-Firmin), né à Brives en 1798, mort à Saint-Cloud en 1875. — Tout d'abord avocat, Marbeau se fit connaître par des ouvrages de droit et d'économie sociale. Un rapport sur les asiles qu'il fut chargé de faire le fit se consacrer à des œuvres philanthropiques. Frappé de l'abandon des enfants au-dessus de deux ans, tandis que les mères étaient à leur travail, il fut conduit à ouvrir une première crèche à Chaillot. Puis, poursuivant son but, il réussit à ce que de nouvelles crèches fussent installées non seulement à Paris, mais même en France et en Europe. Marbeau a laissé plusieurs ouvrages : *Traité des transactions*, 1833 ; *Du Paupérisme en France et des moyens d'y porter remède*, 1847 ; *Des crèches*, 1845 ; etc.

DANTAN (Antoine-Laurent), statuaire, né et mort à Saint-Cloud, 1798-1878. Elève de Bosio, il remporta le premier grand prix de sculpture en 1828. D'abord tout à l'influence de l'antique qu'il étudia à Rome, il ne montra, dans ses premières œuvres, aucune personnalité. A partir de 1838, cependant, ses qualités et son tempérament artistiques se précisèrent. Il révéla alors une grande habileté et beaucoup de charme. Ses travaux les plus importants sont : la statue de *Louis Joseph de Bourbon*, celle du *Maréchal de Villars*, le buste du *Dauphin de France*, celui de la *Dauphine*

Marie-Josephe de Saxe (Versailles), la statue de *Duquesne* à Dieppe, de *Malherbe* à Caen, le buste du *baron Monnier* au Palais du Luxembourg, celui de *Grandville,* eut un véritable succès.

GOUNOD (Charles-François), compositeur de musique, né à Paris en 1818 mort à Saint-Cloud en 1893. Fils d'un peintre de talent, il ne poursuivit pas la carrière de son père, devint l'élève d'Halévy et de Lesueur. A vingt et un ans prix de Rome, il entra, à son retour d'Italie, comme organiste et maître de chapelle à l'église des Missions étrangères. Pendant les trois années qu'il occupa ces fonctions, il pensa, un instant, entrer dans les ordres. Il n'en fut rien heureusement et se livra tout entier à ses travaux. Les productions musicales de Gounod sont fort nombreuses et leur énumération nous est difficile en raison du peu de place dont nous disposons. De ses opéras et de ses opéras-comiques (*Sapho*, 1851 ; la *Nonne sanglante*, 1854 ; le *Médecin malgré lui*, 1858 ; *Faust*, 1859 ; *Philémon et Baucis*, 1860 ; la *Reine de Saba*, 1862 ; *Mireille*, 1864 ; la *Colombe*, 1866 ; *Roméo et Juliette*, 1867 ; *Cinq-Mars*, 1877 ; *Polyeucte*, 1878 ; le *Tribut de Zamora*, 1881), quelques-uns sont universellement connus. Gounod a également composé des oratorios, des messes, des chœurs religieux, des motets et des cantiques en grand nombre et dans lesquels se retrouvent les tendances mystiques de son esprit. Beaucoup de ses mélodies dont il a écrit la musique ont obtenu un grand et un réel succès, tels sont : le *Vallon*, le *Soir*, le *Printemps*, la *Sérénade*, etc., etc.

En général, Gounod, dans ses compositions musicales, a fait preuve d'un talent plein de grâce et de fraîcheur, d'une inspiration délicatement exquise, d'une profonde observation de la vérité qui doit accompagner la diction, d'un sentiment à la fois poétique et passionné, et surtout d'une incomparable élégance de la forme. Jamais musicien n'a embrassé l'art dans une si grande étendue, depuis la simple chanson jusqu'à la tragédie lyrique et à la musique sacrée, depuis les airs de danse jusqu'à la symphonie. Il était doué d'une fécondité prodigieuse. Ses procédés, sa facture, qui, lors de ses débuts, déroutèrent un peu, se sont triomphalement imposés et Gounod a fait école. On ne se lasse pas d'admirer, dans ses diverses productions, des motifs francs et heureux, des développements suivis avec une grande adresse et dans lesquels le travail le plus profond ne nuit pas à la grâce; l'harmonie et le goût d'ensemble, et surtout des finales, un emploi habilement ménagé de l'orchestre; enfin un talent extraordinaire pour transporter dans l'accompagnement les richesses de la symphonie, avec une expression, une vigueur et une verve que rien n'égale.

A la mort de Gounod, on a publié sous ce titre : *Mémoires d'un artiste*, un volume qui contient des notes auto-biographiques, des lettres et quelques articles musicaux. La ville de Saint-Cloud a donné à l'une de ses rues le nom de Gounod.

DANTAN (Joseph-Edouard), peintre, né à Saint-Cloud, mort à Villerville des suites d'un accident de voiture. Fils du statuaire, se consacra à la peinture. Après avoir donné les prémices de son talent à la peinture religieuse et historique, il l'abandonna pour la peinture de genre. Parmi ses envois aux Salons, il faut citer tout particulièrement le *Coin d'atelier*, œuvre d'une grande finesse et délicatement lumineuse (musée du Luxembourg), l'*Intérieur à Villerville*, l'*Atelier de moulage*, l'*Atelier de tourneur*, où l'artiste se montra copiste exact de la nature et de la vérité. Le *Moulage d'après nature* retrouva le succès incontesté du *Coin d'atelier*.

4.

La fête de Saint-Cloud. — L'origine de cette fête, généralement fixée au premier dimanche du mois de septembre de chaque année, remonte à une époque très éloignée, et de tout temps elle paraît avoir été une attraction pour les Parisiens. En un autre endroit de ce livre, nous avons reproduit un tableau de Mercier dans lequel il dépeint l'exode dominical des Parisiens vers Saint-Cloud.

« Au temps des coucous, dit un autre auteur, ces véhicules « modestes dont six voyageurs, deux lapins (1) et le cocher

(1) On appelait ainsi ceux qui se trouvaient sur le siège, à côté du cocher.

« formaient tout le convoi, la route de Paris à Saint-Cloud offrait
« le coup d'œil le plus pittoresque. Tous, pêle-mêle, dans ces
« sortes de cages, aveuglés par la poussière, les voyageurs
« prenaient patience en se livrant à une foule de quolibets et de
« joyeux ébats. Bien souvent, avant d'arriver à destination, plus
« d'un jeune gars avait trouvé la compagne de son excursion. »

Tout cela s'est modernisé, sans cesser, cependant, de conserver
un caractère original. Les tramways, les bateaux à vapeur, les
chemins de fer, les automobiles, les bicyclettes, les voitures, chars
à bancs et fiacres sont autant de moyens, pour les parisiens, de se
rendre à cette fête, dont la tradition demeure entière, toujours
vivace. Les restaurants, les cafés qui se transforment en concerts
pour la circonstance, les cabarets, regorgent de clients. Dans le
parc, se dressent des arcs de triomphe, s'étendent, d'un arbre à
l'autre, des guirlandes qui, le soir venu, grâce à la lumière
électrique, se piqueront de points multicolores.

Une odeur de beignets, de pommes de terre frites, flotte dans
l'espace, en même temps que l'air s'emplit d'une rumeur faite du
son des orgues de Barbarie, des orchestrions, des instruments de
cuivre, des grosses caisses, des tambours, des cloches. C'est
insoutenable et cependant c'est... ravissant pour ce bon peuple de
Paris, pour ce grand badaud, tout à la joie, tout à l'oubli, hélas
momentané, de ses peines et de sa misère !

Mécaniquement, les manèges de chevaux de bois tournent, les
bateaux tanguent, les ballons s'élèvent, et des cris d'effroi auxquels
répondent des rires, retentissent, ajoutant au brouhaha.

Sur les tréteaux, alors que des pîtres au visage enfariné, au nez
rougi, aux joues peintes, débitent, au public qui s'extasie ou
se gaudit, des calembours, des farces, des bourdes d'un esprit
vieux comme les rues, des forains, usant d'un formidable porte-
voix, récitent un boniment abracadabrant, émaillé de pataquès, se
terminant par cette invitation onomatopéïque : Entrez ! où les r
roulent, roulent !...

Quant aux boutiques, aux théâtres, aux cirques, aux curiosités,
il en est pour tous les goûts, pour tous les caractères, pour tous
les tempéraments, pour tous les enfants, grands et petits !

Ici, les amateurs de tir s'exercent sur la pomme qu'une reproduction du fils de Guillaume Tell tient sur sa tête ; sur l'œuf qu'un
jet d'eau fait monter et descendre, sur le point noir placé au milieu
du pont levis relevé d'un château féodal en miniature. Et chaque
fois que le projectile atteint son but, des réflexions viennent prouver
que le souvenir de 1870 est encore vivace.

Là, pour ceux qui aiment les fortes émotions, voici, derrière
des verres grossissants, les gravures des illustrés à un sou qui
reproduisent, avec plus ou moins de vérité, les crimes, les explo-
sions, les inondations, les déraillements de train, les catastrophes
de toute nature, sur lesquelles, pendant vingt-quatre heures, a gémi
l'humanité égoïste.

Un peu plus loin, avec les théâtres, le domaine de la fantaisie.
Décors, costumes, accessoires, pièces, tout est fantaisiste. Là, se
jouent tous les drames, depuis ceux que la fiction a créés jusqu'à
ceux que la vie fait éclater. Les oripeaux cachent des membres
décharnés par la misère, le fard dissimule la tristesse des visages,
le rire bruyant repousse les crispations du chagrin, étouffe les
sanglots. Les acteurs ont la mort dans l'âme et les spectateurs ont
la joie au cœur !

A côté les cirques. Lions, tigres, panthères, derrière de fortes
grilles, en d'étroites cellules, le mufle allongé sur le plancher,
rêvent de solitudes immenses, de liberté infinie. Et leurs regards,
hautains et méprisants, tombent sur cette foule avide, curieuse,
qui vient les voir et dont la moelle se fige de peur rien qu'à un
de leurs rugissements.

Pour ceux que hante la crainte ou le mystère de l'au-delà, il y a
le palais de la Metempycose, où ils entrent ; ils voient bien que
tout cela n'est que truquage. Mais tout de même... si c'était vrai ?
Et ce doute fait tomber sur leur esprit une lourde inquiétude qui
peut-être se dissipera dans un instant, mais sûrement les reprendra
demain...

Il y a encore la femme poisson, la femme torpille, la femme
oiseau, la femme sirène, la femme sous toutes ses formes, sous
tous ses aspects, vue de face, de dos, de profil... On a fait d'elle

une *great attraction* pour tous les vices, pour toutes les débauches.
L'on n'en fait pas une seule pour sa vénération !...

Et les hommes, et les femmes, et les enfants, et les acteurs de
cette immense comédie, s'agitent en un mouvement continuel. On
se marche sur les pieds, on se coudoye, on se heurte, on se
bouscule, on se tutoye, on s'interpelle, on s'invective, en des
poussées, en des remous. De cette cohue, qu'accompagne un
vacarme assourdissant, s'élèvent des senteurs âcres de transpira-
tion, des miasmes, des flots de poussière qui rendent irrespirable
l'air qui vient des bois voisins. Et tous, petits et grands, continuent
d'aller, de venir, de piétiner, d'errer, de se faufiler, de courir, de
danser, jusqu'à ce que les préoccupations et les soucis de la vie,
reprenant leur empire, les rappellent à la réalité, jusqu'à ce que
la lumière du jour fasse pâlir la factice clarté des girandoles !

Enfin pour terminer nous ajouterons, d'après l'auteur que nous
avons cité en ce chapitre : (1)

« Mirliton (2) et foire de Saint-Cloud sont synonymes :

> « A la foire de Saint-Cloud
> « On y vend de tout,
> « Le plus fort commerce
> « Est sur le mirliton
> « Que chaque garçon
> « Paye à son tendron. »

Jaime a dû trouver ces vers-là sur un mirliton.

5.

QUELQUES ÉPHÉMÉRIDES

Ces éphémérides, bien qu'incomplètes, ajoutent un peu à
l'Histoire de Saint-Cloud. Nous avons évité de reproduire les faits

---

(1) Jaime.
(2) Note de Jaime : Petit instrument en roseau bouché aux deux extrémités par un morceau
de baudruche et entaillé à la façon des flûtes On en tire un son assez désagréable.

Vue de Saint-Cloud. — Photographie prise et communiquée par M. Dufilho, pharmacien.

qui ont trouvé leur place dans le cours de cet ouvrage, et nous avons également négligé de mentionner les déplacements, assez fréquents, des souverains entre Paris et Saint-Cloud. En outre, comme ces éphémérides concernent toutes Saint-Cloud, nous avons évité de répéter, à chaque ligne, le nom de cette localité. Enfin, nous ajouterons que la plupart de ces renseignements sont extraits de l'ouvrage intitulé : *Paris de 1800 à 1900*, publié par la librairie Plon.

1802 : *27 octobre.* Bonaparte quitte Saint-Cloud pour aller visiter les manufactures de la Seine-Inférieure. Il est de retour le 15 novembre.

1803 : *12 juin.* Au Palais, représentation d'*Esther* par les acteurs du Théâtre-Français et ceux de l'Opéra pour les chœurs. — *20 août.* Réunion au palais du grand conseil de la Légion d'honneur. — *2 octobre.* Représentation d'*Andromaque* par les acteurs du Théâtre-Français. — *4 octobre.* M. Parvy, notaire à Issy, et sa femme, présentent à Bonaparte leurs trois enfants, nés le 24 mai. C'est en cette année que la *Lanterne de Démosthène* est édifiée dans le parc.

1805 : *24 juillet.* Représentation des *Templiers* au théâtre du palais. — *2 août.* A trois heures du matin, Napoléon part pour se rendre sur les côtes de la Manche. Ce voyage avait été tenu secret et même une chasse avait été organisée pour le matin et une représentation pour le soir. — *11 septembre.* Napoléon signe le décret qui rétablit l'usage du calendrier grégorien à partir du 1er janvier 1806.

1806 : *27 janvier.* Napoléon revient d'Austerlitz. — *4 mai.* Premier concert donné au palais par Mlle Catalini, chanteuse italienne. — *11 mai.* Deuxième concert de Mlle Catalini. — *24 septembre.* Départ de Napoléon pour Mayence.

1807 : *27 juillet.* A neuf heures du matin, 60 coups de canon annoncent le retour de Napoléon. Le lendemain, réception des corps constitués et des hauts fonctionnaires Les réceptions continuent pendant toute la journée du 29.

1808 : *18 août*. Représentation de l'*Artaxerce* de Delrieu, et du *Legs*, où Mlle Emilie Levert joue pour la première fois devant Napoléon. Delrieu reçoit une pension de 2.000 francs et Mlle Levert une gratification de 3.000. — *4 septembre*. Réception de l'ambassadeur de Perse.

1810 : *15 août*. A l'issue de la fête du 15 août à Paris, Napoléon se hâte de revenir à Saint-Cloud.

1811 : *23 juin*. Fête en l'honneur du roi de Rome. — *27 juin*. Le prince de Schwartzenberg, ambassadeur d'Autriche, se rend dans ses voitures de gala au palais de Saint-Cloud pour présenter au roi de Rome la grande décoration de l'ordre de Saint-Etienne de Hongrie.

1812 : *3 mai*. Messe solennelle d'actions de grâces en l'honneur de Napoléon et de Marie-Louise. « Le curé prononce un discours « qui exprime avec autant de noblesse que de sensibilité la « reconnaissance de toute la paroisse ». — *17 juillet*. Promenade de l'Impératrice Marie-Louise « au milieu d'une foule immense « accourue de Paris et des environs pour jouir de la présence de « cette auguste souveraine. »

1813 : *11 juin*. Les frères Franconi présentent à l'Impératrice et au Roi de Rome leurs deux cerfs attelés à un char. « L'auguste « enfant a paru prendre beaucoup de plaisir à ce spectacle ». — *9 novembre*. Retour de Napoléon à cinq heures de l'après-midi. Il avait quitté Mayence le 7 à une heure du matin.

1817 : *8 septembre*. Les bateaux à vapeur, le *Génie du commerce*, le *Charles-Philippe* et une péniche partent du port Saint-Nicolas à midi pour Saint-Cloud avec une cargaison de plus de 800 personnes.

1823 : Castaing, Edme Samuel, médecin, empoisonne à l'hôtel de la Tête Noire, son ami Hippolyte Ballet dont il avait déjà empoisonné le frère, le père et la mère. — Le docteur Pigache est appelé au chevet du malade, exige une consultation avec le docteur Pelletan. Le crime est découvert, et l'empoisonneur, arrêté, fut guillotiné.

1824 : *15 juillet*. Le jour de la Saint-Henri, représentation donnée par les acteurs du Gymnase. Dîner de cent couverts dans le parc. — *17 septembre*. Réception par Charles X de la famille royale, du corps diplomatique, des hauts fonctionnaires et des chambres. — *27 septembre*. Départ, à midi, de Charles X pour faire son entrée à Paris.

1825 : *15 août*. Charles X quitte Saint-Cloud pour aller assister à Paris à la procession du vœu de Louis XIII. — *17 août*. Le duc de Wellington dîne chez le roi. Création en cette année d'un petit bateau à vapeur le *Parisien* qui part trois fois par jour du quai d'Orsay pour conduire à Saint-Cloud, moyennant un franc, les amateurs de villégiature.

1827 : *21 août*. Présentation des Osages au roi. Ils déjeunent chez le duc de Luxembourg et visitent ensuite le château. — *3 septembre*. Le roi part de Saint-Cloud pour aller visiter les départements du Nord et revient le 20.

1828 : *9 avril* Mort du Comte d'Agoust gouverneur du palais. — *19 septembre*. Parti de Paris le 30 août le roi rentre de son voyage dans les départements de l'Est. — *1er octobre*. Partie de Paris le 16 juin pour la Vendée, la duchesse de Berry revient à Saint-Cloud.

1829 : *27 juillet*. Le prince de Polignac a une entrevue avec le roi au palais.

1830 : *8 mai*. Arrivée du roi et de la reine de Naples au château.

1840 : *26 avril*. Arrivée de la princesse Victoire de Saxe Cobourg-Gotha que son fiancé le duc de Nemours avait été recevoir à Péronne. — *15 octobre*. Attentat de Darmès. A cinq heures et demie du soir, au moment où le roi revenait de Saint-Cloud avec la reine Marie-Amélie et la princesse Adélaïde, Marius Darmès, frotteur à Paris, tira dans la voiture royale un coup de carabine qui, heureusement, n'atteignit personne. Il fut arrêté sur le champ.

1852 : *25 juillet*. Le maréchal Excelmans se rendant au Pavillon de Breteuil, où habitait la princesse Mathilde, tombe de cheval au pont de Sèvres et meurt quelques instants après dans la chambre d'un cabaret. — *20 août*. Les ouvriers de l'imprimerie Paul Dupont viennent remercier le prince président d'avoir décoré leur patron. — *30 octobre*. A la suite de nominations à la Cour de Cassation, les nouveaux conseillers, présidents et procureurs généraux viennent prêter, entre les mains du prince président, le serment prescrit par la Constitution.

1853 : *25 juin*. L'Empereur remet, à titre de don, à M. Duval Lecamus, maire, une somme de 1500 francs pour les écoles des frères de la commune.

1855 : *12 octobre*. Arrivée du duc et de la duchesse de Brabant. Ils repartent le 27.

1856 : *15 avril*. L'Empereur achète le domaine de la Fouilleuse, où, en 1830, il y avait une sucrerie de betteraves, afin d'y créer une ferme modèle. — *28 juin*. Réception des membres des Comités institués dans le département de la Seine pour la souscription à l'occasion de la naissance du prince Impérial. — *30 juin* Les maires des chefs-lieux de département, venus pour assister au baptême du Prince Impérial, dînent au palais. — *7 octobre* L'Empereur reçoit une députation d'ouvriers de Paris qui se plaignent de la cherté des loyers.

1859 : *22 octobre*. Réception d'une députation du Conseil d'Administration de la Compagnie pour le percement de l'Isthme de Suez.

1860 : *24 mai*. Les premières expériences de machines à moissonner sont faites à la ferme de la Fouilleuse.

1861 : *6 août*. Arrivée du Roi de Suède, Charles XV et de son frère le prince Oscar. Ils repartent le 12.

1863 : *12 mai*. Bénédiction de la Nouvelle église de Saint-Cloud par l'évêque de Versailles.

1864 : *16 août*. Arrivée du Roi d'Espagne, François d'Assise.

1868 : *31 mai*. Premières Courses de vélocipèdes.

1869 : *10 août*. L'Empereur passe en revue le régiment de tirailleurs algériens venu pour tenir garnison à Paris.

1893 : *mars*. Fin des travaux d'adduction de l'Avre dont l'aqueduc de Saint-Cloud fait partie.

1901 : *15 mars*. Inauguration du champ de Courses aménagé sur l'ancien domaine de la Fouilleuse. M. Edmond Blanc s'étant rendu acquéreur de ce domaine, c'est à lui et à la Société hippique du demi-sang que l'on doit la création de cet hippodrome.

FIN

Table des Matières

APPENDICE **A**

LOI CONTENANT UNE PROCLAMATION
AU PEUPLE FRANÇAIS

DU 19 BRUMAIRE AN VIII DE LA RÉPUBLIQUE UNE ET INDIVISIBLE.

Le Conseil des Anciens, adoptant les motifs de la déclaration d'urgence qui précède la résolution ci-après, approuve l'acte d'urgence.
Suit la teneur de la déclaration d'urgence et de la résolution du 19 brumaire :

Art. I. — Le Conseil des Cinq-Cents, considérant l'état où se trouve, dans ce moment, la République, décrète, avec urgence, qu'il sera fait une proclamation dont la teneur suit :
Au Peuple Français.
Français,
La République vient encore une fois d'échapper aux fureurs des factieux. Vos fidèles Représentans ont brisé le poignard dans ces mains parricides : mais après avoir détourné les coups dont vous étiez immédiatement menacés, ils ont senti qu'il fallait enfin prévenir pour toujours ces éternelles agitations et, ne prenant conseil que de leur devoir et de leur courage, ils osent dire qu'ils se sont montrés dignes de vous.
Français, votre liberté, toute déchirée, toute sanglante encore des atteintes du gouvernement révolutionnaire, venait chercher un asile dans les bras d'une constitution qui lui promettait du moins quelque repos. Le besoin de ce repos était alors généralement senti : il restait une terreur profonde dans toutes les âmes, des crises dont vous sortiez à peine. Votre gloire militaire pouvait effacer les plus gigantesques souvenirs de l'antiquité ; dans l'étonnement et l'admiration, les peuples de l'Europe tressaillaient de votre gloire et bénissaient secrètement le but de tous vos exploits ; enfin, vos ennemis vous demandaient la paix ; tout, en un mot, semblait se réunir pour vous assurer enfin la jouissance tranquille de la liberté et du bonheur ; le bonheur, et la liberté qui peut seule le garantir, semblaient enfin prêts à payer dignement tant de généreux efforts.
Mais des hommes séditieux ont attaqué sans cesse avec audace les parties faibles de votre constitution : ils ont habilement saisi celles qui pouvaient prêter à des commotions nouvelles. Le régime

constitutionnel n'abientôt plus été qu'une suite de révolutions dans tous les sens, dont les différens partis se sont successivement emparés : ceux mêmes qui voulaient le plus sincèrement le maintien de cette constitution, ont été forcés de la violer pour l'empêcher de périr. De cet état d'instabilité du Gouvernement, est résulté l'instabilité plus grande encore dans la législation ; et les droits les plus sacrés de l'homme social ont été livrés à tous les caprices des factions et des événemens.

Il est temps de mettre un terme à ces orages ; il est temps de donner des garanties solides à la liberté des citoyens, à la souveraineté du peuple, à l'indépendance des pouvoirs constitutionnels, à la République enfin, dont le nom n'a servi que trop souvent à consacrer la violation de tous les principes ; il est temps que la grande nation ait un gouvernement digne d'elle, un gouvernement ferme et sage, qui puisse vous donner une prompte et solide paix et vous faire jouir d'un bonheur véritable.

Français, telles sont les vues qui ont dicté les énergiques déterminations du Corps législatif.

Afin d'arriver plus rapidement à la réorganisation définitive et complète de toutes les parties de l'établissement public, un Gouvernement provisoire est institué : il est revêtu d'une force suffisante pour faire respecter les lois, pour protéger les citoyens paisibles, pour comprimer tous les conspirateurs et les malveillans.

Le royalisme ne relèvera point la tête, les traces hideuses du gouvernement révolutionnaire seront effacées : la République et la liberté cesseront d'être de vains noms ; une ère nouvelle va commencer.

Français, ralliez-vous autour de vos magistrats. Il ne se ralentira point le zèle de ceux qui ont osé concevoir pour vous de si belles et de si grandes espérances : c'est maintenant de votre confiance, de votre union, de votre sagesse que dépend tout le succès.

Soldats de la liberté, vous fermerez l'oreille à toute insinuation perfide ; vous poursuivrez le cours de vos victoires ; vous achèverez la conquête de la paix, pour revenir bientôt, au milieu de vos frères, jouir de tous les biens que vous leur aurez assurés, et recevoir de la reconnaissance publique, les honneurs et les récompenses réservés à vos glorieux travaux. Vive la République !

Art. II. — La présente proclamation sera imprimée et affichée dans toutes les communes, et envoyée aux armées.

Signé : Lucien Bonaparte, président. Emile Gaudin, Bara, secrétaires.

Après une seconde lecture, le conseil des Anciens approuve la résolution ci-dessus. A Saint-Cloud, le 19 brumaire, an VIII de la République fançaise.

Signé : Joseph Cornudet, ex-Président, Kerwyn, P. C. Laussat, ex-Secrétaires.

APPENDICE **B**

LOI DU 19 BRUMAIRE

Le Conseil des Anciens, adoptant les motifs de la déclaration d'urgence qui précède la résolution ci-après, approuve l'acte d'urgence ;

Sur la teneur de la déclaration d'urgence et la résolution du 19 brumaire ;

Le Conseil des Cinq-Cents, considérant la situation de la République ;

Déclare l'urgence et prend la résolution suivante :

Art. I. — Il n'y a plus de Directoire et ne sont plus membres de la Représentation Nationale pour les excès et les attentats auxquels ils se sont constamment portés, et notamment le plus grand nombre d'entre eux dans la séance de ce matin, les individus ci-après :

Joubert (Hérault). — Jouanne. — Talot. — Duplantier (Gironde). — Arena. — Garau. — Quirot. — Leclerc Sheppers. — Briche. — Poulain Grandprey. — Bertrand (Calvados). — Goupilleau de Montaigu. — Daubermesnil. — Marquezy. — Guesdon. — Grand-maison. — Groscassaud. — Dorimond. — Frison. — Dessaix. — Bergasse Lassiroulle. — Monpellier. — Constant (B.-du-Rhône). — Briot. — Destrem. — Carrère la Garrière. — Gorraud. — Legot. — Blin. — Boullay Paty. — Souillé. — Demoor. — Bigonnet. — Mentor. — Boissier. — Bailly (H.-Garonne). — Bouvier. — Brichet. — Housset. — Honoré Declerck. — Gastaing (Var). — Laurent (Bas-Rhin). — Beitz. — Prudhon. — Porte. — Truck. — Delbrel. — Leyris. — Doche (de Lille). — Stevenotte. — Jourdan (Hte-Vienne). — Lesage Senault. — Chalmel. — André (B. Rhin). — Dimartelli. — Colombel (Meurthe). — Philippe. — Moreau (Yonne). — Jourdain (Ille-et-Vilaine). — Letourneux. — Citadella. — Bordas.

Art. II. — Le Corps législatif crée provisoirement une commission exécutive composée des citoyens Sieyès, Roger Ducos, ex-Directeurs et Bonaparte, général, qui porteront le nom de Consuls de République.

Art. III. — Cette commission est investie de la plénitude du pouvoir directorial et spécialement chargée d'organiser l'ordre dans toutes les parties de l'administration, de rétablir la tranquillité intérieure et de procurer une paix honorable et solide.

Art. IV. — Elle est autorisée à envoyer des délégués avec un pouvoir déterminé et dans les limites du sien.

Art. V. — Le Corps législatif s'ajourne au premier ventôse prochain ; il se réunira, de plein droit, à cette époque, à Paris, dans ses palais.

Art. VI.—Pendant l'ajournement du Corps législatif, les membres ajournés conservent leur indemnité et leur garantie constitutionnelle.

Art. VII.—Ils peuvent, sans perdre leur qualité de représentants du peuple, être employés comme ministres, agents diplomatiques, délégués de la commission consulaire exécutive et dans toutes les autres fonctions civiles. Ils sont même invités, au nom du bien public, à les accepter.

Art. VIII. — Avant la séparation, et séance tenante, chaque conseil nommera dans son sein une commission composée de vingt-cinq membres.

Art. IX. — Les commissions nommées par les deux conseils statueront, avec la proposition formelle et nécessaire, de la commission consulaire exécutive, sur tous les objets urgens de police, de législation et de finances.

Art. X. — La commission exécutive des Cinq Cents exercera l'initiative. Celle des Anciens l'approbation.

Art. XI. — Les deux commissions sont encore chargées de préparer dans le même ordre de travail et de concours les changements à apporter aux dispositions organiques de la Constitution, dont l'expérience a fait sentir les vices et les inconvénients.

Art. XII. — Ces changements ne peuvent avoir pour but que de consolider, garantir et consacrer inviolablement la souveraineté du Peuple français, la République une et indivisible, le système représentatif, la division des pouvoirs, la liberté, l'égalité, la sûreté de la propriété.

Art. XIII. — La commission consulaire exécutive pourra leur présenter ses vues à cet égard.

Art. XIV. — Enfin les deux commissions sont chargées de préparer un code civil

Art. XV. — Elles siègeront à Paris dans le palais du Corps législatif et elles pourront le convoquer extraordinairement pour la ratification de la paix ou dans un plus grand danger public.

Art. XVI — La présente sera imprimée, envoyée par des courriers extraordinaires dans les départements et solennellement publiée et affichée dans toutes les communes de la République.

Signé : Lucien Bonaparte, président ; Emile Gaudin, Bara
secrétaires.

Après une seconde lecture, le Conseil des Anciens approuve la
résolution précédente.

A Saint-Cloud le 19 Brumaire, An VIII de la République
française.

Signé : Joseph Cornudet, ex-président ; Herwin, P. C. Laussat
secrétaires.

APPENDICE C

EXTRAIT DU PROCÈS-VERBAL DE LA SÉANCE
TENUE PAR LES ANCIENS A SAINT-CLOUD

DU 19 BRUMAIRE AN VIII DE LA RÉPUBLIQUE UNE ET INDIVISIBLE.

Le Conseil procède à la nomination de la commission de vingt-
cinq membres établie par l'art. 8 de la loi de ce jour.

La majorité se réunit sur les citoyens :

Lebrun. — Garat. — Rousseau. — Vimar. — Crétet. —
Lemercier. — Regnier. — Cornudet. — Porchet. — Vernier. —
Lenoir-Laroche. — Cornet. — Goupil-Prefein fils. — Sedillez. —
Laloi. — Fargues. — Perret (des H.-Pyrénées). — Depère. —
Laussat. — Chassiron. — Perrin (des Vosges). — Caillemer. —
Chatry — Lafosse. — Herwyn. — Beaupuy.

Le Conseil arrête que la liste ci-dessus sera transmise à la
commission consulaire exécutive.

A Saint-Cloud, le 19 brumaire an VIII.

Signé: LEMERCIER, Président. CHASSIRON, LOBJOY, Ex-secrétaires.

APPENDICE D

EXTRAIT DU PROCÈS-VERBAL DE LA SÉANCE
DU CONSEIL DES CINQ-CENTS TENUE A SAINT-CLOUD

DU 19 BRUMAIRE, AN VIII DE LA RÉPUBLIQUE UNE ET INDIVISIBLE.

En exécution de la loi de ce jour, portant qu'avant sa séparation
et séance tenante chaque conseil nommera dans son sein une
commission composée de vingt-cinq membres, lesquels statueront,
pendant l'ajournement du Corps législatif, avec la proposition

formelle et nécessaire de la commission consulaire exécutive sur tous les objets urgens de police, de législation et de finances.

Le Conseil des Cinq-Cents, pour composer la commission prise dans son sein qu'il est chargé de former, désigne :

Les Représentants du peuple :

Cabanis. — Boulay (de la Meurthe). — Chazal. — Lucien Bonaparte. — Chénier. — Creuzé-Latouche. — Berenger. — Daunou. — Gaudin (de la Loire). — Jacqueminot. — Beauvais. — Arnould (de la Seine). — Mathieu. — Thiessé. — Villetard. — Girod-Pouzol. — Gourlay. — Casenave. — Chollet (de la Gironde). — Ludot. — Devinck-Thierry. — Fregeville. — Thibaut. — Chabaud (du Gard). — Bara (des Ardennes).

APPENDICE E

LETTRE AUX GRANDS OFFICIERS DE L'EMPIRE

La divine Providence et les constitutions de l'Empire ayant placé la dignité impériale héréditaire dans Notre Famille, Nous avons désigné le onzième jour du mois de frimaire prochain pour la cérémonie de Notre sacre et de Notre couronnement. Nous vous en donnons avis par cette lettre, désirant qu'aucun empêchement légitime ne s'oppose à ce que Nous soyons accompagné par vous dans cette solennité ainsi qu'il est établi par l'article 52, titre VII de l'acte des constitutions en date du 28 floréal an XII. Sur ce, je prie Dieu qu'il vous ait en sa sainte garde.

Fait à Saint-Cloud le 4 brumaire an XII.

Signé : NAPOLÉON.

APPENDICE F

LETTRE AUX FONCTIONNAIRES DE L'EMPIRE
A PROPOS DE LA
CÉRÉMONIE DU SACRE DE NAPOLÉON Ier

La divine Providence et les constitutions de l'Empire ayant placé la dignité impériale héréditaire dans notre famille, nous avons désigné le onzième jour du mois de frimaire prochain — 2 décembre — pour la cérémonie de notre sacre et de notre couronnement. Nous aurions voulu pouvoir, dans cette auguste circonstance, rassembler sur un seul point l'universalité des citoyens qui composent la nation française. Toutefois et dans l'impossibilité de réaliser une chose qui aurait eu tant de prix pour notre cœur, désirant que ces solennités reçoivent leur principal éclat de la réunion d'un grand nombre de citoyens distingués par leur dévouement à l'Etat et à notre personne, nous vous faisons cette lettre pour que vous ayez à vous trouver à Paris avant le sept du mois prochain et de faire connaître votre arrivée à notre grand-maître des cérémonies. Sur ce, nous prions Dieu qu'il vous ait en sa sainte garde.

Ecrit à Saint-Cloud le 4 brumaire an XIII.

Signé : NAPOLÉON.

Le secrétaire d'Etat : H. B. MARET.

APPENDICE **G**

CÉRÉMONIAL ADOPTÉ POUR LE MARIAGE CIVIL A SAINT-CLOUD, DE S. M. L'EMPEREUR NAPOLÉON Ier AVEC S. A. I. L'ARCHIDUCHESSE MARIE-LOUISE D'AUTRICHE.

A onze heures toutes les personnes qui doivent composer le cortège de LL. MM. se réuniront au Palais de Saint-Cloud, savoir : celles du service de l'Impératrice dans les salons de son appartement du côté du jardin, et celles du service de l'Empereur, dans les jardins de son appartement attenant à celui de l'Impératrice du côté de la cour. A midi les maîtres et aides des cérémonies se réuniront dans la galerie qui jusqu'alors sera fermée et placeront les personnes invitées :

Derrière l'estrade, les officiers de la maison de l'Empereur et des maisons des princes et des princesses, qui ne seront pas de service. Un espace, à droite et à gauche, en avant de l'estrade sera divisé en compartiments qui seront nominativement affectés : aux dames des princesses ; aux femmes des ministres et des Grands officiers de l'Empire ; aux dames invitées ; aux Ambassadeurs et Ministres étrangers ; aux Ministres ; aux Grands officiers de l'Empire ; aux Grands Aigles de la Légion d'Honneur ; aux Sénateurs, aux Conseillers d'Etat et enfin aux hommes de la Cour invités.

Les personnes invitées qui n'auront pu être placées dans la galerie se tiendront dans le salon de Mars et dans les grands appartements de l'Empereur pour voir passer le cortège.

Au fond de la galerie, sur une estrade, on placera deux fauteuils surmontés d'un dais, l'un à droite pour l'Empereur, l'autre à gauche pour l'Impératrice. Au bas de cette estrade et sur le côté il y aura une table, couverte d'un riche tapis, avec un encrier, et sur laquelle seront placés les registres de l'Etat-Civil.

A deux heures, le cortège étant réuni dans les appartements de LL. MM. le Grand Maître des Cérémonies, le Colonel Général de la Garde de service, les Grands Officiers de la Couronne de Fer et d'Italie iront chercher LL. MM. ; au même moment des salves d'artillerie seront tirées à Saint-Cloud, et répétées à Paris aux Invalides.

Alors, pour se rendre à la Galerie, en traversant le Cabinet de l'Empereur, le Salon des Princes, la Salle du Trône et le Salon de Mars, le Cortège se mettra en marche dans l'ordre suivant : Huissiers, Hérauts d'armes, Pages, Aides des Cérémonies, Maîtres des Cérémonies, Officiers de la maison de S. M. le Roi d'Italie, Ecuyers de l'Empereur Service ordinaire, Chambellans Service ordinaire, Aides de camp de l'Empereur, Deux écuyers de jour, l'Aide de camp de service, Gouverneur du Palais, Secrétaire de l'état de la Famille Impériale, Grands officiers de la Couronne d'Italie, le Grand Chambellan de France et celui d'Italie, le Grand Maître des Cérémonies et le Grand Ecuyer d'Italie, les Princes Grands Dignitaires, les Princes de la Famille Impériale et enfin :

L'Empereur, l'Impératrice seront suivis des :

Colonel Général de la Garde de service, Grand Maréchal du Palais, Grand Maître de la Maison d'Italie, Grand Aumônier de France et celui d'Italie, du chevalier d'honneur et du prince écuyer de l'Impératrice portant la queue de son manteau. Derrière viendront :

Les dames d'honneur de France et d'Italie et la dame d'atours, les princesses de la Famille Impériale, les dames du palais, les dames d'honneur des princesses et les officiers de service des maisons des princes et des princesses. Tout le monde sera découvert.

Le Cortège étant arrivé dans la Galerie, les Huissiers, les Hérauts d'armes et les pages se rangeront, par moitiés, à droite et à gauche dans le salon de Mars, auprès de la porte, les officiers et Grands officiers de France et d'Italie, les dames d'honneur et la dame d'atours se placeront derrière les fauteuils de LL. MM. suivant leur rang.

L'Empereur et l'Impératrice prendront place sur le trône, tandis que les princes et les princesses se tiendront à droite et à gauche de l'estrade dans l'ordre suivant et selon leur rang de famille.

A droite de l'Empereur: Madame, mère de S M. ; le Prince Louis-Napoléon, Roi de Hollande ; le Prince Jérome-Napoléon, Roi de Westphalie ; le Prince Borghèse, Duc de Guastalla ; le Prince Joachim-Napoléon, Roi de Naples ; le Prince Eugène-Napoléon, Vice-Roi d'Italie ; le Prince Archichancelier et le Prince Vice-Grand Electeur.

A gauche de l'Impératrice : la Princesse Julie, Reine d'Espagne la Princesse Hortense, Reine de Hollande ; la Princesse Catherine, Reine de Westphalie ; la Princesse Elisa, Grande Duchesse de Toscane ; la Princesse Pauline, Duchesse de Guastalla ; la Princesse Caroline, Reine de Naples ; le Grand Duc de Wurtzbourg, la Princesse Auguste, Vice-Reine d'Italie ; la Princesse Stéphanie, Grande Duchesse héréditaire de Bade ; le Prince Archi-trésorier de l'Empire, le Prince Vice-Connétable de l'Empire.

Lorsque l'Empereur sera assis, le Grand-Maître des Cérémonies se rendra auprès de lui et, après en avoir reçu l'ordre, ira inviter S. A. S. le Prince Archichancelier à se rendre devant le fauteuil de l'Empereur. Après une révérence faite à LL. MM. l'Archichancelier dira :

Au nom de l'Empereur !

A ces mots LL. MM. se lèveront. Puis se tournant vers l'Empereur, l'Archichancelier reprendra :

Sire, Votre Majesté Impériale et Royale, déclare-t-elle prendre en mariage Son Altesse Impériale et Royale Marie-Louise Archiduchesse d'Autriche, ici présente ?

L'Empereur répondra :

Je déclare prendre en mariage Son Altesse Impériale et Royale Marie-Louise Archiduchesse d'Autriche.

Une autre interpellation sera adressée à S. A. I. l'Archiduchesse Marie-Louise d'Autriche en ces termes :

Son Altesse Impériale Marie-Louise, Archiduchesse d'Autriche, déclare-t-elle prendre en mariage Sa Majesté l'Empereur et Roi Napoléon ici présent ?

S. A. I. l'Archiduchesse Marie-Louise répondra dans la forme employée par S. M. l'Empereur Napoléon, après quoi l'Archichancelier prononcera le mariage :

Au nom de l'Empereur et de la Loi, je déclare que Sa Majesté Impériale et Royale Napoléon, Empereur des Français et Roi d'Italie et Son Altesse Impériale et Royale l'Archiduchesse Marie-Louise sont unis en mariage.

Après l'apposition des signatures sur les registres de l'Etat-Civil, le cortège se reformera pour reconduire LL. MM. dans les appartements de l'Impératrice. A l'issue du dîner, l'Empereur et l'Impératrice se rendront au salon de famille où se formera un nouveau cortège pour les accompagner au spectacle.

Pendant la cérémonie, le parc sera ouvert au public et le soir les eaux " joueront à la lumière ".

APPENDICE **H**

DESCENDANCE DE NAPOLÉON I
1769-1821.

GÉNÉRAL FRANÇAIS, PREMIER CONSUL, CONSUL A VIE, MÉDIATEUR DE CONFÉDÉRATION SUISSE, EMPEREUR HÉRÉDITAIRE, ROI D'ITALIE, PROTECTEUR DE LA CONFÉDÉRATION DU RHIN.
MARIÉ : 1º EN 1796 A MARIE-JOSÉPHINE TASCHER DE LA PAGERIE 1763-1814, VEUVE DU VICOMTE DE BEAUHARNAIS, DIVORCÉS. — : 2º EN 1810 A MARIE-LOUISE, ARCHIDUCHESSE D'AUTRICHE, 1791-1847
DONT :

A Napoléon Joseph-François, roi de Rome, duc de Reischtadt, 1811-1832. **Branche éteinte.**

APPENDICE **I**

DESCENDANCE DE JOSEPH BONAPARTE
1768-1845.

FRÈRE DE L'EMPEREUR. SÉNATEUR, PRINCE FRANÇAIS, GRAND ÉLECTEUR DE L'EMPIRE FRANÇAIS, LIEUTENANT GÉNÉRAL DU ROYAUME DE NAPLES, ROI DE NAPLES ET DE SICILE, ROI DES ESPAGNES ET DES INDES, COMTE DE SURVILLIERS, MARIÉ EN 1794 A MARIE-JULIE CLARY 1771-1885.

Dont **A** à **C** :

A N..., 1796-1796.

B Zenaïde Lœtitia Julie, 1801-1857. (Voir pour sa descendance l'appendice **J** lettre **E**).

C Charlotte Napoléone, 1802-1839. (Voir pour sa descendance l'appendice **K** lettre **B**).

APPENDICE J

DESCENDANCE DE LUCIEN BONAPARTE
1775-1840.

FRÈRE DE L'EMPEREUR SÉNATEUR, PRINCE DE CANINO ET DE MUSIGNANO, PRINCE FRANÇAIS, COMTE DE CASALI.

MARIÉ : 1º EN 1794 A CATHERINE (CHRISTINE) BOYER, 1773-1800 ; 2º EN 1803 A MARIE-ALEXANDRINE DE BLESCHAMP, EPOUSE DIVORCÉE DE JOUBERTHON. — 1778-1855.

Du premier lit : **A** à **D**.
Du second lit : **E** à **N**.

A Christine Charlotte 1795-1865. m. en 1815 à don Mario, prince **Gabrielli**, 1773-1841, dont **a** à **h**. — **a** Lœtitia, 1817-1827 — **b** Christine, 1821-1898, m. en 1842 au marquis Antonin **Stefanoni**, 1819-1883, dont : **1** Marie, 1843, m. en 1864 au comte Annibal **Balzani**, 1840, dont : **1** à **8** — **1**. Hercule, 1864-1866 — **2**. Goffredo, 1865-1866. — **3**. Andreina, 1867. — **4**. Mario, 1869. — **5**. Georges, 1871 — **6**. Clément, 1874 — **7**. Charlotte, 1878 — **8**. Gabriel, 1880. — **c** Lavinie, 1822-1888, m. en 1843 à Ildefonse, comte **Aventi**, 1802-1857, dont **I** à **V** : — **I**. Pompée, 1844, m. en 1875 à Ginevra Forlani, 1851 dont **1** à **5** : — **1**. Marie, 1876, m. en 1896 à Joseph **Forlani** dont : Antoinette, 1897, Aribert, 1898. — **2**. Louis, 1877 — **3**. Caroline, 1879-1879 — **4** Auguste, 1881. — **5**. Ildefonse, 1889. — **II** Caroline, 1845-1846. — **III** Eléonore 1847, m. en 1878 à Ludovic, comte **Scroffa**, 1838 dont : **1** à **3**. — **1** Ildefonse, 1869. — **2** Hélène, 1871, m. en 1896 à René **Massarini** dont : Louise, 1896. — **3** Hugues, 1876-1893. — **IV** Aribert, 1848-1854. — **V** Joseph, 1855-1857. — **d** Angelo, 1824-1826 — **e** Camille Marie, 1828-1829. — **f** Emilie, 1830, m. en 1849 à Joseph, comte **Parisani**, 1823-1887, dont **I** à **V** : — **I** Julie, 1850, m. en 1870 au chevalier Flaminio **Napolioni**, dont : **1** à **4**. — **1** Louise, 1872. — **2** Louis, 1873. — **3** Mathilde, 1878. — **4** Angiolo-Alberto, 1885. — **II** Marie, 1851, m. en 1875 à Angelo **Angelotti**, dont : **1** et **2**. — **1** Joseph, 1877. — **2** Anne-Marie, 1881. — **III** Napoléon, 1854. — **IV** Françoise, 1861, m. en 1894 au comte Joseph **Gnoli**. — **V**. Charlotte, 1868, m. en 1900 au professeur Nazareno **Strampelli** — **g** Placide, 1832, m. en 1856 à princesse Auguste Amélie. Bonaparte, 1836-1900. — **h** Françoise 1837-1860 m. 1º en 1855 au comte César **Parisani**. — 2º à Rita **Masi**. Dont du 1ᵉʳ lit **I** et **II**. — **I** Eugénie, 1857 m. en 1881 à Louis **Masetti** dont : **1** à **6**. — **1** Françoise, 1882. — **2** Agnès, 1884. — **3** François, 1885. — **4** Antoinette,

1886. — **5** Marie, 1889. — **6** César, 1891. — **II** Augusta 1859, m. en 1883 à Mazzareno **Marchetti**, dont : **1** à **6**. — **1** Buggero, 1884. — **2** Joseph, 1885. — **3** Françoise, 1886. — **4** Adèle, 1888. — **5** Aldo, 1889-1889. — **6** Delinda, 1891.

B N., 1796-1796.

C Victoire, 1797-1797.

D Christine-Charlotte, 1798-1847, m. — 1° en 1818 au Comte Arvid **Posse**, 1782-1826, divorcés en 1823. — 2° en 1824 à lord **Dudley Coutts Stuart**, 1803-1854. — Pas de postérité du 1er lit. — Du 2e lit a, Paul-Francis, 1826-1889.

E Charles-Lucien, 1803-1857, m. en 1822 à Zenaïde-Lœtitia-Julie Bonaparte, 1801-1857, dont **a** à **l**. — a Joseph-Lucien, 1824-1865, m. en 1844 à Eléonore Branicka. — b Alexandrine Gertrude, 1826-1828. — c Lucien-Louis, 1828-1895 (Cardinal). — d Julie-Charlotte, 1830-1900, m. en 1847 à Alexandre del **Gallo**, marquis de **Roccagiovine**, 1826-1892, dont **I** à **V**. — **I** Lœtitia, 1848-1863. — **II** Mathilde, 1850-1865. — **III** Napoléon Alexandre, 1851-1886. — **IV** Lucien, 1853, m. en 1897 à Valerie, comtesse de Wagner. — **V** Albert, 1854, m. en 1884 à Jacinthe Campello, 1862, dont **1** et **2**. — **1** Mathilde, 1888. — **2** Lœtitia, 1892. — e Charlotte Honorine, 1832, m. en 1848 à Pierre, comte **Primoli**, 1821-1883, dont **I** à **III**. — **I** Joseph, 1851. — **II** Napoléon, 1855-1882. — **III** Louis, 1858. — f Léonie, 1833-1839. — g Maria Désirée. 1835-1890, m. en 1851 à Paul, comte de **Campello della Spina**, 1829, dont **I** et **II**. — **I** Jacinthe, 1862 (voir **d V**). — **II** Pompée Marie, 1874. — h Auguste-Amélie, 1836-1900 (voir **A g**). — i Napoléon Charles, 1839-1899, m. en 1859 à Marie-Christine Ruspoli 1842, dont **I** à **III**. — **I** Zénaïde, 1860-1862. — **II** Marie-Léonie, 1870, m. en 1891 à Enrico **Gotti**, 1867. — **III** Eugénie Lœtitia 1872, m. en 1898 à Napoléon Ney, prince de la **Moskova**. 1870 — j Bathilde-Aloyse, 1840-1861, m. en 1856 à Louis-Joseph, Comte **Cambacérès**, 1832-1868. dont **I** et **II**. — **I** Zenaïde, 1857, m. en 1874 à Raoul, duc d'**Albuféra**, 1845, dont **1** à **3**. — **1** Napoléon, 1875-1889. — **2** Louis, 1877. —**3** Bathilde, 1889. — **II** Léonie 1858, m. en 1879 à Charles de Goyon, duc de **Feltre**, 1844, dont : **1** Auguste, 1884. — k Albertine, 1842-1842. — l Charles-Albert, 1843-1847.

F Lœtitia, 1804-1871, m. en 1821 à Sir Thomas **Wyse**, ambassadeur d'Angleterre, 1791-1862, dont **a** à **e**. — a Napoléon Alfred, 1822-1895. — b William Charles, 1826-1892, m. en 1864 à Ellen Prout, 1831. dont **I** à **IV**. — **I** Lucien William, 1863. — **II** André Réginald, 1866, m. en 1896 à Marie Chipounoff, dont **1** Hélène-Victoria, 1897. — **III** Lionel Henry, 1870. — **IV** Napoléon Gérald, 1875. — c Marie Lœtitia, 1831-1902, m. : 1° en 1848 à Frédéric, Comte de **Solms**, 1815-1863. — 2º en 1866 à Urbain **Rattazzi**, premier ministre italien, 1808-1873. — 3º en 1877 à M. de **Rute**, député aux Cortès, 1843-1889, dont du 1ᵉʳ lit **I**. — Du 2ᵉ lit **II**. — Du 3ᵉ lit **III**. — **I** Alexis, 1852. — **II** Roma, 1871, m. en 1889 à don Louis **Villanova** de la **Cuadra**, 1861-1901, dont **1** à **3**. — **1** Louis, 1891. — **2** Lœtitia, 1893. — **3** Thérèse, 1895. — **III** Marie-Louise, 1883-1902. — **d** Adeline, 1838-1899, m. en 1861 au général Estevan **Türr**, 1825, dont : **I** Raoul, 1865, m. en 1894 à Marie-Louise Gomez de Guimaraes, 1872, dont : **1** Marie-Stéphanie, 1875. — **e** Louis-Lucien Napoléon, ancien officier de marine, 1846, m. : 1º en 1871 à Rosa Wyte, 1855-1875. — 2º en 1876 à Claire Whyte, 1851-1892, dont : du 1ᵉʳ lit **I** et **II**. — Du 2ᵉ lit **III**. — **I** Napoléon Jérôme, 1874. — **II**. Lœtitia, 1875, m. en 1895 au Comte **Bergasse du Petit Thouars**, dont **1** et **2**. — **1** Marie Lœtitia, 1896. — **2** Paulette, 1901. — **III** Louis Raoul, 1876.

G Joseph-Lucien, 1806-1807.

H Jeanne, 1807-1829, m. en 1825 au marquis Honoré **Honorati**, 1800-1856, dont **a** Clélia, 1827-1886, m. en 1847 au marquis **Romagnoli**, 1816-1890.

I Paul-Marie, 1809-1827.

J Louis-Lucien, 1813-1891, m. en 1833 à Marie-Anne Cecchi, 1812-1891.

K Pierre Napoléon, 1815-1881, m en 1853 à Eléonore Ruffin, 1832, dont **a** et **b**. — **a** Roland, 1858, m. en 1880 à Marie Blanc, 1859-1882, dont **I** Marie, 1882. — **b** Jeanne, 1861, m. en 1882 à Christian, marquis de **Villeneuve**, 1852, dont **I** à **VI**. — **I** Pierre-Napoléon, 1886. — **II** Jeanne, 1887. — **III** Romée-Napoléon, 1889. — **IV** Lucien, 1890. — **V** Roselyne, 1893. — **VI** Anne-Mathilde, 1896.

L Antoine, 1816-1877, m. en 1839 à Caroline Cardinalli, 1823-1879.

M Alexandrine-Marie, 1818-1874, m. en 1836 à Vincent, comte **Valentini**, 1808-1858, dont **a** à **d**. — **a** Valentin, 1838-1872. — **b** Antoine, 1839-1879, m. en 1847 à Thérèse Brenciaglia, 1847-1898, dont **I** à **IX**. — **I** Vincent, 1863-1871. — **II** Lucien, 1864, m. en 1890 à Christine Faïna de San Venanzio, 1866, dont **1** à **4**. — **1** Antoine, 1893. — **2** Valentin, 1895. — **3** Vincent, 1896. — **4** Charles, 1898. — **III** Madeleine, 1865, m. en 1885 à Ciro **Maravelli**. — **IV** Joseph, 1866. — **V** Constantin, 1869. — **VI** Vincenzina, 1871. — **VII** Valentine, 1873. — **VIII** Marie, 1874. — **IX** Alexandrine, 1876. — **c** Lucienne, 1840, m en 1861 au comte Zefirino **Faïna de San Venanzio**, 1826, dont **I** à

III. — **I** Napoléon, 1862, m. en 1892 à Catherine Moceni, 1873, dont **1** à **4**. — **1** Mauro, 1893 — **2** Charles, 1894. — **3** Angélique, 1896. - **4** Alelo, 1899. — **II** Alexandrine, 1864, m. en 1885 au marquis **Torello Torelli**, 1860, dont **1** à **5**. — **1** Jean, 1886. -- **2** Lélius, 1889. — **3** Marie, 1891. — **4** Anna, 1892. - **5** Ludovica, 1895. — **III** Christine, 1866, m. en 1890 à Lucien, comte **Valentini**, 1864 (voir, même appendice, **M** b **II**). – **d** Fortunée, 1845, m. en 1867 au comte Julien **Bracci Castracane**, 1839, dont **I** à **III**. — **I** Octavie, 1869. — **II** Letizia, 1871. — **III** Philippe-Lucien, 1873.

N Constance, 1823-1876 (religieuse)

APPENDICE **K**

DESCENDANCE DE LOUIS BONAPARTE
1778-1846.

FRÈRE DE L'EMPEREUR, PRINCE FRANÇAIS, CONNÉTABLE DE L'EM-
PIRE, GOUVERNEUR GÉNÉRAL DES DÉPARTEMENTS FRANÇAIS AU-
DELA DES ALPES, ROI DE HOLLANDE, COMTE DE SAINT-LEU, MARIÉ
EN 1802 A HORTENSE DE BEAUHARNAIS, FILLE ADOPTIVE DE L'EM-
PEREUR, 1783-1837.

Dont : **A** à **C**.

A Napoléon-Louis-Charles, 1802-1807.

B Napoléon-Louis-Charles, 1804-1831, m. en 1826 à Charlotte-Napoléone, 1803-1839, fille du roi Joseph-Napoléon.

C Charles-Louis-Napoléon, 1808-1873. **Fut empereur des Français sous le nom de Napoléon III**, m. en 1852 à Marie-Eugénie de Montijo, 1826, dont : a Napoléon-Louis-Eugène, 1856-1879. — **Branche éteinte**.

APPENDICE **L**

DESCENDANCE DE JÉROME BONAPARTE
1784-1860.

FRÈRE DE L'EMPEREUR, ROI DE WESTPHALIE, PRINCE FRANÇAIS,
PRINCE DE MONTFORT, GOUVERNEUR GÉNÉRAL DES INVALIDES,
MARÉCHAL DE FRANCE, PRÉSIDENT DU SÉNAT, MARIÉ : 1° EN
1803 A ELISABETH PATERSON, 1785-1879 (MARIAGE ANNULÉ). —
2° EN 1807 A FRÉDÉRIQUE-CATHERINE, PRINCESSE DE WURTEMBERG,
1783-1835.

Du premier lit : **A**.

Du deuxième lit : **B** à **D**.

A Jérôme-Napoléon, 1805-1870, m. en 1829 à Suzanne-May Williams, 1812-1881, dont **a** et **b**. — **a** Jérôme Napoléon, 1830-1893, m. en 1871 à Caroline Le Roy Appleton, 1841, dont **I** et **II**. — **I** Louisa-Eugénie, 1873, m. en 1896 à Adam-Charles, comte de **Moltke-Hvitfeld**, 1864. — **II** Jérôme-Napoléon-Charles, 1878. — **b** Charles-Joseph, 1851, m. en 1875 à Newport à Ellen Channing, 1852.

B Jérôme-Napoléon-Charles, 1814-1847.

C Mathilde Lœtitia, 1820, m. en 1840 à Anatalo Demidoff, prince de **San Donato**, 1813-1870.

D Napoléon Joseph-Charles-Paul, 1822-1891, comte de Meudon, comte de Moncalieri, m. en 1859 à Clotilde-Marie-Thérèse-Louise, 1843, fille de Victor-Emmanuel II, **Roi d'Italie**, dont : **I** à **III**. — **I** Napoléon-Victor-Jérôme-Frédéric, 1862. — **II** Napoléon-Louis-Joseph-Jérôme, 1864, général-major au service de la Russie. — **III** Marie-Letizia-Eugénie, 1866, m. en 1888 à Amédée, duc **d'Aoste**, 1845-1890, dont **1** : Humbert-Marie-Victor, 1889.

APPENDICE **M**

DESCENDANCE D'ÉLISA BONAPARTE
1777-1820

SŒUR DE L'EMPEREUR, PRINCESSE DE LUCQUES ET DE PIOMBINO, GRANDE DUCHESSE DE TOSCANE, COMTESSE ADRIASSO, MARIÉE EN 1814 A FÉLIX **Bacciochi**, 1762-1841.

Dont : **A** à **E**.

A Félix Napoléon, 1798-1799.

B N., 1803-1803.

C Napoléone, 1806-1869, m. en 1825 au Comte **Camerata**, 1805-1882, dont **a** : Napoléon Charles, 1826-1853.

D Jérôme, 1810-1811.

E Frédéric, 1814-1833.

APPENDICE N

DESCENDANCE DE MARIE-PAULINE BONAPARTE
1780-1825

SŒUR DE L'EMPEREUR, DUCHESSE DE GUASTALLA, MARIÉE : 1º EN 1797 AU GÉNÉRAL **Leclerc**, 1772-1802. — 2º EN 1803 AU PRINCE BORGHÈSE, 1775-1832.
    Du premier lit : **A**.
    Du deuxième lit pas de descendance.

A Napoléon Louis dit Dermide, 1798-1804.

APPENDICE O

DESCENDANCE DE CAROLINE BONAPARTE
1782-1839

SŒUR DE L'EMPEREUR, COMTESSE DE LIPONA, MARIÉE EN 1800 AU GÉNÉRAL **Murat**, 1767-1815, PRINCE FRANÇAIS, PRINCE ITALIEN, GRAND DUC DE BERG ET DE CLÈVES, ROI DE NAPLES.
    Dont : **A** à **D**.

A Napoléon Achille, 1801-1847, m. en 1826 à C. Dudley, 1806-1867.

B Lœtitia Joséphine, 1802-1859, m. en 1823 au marquis **Pepoli**, 1789-1852, dont **a** à **d**. — **a** Caroline, 1824-1892, m. en 1845 au Comte **Tattini**, 1823-1878, dont **I** à **III**. — **I** Lœtitia, 1846, m. en 1864 au Comte Isolani **Lupari**, dont **1** à **4**. — **1** Ludovic, 1868-1877. — **2** Caroline, 1875. — **3** Louise-Caroline, 1878-1887. — **4** Gualtiero, 1881. — **II** Jean-Joachim, 1847-1877. — **III** Napoléon Eugène, 1849-1876. — **b** Joachim, 1825-1881. m. en 1844 à princesse de Hohenzollern Sigmaringen, 1820, dont **I** à **III**. — **I** Lœtitia, 1846, m. en 1868 au Comte **Gaddi**, 1843, dont **1** à **3**. — **1** Hercule, 1869, m. en 1899 à Amélie Artilli, 1880. — **2** Joachim, 1871-1872. — **3** Fréderica, 1873. — **II** Antoinette, 1849, m. en 1872 au Comte Carlo **Taveggi**, dont **1** et **2** — **1** Frédérique, 1875, m. en 1895 au baron Clément de **Schewes-**

benpurg. — 2 Joachim, 1876. — III Louise, 1853, m. en 1872 au Comte Matthieu **Guarini**, 1848, dont 1 à 5. — 1 Louis, 1873. — 2 Joachim, 1878. – 3 Pierre, 1880. — 4 Guido, 1881. — 5 Maria, 1884. — c Elisabeth, 1829-1892, m. en 1848 à Hippolyte, prince **Ruspoli**, 1817-1886, dont I et II. — I Lœtitia, 1849, m. en 1871 à Mario, marquis de **Castel Delfino**, dont 1 à 5. — 1 Jacinthe, 1872, m. à Saverio **Folchi Vici**. — 2 Guido, 1873, m. en 1900 à Mathilde Sangermano. — 3 Victor, 1877, m. en 1901 à Mathilde Cugnoni. — 4 Christine, 1878. — 5 Gabrielle, 1886. — II Jacinthe, 1861-1862. — d Pauline, 1831, m. 1° en 1853 au Comte Mauro **Zucchini**, 1825-1854 ; 2° au marquis **Trotti Estense Mosti Zucchini**. — Du premier lit I. — Pas de descendance du deuxième lit. — I Joseph, 1854, m. en 1877 à Carmelita Cagnola, 1854, dont Jean Louis, 1878.

C Napoléon Lucien-Charles, 1803-1878, m. en 1831 à Miss Fraser, 1810-1879, dont a à e. — a Caroline, 1832-1885, m. 1° en 1850 au baron de **Chassiron**, 1818-1871. — 2° en 1872 à sir John **Garden of Redisham Hall**. Pas de descendance du premier lit. Du deuxième lit I et II. — I N... — II N... — b Joachim Joseph, 1834-1901, m. — 1° en 1854 à Malcy Berthier, princesse de Wagram, 1832-1884. — 2° en 1894 à Lydia Hervey, 1841, veuve du baron Hainguerlot. Du premier lit I à III. Pas de descendance du deuxième lit. — I Eugénie, 1855, m. en 1887 à Joseph Caracciolo, duc de **Lavello**, prince de **Torella**, 1839 dont 1 et 2. — 1 Nicolas, 1888. 2 Joachim, 1889. — II Joachim, 1856, m. en 1884 à Cécile Ney d'Elchingen, 1867, dont 1 à 7. — 1 Joachim, 1885. — 2 Marguerite, 1886. 3 Alexandre 1889. — 4 Charles, 1892. — 5 Paul, 1893. — 6 Louis, 1896. 7 Jérome, 1898. — III Anne, 1863, m. en 1885 au comte **Goluchowski**, 1849, dont 1 à 3. — 1 Agénor, 1886. — 2 Adalbert, 1888. — 3 Charles, 1892. — c Anna, 1841, m. en 1865 à Antoine de Noailles, duc de **Mouchy**, prince de **Poix** 1841, dont I et II. — I François, 1866-1901, m. en 1889 à Madeleine de Courval, 1870, dont 1 à 4. — 1 Henri, 1890. — 2 Charles, 1891. — 3 N..., 1893-1893. — 4 Philippine, 1898. — II Sabine, 1868-1881 — d Achille, 1847-1895, m. en 1868 à Salomé Dadiani, princesse de Mingrélie, 1848, dont I à III. — 1 Lucien, 1870, m. en 1897 à Marie de Rohan Chabot, 1876, dont 1 : Achille 1898. — II Louis, 1872. — III Antoinette, 1879. — e Louis Napoléon, 1851, m. en 1873 à Eudoxie de Somow Schirinski, veuve du prince Obeliani, 1851, dont I à III. — I Eugène, 1875, m. en 1899 à Violette Ney d'Elchingen, 1878, dont 1 et 2. — 1 Eugène Napoléon, 1900. — 2 Paule, 1901. — II Oscar, 1876-1884. — III Michel Napoléon, 1887.

D Louise-Julie-Caroline, 1805-1889, m. en 1825 au comte **Rasponi**, 1787-1876, dont a à f. — a Joachim, 1826-1826. — b Joachim, 1828-1828. — c Joachim, 1829-1877, m. en 1858 à

Constance Ghyka, 1835-1895, dont **I** à **IV**. — **I** Louise-Marie, 1859. — **II** Jules 1863. — **III** Raspone, 1872-1890. - **IV** Eugénie, 1873. — **d** Pierre, 1831-1898. — **e** Lœtitia, 1832, m. en en 1852 au comte César **Rasponi**, 1824-1886, dont **I** à **III**. — **1** Gabrielle, 1853, m. en 1890 au comte **Spoletti Trivelli**, 1833, dont **1** à **4**. — **1** Caroline, 1872, m. en 1893 au comte de **Nèmes**. — **2** Rosalie, 1887. — **3** Jean-Baptiste, 1890. — **4** César, 1892. — **II** Lucien, 1855. — **III** Charles, 1858, m. en 1882 à Louise de Fiano, 1861, dont **1** à **4**. — **1** Gaëtana, 1884. **2** Léon. 1885. — **3** César, 1888. - **4** Paola, 1890. — **f** Achille, 1835-1896, m. en 1862 à P. Ghyka, 1837-1895.

APPENDICE **P**

DESCENDANCE D'EUGÈNE DE BEAUHARNAIS
1781-1824.

ADOPTÉ PAR NAPOLÉON Ier LE **3** MARS 1806, ARCHICHANCELIER D'ÉTAT DE L'EMPIRE FRANÇAIS, VICE-ROI D'ITALIE, PRINCE DE VENISE, GRAND DUC HÉRÉDITAIRE DE FRANCFORT, DUC DE LEUCH-TENBERG, PRINCE D'EISCHTÆTT, MARIÉ A AUGUSTE-AMÉLIE, PRIN-CESSE DE BAVIÈRE, 1788-1851.

Dont : **A** à **G**.

A Joséphine, 1807-1876, m. en 1823 à **Oscar Ier**, roi de **Suède**, 1789-1859, dont **a** à **e**. — **a** Charles, 1826-1872, m. en 1850 à princesse des Pays-Bas, 1828-1871, dont **I** : Joséphine-Louise, 1851, m. en 1869 à Christian-Frédéric, prince **royal de Danemark**, 1843, dont **1** à **8**. — **1** Christian, 1870, m. en 1898 à Alexandrine, duchesse de Mecklembourg, 1879, dont : Frédéric, 1899 ; Knud, 1900. — **2** Charles, 1872, m. en 1896 à Maud, princesse de Grande-Bretagne, 1869. — **3** Louise, 1875, m. en 1890 à Frédéric, prince de **Schauenbourg-Lippe**, 1868. — **4** Harald, 1876. — **5** Ingeborg, 1878, m. en 1897 à Charles, prince de **Suède** et de **Norvège**, duc de **Wistrigothie**, 1861. (Voir même appendice : **A c III**). — **6** Thyra, 1880. — **7** Gustave, 1887. — **8** Dagmar, 1890. — **b** Gustave, 1827-1852. — **c** Oscar, **roi de Suède et Norvège** (actuel), m. en 1857 à Sophie, princesse de Nassau, 1836, dont **I** à **IV**. — **I** Oscar-Gustave, 1858, m. en 1881 à Victoria, princesse de Bade, 1862, dont **1** à **3**. — **1** Gustave-Adolphe, duc de **Scanie**, 1882. — **2** Guillaume, duc de **Sudermanie**, 1884. — **3** Eric, duc de

Westmanland, 1889. — II Oscar-Charles, prince **Bernadotte**, 1859. A renoncé à ses droits à la succession au trône de Suède, m. en 1888 à Ebba Munk de Fulkila, créée pour elle et ses enfants comtesse de Wisborg, 1858, dont **1** et **2**. — **1** Marie, 1889. — **2** Charles, 1890. — **III** Oscar-Charles-Guillaume, duc de **Westrogothie**, 1861, m. en 1897 à Ingeborg, princesse de Danemark, 1878, dont **1** et **2**. — **1** Marguerite, 1899. — **2** Martha, 1901. — **IV** Eugène-Napoléon, duc de **Néricie**, 1865. — **d** Eugénie, 1830-1889. — **e** Auguste, duc de **Calédarlie**, 1831-1873, m. en 1864 à Thérèse, princesse de Saxe-Altenbourg, 1836.

B Eugénie-Hortense, 1808-1847, m. en 1826 à Frédéric-Guillaume prince de **Hohenzollern-Hechingen**, 1801-1869.

C Auguste-Eugène, 1810-1835, m. en 1834 à Maria II da Gloria, **Reine de Portugal**, 1819-1853.

D Amélie-Auguste, 1812-1873, m. en 1829 à **don Pedro I, Roi de Portugal**, 1798-1834. (Dom Pedro ayant renoncé au trône de Portugal en faveur de sa fille Maria II da Gloria, désignée ci-dessus, devint **Empereur du Brésil**.) Dont **a** : Marie-Amélie-Auguste, 1831-1853.

E Theodelinde-Louise-Eugénie, 1814-1857, m. en 1841 à Guillaume duc **d'Urach** comte de **Wurtemberg**, 1810-1869, dont **a** à **e**. — **a** Auguste-Eugénie, 1842, m. 1° en 1865 à Rodolphe comte d'**Euzenberg**, 1835-1874. — 2° en 1877 à François, comte de **Thun Hohenstein**, 1826-1888. — **b** Marie-Joséphine, 1844-1874. — **c** Eugénie-Amélie, 1848-1867. — **d** Mathilde, 1854, m. en 1874 à Paul d'Altieri, prince de **Viano**, 1849, dont **I** à **VI**. — **I** Teodolinda, 1876, m. en 1897 au duc de **Campbello**. — **II** Lodovico, 1878. — **III** Maria-Augusta, 1880. — **IV** Guglielmo, 1884. — **V** Camilla, 1889. — **VI** Marc Antonio, 1891. — **e** Guillaume, 1864.

F Caroline-Auguste, 1816-1816.

G Maximilien-Joseph, 1817-1852, m. en 1839 à la grande duchesse Marie-Nicolaewna fille de **Nicolas I, Empereur de Russie**. (Les enfants issus de cette union ont été créés par ukase de 1852 princes et princesses Romanowski avec le titre d'Altesse Impériale héréditaire pour la descendance.) Dont **a** à **g**. — **a** Alexandra, 1840-1843. — **b** Marie, 1841, m. en 1863 à Guillaume-Auguste, prince de **Bade**, 1829-1897 dont **I** et **II**. — **1** Sophie-Marie, 1865 m. en 1889 à Frederic, prince héritier **d'Anhalt**, 1856. — **II** Maximilien, 1867. — **c** Nicolas, 1843-1891, m. en 1868 à Nadiegda Amenkoff, 1840-1891. (Un ukase a donné à la descendance de cette union le droit au titre ducal de **Leuchtenberg** et au titre comtal de **Beauharnais**. Cette descendance est également Altesse Sérénissime.) Dont **I** et **II**. — **I** Nicolas, 1868,

m. en 1894 à Marie Nicolaewna, comtesse Grabbe, 1893, dont **1** à
4. — **1** Alexandra, 1895. — **2** Nadejda, 1898. — **3** Nicolas, 1896.
— **4** Maximilien, 1900. — **II** Georges 1871, m. en 1895 à Olga,
princesse Repnin, dont **1** à **3**. — **1** Hélène, 1896. — **2** Dimitri,
1898. — **3** Nathalie, 1900. — **d** Eugénie, 1845, m. en 1883 à
Alexandre, prince d'**Oldenbourg**. 1844, dont Pierre, 1868, m.
en 1901 à la grande duchesse Olga, 1882. — **e** Eugénie, 1847,
m. 1º en 1869 à Daria Opotchinina 1845-1870. (Créée comtesse de
Beauharnais au titre russe pour elle et sa descendance.) 2º en 1878 à
Zenaïde Skobelew. (Créée comtesse de Beauharnais au titre russe
pour elle et sa descendance). Du premier lit **I** : Daria, 1869, m. en 1893
à Léon, prince de **Kotchoubey**. — **f** Serge-Maximilianowitch,
1849-1877. — **g** Georges, 1852, m. 1º en 1879 à Thérèse d'Oldenbourg, 1852-1883. — 2º en 1889 à Anastasie Nicolaewna, princesse
de Montenegro 1868. Du premier lit **I**. — Du second lit **II** et **III**.
— **I** Alexandre Georgewitch, 1881. — **II** Serge, 1890. — **III** Hélène,
1892.

APPENDICE Q

DESCENDANCE DE STÉPHANIE DE BEAUHARNAIS
1789-1860.

ADOPTÉE PAR NAPOLÉON Ier LE 3 MARS 1806, MARIÉE EN 1806 A
CHARLES-LOUIS-FRÉDÉRIC, PRINCE HÉRÉDITAIRE DE BADE, GRAND-
DUC DE BADE, 1786-1818.

Dont : **A** à **E**.

A Louise-Amélie, 1811-1854, m. en 1830 à Gustave, prince de
Wasa, 1799-1877. Séparés en 1844. Dont **a** et **b**. — **a** N...,
1832-1832. — **b** Caroline, 1833, m. en 1853 à Albert, prince royal
de **Saxe** ; depuis 1873, **roi de Saxe**, 1828-1902.

B Alexandre, 1812-1812.

C Joséphine, 1813-1900, m. en 1834 à Charles-Antoine, prince
de **Hohenzollern-Sigmaringen**, 1811-1885, dont **a** à **f**. —
a Léopold, 1835, m. en 1861 à l'infante Antonie de Portugal, 1845,
dont **I** à **III**. — **I** Guillaume. 1864, m. en 1889 à Marie-Thérèse,
princesse de Bourbon et des Deux-Siciles, 1867, dont **1** à **3**. —
1 Augusta-Victoria, 1890. — **2** et **3** Frédéric-Victor et François-
Joseph, 1891. — **II** Ferdinand, 1865, m. en 1893 à Marie-
Alexandra, princesse d'Edimbourg, 1875, dont **1** à **3**. — **1** Carol,

1893. — 2 Elisabeth, 1894. — 3 Marie, 1899. — III Charles-Antoine, 1868, m. en 1894 à Joséphine, princesse de Belgique, 1872, dont 1 à 3. — 1 Stéphanie, 1894. — 2 Marie, 1896 — 3 Albert, 1898. — b Stéphanie, 1837-1859, m. en 1850 à **don Pedro V, roi de Portugal**, 1837-1861. — c Charles, 1839, **roi de Roumanie** depuis 1881, m. en 1869 à Elisabeth de Wied (**Carmen Sylva**), 1843, dont I Marie, 1870-1874. — d Antoine, 1841-1866. — e Frédéric, 1843, m. en 1879 à Louise, princesse de Thurn et Taxis, 1859. — f Marie, 1845, m. en 1867 à Philippe, prince de **Belgique**, comte de **Flandre**, 1837, dont I à III. — I Henriette, 1870, m. en 1896 à Emmanuel, prince d'**Orléans**, duc de **Vendôme**, 1872, dont 1 à 3. — 1 Marie-Louise, 1897. — 2 Sophie-Joséphine, 1898. — 3 N..., 1901. — II Joséphine, 1872, m. en 1894 à Charles-Antoine, prince de **Hohenzollern-Sigmaringen**, 1868 (voir, même appendice, **C a III**). — III Albert-Léopold, 1875, m. en 1900 à Elisabeth-Valérie, duchesse de Bavière, 1876.

D Alexandre, 1816-1817.

E Marie, 1817-1888, m. en 1843 à William-Alexandre Douglas, duc d'**Hamilton**, 1811-1863, dont a à c. — a Guillaume, 1845-1895, m. en 1873 à Mary-Louisa Montagu, 1854 dont I : Mary, 1884 — b Charles, 1847-1886, m. en 1875 à Eudoxie Soukhanow, 1847-1887. — c Mary, 1850, m. : 1o en 1869 à Albert, duc de **Valentinois**, prince de **Monaco**, 1848. (Cette union fut annulée en 1880 par la cour de Rome et par ordonnance du prince Charles III de Monaco). — 2o en 1880 à Tassilon, comte de **Festetics et Tolna**, chambellan autrichien. Du premier lit I ; du deuxième lit II à V. — I Louis, 1870, prince héréditaire de **Monaco**. — II Marie-Mathilde, 1881. — III Georges, 1882. — IV Alexandra-Eugénie, 1884. — V Carola-Marie, 1888.

APPENDICE R

COMPOSITION DE LA MAISON IMPÉRIALE EN 1810

MAISON DE L'EMPEREUR

Aumônerie. — *Premier Aumônier :* Baron de la Roche, évêque de Versailles. — *Aumôniers ordinaires :* Baron de Pradt, évêque de Poitiers ; Baron de Broglie, évêque de Gand ; Comte Jauffret, évêque de Metz ; Baron de la Contamine, évêque de

Montpellier ; Baron de Boulogne, évêque de Troyes. — *Chapelains* : Lucotte ; N... — *Maître des Cérémonies de la Chapelle* : Gaston de Sambucy.

Palais. — *Grand Maréchal du Palais* : S. Exc. M. le duc de Frioul. — *Préfets du Palais* : Comte de Luçay ; Baron de Beausset ; Baron de Saint-Didier. — *Maréchaux de logis* : Comte de Ségur fils ; Baron de Canouville. — *Fourriers* : Deschamps ; Baillon ; Picot.

Gouvernements des Palais Impériaux. — *Palais de Saint-Cloud.* — *Gouverneur* : Comte Loison. — *Sous Gouverneur* : Baron Tortel.

Service de la Chambre de S. M. — *Grand Chambellan* : S. Exc. le Comte de Montesquiou Fezensac. — *Chambellans* : Comte Aubusson de la Feuillade ; Comte de Brigode ; Comte A. de Talleyrand ; Comte d'Arberg ; Comte de Viry ; Comte Galard de Béarn ; Comte Mercy d'Argenteau ; Baron Zuidwick ; Comte Taillepied de Bondy ; Comte de Saint-Simon Courtomer ; Comte de Gavre ; Comte de Barol ; E. de Montesquieu ; Ponte de Lombriasco ; Comte d'Angosse ; Comte Germain ; Comte Dumanoir ; Prince Sapieha ; Prince Michel Radziwil ; Comte Alex. Potocki ; Comte de Bronic ; Comte de Contades ; Comte Perregaux ; Comte de Mun ; Comte de Choiseul Praslin ; Comte de Kergariou ; Comte de Montguyon ; Comte de Lillers ; Comte H. de Montesquiou ; Comte Nicolay ; P. de Marmier ; de Lostanges ; Comte de Miramon ; Comte de Montholon ; Comte de Bellissen : de Rambuteau ; Songis de Pange ; A. de Montaigu ; Prince Corsini ; Emile Pucci ; Lı Vieuville ; Comte d'Alsace ; Comte de Turenne ; Just de Noailles ; A. de Brancas ; Comte Ch. de Gontaut ; de Saint Aulaire ; Trion de Montalembert ; Comte du Saillaut ; Comte Amédée de Lur Saluces ; Comte Charles de Croix ; Comte d'Haussonville ; Aug. de Chabot ; de Beauvau ; de Labriffe ; Moreton de Chabrillan ; Baron Las Cases ; Comte de Vaulgrenant.

Cabinet de S. M. — *Secrétaire* : Baron Mounier.

Bibliothèque de S. M. — *Bibliothécaire* : Denina. — *Sous-Bibliothécaire* : Barbier.

Directeur de la Musique : Lesueur. — *Directeur et Compositeur de la Musique de la Chambre et Directeur des théâtres de la Cour* : Paer. — *Inspecteur des théâtres de la Cour* : Bichet.

Ecuries de S. M. — *Grands Ecuyers* : S. Ex. le duc de Vicence ; Comte de Nansouty. — *Ecuyers* : Comte de France ; Comte Waltier ; Baron Canisy ; Baron de Lalain d'Audenarde ;

Baron de Berckeim ; Comte Foulers de Relingue ; Baron de Lur Saluces ; Baron de Saint Aignan ; Lamberty de Gervillers ; A. de Héricy ; de Montaran ; Comte d'Andlau ; Comte C. de Lagrange ; de Menou ; A. de Narbonne ; A. de Mesgrigny ; L. Sparre.

Maison des Pages de S. M. — *Gouverneur :* Comte Durosnel. — *Sous-gouverneur :* Baron Marin. — *Aumônier :* Abbé Gaudon. — *Contrôleur économe :* Saint-Quentin, l'aîné. — *Professeurs : Mathématiques :* Hachette. — *Histoire et Géographie :* Endler. — *Latin et Français :* Orange. — *Allemand et Anglais :* Carrey. — *Dessin :* Dutertre. — *Musique :* Ertault. — *Danse :* Beaupré. — *Escrime :* Laboissière. — *Natation :* de Ligny — *Médecin-Chirurgien :* Bertaud. — *Pages :* Sanois ; Beaumont ; d'Aubusson ; Saint Pern ; Ordener ; Saint Hilaire ; Boudet ; Lantivy ; Poinsot ; Petiel ; Doumerc ; Morard de Galles ; Labassée ; Sambucy ; Del Caretto ; Pallaviccini ; Chabant ; Drouet ; de Pancemont ; Ghilini ; de Lanascol ; Perthuis ; d'Assigny ; Rigaud ; Contades ; Bongars ; Cambiaso ; Centarione ; de Lacour ; Ferreri.

Vénerie. — *Grand Veneur :* S. A. S. le Prince de Neufchâtel. — *Capitaine Commandant la Vénerie :* Baron d'Hannencourt. — *Lieutenants :* Baron Bongars ; Chevalier Cacqueray. — *Capitaine des chasses à tir :* Comte de Girardin. — *Lieutenant :* Chevalier de Beauterne.

Cérémonies. — *Grand Maître des Cérémonies :* S. Exc. le Comte de Ségur. — *Introducteurs des Ambassadeurs et Maîtres des Cérémonies :* Baron Cramayel ; Comte de Seyssel d'Aix. — *Aides des Cérémonies, Secrétaires à l'Introduction des Ambassadeurs :* MM. Aignan ; Dargainaratz. — *Hérauts d'armes :* Duverdier, *Chef ;* Sallengro ; Pascal ; Larcher ; Audran.

Intendance Générale de la Maison de S. M. — Comte Daru, *Intendant Général.* — Baron Costaz, *Intendant.* — *Affaires Contentieuses :* Comte Treilhard ; Comte Jaubert ; Comte Merlin ; Faget de Baure.

Service de Santé de S. M. — *Premier Médecin :* Baron Corvisart. — *Médecin ordinaire :* Chevalier Hallé. — *Premier Chirurgien :* Baron Boyer. — *Chirurgien ordinaire :* Hallé.

Trésorier Général de la Couronne : Comte Estève.

Intendance Générale du Domaine extraordinaire.— *Intendant Général :* S. Exc. le Comte Defermont. — *Trésorier :* Baron Labouillerie.

MAISON MILITAIRE DE L'EMPEREUR
ÉTAT-MAJOR GÉNÉRAL

Colonels-Généraux : Duc d'Auerstaedt, Prince d'Eckmuhl, Maréchal de l'Empire, *Commandant les grenadiers à pied.* — Duc de Dalmatie, Maréchal de l'Empire, *Commandant les chasseurs à pied.* — Duc d'Istrie, Maréchal de l'Empire, *Commandant la Cavalerie.* — Duc de Trévise, Maréchal de l'Empire, *Commandant l'Artillerie.*

Aides de Camp. — Comte Le Marois ; Comte Law de Lauriston ; Comte Caffarelli ; Comte Rapp ; Duc de Rovigo ; Comte Bertrand ; Comte Lobau ; *Généraux de Division.* — Duc Ch. de Plaisance, *Général de Brigade.* — Baron Guéheneuc, *Colonel.*

Officiers d'Ordonnance. — Baron Watteville ; Baron La Bourdonnaye ; Baron Montesquiou ; Baron Talhouët ; Baron Clapowski ; Baron Faudoas ; Baron L'Espinay ; Baron Marbeuf ; Baron Devence.

Etats-majors des régiments de la Garde impériale.
1º Grenadiers à pied. *Colonels* : Comte Dorsenne, Général Division ; Baron Roguet, Général de Brigade — *Major* : Baron Christiani. — **2º Chasseurs à pied.** *Colonels* : Baron Curial, Général Division ; Baron Dumoustier, Général Brigade. — **3º Grenadiers à cheval.** *Colonel* : Comte Walthier, Général Division. *Majors* : Baron Lepic, Général Brigade ; Chastel. — **4º Dragons.** *Colonel* : Comte Saint-Sulpice, Général Division. *Majors* : Lefort ; Marthod. — **5º Chasseurs à cheval.** *Colonels* : Comte Lefebvre-Desnouettes, Général Division ; Baron Guyot, Général Brigade. *Majors* : Baron Daumesnil ; Baron Corbineau ; Baron Lion. — **6º Mameluks.** *Chef d'escadron* : Kérinan. — **7º Chevau-légers polonais.** *Colonel* : Comte Krasinski. *Majors* : Baron Delaitre ; Dautencourt. — **8º Gendarmerie d'élite.** *Colonel* : Duc de Rovigo, Général Division. *Colonel Major* : Baron Henry. — **9º Artillerie.** *Colonels* : Comte Lariboisière, Général Division ; Baron d'Aboville, Général Brigade. *Major artillerie à cheval* : Desvaux, Général Brigade. *Major artillerie à pied* : Drouot, Général Brigade. *Major Directeur du parc* : Pellegrin, Général Brigade.

Maréchaux de l'Empire : S. A. le Prince de Ponte-Corvo. — S. Exc. le Prince d'Essling, duc de Rivoli. — S. Exc. le Prince d'Eckmull, duc d'Auerstaedt. — S. Exc. le duc de Conégliano. — S. Exc. le duc de Castiglione. — S. Exc. le duc de Dalmatie. — S. Exc. le duc de Trévise. — S. Exc. le duc d'Elchingen. — S. Exc. le duc d'Istrie. — S. Exc. le duc de Bellune. — S. Exc. le duc de Reggio. — S. Exc. le duc de Raguse. — S. Exc. le duc de

Tarente. — S. Exc. le maréchal Brune. — S. Exc. le maréchal Jourdan.

Grands dignitaires de l'Empire. — S. M. le Roi des Espagnes, *Grand Electeur.* — S. M. le Roi de Hollande, *Connétable.* — S. M. le Roi des Deux Siciles, *Grand Amiral.* — S. A. S. le duc de Parme, *Prince Archi-Chancelier de l'Empire.* — S. A. S. le duc de Plaisance, *Trésorier de l'Empire.* — S. A. I. le Vice-Roi d'Italie, *Archi-Chancelier d'Etat.* — S. A. I. le Prince Borghèse, *Gouverneur général des départements au delà des Alpes.* — S. A. S. le Prince de Bénévent, *Vice-Grand Electeur.* — S. A. S. le Prince de Neufchatel et de Wagram, *Vice-Connétable.*

Ministère de l'Empire. — Duc de Massa, *Grand Juge, Ministre de la Justice.* — Duc de Cadore, *Ministre des Relations extérieures.* — Comte de Montalivet, *Ministre de l'Intérieur.* — Duc de Gaete, *Ministre des Finances.* — Comte Mollien, *Ministre du Trésor public.* — Duc de Feltre, *Ministre de la Guerre.* — Comte de Cessac, *Ministre directeur de l'administration de la Guerre.* — Comte Decrès, *Ministre de la Marine et des Colonies.* — Duc d'Otrante, *Ministre de la Police générale.* — Comte Bigot de Préameneu, *Ministre des Cultes.*

MAISON DE L'IMPÉRATRICE MARIE-LOUISE

Aumônier : Comte Ferdinand de Rohan, ancien archevêque de Cambrai. — **Dame d'honneur** : Duchesse de Montebello. — **Dame d'atours** : Comtesse de Luçay. — **Dames du Palais** : Duchesse de Bassano ; Comtesse Victor de Mortemart ; Duchesse de Rovigo ; Comtesse de Montmorency-Matignon ; Comtesse de Talhouet ; Comtesse Law de Lauriston ; Comtesse Duchatel ; Comtesse de Bouillé ; Comtessse de Montalivet ; Comtesse de Perron ; Comtesse de Lascaris-Vintimiglia ; Comtesse de Brignole ; Comtesse de Gentile ; Comtesse de Canisy. — **Chevalier d'honneur** : Comte de Beauharnais. — **1er écuyer** : Prince Aldobrandini.

MAISON DE L'IMPÉRATRICE JOSÉPHINE

Aumônier : Comte de Barral, Archevêque de Tours. — **Dame d'honneur** : Comtesse d'Arberg. — **Dames du Palais** : Duchesse d'Elchingen ; Comtesse de Rémusat ; Comtesse de Walhs-Serrant ; Madame d'Audemarde ; Madame de Viel-Castel ; Comtesse de Turenne ; Baronne de Colbert ; Comtesse O. de Ségur. — **Lectrice** : Madame Gazani. — **Chevalier d'honneur** : N... - **Chambellans** : Baron de Beau-

mont ; Turpin ; de Viel-Castel ; Comte Louis de Montholon. —
Premier Ecuyer : M. de Monaco. — **Ecuyers** : Comte de
Pourtalès ; M. d'Andlau. — **Intendant Général** : Pierlot.
— **Secrétaire des Commandements** : Deschamps.

MAISON DE MADAME, MÈRE DE L'EMPEREUR

Aumônier : Baron de Canavery, Evêque de Verceil. —
Chapelains : Abbé Lecoq ; Abbé de Percy. — **Dame d'hon-
neur** : Baronne de Fontanges. — **Dames** : Comtesse de Fleu-
rieu ; Comtese de la Borde-Mérille ; Baronne de Bressieux ;
Baronne de Saint-Sauveur ; Baronne de Rochefort d'Ailly ;
Baronne d'Esterno. — **Dames honoraires** : Duchesse de
Dalmatie ; Duchesse d'Abrantès. — **Chambellans** : Comte
Ferdinand de la Ville ; Baron d'Esterno. — **Chambellan
honoraire** : Comte de Cossé Boissac. — **Premier Ecuyer** :
Comte Beaumont. — **Ecuyer** : Baron de Quélen. — **Secré-
taire des Commandements** : Guieu.

APPENDICE S

COMPOSITION DE LA MAISON IMPÉRIALE EN 1870

MAISON DE L'EMPEREUR NAPOLÉON III

S. E. LE MARÉCHAL VAILLANT, GRAND MARÉCHAL DU PALAIS, MINISTRE
DE LA MAISON DE L'EMPEREUR. — M. GAUTIER, SOUS-GOUVERNEUR
DE LA MAISON.

Aumônerie. — *Premier Aumônier :* S. E. Mgr Darboy,
Archevêque de Paris. — *Aumônier :* Mgr Tirmache, Evêque
d'Adras. — *Vicaire de la Grande Aumônerie :* Abbé Lainé. —
Chapelains : Abbé Liabeuf ; Abbé Pujol ; Abbé Métairie. — *Secré-
taire Général :* Abbé Oüin Lacroix. — *Sacristain de la Chapelle
Impériale :* Abbé Allain.

Palais. — *Grand Maréchal :* S. E. M. le Maréchal Vaillant. —
Adjudant Général : Général de Courson de la Villeneuve. — *Pré-
fets :* Baron de Montbrun ; Baron de Varaigne du Bourg ; de
Valabrègue de Lawoestyne ; Baron Morio de l'Isle. — *Premier
Maréchal des logis, surintendant des Palais Impériaux :* Général

Comte Lepic. — *Maréchaux des logis* : Baron Tascher de la Pagerie, Lieutenant-Colonel d'Infanterie ; Oppermann, chef d'escadron en retraite ; Rolin, chef d'escadron d'Etat-Major.

Palais de Saint-Cloud : Colonel Thiéron, *gouverneur.*

Chambre de S. M. — *Grand Chambellan* : S. E. M. le duc de Bassano. — *Premier Chambellan* : Vicomte de la Ferrière. — *Chambellans* : Vicomte Olivier Walsh ; Marquis de Conégliano ; Vicomte d'Arjuzon ; Marquis d'Havrincourt ; Marquis de Trévise ; Vicomte du Manoir ; Comte de Rayneval ; Vicomte de Castex ; Baron de Corberon ; Marquis de Forget. — *Chambellans honoraires* : Duc de Tarente ; Marquis de Gricourt ; Comte de Nieuwerkerke ; Comte de Grossoles-Flaumarens ; Comte d'Arjuzon ; Marquis de Latour-Maubourg ; Baron de Bulach ; Comte d'Aiguesvives ; Comte Jérôme de Champagny ; Comte Henri de La Bourdonnaye-Coetcaudec ; Comte La Poeze ; Marquis de Cadore ; Thoinet de la Turnellière ; Marquis Visconti Ajini ; Baron Solignac ; Vicomte Aguado ; Baron Viry Cohendier ; Baron Finot ; Comte Oscar de l'Espine ; Comte Théob. Walsh ; Colonel Thiérion ; Comte Léon de Contades ; Vicomte Berthier ; Baron Mariani.

Cabinet de S. M. — *Chef de Cabinet* : Conty. — *Sous-chef* : Sacaley. — *Secrétaire particulier* : Franceschini Piétri. — *Directeur du Service des dons et secours* : Docteur Conneau.

Grand Ecuyer : S. E. M. le Général de Division Fleury aide de camp de l'Empereur. — *Premier Ecuyer* : Davillier, Regnault Saint-Jean d'Angély. — *Ecuyers* : Prince Poniatowski Stanislas ; comte du Bourg ; Raimbeaux ; marquis de Canisy ; comte de Suarez d'Aulan ; marquis de Massa ; vicomte Pernety. — *Ecuyer honoraire* : baron de Bourgoing ; de Burgh.

Grand Veneur : S. E. M. le général de division Prince de la Moskowa, aide de camp de l'Empereur. — *Capitaine des chasses* : comte de Castelbajac. — *Capitaine des chasses à courre* : baron Lambert. — *Lieutenant des chasses à tir* : comte Costa de Beauregard.

Grand Maître des Cérémonies : S. E. le duc de Cambacérès. — *Introducteurs des Ambassadeurs* : Feuillet de Conches ; baron de Lajus. — *Aides des Cérémonies* : Bertora ; Puech Cazelles ; H. Morice. — *Maitre des Cérémonies honoraire* : baron Sibuet.

Trésorier général de la Couronne : Bure. - **Trésorier de la Cassette** : Thélin.

Directeur de la musique de la chapelle et de la chambre de S M : Auber, membre de l'Institut. — **Pianiste accompagnateur** : Alary. — **Inspecteur de la Musique** : Cohen Jules.

Premier Médecin de S. M. : Docteur Conneau. — **Méde-cin-Adjoint** : Baron Corvisart. — **Médecins et Chirurgiens ordinaires** : Andral ; Baron Larrey ; Arnal ; Nélaton ; Fauvel.

MAISON MILITAIRE

S. E. le Maréchal Vaillant ; M. le général de division Courson de Villeneuve — **Aides de camp** : Généraux de division : Bourbaki ; S. E. M. Frossard ; baron de Béville ; Félix Douay ; S. E. le prince de la Moskowa ; S E. le comte Fleury ; Lebrun ; Castelnau ; le Vice-Amiral Jurien de la Gravière ; les généraux de brigade : de Waubert de Genlis ; Comte Lepic ; Comte Reille ; Favé ; Pajol ; Arnaudeau. — **Aides de camp honoraires** : Comte Roguet ; Mollard ; comte Montebello, généraux de division.

Chef du cabinet topographique de l'Empereur : Baron de Béville, général de division.

Officiers d'ordonnance : Verchère de Reffye, chef d'escad. d'artillerie ; Hepp, Lesergeant d'Heudecourt, capitaines d'Etat-Major ; Dreyssé, capitaine du génie ; Petyst, de Morecourt ; Harty de Pierrebourg, de Trécesson, Guzman, Pierron, capitaines d'infanterie ; Conneau Eugène, lieutenant de vaisseau ; Clary, Law de Lauriston, capitaines de cavalerie.

MAISON DE S. M. L'IMPÉRATRICE

Grande Maîtresse de la Maison : Princesse d'Essling. — **Dame d'Honneur** : Comtesse Walewska. — **Dames du Palais** : comtesse de Montebello ; baronne de Pierres ; vicomtesse Aguado ; marquise de la Tour Maubourg ; princesse de la Moskowa ; comtesse La Poeze ; comtesse de Roqueval ; de Sancy, née Lefebvre Desnouettes ; de Saulny ; baronne de Viry Cohendier ; Carette. — **Dame honoraire** : comtesse de Lezay-Marnésia. — **Lectrice** : Lebreton-Bourbaki. — **Premier Chambellan** : comte Lezay-Marnésia. — **Chambellans** : comte de Cossé-Brissac ; de Banes de Gardonne. — **Chambellan honoraire** : marquis de Piennes ; — **Ecuyer** : Marquis de La Grange — **Ecuyer honoraire** : baron de Pierres. — **Secrétaire des Commandements** : Damas Hinard. — **Bibliothécaire** : Saint-Albin.

MAISON DE S. A. LE PRINCE IMPÉRIAL

Gouverneur : S. E. M. le général de division Frossard, chef de la maison militaire de S. A. I. — **Aides de camp** : Duperré, capitaine de vaisseau ; Viel d'Espeuilles, colonel de cavalerie ; Lamey, chef de bataillon du génie ; de Ligniville, chef de bataillon d'infanterie.

Ecuyer : Bachon.

Médecin : Barthez.

Gouvernante des Enfants de France : Madame l'Amirale Bruet.

MAISON DE S. A. I. Mgr LE PRINCE NAPOLÉON

Premier aide de camp : Franconnière de la Mothe-Charens, général de brigade. — **Aides de camp** : Ferri Pisani, colonel d'Etat-major ; Ragon, colonel du génie ; Georgette Dubuisson, capitaine de vaisseau. — **Officiers d'ordonnance** : Brunet, lieutenant de vaisseau ; Villot, cap. d'infanterie ; Berthier de Lasalle, cap. de cavalerie. — **Chambellan honoraire** : Comte de Lastic.

Médecin ordinaire : Ricord. — **Chirurgien** : Féraud. — **Secrétaire particulier** : Hubaine. — **Intendant** : Brançon.

MAISON DE S. A. I.
MADAME LA PRINCESSE CLOTILDE

Dames : Baronne La Roncière Le Nourry ; vicomtesse Henry Bertrand ; baronne Barbier.

MAISON DE S. A. I.
MADAME LA PRINCESSE MATHILDE

Dames : Mesdames Frédéric de Reiset ; Espinasse. — **Lectrice** : Baronne de Galbois. — **Lectrice honoraire** : Mme Defly.

Chevalier d'honneur : Général de division Chauchard. — **Bibliothécaire** : Gautier. — **Secrétaire des commandements** : de Marçol.

Médecin : Le Helloco.

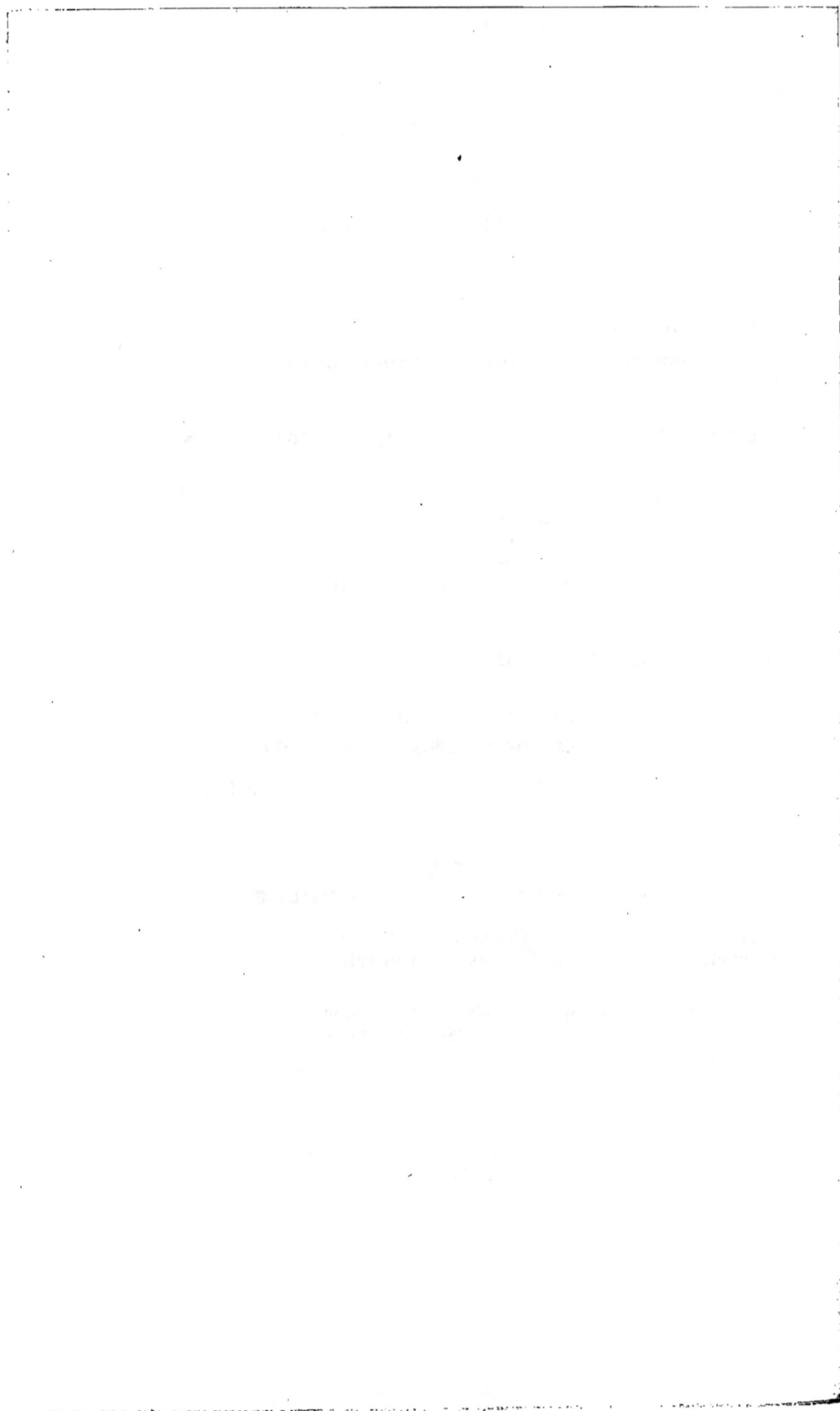

GRANDE IMPRIMERIE DU CENTRE. — HERBIN, MONTLUÇON

www.ingramcontent.com/pod-product-compliance
Lightning Source LLC
Chambersburg PA
CBHW031614210326
41599CB00021B/3182